计算机类技能型理实一体化新形态系列

单片机原理及应用

——基于C51和Proteus仿真

（微课版）

主　编　张同光

副主编　洪双喜　刘春红　王晓兵

陈　明　田乔梅

清華大学出版社

北　京

内 容 简 介

本书坚持理论够用、侧重实用的原则，以 Proteus 虚拟仿真技术和 Keil C51 为基础，用案例/示例来讲解每个知识点，对 8051 单片机的软、硬件做了较为详细的阐述。全书内容充实、结构清晰、通俗易懂，力争做到使初学者充满兴趣地学习 8051 单片机技术。本书共 11 章，分别为：8051 单片机基本结构、单片机仿真环境、指令系统与汇编语言程序设计、C51 语言程序设计、键盘与显示器接口技术、中断系统、定时器/计数器、串行口、数模与模数转换接口技术、单片机系统扩展以及 Proteus 仿真设计实例。其中，第 1 章、第 3 章和第 4 章为本书最基础和最重要的 3 章，全面而详细地介绍了 8051 单片机硬件和软件两方面的知识；第 2 章介绍了 Proteus 仿真软件和 C51 开发工具 Keil μVision5；第 5～11 章介绍了各种常见 I/O 接口的原理与使用方法。本书所有示例均在 Proteus 上调试通过，可以直接运行。书中所有源代码及各种配套资源可在清华大学出版社网站下载。

本书适合作为高等院校计算机类、电气类、自动化类、通信类、电子信息类、机械类、仪器仪表类及其他相关专业的单片机教材使用，也可作为从事单片机应用系统开发的工程技术人员、单片机技术爱好者及各类自学人员的参考书。

图书在版编目(CIP)数据

单片机原理及应用：基于 C51 和 Proteus 仿真：微课版/张同光主编. —北京：清华大学出版社，2023.10
(计算机类技能型理实一体化新形态系列)
ISBN 978-7-302-64734-8

Ⅰ. ①单… Ⅱ. ①张… Ⅲ. ①单片微型计算机 Ⅳ. ①TP368.1

中国国家版本馆 CIP 数据核字(2023)第 186392 号

责任编辑：张龙卿 李慧恬
封面设计：曾雅菲 徐巧英
责任校对：刘 静
责任印制：沈 露

出版发行：清华大学出版社
网 址：https://www.tup.com.cn，https://www.wqxuetang.com
地 址：北京清华大学学研大厦 A 座　　**邮 编**：100084
社 总 机：010-83470000　　**邮 购**：010-62786544
投稿与读者服务：010-62776969，c-service@tup.tsinghua.edu.cn
质量反馈：010-62772015，zhiliang@tup.tsinghua.edu.cn
课件下载：https://www.tup.com.cn，010-83470410
印 装 者：三河市龙大印装有限公司
经 销：全国新华书店
开 本：185mm×260mm　　**印 张**：18.5　　**字 数**：445 千字
版 次：2023 年 11 月第 1 版　　**印 次**：2023 年 11 月第1 次印刷
定 价：59.00 元

产品编号：101997-01

前　言

随着物联网和人工智能等技术不断向纵深发展，单片机的重要性更加凸显。单片机是单片微型计算机的简称，是把组成微型计算机的各功能部件(中央处理单元 CPU、随机存取存储器 RAM、只读存储器 ROM、并行 I/O 接口、串行通信接口、定时器/计数器、中断系统、系统时钟及系统总线等)封装在一块尺寸有限的集成电路芯片中。由于单片机具有可靠性高、体积小、性价比高和应用灵活性强等特点，因而在工业自动检测与控制、机器人、数据采集、智能仪器仪表、机电一体化产品、汽车电子设备、武器装备、办公自动化设备、武器装备、智能终端、通信设备、导航系统、智能家用电器、计算机外部设备、通信产品和玩具等领域获得广泛应用。

单片机经历了 8 位机、16 位机和 32 位机 3 个发展阶段。8 位机以 Intel 公司的 MCS-51 为代表；16 位机以 Intel 公司的 MCS-96 为代表；32 位机以意法半导体(ST)公司采用 ARM 核的 STM32 为代表。自从 Intel 公司于 20 世纪 80 年代初推出 MCS-51 系列单片机以后，几乎所有 MCS-51 系列单片机都以 Intel 公司最早的典型产品 8051 为核心，而且增加了一定的功能部件，所以人们习惯于用 8051 来称呼 MCS-51 系列单片机。MCS-51 系列是最早进入我国且在我国得到广泛应用的单片机主流品种。

因为 8051 单片机结构简单、指令易学，所以是单片机初学者的首选。如果不学 8051 单片机，而直接学 STM32，通常会遇到很多难题和困惑，要费很大精力；如果学了 8051 单片机，则较容易对硬件架构、软件设计、软硬件结合等相关知识和技术进行总体把握与认知，此时再学 STM32，会发现很容易上手，且能够更深刻地理解和掌握 STM32，可达到事半功倍的效果。因此，通过学习 8051 单片机可以为其他类型单片机的学习打下坚实的基础。在目前的单片机应用市场中，8 位机和 32 位机各有各的应用场合，会共存很长时间。

为了提高读者学习 8051 单片机的效率，本书以仿真实验代替实物实验，基于 Proteus 仿真软件进行电路设计及程序仿真，使 8051 单片机的抽象概念直观化、编程效果可视化。

本书共包括 11 章，第 1 章介绍了 8051 单片机的内部结构、存储器结构、引脚功能和并行 I/O 口等硬件的主要知识点。第 2 章介绍了 Proteus 仿真软件和 C51 开发工具 Keil μVision5，为后续各个实验打下基础。第 3 章介绍了指令系统的基本概念、寻址方式和五大类共 111 条指令，并且通过多个示例介绍了 51 单片机汇编语言程序设计技术。第 4 章介绍了 C51 的数据类型和存储器类型、将变量定义在不同类型存储器中的方法、使用关键字“_at_”和预定义宏指定变量的绝对地址以及 C51 指针、C51 函数定义的一般形式、C51 与汇编混合编程。第 5～11 章介绍了各种常见 I/O 接口的原理与使用,如键盘与显示器接口技术、中断系统、定时器/计数器、串行口、数模与模数转换接口技术、程序存储器扩展、数据存储器扩展、8155 可编程并行 I/O 端口扩展以及利用 I2C 总线进行串行 I/O 端口扩展等。通过这 11 章的学习,可以提高读者单片机软、硬件系统的整体设计意识和设计能力,为以后深入学习嵌入式技术打下坚实的基础。

本书由北京邮电大学计算机专业博士、高校副教授张同光担任主编,河南师范大学洪双喜和刘春红、电能易购(北京)科技有限公司王晓兵、郑州轻工业大学陈明、新乡学院田乔梅担任副主编。其中,洪双喜、刘春红、王晓兵和陈明编写第 5～11 章,田乔梅编写第 4 章,张同光编写第1～3 章及其余部分。全书最后由张同光统稿和定稿。

本书得到了河南省高等教育教学改革研究与实践重点项目(No.2021SJGLX106)、河南省科技攻关项目(No.202102210146)、网络与交换技术国家重点实验室开放课题(SKLNST-2020-1-01)以及高效能服务器和存储技术国家重点实验室的支持,在此表示感谢。

本书对应的电子课件、源代码文件、Proteus 仿真电路文件和虚拟机文件等各种配套教学资源可在清华大学出版社网站(https://www.tup.com.cn)下载。本书配套提供了近 70 个教学视频,读者在学习的过程中,可扫描教学视频二维码观看与学习。

由于编者水平有限,书中欠妥之处,敬请广大读者批评、指正。

编　者

2023 年 8 月

目　录

第1章　8051单片机基本结构

本章学习目标

- 掌握8051单片机的内部结构；
- 掌握8051单片机的存储器结构；
- 掌握8051单片机的引脚功能；
- 掌握8051单片机的并行I/O口；
- 了解时钟电路与时序；
- 了解单片机应用系统的开发过程。

1.1　单片机概述

1. 单片机的概念

单片机是单片微型计算机的简称，是把组成微型计算机的各功能部件(中央处理单元CPU、随机存取存储器RAM、只读存储器ROM、并行I/O接口、串行通信接口、定时器/计数器、中断系统、系统时钟及系统总线等)封装在一块尺寸有限的集成电路芯片中。由于单片机体积小，因此很容易嵌入其他系统中，以实现各种方式的检测、计算或控制。单片机主要应用于控制领域，它的结构与指令功能都是按照工业控制要求设计的，故又称为微控制器(micro controller unit，MCU)。由于单片机在应用时通常是被控系统的核心并融入其中，即以嵌入的方式工作，也将单片机称为嵌入式微控制器(embedded MCU，EMCU)。在国际上，"微控制器"的叫法更通用些，而我国习惯于使用"单片机"这一名称。

2. 单片机的应用领域

由于单片机具有可靠性高、体积小、性价比高和应用灵活性强等特点，因而在工业自动检测与控制、机器人、数据采集、智能仪器仪表、机电一体化产品、汽车电子设备、武器装备、办公自动化设备、武器装备、智能终端、通信设备、导航系统、智能家用电器、计算机外部设备、通信产品和玩具等领域获得广泛应用。

3. 常用的单片机系列

单片机经历了8位机、16位机和32位机3个发展阶段。8位机以Intel公司的MCS-51(micro control system)为代表；16位机以Intel公司的MCS-96为代表；32位机以意法半导体(ST)公司采用ARM核的STM32为代表。位数指单片机能够一次处理的数据宽度。

4. MCS-51系列单片机

自从Intel公司于20世纪80年代初推出MCS-51系列单片机以后，几乎所有MCS-51

系列单片机都以Intel公司最早的典型产品8051为核心,且增加了一定的功能部件,所以人们习惯于用8051来称呼MCS-51系列单片机。MCS-51系列是最早进入我国且在我国得到广泛应用的单片机主流品种。MCS-51系列分为两大子系列:51子系列(基本型)和52子系列(增强型)。51子系列主要有8031、8051、8751和8951四种机型;52子系列主要有8032、8052、8752和8952四种机型。

8031内部包括1个8位CPU、128B RAM、21个特殊功能寄存器、4个8位并行I/O口、1个全双工串行口、2个16位定时器/计数器和5个中断源,无片内程序存储器,需扩展外部程序存储器芯片。所有兼容8031指令系统并且内核相似的单片机统称51单片机。

8051是在8031的基础上集成有4KB ROM的片内程序存储器。

8751与8051相比,以4KB的EPROM取代了4KB的ROM。

8951与8051相比,以4KB的E2PROM(或Flash ROM)取代了4KB的ROM。

增强型子系列片内RAM容量从128B增加到256B,定时器/计数器从2个增加到3个,中断源从5个增加到6个,8052/8752/8952片内程序存储器扩展到8KB。

80C51单片机系列是在MCS-51系列的基础上发展起来的,按照原MCS-51系列芯片的规则命名,如80C31、80C51、87C51、89C51。C表示采用CHMOS工艺。CHMOS工艺芯片的基本特征是低功耗以及允许的电源电压波动范围较大(5V±20%),并有三种功耗控制方式(增加了待机和掉电保护两种方式)。习惯上仍然把80C51系列作为MCS-51的子系列。

8051单片机可分为无ROM型和ROM型两种。无ROM型的芯片必须外接EPROM才能应用(典型芯片为8031)。ROM型芯片又分为EPROM型(典型芯片为8751)、FLASH型(典型芯片为89C51)、掩膜ROM型(典型芯片为8051)和一次性可编程ROM型(典型芯片为97C51)。各种型号MCS-51系列单片机的部件构成如表1.1所示。

表1.1 MCS-51系列单片机的部件构成

系 列	型号	片内ROM	片内RAM	定时器/计数器	中断源/个	串行I/O/个	并行I/O
Intel MCS-51子系列	8031	无	128B	2个16位	5	1	4个8位
	8051	4KB ROM	128B	2个16位	5	1	4个8位
	8751	4KB EPROM	128B	2个16位	5	1	4个8位
	89C51	4KB FLASH	128B	2个16位	5	1	4个8位
Intel MCS-52子系列	8032	无	256B	3个16位	6	1	4个8位
	8052	4KB ROM	256B	3个16位	6	1	4个8位
	8752	4KB EPROM	256B	3个16位	6	1	4个8位
	89C52	4KB FLASH	256B	3个16位	6	1	4个8位

89C51和80C51芯片各脚的定义是完全兼容的,唯一的区别是89C51内部集成了4K的Flash ROM,而80C51内部是厂家做好的掩膜式ROM,除了在烧写ROM时方式不同,电路功能是一样的。

MCS-51系列单片机具有64KB的外部程序存储器寻址能力以及64KB的外部RAM和I/O口寻址能力。MCS-51单片机设计上的成功及较高的市场占有率,已成为许多厂家、公司竞相选用的对象。从20世纪80年代中期开始,Intel公司将MCS-51的内核使用权以专利互换或出售的形式转让给其他半导体芯片生产厂家，如 ATMEL、Philips、Dallas、Siemens 和 STC 宏晶等公司，故有很多公司在做以 51 内核为核心的单片机。

5. AT89 系列单片机

ATMEL 公司 1994 年以 E2PROM 技术与 Intel 公司 80C51 内核的使用权进行交换，将 Flash 技术与 80C51 内核相结合，形成了片内带有 Flash 存储器的 AT89C5x/AT89S5x 系列单片机。AT89 系列与 MCS-51 系列在核心功能、总体结构、引脚以及指令系统方面完全兼容。众多 80C51 衍生单片机系列中，AT89 系列单片机在 8 位单片机市场中占有较大的市场份额。

AT89S5x 系列是 ATMEL 公司继 AT89C5x 系列之后推出的机型，表示含有串行下载的 Flash 存储器。AT89C51 单片机已不再生产，可用 AT89S51 直接替换。

6. STC 系列单片机

STC 系列单片机是由宏晶科技公司自主研发的基于 80C51 内核的单片机，在国内的应用非常广泛。传统 8051 单片机的每个机器周期包含 12 个时钟周期，而 STC 单片机的每个机器周期只需 1 个时钟周期，指令执行速度大大提高。

7. AVR 单片机

AVR 单片机是指 1997 年由 ATMEL 公司研发的增强型内置 Flash 的精简指令集高速 8 位单片机。AVR 单片机可应用于计算机外部设备、工业实时控制、仪器仪表、通信设备和家用电器等各个领域。

8. STM32 单片机

STM32 是意法半导体公司基于 ARM Cortex-M 内核开发的 32 位单片机。

9. 数制及转换

数制是计数的方法。计算机中的数制有二进制、十进制和十六进制三种。部分十进制数、二进制数及十六进制数对照表如表 1.2 所示。

表 1.2　十进制数、二进制数及十六进制数对照表

十进制	十六进制	二进制	十进制	十六进制	二进制
0	0	0000	8	8	1000
1	1	0001	9	9	1001
2	2	0010	10	A	1010
3	3	0011	11	B	1011
4	4	0100	12	C	1100
5	5	0101	13	D	1101
6	6	0110	14	E	1110
7	7	0111	15	F	1111

10. RTX51

RTX51 是基于 8051 的嵌入式系统的实时操作系统，由 Keil Software 公司开发。RTX51 的最新版本是 RTX51 Tiny V3，发布于 2010 年。RTX51 提供了一系列的功能和服务，如任务调度、时间管理、内存管理和通信机制等。它支持多任务操作，允许用户编写并行程序，以增强嵌入式系统的实时性能和可靠性。RTX51 具有高度可定制化的特点，用户可以根据特定应用程序的需求进行调整。此外，它还提供了许多示例程序，这些示例程序可以帮助用户快速上手,并为他们提供了一个起点,以构建更复杂的应用程序。本书内容不涉及RTX51。

1.2 8051单片机的内部结构

8051单片机把基本功能部件都集成在一个集成电路芯片上。8051单片机的内部宏观结构如图1.1所示,主要由10个部件(CPU、ROM、RAM、并行I/O口、串行I/O口、定时器/计数器、中断系统、时钟电路、位处理器和特殊功能寄存器)以及系统总线组成。

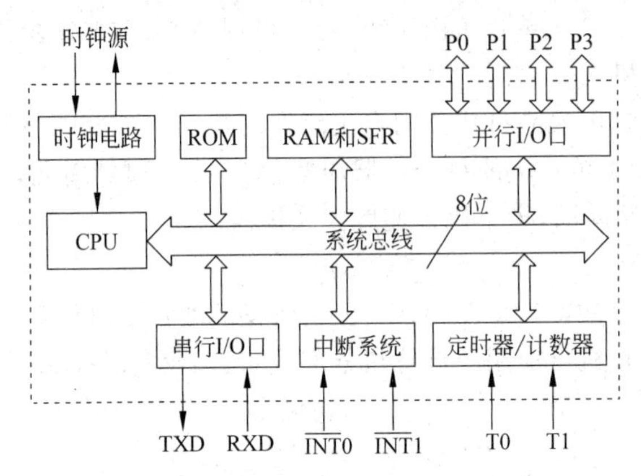

图1.1 8051单片机的内部宏观结构

8051单片机的内部微观结构如图1.2所示。各个功能部件通过片内总线连接。总线有

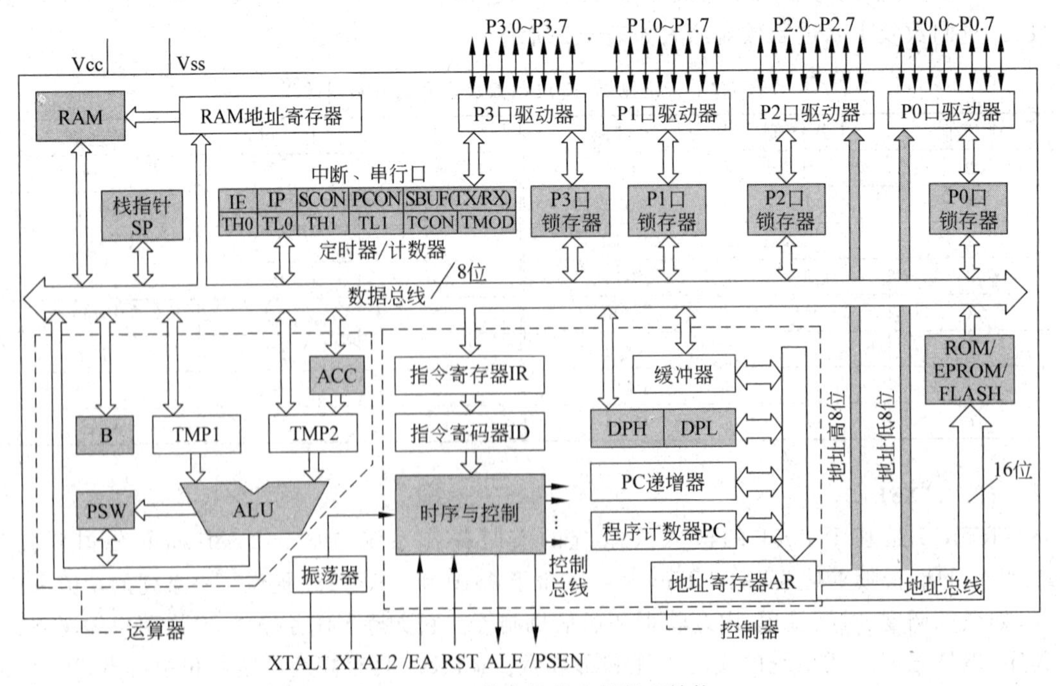

图1.2 8051单片机的内部微观结构

三种：①地址总线(address bus,AB),用来传送存储单元的地址；②数据总线(data bus,DB),用来传送数据和操作码；③控制总线(control bus,CB),用来传送各种控制信号。总线结构减少了单片机的连线和引脚,提高了集成度和可靠性。

下面结合图 1.1 和图 1.2 分别对各个功能部件进行介绍。

1.3 CPU

CPU(central processing unit,中央处理器)是单片机的核心部件,是一个 8 位微处理器,用于完成各种运算和控制操作。CPU 由运算器、控制器和面向控制的位处理器组成。CPU 的处理速度以每秒执行多少条指令衡量,常用的单位是 MIPS(million instructions per second)。

1.3.1 运算器

运算器包括算术逻辑单元(arithmetic and logic unit,ALU)、暂存寄存器(TMP1、TMP2)、累加器(ACC)、B 寄存器和程序状态字寄存器(PSW)等部件。运算器以 ALU 为核心。

ALU 主要用于完成 8 位二进制数的算术运算和逻辑运算,并根据运算结果设置 PSW 中的相关位。算术运算包括加、减、乘、除、增量、减量、十进制调整和比较等。逻辑运算包括与、或、非和异或等。

累加器 A 是 CPU 中使用非常频繁的一个 8 位寄存器,既是 ALU 单元的输入数据源之一,又是 ALU 运算结果的存放单元。数据传送时通常都会通过累加器 A,A 相当于数据的中转站。

PSW(program status word,程序状态字寄存器)包含了程序运行状态的信息。其中的进位标志位 CY 比较特殊,它同时是位处理器的位累加器。

1.3.2 控制器

控制器是单片机的控制核心,它负责从程序存储器中取出指令并对指令进行译码和执行,发出控制信号对各功能部件进行控制。控制器包括：程序计数器(program counter,PC)、指令寄存器(instruction register,IR)、指令译码器(instruction decoder,ID)、数据指针寄存器(data pointer register,DPTR)、栈指针(stack pointer,SP)、地址寄存器(address register,AR)、缓冲器以及时序与控制电路等。

(1) 程序计数器 PC：一个独立的 16 位计数器,用来存储下一条要执行的指令的地址。在单片机中,指令序列存储在程序存储器中,每条指令都有一个唯一的地址。当 CPU 需要执行指令时,它会按照 PC 所指向的地址从程序存储器中取出一条指令并存储在指令寄存器 IR,PC 的值会自动增加刚被取出指令长度(指令的字节数),即指向下一条指令。单片机复位时,PC 内容为 0000H,从程序存储器 0000H 单元取指令,开始执行程序。

PC 递增器是程序计数器 PC 中的一个模块,主要用于在单片机中执行程序时自动递增 PC 寄存器中的值。当 CPU 将指令从程序存储器读出并存储在 IR 中时,PC 递增器会将 PC 寄存器中的值加上一个固定值,以便获取下一条将要执行指令的地址。PC 递增器在单片机中起着非常重要的作用,它使CPU能够按照指令序列的顺序执行程序。

(2) 指令寄存器IR:用于暂存当前正在执行的指令。

(3) 指令译码器ID:当指令送入IR后,由ID对该指令进行译码,CPU根据译码器输出的电平信号使定时控制电路产生执行该指令所需的各种控制信号。

(4) 时序电路:发出的时序信号用于对片内各个功能部件以及片外存储器或I/O端口的控制。

(5) 控制电路:完成指挥控制工作,协调单片机各部件正常工作。

(6) 栈指针SP:用来存放栈顶元素的地址。51单片机的栈位于片内RAM中,而且属于递增型满栈,复位后SP被初始化为07H,使得栈实际上由08H单元开始。

(7) 数据指针寄存器DRTR:一个16位寄存器,由高字节DPH和低字节DPL组成,用来存放16位数据存储器的地址,以便对片外64KB的RAM区进行寻址操作。

(8) 地址寄存器AR:用于存放程序或数据存储器的地址。当CPU需要访问程序或数据存储器中的某个位置时,它首先将该位置的地址放入AR中。然后,CPU使用AR中的地址来访问该位置中的数据。

(9) 缓冲器:①控制信号放大,当单片机控制输出的电流或电压不能满足外部设备的要求时,缓冲器可以放大控制信号,使其能够驱动外部设备。②保护单片机控制器,当外部设备反向电压或噪声等干扰信号进入单片机控制器时,缓冲器可以充当隔离器,防止这些干扰信号对单片机控制器造成损害。

单片机执行指令是在控制电路的控制下进行的。首先从程序存储器中读出指令,送到指令寄存器保存,然后送到指令译码器进行译码,译码结果送到定时控制逻辑电路,由定时控制逻辑电路产生各种定时信号和控制信号,再送到系统的各个部件进行相应的操作。这就是执行一条指令的全过程。

1.3.3 位处理器

单片机主要用于控制,因此需要有较强的位处理能力。在8051单片机中,与字节处理器相对应,还特别设置了一个位处理器。位处理器又称布尔处理器。位处理器的功能是通过ALU实现的,因此在图1.2中没有画出。位处理器以PSW寄存器中的进位标志位CY为累加位,可进行置位、复位、取反、等于0转移、等于1转移以及累加位CY与可寻址位之间的比特数据传送、逻辑与、逻辑或等位操作。

1.4 8051单片机的存储器结构

1.4.1 8051存储器结构

存储器用于存储程序和数据。哈佛结构和冯·诺依曼结构是计算机组成中的两种基本结构。哈佛结构是指将计算机的存储器分为程序存储器和数据存储器两部分,程序存储器和数据存储器有各自独立的地址空间。哈佛结构在嵌入式系统和信号处理等领域得到广泛应用。冯·诺依曼结构是将程序和数据存储在同一个存储器中,这种结构被广泛应用于个人计算机、服务器等通用计算机系统中。8051 单片机在存储器的配置上采用哈佛结构，如图 1.3 所示。

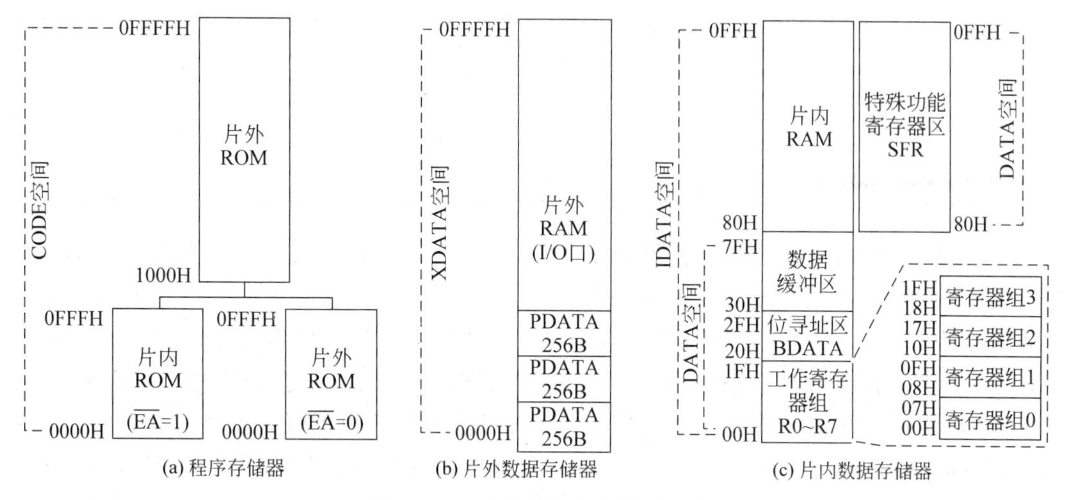

(a) 程序存储器　(b) 片外数据存储器　(c) 片内数据存储器

图 1.3　8051 单片机的存储器结构

8051 在物理结构上有 4 个存储空间：片内程序存储器、片外程序存储器、片内数据存储器和片外数据存储器。

从用户使用的角度看，8051 单片机有 3 个存储空间：片内外统一编址的 64KB 程序存储器(用 16 位地址)、256B 片内数据存储器(用 8 位地址)和 64KB 片外数据存储器(用 16 位地址)。访问这 3 个不同的存储空间时应采用不同的指令形式(MOV、MOVX、MOVC)，将在第 3 章介绍。

1.4.2　程序存储器

程序存储器用于存放程序代码和表格之类的固定常数。80C51 片内程序存储器为 4KB (0000H～0FFFH)的掩膜 ROM，89C51 片内程序存储器为 4KB 的 Flash 存储器。程序存储器有 16 位地址线，当片内程序存储器不够用时，可在片外扩展程序存储器，最多可扩展至 64KB(0000H～FFFFH)。

注意：本书后续章节中，为了描述方便，有些地方使用 ROM 表示程序存储器，从而不明确指出是 ROM、EPROM 和 FLASH 芯片中的哪一种。

在设计单片机应用系统时要注意以下两个问题。

1. EA 引脚电平的确定

对于 80C51 的 0000H～0FFFH 地址空间来说，访问片内还是片外程序存储器，是由 EA 引脚电平确定的。

EA＝1(高电平)：当读取 0000H～0FFFH 地址空间中的内容时，访问的是片内程序存储器；当读取 1000H～FFFFH 地址空间中的内容时，访问的是片外程序存储器。

EA＝0(低电平)：只访问片外程序存储器(0000H～FFFFH)中的内容，忽略片内程序存储器。

2. 特殊功能地址段

在程序存储器的开始部分定义一段具有特殊功能的地址段，用作单片机复位地址和各种中断服务程序的入口地址。程序存储器中的特殊地址及其功能如表 1.3 所示。

表 1.3　程序存储器中的特殊地址及其功能

特殊地址	功能说明或中断源	特殊地址	功能说明或中断源
0000H	复位地址	001BH	定时器/计数器 T1
0003H	外部中断 0	0023H	串行口
000BH	定时器/计数器 T0	002BH	定时器/计数器 T2(8052 才有)
0013H	外部中断 1		

8051 单片机复位后,程序计数器 PC 的内容为 0000H,所以 CPU 必须从程序存储器地址 0000H 处开始执行程序,因此称 0000H 为复位地址。由于外部中断 0 的中断服务程序入口地址为 0003H,为使主程序不与外部中断 0 的中断服务程序发生冲突,用汇编语言编程时,一般在 0000H 处存放一条绝对跳转指令,用来将执行流程转向主程序的入口地址。

除 0000H 外,其余 6 个特殊地址分别对应 6 种中断源的中断服务程序的入口地址。在程序设计时,通常会在这些入口地址处存放一条绝对跳转指令,用来将执行流程转向真正的中断服务程序的入口地址。因为两个中断服务程序入口地址的间隔仅有 8 字节单元,不足以存放一个完整的中断服务程序。中断服务程序的设计将在第 6 章介绍。

注意:本书后续章节使用的是 AT89C51 单片机,片内程序存储器为 8KB 的 Flash 存储器。

1.4.3　片内数据存储器

AT89C51 单片机片内 RAM 有 256 字节的地址空间,地址范围是 00H～FFH,分为两部分:低 128B(00H～7FH)、高 128B(80H～FFH)。00H～7FH 地址空间是直接寻址区(DATA 空间),80H～FFH 的地址空间是间接寻址区(IDATA 空间),由于 00H～7FH 地址空间也可以间接寻址,因此 00H～7FH 地址空间也可以是间接寻址区(IDATA 空间)。

直接寻址区(00H～7FH)分为工作寄存器区、位寻址区和数据缓冲区。

1. 工作寄存器区

工作寄存器也称为通用寄存器,是供用户编程时使用,用于临时存储 8 位数据信息。

00H～1FH 地址空间为工作寄存器区,共有 32 个通用寄存器,划分为 4 组,每组包含 8 个寄存器,依次命名为 R0～R7。每个工作寄存器组都可被选为 CPU 的当前工作寄存器。在某一时刻,CPU 只能使用其中一组工作寄存器,具体哪一组是由 PSW(见表 1.8)中的 RS0 和 RS1 决定。可通过编程的方式改变 RS1、RS0 的值来选择使用哪一组工作寄存器。程序中不使用的工作寄存器组中的存储单元可以作一般的数据缓冲区使用。

工作寄存器组的选择、工作寄存器和 RAM 地址对照表如表 1.4 所示。

表 1.4　工作寄存器组的选择、工作寄存器和 RAM 地址对照表

寄存器组	RS1	RS0	R0	R1	R2	R3	R4	R5	R6	R7	片内 RAM 地址
第 0 组	0	0	00H	01H	02H	03H	04H	05H	06H	07H	00H～07H
第 1 组	0	1	08H	09H	0AH	0BH	0CH	0DH	0EH	0FH	08H～0FH
第 2 组	1	0	10H	11H	12H	13H	14H	15H	16H	17H	10H～17H
第 3 组	1	1	18H	19H	1AH	1BH	1CH	1DH	1EH	1FH	18H～1FH

2. 位寻址区(20H～2FH)

单片机 CPU 不仅具有字节寻址功能,而且具有位寻址功能。8051 共有 211 个可寻址位,构成了位地址空间。它们位于内部 RAM(共 128 位)和特殊功能寄存器区(共 83 位)中。片内 RAM 中的 20H～2FH 地址空间为位寻址区,共有 16 字节,其中每字节的每一位都规定了位地址,共有 16×8=128(位),地址范围是 00H～7FH。这 16 个 RAM 单元具有双重功能,既可以像普通 RAM 单元一样按字节寻址,也可以按位单独寻址。

位寻址区(20H～2FH)如表 1.5 所示。

表 1.5　位寻址区(20H～2FH)

字节地址	位地址							
	D7	D6	D5	D4	D3	D2	D1	D0
2FH	7F	7E	7D	7C	7B	7A	79	78
2EH	77	76	75	74	73	72	71	70
2DH	6F	6E	6D	6C	6B	6A	69	68
2CH	67	66	65	64	63	62	61	60
2BH	5F	5E	5D	5C	5B	5A	59	58
2AH	57	56	55	54	53	52	51	50
29H	4F	4E	4D	4C	4B	4A	49	48
28H	47	46	45	44	43	42	41	40
27H	3F	3E	3D	3C	3B	3A	39	38
26H	37	36	35	34	33	32	31	30
25H	2F	2E	2D	2C	2B	2A	29	28
24H	27	26	25	24	23	22	21	20
23H	1F	1E	1D	1C	1B	1A	19	18
22H	17	16	15	14	13	12	11	10
21H	1F	1E	0D	0C	0B	0A	09	08
20H	07	06	05	04	03	02	01	00

3. 数据缓冲区

30H～7FH 地址空间为数据缓冲区,共 80 个单元,只能字节寻址,用于临时存取数据或作为栈区。中断系统中的栈一般都设在该区。

1.4.4　片外数据存储器

当片内 128B 或 256B 的 RAM 不够用时,需使用片外数据存储器(XDATA 空间),最多可扩展 64KB 的片外 RAM。片内 RAM 与片外 RAM 两个地址空间是相互独立的,片内 RAM 与片外 RAM 的低 128B 或低 256B 的地址是相同的,但由于使用不同的访问指令,所以不会发生冲突。在片外 RAM 中,数据区和扩展的 I/O 端口是统一编址的,使用的指令也完全相同,因此,用户在设计单片机应用系统时,要合理进行外部 RAM 和 I/O 端口的地址分配,保证地址译码的唯一性。

1.4.5 特殊功能寄存器

CPU 对各个功能部件的控制采用特殊功能寄存器(special function register,SFR)的集中控制方式,用于控制、管理单片机内部算术逻辑部件、并行 I/O 口、串行 I/O 口、定时器/计数器、中断系统等功能模块的工作。SFR 实质上是各个外围部件的控制寄存器和状态寄存器,反映单片机内部实际的工作状态及工作方式。

AT89C51 单片机片内 RAM 有 256 字节的地址空间,其中高 128 字节的地址空间与片内 SFR 占据的地址空间重叠,都为 80H～FFH。虽然地址相同,但它们是两个不同的区域,一个是 RAM 区(间接寻址),另一个是特殊功能寄存器区(直接寻址)。

SFR 的地址映射到片内 RAM 区 80H～FFH 地址空间中。SFR 的个数与单片机的型号有关,51 子系列有 21 个 SFR,52 子系列有 26 个 SFR,它们离散地分布在 80H～FFH 的地址空间中,SFR 没有占用的 RAM 单元是不存在的,访问这些地址是没有意义的。

AT89C51 共有 21 个特殊功能寄存器,按其使用功能可分为 5 类:CPU 控制寄存器(ACC、B、PSW、SP、DPL、DPH)、中断控制寄存器(IP、IE)、定时器/计数器(TMOD、TCON、TL0、TH0、TL1、TH1)、并行 I/O 口(P0、P1、P2、P3)和串行口控制(SCON、SBUF、PCON)。这些 SFR 的助记符、名称和地址如表 1.6 所示。带 * 号的 SFR 的字节地址末位是 0H 或 8H(地址能够被 8 整除),每个位都可位寻址。注意,如果读/写未定义的单元,将得到一个随机数。对 SFR 只能采用直接寻址方式,书写时既可以使用寄存器符号,也可以使用寄存器单元地址。

表 1.6 SFR 的助记符、名称和地址

SFR 符号	SFR 名称	地址	SFR 符号	SFR 名称	地址
* B	B 寄存器	F0H	TH0	定时器/计数器 0(高字节)	8CH
* ACC	累加器	E0H	TL1	定时器/计数器 1(低字节)	8BH
* PSW	程序状态字	D0H	TL0	定时器/计数器 0(低字节)	8AH
* IP	中断优先级控制寄存器	B8H	TMOD	定时器/计数器工作方式寄存器	89H
* P3	P3 锁存器	B0H	* TCON	定时器/计数器控制寄存器	88H
* IE	中断允许控制寄存器	A8H	PCON	电源控制及波特率选择寄存器	87H
* P2	P2 锁存器	A0H	DPH	数据指针 DPTR 高 8 位	83H
SBUF	串行数据缓冲器	99H	DPL	数据指针 DPTR 低 8 位	82H
* SCON	串行口控制寄存器	98H	SP	栈指针	81H
* P1	P1 锁存器	90H	* P0	P0 锁存器	80H
TH1	定时器/计数器 1(高字节)	8DH			

可被位寻址的特殊寄存器有 11 个,共有 88 个位地址,5 个位没有被使用,其余 83 个位的位地址离散地分布于片内数据存储器区字节地址为 80H～FFH 的范围内,其最低的位地址等于其字节地址,且其字节地址的末位都为 0H 或 8H。

位寻址区(80H～FFH)或 SFR 中的位地址分布如表 1.7 所示。

表 1.7 位寻址区(80H～FFH)或 SFR 中的位地址分布

SFR	位地址							字节地址
B	F7	F6	F5	F4	F3	F2	F1	F0	F0
ACC	E7	E6	E5	E4	E3	E2	E1	E0	E0
PSW	D7	D6	D5	D4	D3	D2	D1	D0	D0
IP	—	—	—	BC	BB	BA	B9	B8	B8
P3	B7	B6	B5	B4	B3	B2	B1	B0	B0
IE	AF	—	—	AC	AB	AA	A9	A8	A8
P2	A7	A6	A5	A4	A3	A2	A1	A0	A0
SCON	9F	9E	9D	9C	9B	9A	99	98	98
P1	97	96	95	94	93	92	91	90	90
TCON	8F	8E	8D	8C	8B	8A	89	88	88
P0	87	86	85	84	83	82	81	80	80

下面介绍 PSW,其他 SFR 在后续章节中使用时再做介绍。

PSW 是一个 8 位的寄存器,用于存放运算结果的一些特征信息。其中有些位状态是根据指令执行结果,由硬件自动设置;有些位状态可以用编程方式设置。PSW 的位状态可以用专门的指令进行测试,也可以用指令读出。一些条件转移指令将根据 PSW 中有关位信息来进行程序转移。PSW 中各个位的定义如表 1.8 所示。

表 1.8 PSW 中各个位的定义

位序	PSW.7	PSW.6	PSW.5	PSW.4	PSW.3	PSW.2	PSW.1	PSW.0
位标志	CY	AC	F0	RS1	RS0	OV	—	P

CY:进位标志位,可写为 C。在算术运算时,若操作结果的最高位有进位或借位,则 CY=1;否则 CY=0。在位处理器中,它是位累加器;在位操作中,作累加位使用。

AC:辅助进位标志位(半进位标志位)。在加减运算时,当低 4 位向高 4 位进位或借位时,AC 由硬件自动设置为 1;否则设置为 0。在 BCD 码运算时,用作十进位调整,此时要用 AC 位状态进行判断。

F0:用户自定义标志位。这是一个由用户自定义的标志位,用户根据需要使用编程方式置位(置 1)或复位(清 0)。

RS1 和 RS0:工作寄存器组选择位。它用于设定当前通用寄存器的组号。这两个选择位的状态是由软件设置的,被选中的寄存器组即为当前通用寄存器。

OV:溢出标志位。当执行算术指令时,用来指示运算结果是否产生溢出。如果结果产生溢出,OV=1;否则,OV=0。

PSW.1 位:保留位。对于 8051 来说没有意义;对于 8052 来说为用户标志,与 F0 相同。

P:奇偶校验标志位。其表明累加器 A 中 1 的个数的奇偶性,每条指令执行完毕,由硬件根据累加器 A 中 1 的个数对 P 位进行置位或复位,当 1 的个数为奇数时,P=1,否则 P=0。此标志位对串行通信有重要意义,常用奇偶检验来检验数据串行传输的可靠性。

1.5 8051 单片机的引脚功能

1.5.1 8051 单片机的引脚

AT89C51 单片机有 40 条引脚,双列直插封装(DIP)方式的引脚排列如图 1.4 所示。

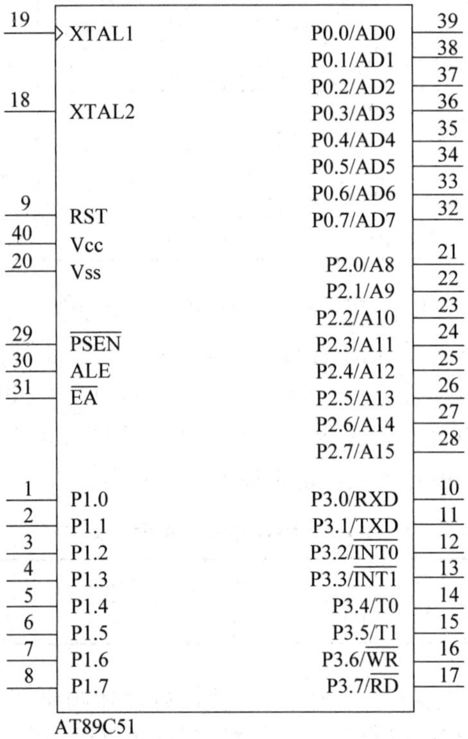

19 XTAL1
18 XTAL2
9 RST
40 Vcc
20 Vss
29 $\overline{\text{PSEN}}$
30 ALE
31 $\overline{\text{EA}}$
1 P1.0
2 P1.1
3 P1.2
4 P1.3
5 P1.4
6 P1.5
7 P1.6
8 P1.7
P0.0/AD0 39
P0.1/AD1 38
P0.2/AD2 37
P0.3/AD3 36
P0.4/AD4 35
P0.5/AD5 34
P0.6/AD6 33
P0.7/AD7 32
P2.0/A8 21
P2.1/A9 22
P2.2/A10 23
P2.3/A11 24
P2.4/A12 25
P2.5/A13 26
P2.6/A14 27
P2.7/A15 28
P3.0/RXD 10
P3.1/TXD 11
P3.2/$\overline{\text{INT0}}$ 12
P3.3/$\overline{\text{INT1}}$ 13
P3.4/T0 14
P3.5/T1 15
P3.6/$\overline{\text{WR}}$ 16
P3.7/$\overline{\text{RD}}$ 17
AT89C51

图 1.4 AT89C51 双列直插封装方式的引脚排列

引脚按其功能可分为 3 类。

(1) 电源及外接晶振引脚:Vcc、Vss、XTAL1 和 XTAL2。

(2) 控制引脚:RST、$\overline{\text{PSEN}}$、ALE 和$\overline{\text{EA}}$。

(3) I/O 口引脚:P0、P1、P2 和 P3。

1.5.2 电源及外接晶振

1. 电源引脚 Vcc 和 Vss

Vcc 引脚接+5V 电源,Vss 引脚接地。

2. 外接晶振引脚 XTAL1 和 XTAL2

外接晶振引脚也称为时钟振荡电路引脚。XTAL 是 Extern Crystal(外部晶振或外部石英晶体)的缩写。XTAL1 和 XTAL2 引脚分别用作晶体振荡电路的反相器输入端和输出端。在使用内部振荡电路时,这两个端子用来外接石英晶体,振荡信号送至内部时钟电路,用于产生时钟脉冲信号。

XTAL1 引脚是片内振荡器反相放大器和时钟发生器电路的输入端。用片内振荡器时，该引脚接外部石英晶体和微调电容。当使用外部时钟源时，对于 HMOS 单片机，该引脚应接地；对于 CHMOS 单片机，该引脚作为驱动端。

XTAL2 引脚是片内振荡器反相放大器的输出端。当使用片内振荡器时，该引脚接外部石英晶体和微调电容。当使用外部时钟源时，对于 HMOS 单片机，该引脚应接外部振荡器的信号，即把外部振荡器的信号直接接到内部时钟发生器的输入端；对于 CHMOS 单片机，该引脚应悬空。

1.5.3 控制引脚

1. RST

复位是单片机的初始化操作，在上电启动时需要复位，使 CPU 和系统各个部件都处于一个确定的初始状态，并从这个状态开始工作。

复位信号从单片机的 RST(reset)引脚输入，高电平有效，其有效电平应维持至少 2 个机器周期，若采用 12MHz 的晶体振荡器，则复位信号应持续 2μs 以上，才可以保证可靠复位。单片机复位时片内各寄存器的状态如表 1.9 所示，表中 X 表示复位时该位的值不确定。

表 1.9 单片机复位时片内各寄存器的状态

寄 存 器	内 容	寄 存 器	内 容
PC	0000H	TMOD	00H
ACC	00H	TCON	00H
B	00H	TL0	00H
PSW	00H	TH0	00H
SP	07H	TL1	00H
DPTR	0000H	TH1	00H
P0～P3	0FFH	SCON	00H
IP	XXX00000B	SBUF	XXXXXXXXB
IE	0XX00000B	PCON	0XXXXXXXB

8051 单片机通常采用上电自动复位和按键手动复位两种方式，复位电路如图 1.5 所示。单片机运行出错或进入死循环时，可按复位键重新运行。

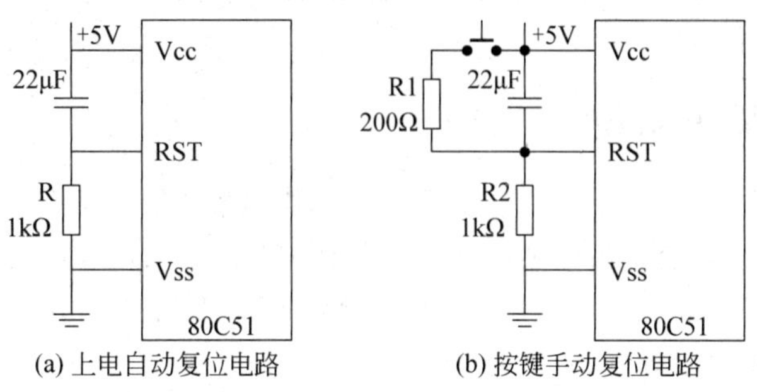

图 1.5 复位电路

上电时自动复位是通过 Vcc(+5V)电源给电容充电来加给 RST 引脚一个短暂的高电平信号,此信号随着 Vcc 对电容 C 的充电过程而逐渐回落,即 RST 脚上的高电平持续时间取决于电容 C 充电时间。因此为保证系统能可靠地复位,RST 引脚上的高电平必须大于复位所要求的高电平的时间。除上电复位外,有时还需要手动复位。按键复位是通过 RST 端经两个电阻对电源 Vcc 接通分压产生的高电平来实现。

单片机的复位速度通常比外围 I/O 接口电路快些,因此为保证系统可靠复位,在单片机初始化程序中应安排一段复位延迟程序,以保证单片机与外围 I/O 接口电路都能可靠复位。

2. PSEN

PSEN(program store enable)引脚是片外程序存储器读选通控制端,低电平有效。如图 1.3 所示,片外 RAM 与片外 ROM 的 64KB 地址空间完全重叠,因此需要通过不同信号来选通 ROM 或外部 RAM。当从片外 ROM 中取指令时,采用 PSEN 作为选通信号;当从片外 RAM 中读写数据时,采用 RD 和 WR 作为选通信号。这样就不会因地址重叠而发生混乱。

3. ALE

ALE(address latch enable)是地址锁存使能引脚,为 CPU 访问外部程序存储器或外部数据存储器提供地址锁存控制信号,将 P0 口送出的低 8 位地址锁存在片外的地址锁存器中,如图 1.6 所示。在访问外部存储器时,ALE 使 P0 口作为地址/数据复用端口,实现数据(D0~D7)与低 8 位地址(A0~A7)的复用。

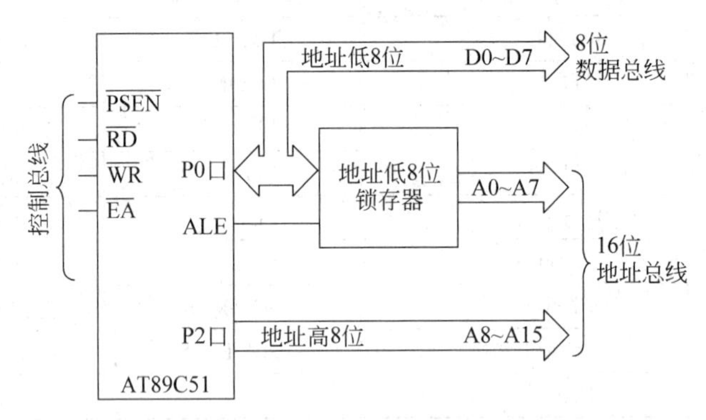

图 1.6 ALE 将低 8 位地址锁存在片外的地址锁存器中

4. EA

EA(enable address)引脚是外部程序存储器访问允许控制端,低电平有效。具体介绍见第 1.4.2 小节。

1.5.4 单片机最小系统

所谓单片机最小系统,是指一个真正可用的单片机最小配置系统。根据单片机内部有无程序存储器,将最小系统分为两种情况:①无 ROM 芯片,如 8031,必须扩展 ROM,并且外接晶体振荡器和复位电路;②有 ROM/EPROM/FLASH 芯片,如 8051、8751、89C51 等,只需外接晶体振荡器和复位电路。

如果单片机内部资源能够满足系统需求,可以直接采用单片机最小系统。

1.6　并行 I/O 口

MCS-51 系列单片机有 4 个 8 位的可编程并行 I/O 口：P0、P1、P2 和 P3，共 32 根引脚。它们是特殊功能寄存器中的 4 个。这 4 个口既可以作输入也可以作输出，既可按 8 位处理也可按位方式使用。输出时具有锁存能力，输入时具有缓冲功能。

如图 1.6 所示，单片机通过三种片外总线（地址总线、数据总线、控制总线）和各种外围设备连接。①地址总线宽度为 16 位，由 P0 口经地址锁存器提供低 8 位地址（A0～A7）；P2 口直接提供高 8 位地址（A8～A15）。地址信号由 CPU 发出，因此地址总线是单向的。②数据总线宽度为 8 位，用于传送数据和指令，由 P0 口提供。③控制总线随时掌握各种部件的状态，并根据需要向有关部件发出控制信号，如 PSEN、WR、RD 等。

1.6.1　P0 口

P0 口（32 脚～39 脚）是一个 8 位的三态双向 I/O 口。P0 口（P0.0～P0.7）具有两种功能，既可作为通用的 I/O 接口，也可作为地址/数据分时复用口。①为漏极开路型的 8 位准双向 I/O 口时，可看作用户数据总线；②在访问外部存储器时，P0 口被分时复用，作为外部低 8 位地址线和 8 位数据线。P0 口的字节地址为 80H，位地址为 80H～87H。P0 口的各位口线具有完全相同但又相互独立的逻辑电路，如图 1.7 所示。

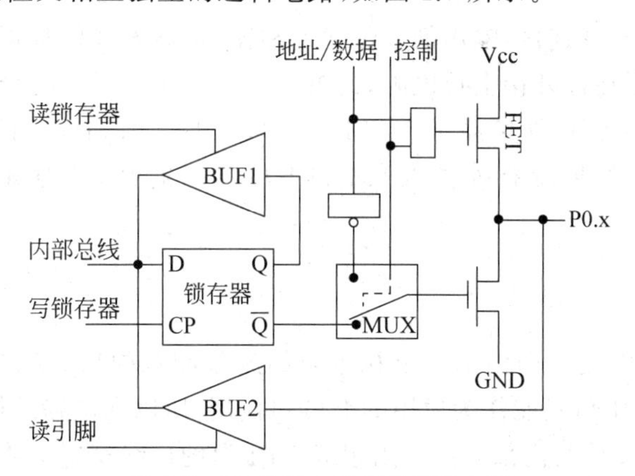

图 1.7　P0 口某一口线的逻辑电路

1. P0 口用作系统的地址/数据总线

AT89C51 外扩存储器或 I/O 时，P0 口作为系统复用的地址/数据总线用。此时“控制”信号为 1，硬件自动使转接开关 MUX 打向上面，接通反相器输出，同时使“与门”处于开启状态。

当输出的“地址/数据”信息为 1 时，“与门”输出为 1，上方的场效应管导通，下方的场效应管截止，P0.x 引脚输出为 1；当输出的“地址/数据”信息为 0 时，上方的场效应管截止，下方的场效应管导通，P0.x 引脚输出为 0。可见 P0.x 引脚的输出状态随“地址/数据”状态的变化而变化。上方场效应管起到内部上拉电阻作用。

当 P0 口作为数据线输入时，仅从外部存储器(或外部 I/O)读入信息，对应“控制”信号为 0，MUX 接通锁存器的/Q(Q 的反)端。由于 P0 口作为地址/数据复用方式访问外部存储器时，CPU 自动向 P0 口写入 FFH，使下方场效应管截止，由于控制信号为 0，上方场效应管也截止，从而保证数据信息的高阻抗输入，从外部存储器或 I/O 输入的数据信息直接由 P0.x 脚通过输入缓冲器 BUF2 进入内部总线。

P0 口具有高电平、低电平和高阻抗输入三种状态的端口，因此，P0 口作为地址/数据总线使用时是一个真正的双向端口。

2. P0 口用作通用 I/O 口

P0 口作为通用的 I/O 口使用时，“控制”信号为 0，MUX 打向下面，接通锁存器的/Q 端，“与门”输出为 0，上方场效应管截止，形成的 P0 口输出电路为漏极开路输出。

P0 口作为通用 I/O 输出口时，来自 CPU 的“写”脉冲加在 D 锁存器的 CP 端，内部总线上的数据写入 D 锁存器，并由引脚 P0.x 输出。当 D 锁存器为 1 时，端为 0，下方场效应管截止，输出为漏极开路，此时，必须外接上拉电阻才能有高电平输出；当 D 锁存器为 0 时，下方场效应管导通，P0 口输出为低电平。

P0 口作为通用 I/O 输入口时，有两种读入方式：“读锁存器”和“读引脚”。当 CPU 发出“读锁存器”指令时，锁存器的状态由 Q 端经上方的三态缓冲器 BUF1 进入内部总线；当 CPU 发出“读引脚”指令时，锁存器的输出状态＝1(即端为 0)，从而使下方场效应管截止，引脚状态经下方三态缓冲器 BUF2 进入内部总线。

P0 口的特点：①当 P0 口用作地址/数据总线口使用时，是一个真正的双向口，用作与外部扩展的存储器或 I/O 连接，输出低 8 位地址和输出/输入 8 位数据；②当 P0 口用作通用 I/O 口使用时，需要在片外接上拉电阻，此时端口不存在高阻抗的悬浮状态，因此是一个准双向口；③如果单片机片外扩展了 RAM 和 I/O 接口芯片，P0 口此时应作为复用的地址/数据总线口使用。如果没有外扩 RAM 和 I/O 接口芯片，此时即可作为通用 I/O 口使用。

1.6.2 P1 口

P1 口(P1.0～P1.7)是一个内部带上拉电阻的 8 位准双向口。P1 口的地址为 90H，位地址为 90H～97H。P1 口只能作为通用的 I/O 口使用，所以在电路结构上和 P0 口不同，它的输出只由一个场效应管与内部上拉电阻组成。P1 口的口线逻辑电路如图 1.8 所示。

P1 口只传送数据，所以不需要多路转接开关 MUX。因此输出电路中有上拉电阻，且上拉电阻和场效应管共同组成了输出驱动电路。

P1 口作为输出口时，若 CPU 输出 1，$Q=1$，$\overline{Q}=0$，场效应管截止，P1 口引脚的输出为 1；若 CPU 输出 0，$Q=0$，$\overline{Q}=1$，场效应管导通，P1.x 引脚输出为 0。

P1 口作为输入口时，分为“读锁存器”和“读引脚”两种方式。“读锁存器”时，锁存器的输出端 Q 的状态经输入缓冲器 BUF1 进入内部总线；“读引脚”时，先向锁存器写 1，使场效应管截止，P1.x 引脚的电平经输入缓冲器 BUF2 进入内部总线。

P1 口由于有内部上拉电阻，没有高阻抗输入状态，故为准双向口。P1 口作为输出口使用时，已能提供推拉电流负载，片外无须再接上拉电阻。P1 口作为输入口使用时，应先向其锁存器写入 1，使输出驱动电路的场效应管截止，再进行读入操作，以防场效应管处于导通

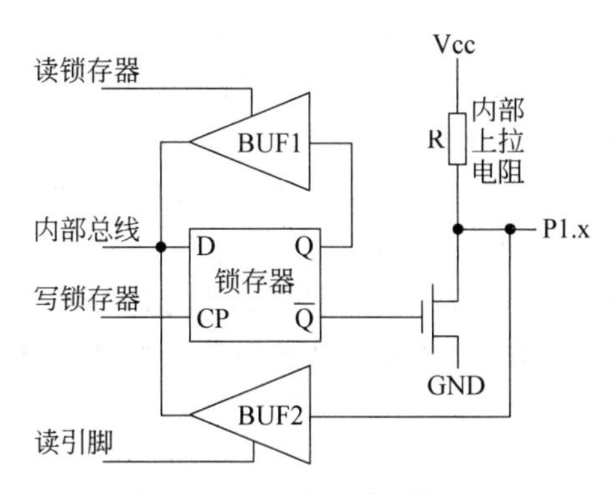

图 1.8　P1 口的口线逻辑电路

状态而使引脚箝位到零,引起误读。

1.6.3　P2 口

P2 口(21 脚～28 脚)是 8 位的准双向 I/O 口,具有内部上拉电阻。P2 口有两种用途:通用 I/O 口和高 8 位地址线。在访问外部程序存储器时,它可以作为扩展电路高 8 位地址总线送出高 8 位地址。P2 口(P2.0～P2.7)也可作通用的 I/O 口使用。当用作通用 I/O 输入时,应先向锁存器写 1。

当片外 RAM 容量较大,需要由 P2 口和 P0 口送出 16 位地址时,P2 口不再用作通用 I/O 口;当片外 RAM 容量较小(≤256B)时,R0 或 R1 寄存器提供 8 位地址,由 P0 口送出,不需要 P2 口,此时 P2 口仍可用作通用 I/O 口。

P2 口的字节地址为 0A0H,位地址为 0A0H～0A7H。P2 口的口线逻辑电路如图 1.9 所示。

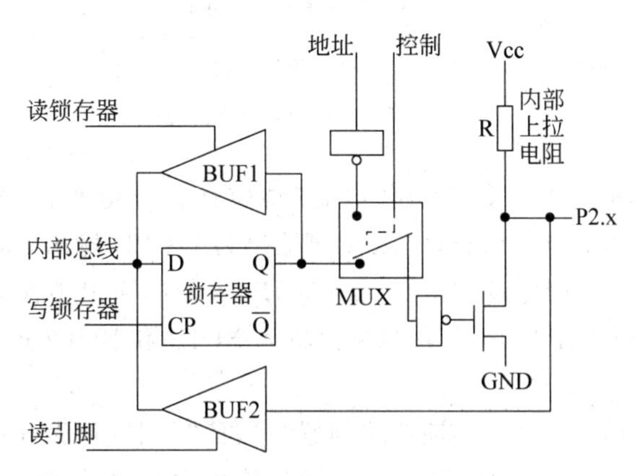

图 1.9　P2 口的口线逻辑电路

在实际使用中,P2 口日常用于为系统提供高位地址,不作为数据线使用,所以 P2 口和 P0 口既有共同点,又有不同点。

共同点:在口电路中有一个多路转换开关 MUX。用于口线作为通用的 I/O 口进行数据的输入/输出和作为单片机系统的地址/数据线之间的接通转接。

不同点:P2 口只作为高位地址线使用,不作为数据线使用,所以多路转换开关 MUX

的一个输入端不再是“地址/数据”,而是单一的“地址”。

CPU 输出 1 时,Q=1,场效应管截止,P2.x 引脚输出 1;CPU 输出 0 时,Q=0,场效应管导通,P2.x 引脚输出 0。输入时,分为两种方式:①为“读锁存器”时,Q 端信号经输入缓冲器 BUF1 进入内部总线;②为“读引脚”时,先向锁存器写 1,使场效应管截止,P2.x 引脚上的电平经输入缓冲器 BUF2 进入内部总线。

作为地址输出线使用时,P2 口可输出外部存储器的高 8 位地址,与 P0 口输出的低 8 位地址一起构成 16 位地址,共可寻址 64KB 的地址空间。当 P2 口作为高 8 位地址输出口时,输出锁存器的内容保持不变。

1.6.4 P3 口

P3 口(P3.0~P3.7)具有两种功能,第一功能为内部带上拉电阻的 8 位准双向 I/O 口,P3 口除了作为一般的通用 I/O 口使用之外,每个引脚都具有第二功能,即串口、外部中断、计数脉冲输入端、读写外部数据存储器/I/O 口控制端。P3 口的字节地址为 0B0H,位地址为 0B0H~0B7H。P3 口的口线逻辑电路如图 1.10 所示。

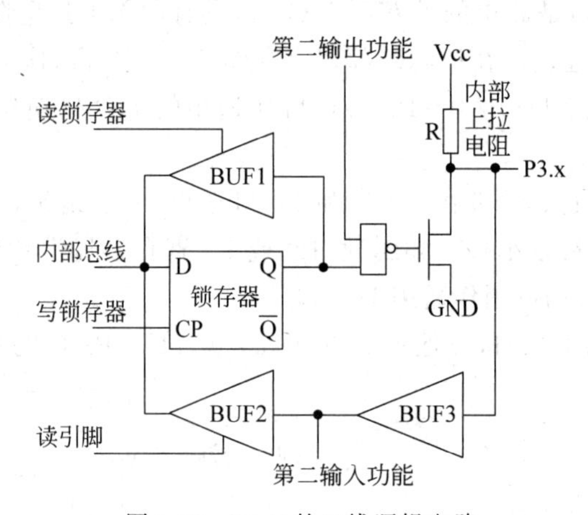

图 1.10 P3 口的口线逻辑电路

当用作通用 I/O 输出时,“第二输出功能”端应保持高电平,“与非门”为开启状态。CPU 输出 1 时,Q=1,场效应管截止,P3.x 引脚输出为 1;CPU 输出 0 时,Q=0,场效应管导通,P3.x 引脚输出为 0。当用作通用 I/O 输入时,P3.x 位的输出锁存器和“第二输出功能”端均应置 1,场效应管截止,P3.x 引脚信息通过输入 BUF3 和 BUF2 进入内部总线,完成“读引脚”操作。

当选择第二输出功能时,该位的锁存器须置“1”,使“与非门”为开启状态。当第二输出为 1 时,场效应管截止,P3.x 引脚输出为 1;当第二输出为 0 时,场效应管导通,P3.x 引脚输出为 0。当选择第二输入功能时,该位的锁存器和第二输出功能端均应置 1,保证场效应管截止,P3.x 引脚的信息由输入缓冲器 BUF3 的输出获得。

虽然 P3 口可以作为通用 I/O 口使用,但在实际使用中它的第二功能更为重要,如表 1.10 所示。值得强调的是,P3 口的每一条引脚均可独立定义为第一功能的输入/输出或第二功能的输入/输出。将在后续相关章节对第二功能进行介绍。

表 1.10　P3 口引脚的第二功能

P3 口引脚	第二功能	P3 口引脚	第二功能
P3.0	RXD(串行输入口)	P3.4	T0(定时器 0 外部输入)
P3.1	TXD(串行输出口)	P3.5	T1(定时器 1 外部输入)
P3.2	/INT0(外部中断 0 输入)	P3.6	/WR(外部 RAM 写选通)
P3.3	/INT1(外部中断 1 输入)	P3.7	/RD(外部 RAM 读选通)

1.7　时钟电路与时序

执行指令时，CPU 首先到程序存储器中取出需要执行的指令操作码，然后译码，并由时钟电路产生一系列控制信号，完成指令所规定的操作。

CPU 发出的时序信号有两类：一类用于对片内各个功能部件的控制，用户无须了解；另一类用于对片外存储器或 I/O 端口的控制，这部分时序对于分析、设计硬件接口电路至关重要。

1.7.1　时钟电路

单片机工作是在统一的时钟脉冲的控制下一拍一拍进行的，时钟脉冲是单片机控制器中的时钟电路发出的。MCS-51 系列单片机内部有一个高增益反相放大器，用于构成振荡器，但要形成时钟脉冲，外部还需附加电路。MCS-51 的时钟脉冲产生方式有内部振荡方式和外部振荡方式两种。

1. 内部振荡方式

8051 单片机片内有一个用于构成振荡器的高增益反相放大器，引脚 XTAL1 和 XTAL2 分别是此放大器的输入端和输出端。把放大器与作为反馈元件的晶体振荡器或陶瓷谐振器连接，就构成了内部自激振荡器，并产生振荡时钟脉冲。

2. 外部振荡方式

外部振荡方式就是把外部已有的时钟信号引入单片机内。在由多片单片机组成的系统中，为了各单片机之间时钟信号的同步，应当引入唯一的公用外部脉冲信号作为各单片机的振荡脉冲。

当使用单片机内部振荡电路时，XTAL1、XTAL2 这两个引脚用来外接石英晶体振荡器(晶振)和微调电容，构成一个稳定的自激振荡器，如图 1.11(a)所示。在单片机内部，它是一个反相放大器的输入端，这个放大器构成了片内振荡器。当采用外部时钟时，对于 HMOS 单片机，XTAL1 引脚接地，XTAL2 接片外振荡脉冲输入(带上拉电阻)；对于 CHMOS 单片机，XTAL2 引脚接地，XTAL1 接片外振荡脉冲输入(带上拉电阻)，如图 1.11(b)、(c)所示。时钟电路为单片机产生的时钟脉冲序列，典型的晶振频率为 6MHz 或 12MHz。

1.7.2　CPU 时序

时钟电路用于产生单片机工作所需要的时钟信号，单片机本身就是一个复杂的同步时

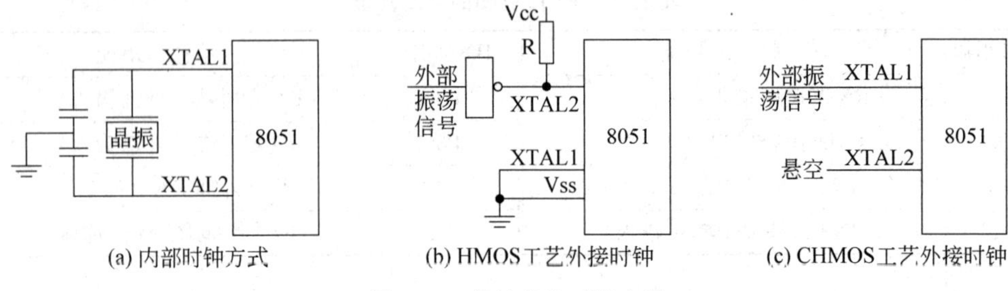

图 1.11　单片机的时钟电路

钟电路,为了保证同步工作方式的实现,电路应在唯一的时钟信号控制下严格地按时序进行工作。而时序所研究的则是指令执行中各信号之间的相互时间关系。

CPU 执行指令的一系列动作都是在时钟电路控制下进行的,由于指令的字节数不同,取这些指令所需要的时间也不同,即使是字节数相同的指令,由于执行操作有较大差别,不同的指令执行时间也不一定相同。为了便于对 CPU 时序进行分析,按指令的执行过程规定了几种周期,即振荡(时钟)周期、状态周期、机器周期和指令周期,这些也称为时序定时单位。通常以时序图的形式来表明相关信号的波形及出现的先后次序。各种周期的相互关系如图 1.12 所示。

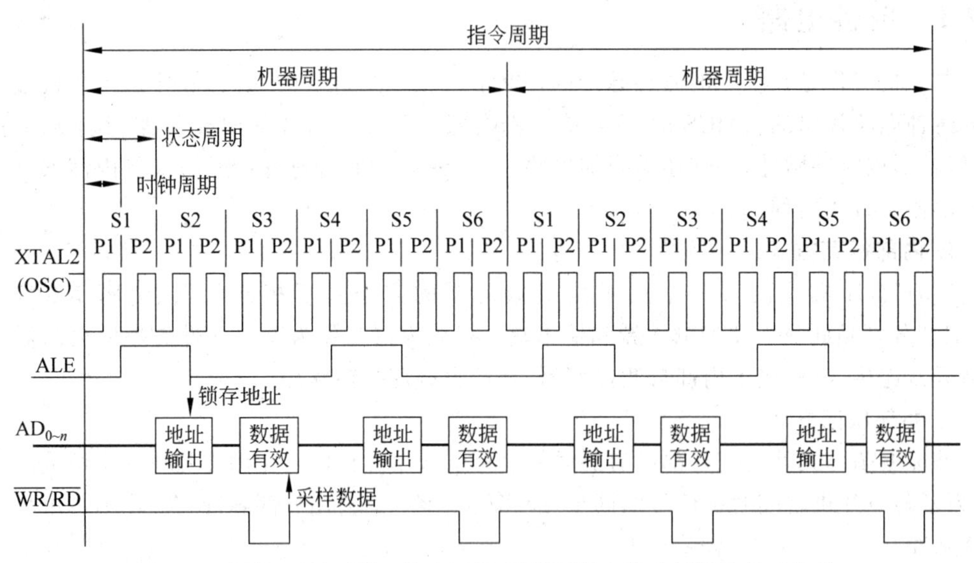

图 1.12　振荡(时钟)周期、状态周期、机器周期和指令周期的相互关系

1. 时钟周期

时钟周期也称晶振周期、振荡周期(time of oscillator, TOSC),定义为晶振频率(frequency of oscillator, FOSC)的倒数,它是单片机中最基本的、最小的时间单位,用P(period)表示。在 1 个时钟周期内,CPU 仅完成一个最基本的动作。若晶振频率为 f_{osc},则时钟周期 $t_{osc}=1/f_{osc}$。例如,如果 $f_{osc}=6\text{MHz}$,则 $t_{osc}=166.7\text{ns}$。

2. 状态周期

振荡器脉冲信号经 2 分频后成为内部的时钟信号,用作单片机内部各功能部件按序协调工作的控制信号，称为状态周期，用 S(status)表示。1 个状态周期有 2 个时钟周期，前半状态周期相应的时钟周期定义为 P1，后半状态周期相应的时钟周期定义为 P2。

注意：振荡器脉冲信号经 3 分频后产生 ALE 信号。

3. 机器周期

完成一个基本操作所需要的时间称为机器周期，通常为 12 个振荡周期。振荡器脉冲信号经 6 分频后得到机器周期信号。规定 1 个机器周期有 6 个状态周期，分别表示为 S1～S6。而 1 个状态周期包含 2 个时钟周期，那么 1 个机器周期就有 12 个时钟周期，可以表示为 S1P1、S1P2、…、S6P1、S6P2。如果使用 12MHz 的晶振，那么一个机器周期就是 1μs。

4. 指令周期

指令周期是指 CPU 执行一条指令所需要的时间，一般由若干个机器周期组成，不同指令所需要的机器周期数也不同。有单周期指令、双周期指令和四周期指令。

例如，如果 8051 单片机外接晶振的频率为 12MHz，则

振荡周期＝1/12μs

状态周期＝1/6μs

机器周期＝1μs

指令周期＝1μs、2μs 或 4μs

如果晶振频率为 6MHz，则一个机器周期为 2μs。

1.8　单片机应用系统的开发过程

单片机应用系统是以单片机为核心的应用系统。单片机应用系统的设计需要软、硬件统筹考虑。设计者不但要熟练掌握 C 语言/汇编语言的编程技术，而且还必须熟练掌握单片机硬件系统构成和指令系统。完成一个单片机应用系统的设计开发大致要经历以下几个步骤。

1. 可行性分析

可行性分析的目的是对系统开发研制的必要性及可行性做出明确的判定结论。根据这一结论决定系统的开发研制工作是否进行得下去。可行性分析通常从以下几个方面进行论证：市场或用户的需求情况、经济效益和社会效益、技术支持与开发环境以及现在的竞争力与未来的生命力。

2. 需求分析

需求分析的目的是通过市场或用户了解拟开发单片机应用系统的设计目标和技术指标。进而明确要解决的问题、系统的功能、指标、可靠性、使用环境、成本和完成期限等，给出相关参数、性能要求和技术要求。

3. 总体设计

总体设计是根据系统硬件、软件功能的划分及其协调关系，确定系统硬件结构和软件结构，这是因为有些功能既可以由硬件来实现，也可以由软件来完成。系统硬件结构设计的主要内容包括单片机系统扩展方案和外围设备的配置及其接口电路方案，最后以框图的形式

描述出来。系统软件结构设计主要完成的任务是确定出系统软件功能模块的划分及各功能模块的程序实现的技术方法,最后以流程图的形式描述出来。

4. 硬件系统设计

一个单片机应用系统的硬件系统设计包括三个部分:单片机芯片的选择、单片机系统扩展和系统配置。系统扩展是指当单片机内部功能单元(如内部ROM、内部RAM、I/O口、串行口、定时器/计数器和中断系统等)量不能满足应用系统要求时,必须在片外进行扩展。系统配置是按照系统功能要求配置外围设备,如键盘、显示器、A/D转换器和D/A转换器等,设计相应的接口电路。

5. 单片机应用系统的软件设计

单片机应用系统中的软件一般由两部分构成:应用程序、系统监控程序。应用程序是用来完成诸如计算、测量、显示和输出控制等各种实质性功能的软件。系统监控程序是控制单片机系统按预定操作方式运行的程序,完成系统自检、初始化、处理键盘命令、处理外设接口命令和处理各种中断等功能,负责组织调度各应用程序模块。

设计软件时应根据功能要求将软件划分为若干个相对独立的部分,并根据它们之间的关系设计出软件的总体结构,画出程序流程框图,同时对系统资源作具体的分配和说明。

一个好的单片机应用系统的软件应该具有的基本特点:①软件结构清晰、简洁,流程合理;②各功能程序实现模块化、系统化,这样既便于调试又便于移植、修改和维护;③程序存储区、数据存储区规划合理,既能节约存储容量,又能给程序设计与操作带来方便;④运行状态实现标志化管理,对各个功能程序运行状态、运行结果以及运行需求都设置状态标志,以便查询,使得程序的转移和运行都可以通过状态标志来控制。

6. 详细设计

详细设计就是将前面的软硬件设计方案付诸实施,将硬件框图转换成具体电路,并制作成电路板,软件流程图用程序实现。要根据系统特点选择编程语言,现在一般用汇编语言和C语言。汇编语言编写程序对硬件操作很方便,编写的程序代码短,以前单片机应用系统软件主要用汇编语言编写。C语言功能丰富,表达能力强,使用灵活方便,应用面广,目标程序效率高,可移植性好,现在单片机应用系统软件主要用C语言来进行开发和设计。

7. 仿真调试

仿真调试是快速检测所设计软件系统的正确性与可靠性的必要过程。单片机应用系统设计是一个相当复杂的过程,在设计、制作中,难免存在一些局部性问题或错误。仿真调试可以快速发现存在的问题和错误,以便及时修改。调试与修改的过程可能要反复多次,最终使软件系统运行成功,达到设计要求。

8. 程序固化及产品测试

安装单片机应用系统的硬件电路,并将调试通过的软件程序固化到程序存储器中。对实际的单片机应用系统作进一步的实物调试和测试,完全通过后则交付使用,从而完成单片机应用系统的开发。

9. 产品定型

编写测试报告、试制报告、技术说明书和用户使用说明书等技术文件,最后通过用户对样机进行试运行,提出合理的解决方案,待样机改进并通过鉴定后,开发工作才算完成。

1.9 习　　题

1. 填空题

(1) 单片机是________的简称。

(2) 单片机的结构与指令功能都是按照工业控制要求设计的,故又称为________。

(3) 单片机经历了 8 位机、16 位机和 32 位机 3 个阶段。8 位机以________为代表。

(4) 32 位机以意法半导体(ST)公司的采用 ARM 核的________为代表。

(5) MCS-51 系列分为两大子系列:________、52 子系列(增强型)。

(6) 51 子系列主要有 8031、________、8751 和 8951 四种机型。

(7) 52 子系列主要有 8032、________、8752 和 8952 四种机型。

(8) 80C51 单片机系列采用________工艺。

(9) 89C51 和 80C51 芯片各脚的定义是完全兼容的,唯一的区别是 89C51 内部集成了 4K 的________,而 80C51 内部是厂家做好的________。

(10) AT89 系列与 MCS-51 系列在核心功能、总体结构、________及________方面完全兼容。

(11) 8051 单片机主要由 10 个部件(________、________、________、________、串行 I/O 口、定时器/计数器、中断系统、时钟电路、位处理器和________)和系统总线组成。

(12) 8051 单片机的内部各个功能部件通过片内总线连接。总线包括________、________、________。

(13) CPU 由________、________和面向控制的位处理器组成。

(14) 运算器包括________________、暂存寄存器(TMP1、TMP2)、累加器(ACC)、B 寄存器、程序状态字寄存器(PSW)等部件。运算器以________________为核心。

(15) ALU 主要用于完成 8 位二进制数的________和________,并根据运算结果设置________中的相关位。

(16) ________是 CPU 中使用非常频繁的一个 8 位寄存器,数据传送时通常都会通过它。

(17) PSW 包含了________________的信息。其中的进位标志位 CY 比较特殊,它同时又是位处理器的________________。

(18) 控制器是单片机的控制核心,它负责从________中取指令并对指令译码和执行。

(19) 程序计数器 PC 用来________。

(20) 数据指针寄存器 DRTR 由高字节________和低字节________组成,用来存放 16 位数据存储器的地址,以便对片外 64KB 的 RAM 区进行寻址操作。

(21) 位处理器以 PSW 寄存器中的进位标志位 CY 为________。

(22) 哈佛结构是指将计算机的存储器分为________和________两部分。

(23) 8051 在物理结构上有 4 个存储空间:片内程序存储器、________、片内数据存储器、________。

(24) 从用户使用的角度看，8051 单片机有 3 个存储空间：________、256B 片内数据存储器、64KB 片外数据存储器。

(25) 程序存储器用于存放程序代码和________。

(26) 8051 单片机复位后，程序计数器 PC 的内容为________。

(27) 直接寻址区(00H～7FH)分为________、________、数据缓冲区。

(28) 单片机 CPU 不仅具有字节寻址功能，而且具有________。

(29) 片内 RAM 中的 20H～2FH 地址空间为________，共有________字节。

(30) 片外数据存储器最多可扩展________的片外 RAM。

(31) CPU 对各个功能部件的控制采用________的集中控制方式。

(32) SFR 实质上是各个外围部件的________和状态寄存器，反映单片机内部实际的________及工作方式。

(33) SFR 的地址映射到片内 RAM 区________地址空间中。

(34) SFR 的个数与单片机的型号有关，51 子系列有________个，52 子系列有________个。

(35) SFR 的字节地址末位是 0H 或 8H(地址能够被 8 整除)，每个位都可________。

(36) AT89C51 单片机有________条引脚。

(37) PSEN 引脚是片外程序存储器________，低电平有效。

(38) ALE 是地址锁存使能引脚，为 CPU 访问外部程序存储器或外部数据存储器提供________信号，将 P0 口送出的________锁存在片外的________中。

(39) 在访问外部存储器时，ALE 使 P0 口作为________端口。

(40) EA 引脚是________________访问允许控制端，低电平有效。

(41) MCS-51 系列单片机有 4 个 8 位的________并行 I/O 口：P0、P1、P2 和 P3。

(42) P0 口具有两种功能，既可作为通用的 I/O 接口，也可作为________。

(43) 单片机工作是在统一的________的控制下一拍一拍进行的。

(44) 为了便于对 CPU 时序进行分析，按指令的执行过程规定了几种周期，即振荡(时钟)周期、状态周期、________和________，这些也称为时序定时单位。

(45) 若晶振频率为 f_{osc}，则时钟周期 t_{osc}=________。

(46) 一个状态周期有________个时钟周期。1 个机器周期有________个状态周期。

(47) 如果晶振频率为 6MHz，则一个机器周期为________。如果晶振频率为 12MHz，则一个机器周期为________。

2. 简答题

(1) 简述 EA 引脚的作用。

(2) 以表格的形式给出程序存储器中的特殊地址及其功能。

(3) 简述 AT89C51 单片机片内 RAM 的地址空间。

(4) 简述通用寄存器以及 PSW 中的 RS0 和 RS1 位的作用。

(5) AT89C51 的 21 个特殊功能寄存器分为几类？每类包含哪些寄存器？

(6) 简述程序状态字寄存器 PSW。

(7) 以表格的形式给出单片机复位时片内各寄存器的状态。

(8) 以表格的形式给出 P3 口引脚的第二功能。

第 2 章　单片机仿真环境

本章学习目标

- 掌握在 Proteus 中绘制电路原理图的方法；
- 掌握在 Keil μVision5 中建立工程的方法；
- 掌握 Proteus 与 Keil μVision5 联合仿真调试的方法。

在单片机应用系统开发中，一般先在 Proteus 中画出硬件电路原理图，然后在 Keil μVision5 中编写软件，最后在 Proteus 中仿真调试。

2.1　Proteus 和 Keil μVision5

2.1.1　Proteus 简介

Proteus 软件是一款嵌入式系统仿真开发软件，该软件具有 EDA 工具软件的仿真功能，可仿真单片机及外围器件，可实现原理图布图、代码调试、单片机与外围电路协同仿真以及 PCB 设计，真正实现了从概念到产品的完整开发设计，是目前最好的仿真单片机及外围器件的工具。针对单片机的应用，可直接在基于原理图的虚拟模型上进行编程，并实现源代码级实时调试。虚拟仿真不需用户样机，可直接在 PC 上进行虚拟设计与调试。然后把调试完毕的程序代码固化在程序存储器中，一般能直接投入运行。再依照仿真的结果，完成实际的硬件设计，并把仿真通过的程序代码烧录到单片机中，接着安装到用户样机上观察运行结果，如有问题，再连接硬件仿真器去分析、调试。

使用 Proteus 进行软、硬件结合的单片机系统仿真，可将许多系统实例的功能及运行过程形象化。通过虚拟仿真系统的运行，可像焊接好的单片机应用系统的电路板一样，看到系统的执行效果。

Proteus 主要由两个程序组成：ARES 和 ISIS。ARES 主要用于 PCB 布线及其电路仿真，ISIS(intelligent schematic input system，智能原理图输入系统）主要采用原理图的方法绘制电路并进行相应的仿真。除了上述基本应用外，Proteus 革命性的功能在于它的电路仿真是交互的，针对微处理器的应用，可以直接在基于原理图的虚拟原型上编程，并实现软件代码级的调试，可以直接实时动态地模拟按钮和键盘的输入、LED/LCD 的输出等，同时配合各种虚拟工具，如示波器、电压表、电流表、信号发生器、逻辑分析仪等进行相应的测量和观测。

Proteus可以仿真的处理器有51系列、AVR、PIC、MSP430等常用主流单片机,ARM7 LPC系列嵌入式系统和8086微处理器,Cortex-M3和DSP处理器以及STM32F103。

Proteus可以仿真外围电路,可直接在基于原理图的虚拟原型上编程,再配合显示及输出,看到运行后输入/输出的效果。配合系统配置的虚拟逻辑分析仪、示波器等,建立完备的电子设计开发环境。使用以太网物理接口模型(EPIM),可以实现虚拟仿真电路通过本地网卡与局域网内其他计算机的双向网络通信。

2.1.2 Keil μVision5 简介

Keil μVision5是一款目前非常流行的使用C语言编写51单片机应用程序的工具软件。与汇编相比,C语言在功能上、结构性、可读性、可维护性上有明显的优势,因而易学易用。用过汇编语言后再使用C来开发,体会会更加深刻。Keil μVision5集成开发环境包括:C51编译器、宏汇编、链接器、库管理器和一个功能强大的仿真调试器。

在Keil μVision5中,可以完成编辑、编译、连接、调试、仿真等整个开发流程。开发人员可用IDE本身或其他编辑器编辑C或汇编源文件。然后分别由C51及A51编译器编译生成目标文件(.OBJ)。目标文件可由LIB51创建生成库文件,也可以与库文件一起经L51连接定位生成绝对目标文件(.ABS)。ABS文件由OH51转换成标准的Hex文件,以供调试器dScope51或tScope51用来进行源代码级调试,可由仿真器直接对目标板进行调试,也可以直接写入程序存储器,如EPROM中。

安装Keil μVision5时,安装路径不要出现中文或特殊字符,否则在使用Keil μVision5过程中会出现各种问题。

2.1.3 本书实验环境

示例2-1

读者可以通过VirtualBox安装Windows 7。假设读者计算机的配置为:内存为8GB,CPU为2核4线程,则可以给Windows 7虚拟机分配2GB内存和2个逻辑CPU。如果读者的硬件配置更高,则可以多分配些内存和CPU给Windows 7虚拟机。

示例2-1:安装Windows 7虚拟机。

从本书配套资源网址(https://×××/)下载VDI(virtual disk images,虚拟硬盘镜像)文件win7-64-8051.vdi,然后在VirtualBox中导入VDI文件。操作步骤为:①单击"新建"按钮,新建虚拟计算机。起一个有意义的名称,如win7-64-8051,类型选择Microsoft Windows,版本选择Windows 7 (64bit)。②给Windows 7虚拟机分配2GB内存或更多。③在虚拟硬盘页面选择"使用已有的虚拟硬盘文件",找到VDI文件。④保存配置,然后启动Windows 7虚拟机,密码为111111。

Windows 7虚拟机中已经安装了Proteus和Keil μVision5。

注意:本书实验环境仅用于且只能用于学习目的。

2.2　流　水　灯

2.2.1　使用 Proteus 设计电路原理图

示例 2-2

示例 2-2：以“流水灯”的虚拟仿真为例，介绍在 Proteus ISIS 环境下完成一个单片机应用系统的电路原理图设计，包括选择各种元件、电路连接等。

1. 新建工程

在菜单栏依次选择“文件”→“新建工程”命令（或单击标准工具栏的快捷按钮），打开“新建工程向导”对话框，按照如图 2.1 所示的步骤新建工程。

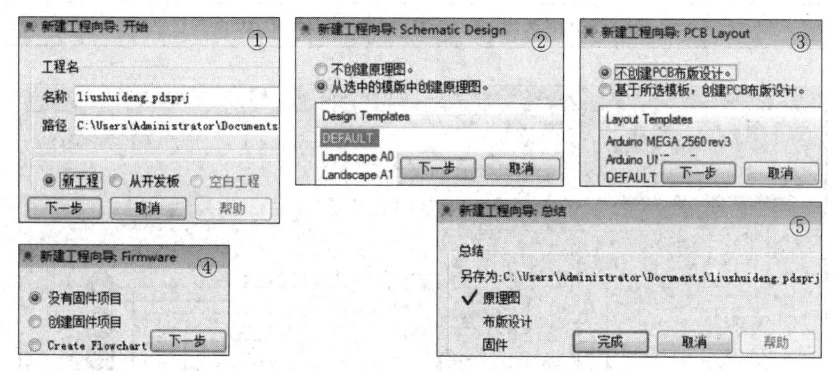

图 2.1　新建工程

Proteus 主界面和 Pick Devices 窗口如图 2.2 所示。Proteus 主界面包括：菜单栏、标准工具栏、原理图编辑窗口、预览窗口、元件列表、元件选择窗口、元件选择按钮、绘图工具栏、预览元件方位控制按钮、仿真控制按钮、终端。

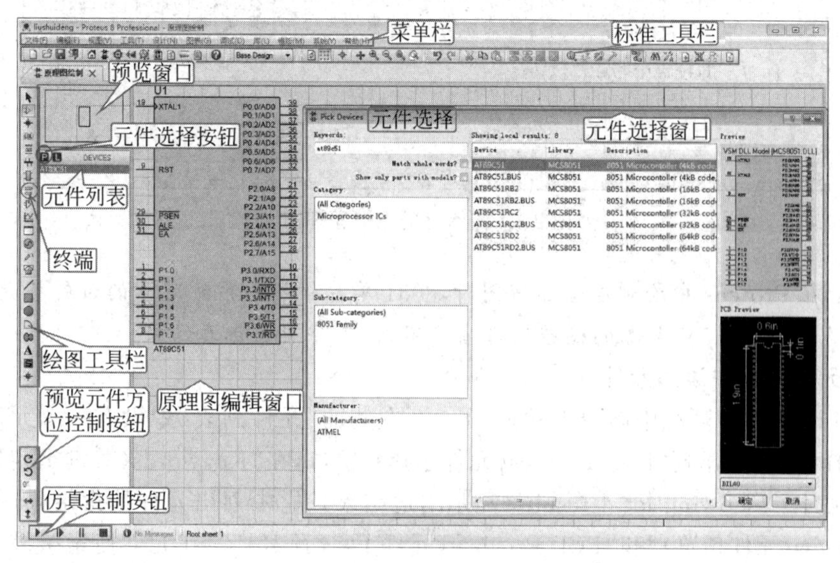

图 2.2　Proteus 主界面和 Pick Devices 窗口

在电路设计前,要把设计"流水灯"电路原理图中需要的元件列出,如表 2.1 所示。然后选择元件,添加到元件列表中。设计好的流水灯电路原理图如图 2.3 所示。

表 2.1 流水灯所需元件列表

名　　称	类　　型	值	数　　量
单片机	AT89C51	AT89C51	1
晶振	CRYSTAL	12MHz	1
二极管	LED-RED	红色	8
电容	PHYC0402NPO22P	22pF	2
电解电容	HITEMP10U50V	10uF	1
电阻	MINRES10K	10kΩ	1
排阻	RESPACK-8	RESPACK-8	1

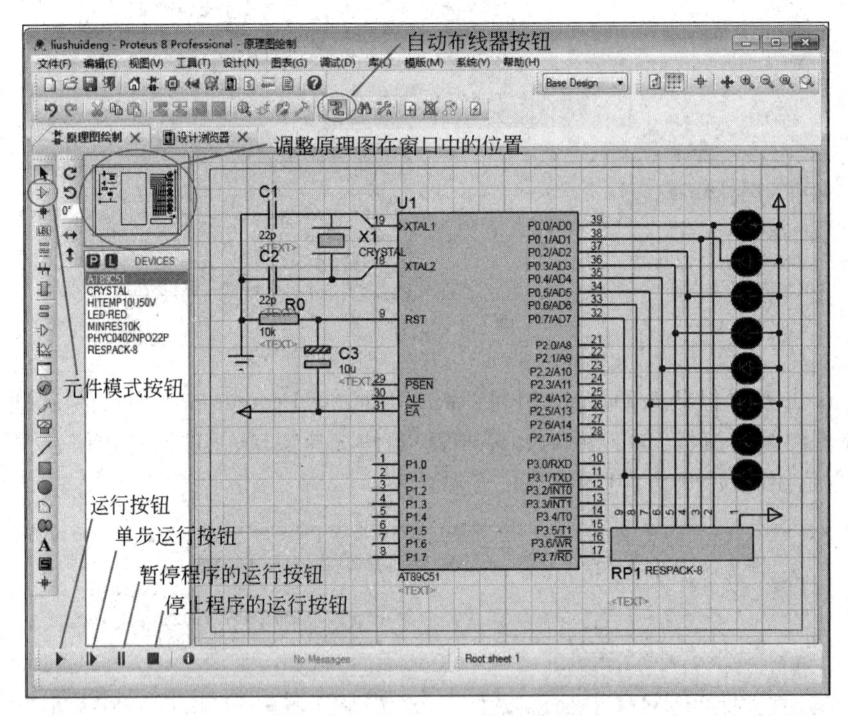

图 2.3　流水灯的电路原理图

注意:在 Proteus 中绘制电路原理图时,8051 单片机最小系统所需的时钟振荡电路、复位电路以及引脚与+5V 电源的连接均可省略不画,不会影响仿真结果。

2. 向元件列表中添加元件

在 Proteus ISIS 环境中新建工程时,图 2.2 左侧的"元件列表"中没有一个元件。单击元件并选择 P 按钮,出现"Pick Devices(元件选择)"窗口,在"Keywords(关键字)"栏中输入 at89c51,此时在"showing local results(显示本地结果)"栏中列出元件搜索结果,并在右侧出现"Preview(元件预览)"和"PCB Preview(元件 PCB 预览)"。在元件搜索结果列表中双击所需的元件 AT89C51,此时就会将该元件添加到 Proteus 主界面的元件列表中。用同样的方法可以将表 2.1 中所列的其他元件也添加到元件列表中。所有元件添加完毕后，单击"确定"按钮，关闭"Pick Devices(元件选择)"窗口，回到 Proteus 主界面进行原理图绘制。此时"流水灯"的元件列表如图 2.3 左侧所示。

3. 放置、调整与设置元件参数

(1) 放置元件。左击元件列表中的所需元件，然后在原理图编辑窗口中左击，此时在鼠标处会有一个粉红色的元件，移动鼠标至合适的位置，左击，此时该元件就被放置在原理图编辑窗口中了。如果要删除已放置的元件，左击该元件，然后按 Delete 键删除该元件，如误删了元件，可以单击快捷按钮恢复。

在原理图设计时，除了元件，还需要电源和地等终端，单击图 2.2 最左侧的"绘图工具栏"中的"终端"按钮，就会出现终端列表，单击某一项，上方的预览窗口中就会出现该终端的符号。选择合适的终端并放置到原理图中，放置终端的方法与放置元件相同。

(2) 调整元件位置。改变元件在原理图中位置的方法：左击需调整位置的元件，元件变为红颜色，移动鼠标到合适的位置，再释放鼠标即可。

调整元件角度的方法：单击需调整的元件，在快捷菜单中选择所需的命令即可，这些命令有顺时针旋转、逆时针旋转、180°旋转、X-镜像、Y-镜像。

(3) 设置元件参数。双击需要设置参数的元件，如原理图编辑窗口中的 AT89C51，就会出现"编辑元件"窗口，如图 2.4 所示，可根据设计需要对元件参数进行设置。

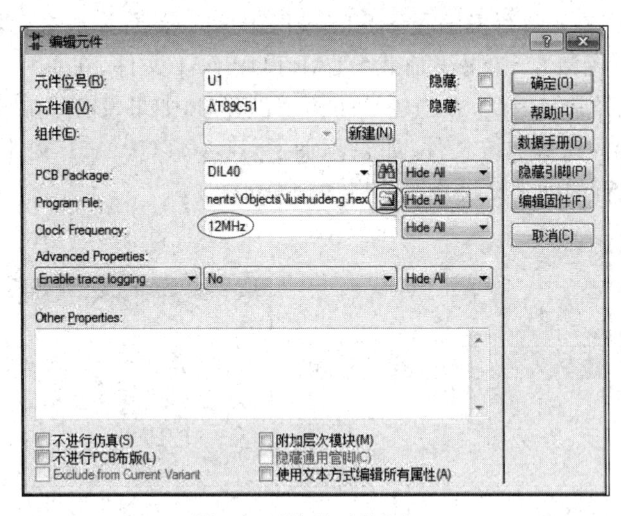

图 2.4　"编辑元件"窗口

4. 连接元件

(1) 在两元件之间绘制导线。如图 2.3 所示，在元件模式按钮与自动布线器按钮按下时，两个元件导线的连接方法：先单击第一个元件的连接点，然后移动鼠标，此时会在连接点引出一根导线。如果想要自动绘出直线路径，只需单击另一个连接点。如果设计者想自己决定走线路径，只需在希望的拐点处左击，然后移动鼠标。注意，拐点处导线的走线只能是直角。

在自动布线器按钮松开时，导线可按任意角度走线，只需在希望的拐点处左击，然后把鼠标移向目标点。

(2) 调整导线位置。要调整导线位置时,可左击导线,此时导线两端各有一个小黑方块,单击,在快捷菜单中选择“拖拽对象”命令,拖拽导线到指定位置。

5. 蓝色方框

如图 2.3 所示,原理图周围粗线方框大小的设置方法:在菜单栏中依次选择“系统”→“设置纸张大小”命令,打开对话框进行设置。

2.2.2 使用 Keil μVision5 建立工程文件(汇编语言)

在单片机应用系统开发中,有时会有多个源程序文件,并且要选择 CPU 以确定编译、汇编、链接参数以及指定调试方式等。为便于管理,Keil μVision5 使用工程(Project)的方法将这些参数设置和所需文件都放在一个工程中。

注意:只能对工程而不能对单一源程序文件进行编译(汇编)和链接等操作。

示例 2-3:使用 Keil μVision5 建立工程文件(汇编语言)。

示例 2-3

(1) 新建工程。按照如图 2.5 所示的步骤新建工程,工程名称为 liushuideng,存放位置是 C:\Users\ Administrator\Documents。

STARTUP.A51 是 8051 单片机的启动代码。当单片机被复位或上电时,STARTUP.A51 中的指令将被执行。STARTUP.A51 的主要作用是初始化系统,包括片内 RAM、栈指针、中断向量表和其他寄存器等。在执行 C51 程序之前都要先运行汇编程序 STARTUP.A51,运行完成之后才开始执行 C51 程序中的主函数(main 函数)。如果不加载 STARTUP.A51 文件,在单片机中运行编译的代码时,可能发生系统异常。因此,在创建 C51 语言工程时,如果没有添加 STARTUP.A51 文件,Keil μVision5 会默认添加该文件;如果添加了 STARTUP.A51 文件,则开发者可以修改该文件,启动时运行的就是经过修改的启动程序。

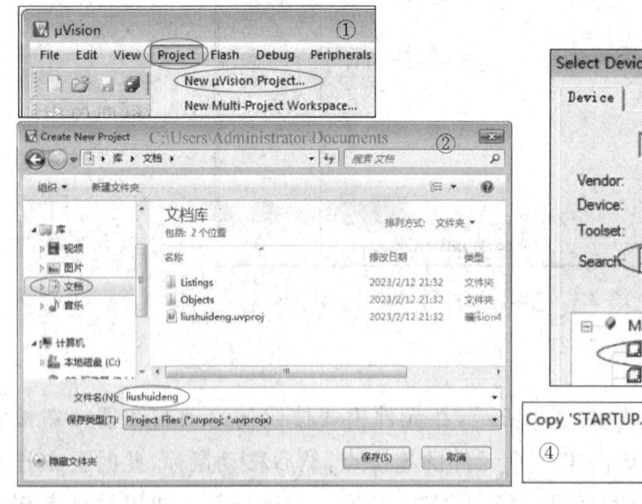

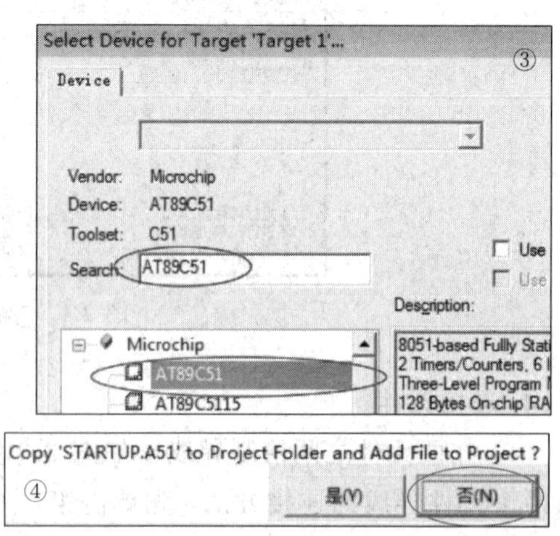

图 2.5 新建工程

注意:本小节的例子是创建汇编语言工程,希望在单片机被复位或上电时,就运行自己写的汇编代码,因此,没有使用 STARTUP.A51。

(2) 添加汇编源代码文件。如图 2.6 所示,在工程窗口中出现了 Target 1,前面有+号,单击＋号展开，可以看到下一层的 Source Group 1。单击 Source Group 1，在快捷菜单中选择 Add New Item to Group Source Group 1 命令，在弹出的对话框中选择 Asm File，文件名为 liushuideng，单击 ADD 按钮，这时汇编源代码文件便加入 Source Group 1 这个组里。单击 Source Group 1 前面的＋号，可以看到 liushuideng.a51 文件。双击 liushuideng.a51 文件后打开该文件。汇编源代码如图 2.7 所示。文件路径为 C:\Users\Administrator\Documents\liushuideng.a51。

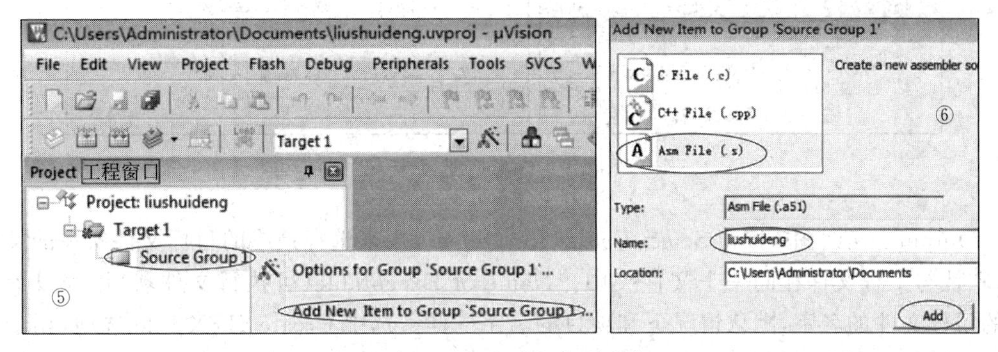

图 2.6　添加汇编源代码文件

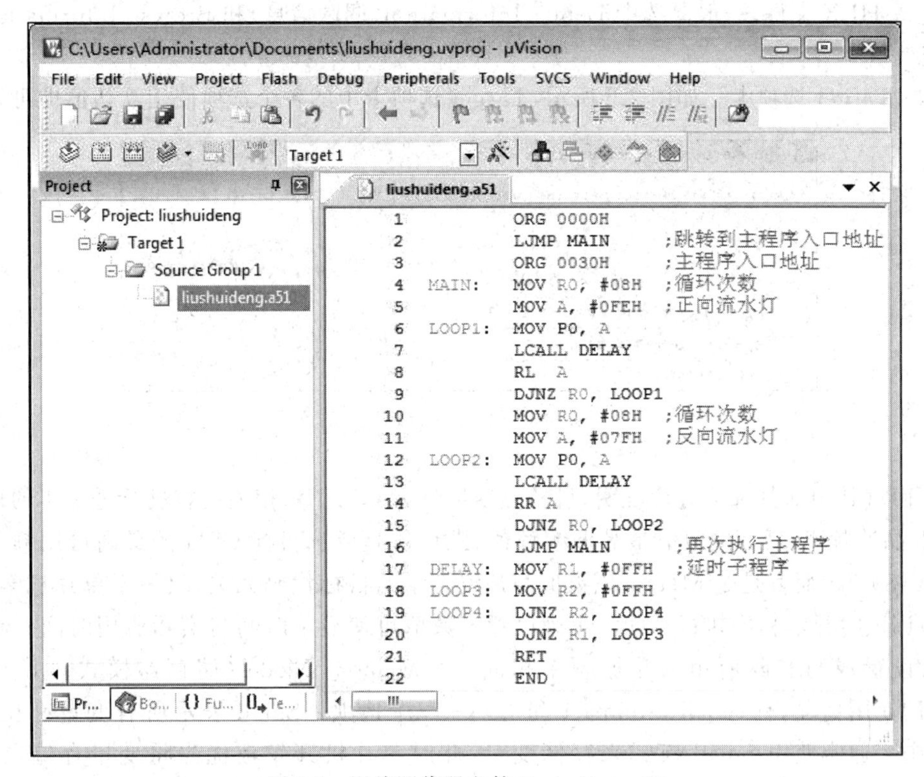

图 2.7　汇编源代码文件 liushuideng.a51

(3) Output 选项卡。HEX 文件是单片机运行时使用的文件格式。

如图 2.8 所示，单击左边工程窗口中的 Target1，在快捷菜单中选择 Options for Target 'Target 1'命令，出现 Options for Target 'Target 1'(工程设置)对话框，关于工程的绝大多数设置项可以采用默认值。单击选中Output选项卡,选中Create HEX File,单击OK按钮即可。

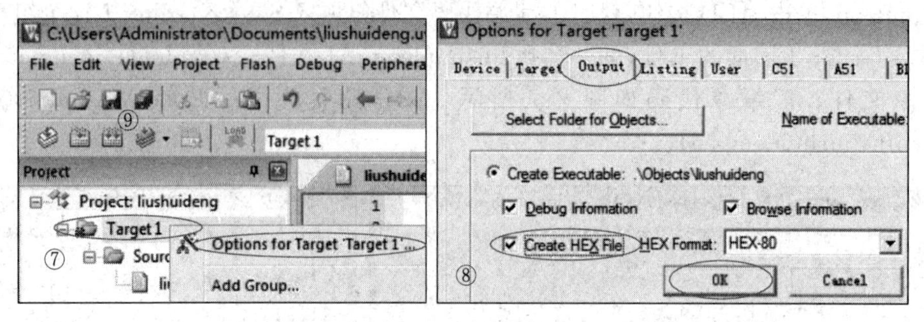

图2.8 Output选项卡

Output选项卡中,按钮Select Folder for Objects用来选择最终的目标文件所在的文件夹,默认与工程文件在同一个文件夹中。Name of Executable(可执行文件名)用来设置生成的目标文件的名字,默认情况下和项目的名字一样。选中Create HEX File选项,用于生成单片机可执行的代码文件,默认情况下该项未被选中。对于Create Executable来说,如果要生成HEX文件,一般要选中Debug Information(调试信息)和Browse Information(浏览信息)。

(4) Target选项卡。如图2.9所示,Target选项卡中的各个选项使用默认值即可。

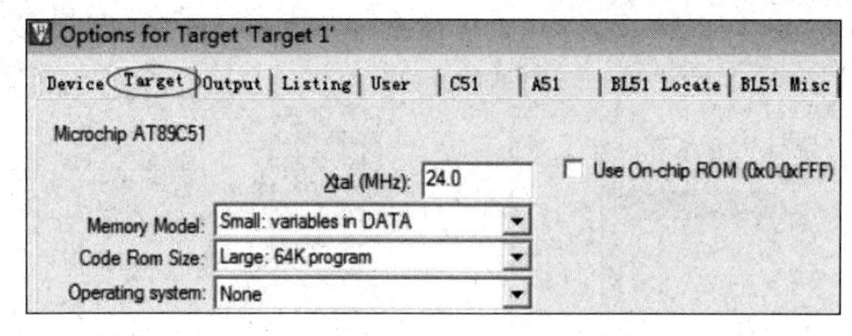

图2.9 Target选项卡

下面对其中部分选项进行说明,目的是帮助读者对第1章相关内容进行进一步的理解。①Xtal(晶振频率)后面的数值是晶振频率值,默认值是所选目标CPU的最高可用频率值,对于AT89C51而言是24MHz。该数值与最终产生的目标代码无关,仅用于单片机学习软件模拟调试时显示程序执行时间。正确设置该数值可使显示时间与实际所用时间一致,一般将其设置成与实际所用的晶振频率相同。②Memory Model(储存器模式)用于设置RAM的使用情况,有Small、Compact和Large三个选项。Small表示所有变量都在片内RAM中。通常使用Small模式来存储变量,此时单片机开发板优先将变量存储在片内RAM中,如果片内RAM空间不够,才会存储在片外RAM中。Compact表示变量存储在片外RAM(PDATA空间)中,使用8位间接寻址。Compact模式要通过程序来指定页(PDATA空间)的高位地址,编程较复杂,如果片外RAM很少,只有256字节,那么对该256字节的读取就比较快。如果超过256字节,而且需要不断地进行切换,就较麻烦,Compact模式适用于比较少的片外RAM的情况。Large表示变量存储在片外RAM中,使用 16 位间接寻址。注意，三种储存器模式都支持片内 256B 和片外 64KB 的 RAM。因为变量存储在片内 RAM 里，运算速度比存储在片外 RAM 要快得多，通常都是选择 Small 模式。③Code Rom Size(代码 ROM 大小)用于设置 ROM 空间的使用，也有三个选择项，即 Small、Compact 及 Large。Small 只用低于 2KB 的程序空间，适用于 AT89C2051 这些芯片，2051 只有 2KB 的程序空间，跳转地址只有 2KB，编译时会使用 ACALL、AJMP 这些短跳转指令，而不会使用 LCALL、LJMP 指令。若代码地址跳转超过 2KB，则会出错。Compact 表示单个函数的代码量不能超过 2KB，整个程序可以使用 64KB 程序空间。Large 可以使用全部的 64KB 程序空间，程序或子函数代码都可以大到 64KB，通常都选用该方式。选择 Large 方式速度不会比 Small 慢很多，所以一般没有必要选择 Compact 或 Small 方式。④Operating system(操作系统)选项中，Keil μVision5 提供了 Rtx tiny 和 Rtx full 两种操作系统，通常我们不使用任何操作系统，而使用该项的默认值 None。⑤选项 Use on-chip ROM 表示使用片内 ROM，选中该项并不影响最终生成的目标代码量。该选项取决于单片机应用系统的硬件设计，如果单片机的/EA 引脚接高电平，则选中这个选项，表示使用片内 ROM；如果单片机的/EA 引脚接低电平，表示使用片外 ROM，则不用选该选项。

片外代码(CODE)储存器：表示片外 ROM 的开始地址和大小，如果没有外接程序存储器，那么不需要填写任何数据。这里假设使用一个片外 ROM，地址从 0x7000 开始，一般填 16 进制的数，Size(尺寸)为片外 ROM 的大小。假设外接 ROM 的大小为 0x2000 字节，则最多可以外接 3 块片外 ROM。

片外数据(XDATA)储存器：用于确定系统扩展 RAM 的地址范围，可以填上外接 Xdata 外部数据存储器的起始地址和大小，这些选择项必须根据所用硬件来决定。如果仅仅是 89C51 单片应用，未进行任何扩展，那么无须设置。

代码分段：使用 Code Banking 技术。Keil μVision5 可以支持程序代码超过 64KB 的情况，最大可以有 2MB 的程序代码。如果单片机代码超过 64KB，那么就要使用 Code Banking 技术，以支持更多的程序空间。

(5) 生成 HEX 文件。如图 2.10 所示，单击“构建”按钮开始构建项目，Build Output 窗口中输出的信息说明构建过程中有 0 个错误(Errors)和 0 个警告(Warning)，表示成功构建项目，生成可执行文件 liushuideng.hex，该文件可被编程器读入并写到芯片中，同时还会产生一些其他相关的文件，可被用于 Keil μVision5 的仿真与调试。liushuideng.hex 文件路径如下：C:\Users\Administrator\Documents\Objects\liushuideng.hex。

生成 HEX 文件后就可以利用 Proteus 软件进行仿真了。单击保存按钮，退出 Keil μVision5。

(6) 加载 HEX 文件。在图 2.3 中，右击单片机，在快捷菜单中选择“编辑属性”命令。在图 2.4 中，设置程序文件(Program File)路径为 liushuideng.hex 文件的路径；设置 Clock Frequency 为 12MHz，则该虚拟系统以 12MHz 的时钟频率运行。

注意：运行时钟频率以单片机属性设置中的时钟频率为准。

(7) 仿真。在图 2.3 中，单击 Proteus 左下角的运行程序按钮，开始仿真，运行结果是 8 个 LED 灯被循环点亮。

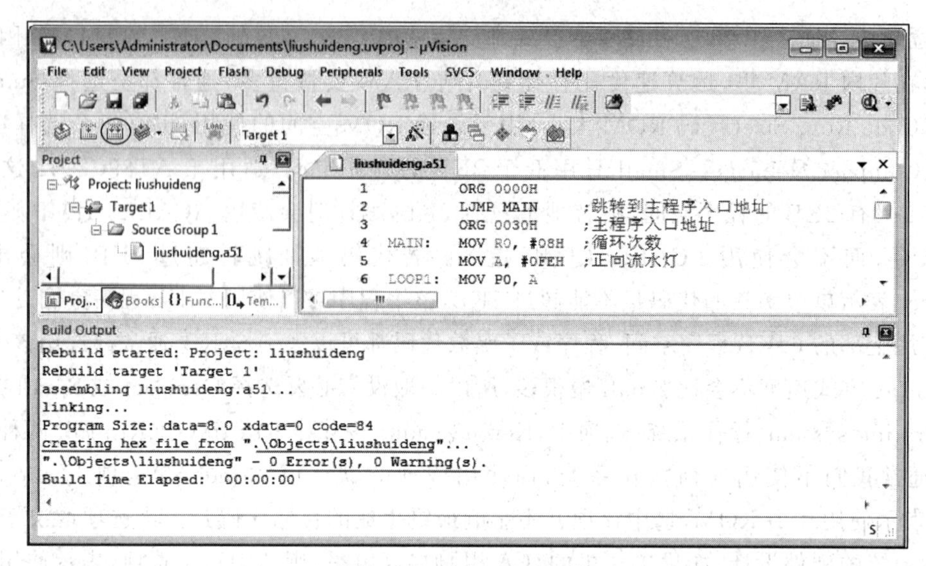

图 2.10 生成 HEX 文件

2.2.3 使用 Keil μVision5 建立工程文件(C 语言)

示例 2-4

示例 2-4：使用 Keil μVision5 建立工程文件(C 语言)。

按照如图 2.5 所示的步骤使用 Keil μVision5 新建工程，工程名称为 liushuideng，并且添加 STARTUP.A51 文件。

按照如图 2.6 所示的步骤添加 C 源代码文件(在 Add New Item to Group Source Group 1 对话框中选择 C File)，文件名为 liushuideng，在 liushuideng.c 文件中输入 C51 源代码，如图 2.11 所示，然后保存。

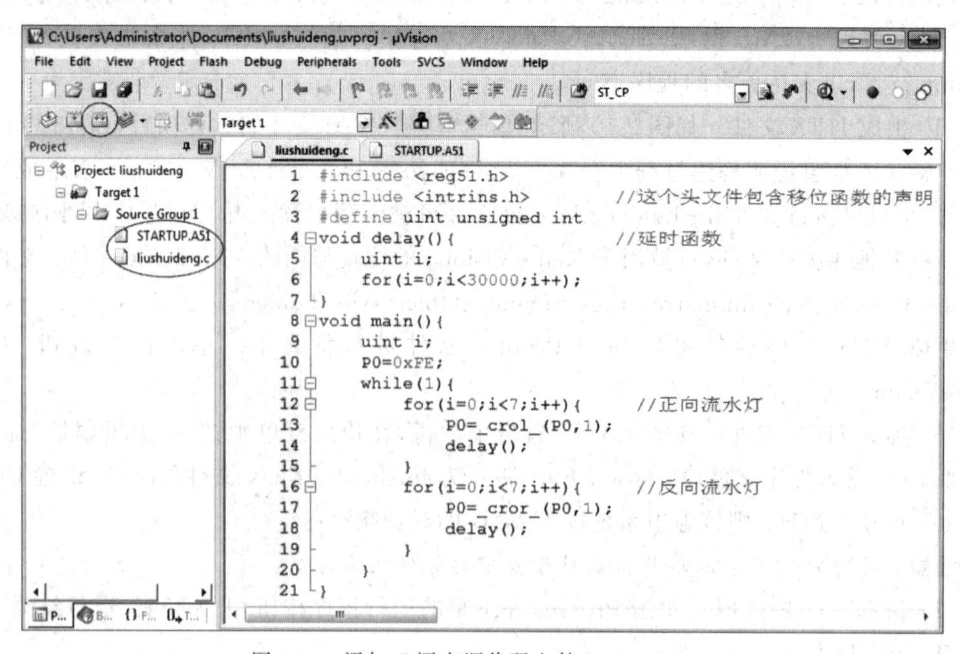

图 2.11 添加 C 语言源代码文件 liushuideng.c

2.3 Proteus 与 Keil μVision5 联合仿真调试

Proteus 与 Keil μVision5 联合仿真调试(联调)的功能十分完善,除了全速运行外,还可以进行单步运行、设置断点、运行到光标指定位置等多种操作,调试过程中可同时在 Keil μVision5 环境与 Proteus 环境中观察局部变量以及用户设置的观察点状态、存储器状态等。

示例 2-5

示例 2-5:Proteus 与 Keil μVision5 联合仿真调试。

(1)安装 Proteus VSM 驱动。Keil μVision5 与 Proteus 联调之前需要先安装 Proteus VSM 驱动,即 VDM51.dll 文件,该驱动可以到 Labcenter 公司网站免费下载。将 VDM51.dll 复制到如下两个位置:

① C:\Program Files (x86)\Labcenter Electronics\Proteus 8 Professional\MODELS;

② C:\Keil_v5\C51\BIN。

(2)编辑 tools.ini 文件。编辑 Keil μVision5 安装目录下的初始化文件,即 C:\Keil_v5\tools.ini 文件,在该文件中的 TDRV11 这一行后面加入:

TDRV12=BIN\VDM51.DLL ("Proteus VSM Monitor-51 Driver")

(3)Debug 选项卡。在 Keil μVision5 中打开要调试的工程,如图 2.8 所示,右击左边工程窗口中的 Target1,在快捷菜单中选择 Options for Target 'Target 1'命令,出现 Options for Target 'Target 1'(工程设置)对话框,单击选中 Debug 选项卡,进行如图 2.12 所示的设置,单击 OK 按钮即可。

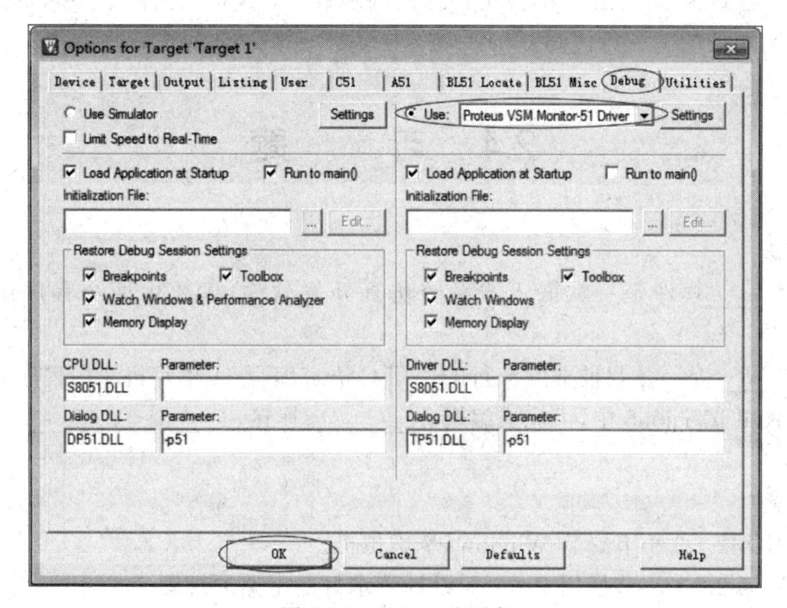

图 2.12 Debug 选项卡

重启 Keil μVision5。

(4)生成 HEX 文件。如图 2.10 所示,单击构建按钮开始构建项目,生成可执行文件

liushuideng.hex。

(5) 在 Proteus 中启动远程调试监视器。在 Proteus 中，选择"调试"→"启动远程调试监视器"(Use Remote Debug Monitor)命令。

(6) 联调。如图 2.13 所示，单击 Keil μVision5 窗口中的调试按钮，开始调试，同时可以在 Proteus 窗口中看到运行结果。

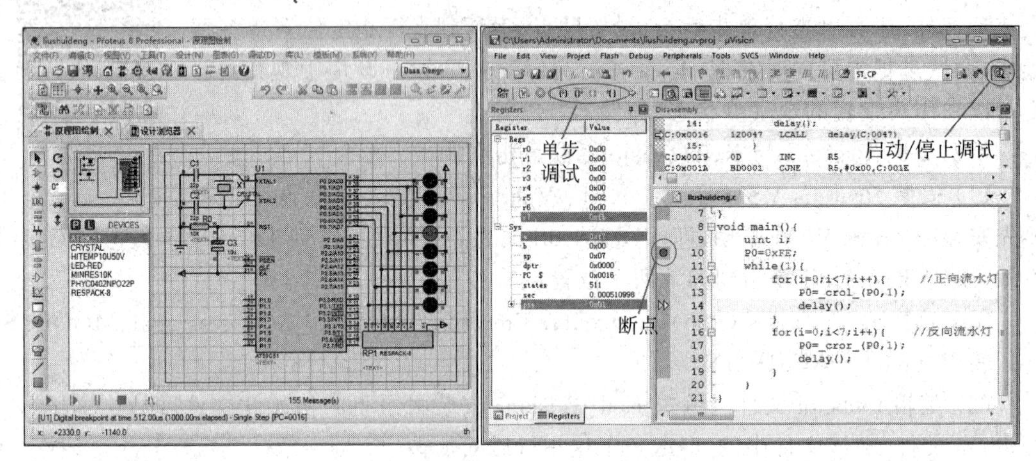

图 2.13　Proteus 与 Keil 联合仿真调试

如图 2.12 所示，在 Debug 选项卡中选中 Load Application at Startup 和 Run to main 复选框，可以在启动仿真时自动装入 HEX 目标代码并运行到 main()函数处。

图 2.13 中，单步调试对应的三个按钮的功能分别为：①遇到函数调用时，会跳转到被调函数中；②遇到函数调用时，不会跳转到被调函数中；③将当前函数中剩余代码执行后，返回该函数调用处的下一行代码。

2.4　习　　题

1. 填空题

(1) ________软件是一款嵌入式系统仿真开发软件，主要由两个程序组成：ARES 和________。

(2) ________是一款目前非常流行的使用 C 语言编写 51 单片机应用程序的工具软件。

(3) 在 Keil μVision5 中，可完成编辑、________、连接、________、________等整个开发流程。

2. 上机题

(1) 参考第 2.1.3 小节安装 Windows 7 虚拟机。

(2) 参考第 2.2.1 小节使用 Proteus 设计流水灯的电路原理图。

(3) 参考第 2.2.2 小节使用 Keil μVision5 建立工程文件(汇编语言)。

(4) 参考第 2.2.3 小节使用 Keil μVision5 建立工程文件(C 语言)。

(5) 参考第 2.3 节使用 Proteus 与 Keil μVision5 联合仿真调试。

第3章　指令系统与汇编语言程序设计

本章学习目标

- 掌握指令的格式；
- 了解指令的分类；
- 掌握指令的执行过程；
- 掌握七种寻址方式；
- 掌握数据传送类、算术运算类、逻辑运算及移位类、控制转移类、位操作类指令的功能；
- 掌握指令系统的各种指令对寄存器资源的使用情况；
- 掌握汇编语言程序设计的基本步骤和方法；
- 掌握顺序、分支、循环、查表及子程序的结构和编程方法。

本书介绍的大多数程序是由C51语言编写的，为什么还要安排指令系统与汇编语言程序设计这一章呢？目的是通过本章的学习，使读者对第1章所讲的单片机硬件知识有进一步的认识和理解，在以后使用C51编写单片机应用程序时更加得心应手。并且对于某些对性能要求极高的功能需求，读者也有能力编写汇编语言程序。

3.1　指令系统概述

编程语言主要分为机器语言、汇编语言和高级语言。机器语言用二进制代码表示指令和数据。汇编语言用助记符表示指令操作功能，用标号表示操作对象。高级语言独立于机器，面向过程或面向对象，接近自然语言和数学表达式。

指令是指计算机(单片机)执行某种操作的命令。指令系统是计算机所有指令的集合，它是表征计算机性能的重要标志。

3.1.1　指令格式

指令的表示方法称为指令格式，一条指令通常由操作码和操作数两部分组成。操作码规定指令进行什么操作，采用助记符表示；而操作数表示指令的操作对象，操作数既可以是一个具体的数据，也可以是指出到哪里取得数据的地址或符号。根据指令的不同，可以有一个或多个操作数。MCS-51汇编语言指令格式如下：

```
操作码  [操作数1[,操作数2]...]
```

操作码和操作数之间用空格作为分隔符,操作数之间用逗号作为分隔符。

如果有两个操作数,则汇编语言指令格式如下:

```
操作码  目的操作数,源操作数
```

操作数中的目的操作数在前,源操作数在后,操作数之间用逗号分隔。

机器语言指令与汇编语言指令示例如表 3.1 所示。

表 3.1　机器语言指令与汇编语言指令示例

机器语言指令	汇编语言指令	功　能
746BH	MOV A,#6BH	将十六进制数 6BH(为源操作数)放入累加器 A 中(为目的操作数)
2412H	ADD A,#12H	累加器 A 中的内容与十六进制数 12H 相加,结果放在累加器 A 中
75901AH	MOV P1,#1AH	将十六进制数 1AH 放入 P1 口
1010 0011B	INC DPTR	数据指针寄存器加 1
1110 1rrrB	MOV A,Rn	将寄存器的内容送到累加器 A 中,其中 rrr 为 Rn 的二进制编码

注意:汇编语言不区分大小写,“MOV A,#6BH”也可以写成“mov a,#6bh”。

3.1.2　指令分类

MCS-51 的指令系统共有 111 条指令,由 42 个助记符和 7 种寻址方式组合而成。MCS-51采用面向控制的指令系统,位操作指令极为丰富。体现单片机具有面向控制的特点。

单片机的指令可以按所占字节数、执行时间和功能进行分类。

按指令所占字节数分为三类:49 条单字节指令、46 条双字节指令、16 条三字节指令。

按指令执行时间分为三类:64 条单周期指令、45 条双周期指令、2 条四周期指令。

按指令功能分为五类:29 条数据传送类指令、24 条算术运算类指令、24 条逻辑运算及移位类指令、17 条控制转移类指令、17 条位操作类指令。

3.1.3　执行指令的过程

开机时程序计数器 PC 的内容为 0000H,从该地址处取出第一条指令,单片机在时序电路的作用下自动进入执行程序过程。执行一条指令可分为三个阶段:取指令、分析指令、执行指令。取指令的任务是根据 PC 中的值从程序存储器读出指令并送到指令寄存器 IR。分析指令阶段的任务是将 IR 中的指令操作码取出后送到指令译码器 ID 进行译码,然后根据指令规定的动作执行指令。

单片机执行程序的过程,就是按照上述操作过程逐条执行指令的过程。下面以表 3.1 中前两条指令的执行详细介绍单片机执行指令的过程。这两条指令机器码存储在片外 ROM 中,如图 3.1 所示。假设此时程序计数器 PC 的内容为 1000H。

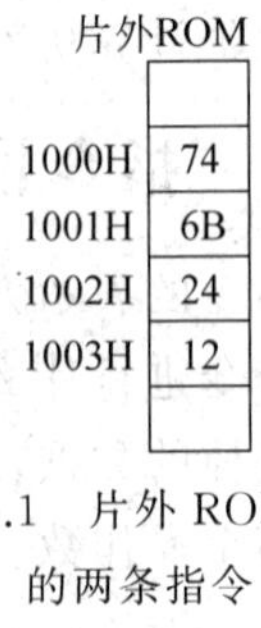

片外ROM

1000H	74
1001H	6B
1002H	24
1003H	12

图 3.1　片外 ROM 中的两条指令

注意:请结合图 1.2 理解本节内容。

1. 执行第一条指令“MOV A,#6BH”

(1) 时序与控制部件将PC中的1000H送到AR,然后发出读命令,并且PC自动加1。

(2) AR的内容1000H通过P0和P2口送到片外地址总线,指向片外ROM的1000H字节单元,在读命令控制下,将74H送到P0口锁存器。

(3) 时序与控制部件将P0口锁存器的74H送到IR,然后将指令操作码送到ID译码。下面步骤(4)~(6)的操作是由指令操作码74H的功能规定的。

(4) 时序与控制部件将PC中的1001H送到AR,然后发出读命令,并且PC自动加1。

(5) AR的内容1001H通过P0和P2口送到片外地址总线,指向片外ROM的1001H字节单元,在读命令控制下,将6BH送到P0口锁存器。

(6) 时序与控制部件将P0口锁存器中的6BH送到累加器A中。

2. 执行第二条指令“ADD A,#12H”

(1) 时序与控制部件将PC中的1002H送到AR,然后发出读命令,并且PC自动加1。

(2) AR的内容1002H通过P0和P2口送到片外地址总线,指向片外ROM的1002H字节单元,在读命令控制下,将24H送到P0口锁存器。

(3) 时序与控制部件将P0口锁存器的24H送到IR,然后将指令操作码送到ID译码。下面步骤(4)~(6)的操作是由指令操作码24H的功能规定的。

(4) 时序与控制部件将PC中的1003H送到AR,然后发出读命令,并且PC自动加1。

(5) AR的内容1003H通过P0和P2口送到片外地址总线,指向片外ROM的1003H字节单元,在读命令控制下,将12H送到P0口锁存器。

(6) 时序与控制部件将P0口锁存器中的12H送到暂存器TMP1,同时将累加器A中6BH送到暂存器TMP2,然后触发ALU求和,将结果7DH送回累加器A中,并且根据结果设置PSW中的相关位。

3.2 寻址方式

寻址就是寻找指令中操作数或操作数所在的地址。寻址方式就是如何找到存放操作数的地址。MCS-51指令系统的寻址方式主要有寄存器寻址、直接寻址、立即寻址、寄存器间接寻址、基址变址寻址、相对寻址、位寻址七种。

3.2.1 寄存器寻址

寄存器寻址是以寄存器的内容为操作数的寻址方式。寄存器有8个通用寄存器R0~R7和3个特殊功能寄存器A、B、DPTR,共11个。另外,还有位操作指令使用的累加位C。寄存器寻址时操作数是存放在寄存器中的,寄存器编码已经隐含在指令的操作码中。

示例如下:

```
CLR A           ;把累加器A中的内容清零
MOV A, R1       ;把寄存器R1中的内容送到累加器A中
ADD R5, A       ;把累加器A和寄存器R5中的内容相加,结果送到寄存器R5中
INC DPTR        ;把寄存器DPTR中的内容增1
```

3.2.2 直接寻址

直接寻址是指指令中直接给出操作数地址的寻址方式,能进行直接寻址的存储空间为片内 RAM。操作数指的是片内 RAM 中低 128 个字节单元的地址,或特殊功能寄存器(SFR)。如果是 SFR,那么操作数既可以用字节单元地址,也可以用寄存器符号。

示例如下:

```
MOV   A, 60H        ; 机器码为 E560H,功能是把片内 RAM 中 60H 单元的内容送到累加器 A
MOV   A, 0D0H       ; 机器码为 E5D0H,功能是把 PSW 的内容送到累加器 A
MOV   A, PSW        ; 机器码为 E5D0H,功能是把 PSW 的内容送到累加器 A
```

注意:如果十六进制数是数字 0~9 开头则不用加 0,如果是 A~F 开头则要加 0,如 0D0H。因为在汇编语言程序中,标号不能以数字 0~9 开头,但是可以以字母 A~F 开头,此时,在字母 A~F 开头的十六进制数前面加 0,可以将十六进制数和标号区分开。

"MOV A,60H"指令执行过程示意图如图 3.2 所示。源操作数 60H 为直接寻址,目的操作数 A 为寄存器寻址。

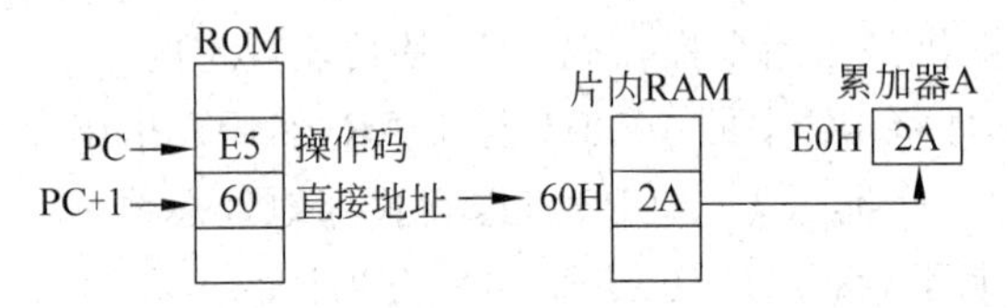

图 3.2 "MOV A,60H"指令执行过程示意图

累加器是 51 单片机中最常用的寄存器,许多指令的操作数取自累加器,许多运算结果存放在累加器中,乘除法指令必须通过累加器进行。在指令系统中,累加器在直接寻址时的助记符为 ACC,除此之外全部用助记符 A 表示。也就是说,ACC 是累加器的寄存器名,代表累加器的字节地址(E0H)。在有累加器参与操作的指令中,用 A 时表示寄存器寻址,用 ACC 时表示直接寻址。寄存器寻址指令字节数少、执行速度快。例如,"MOV 60H,A"和"MOV 60H,ACC"这两条指令的功能相同,都是把累加器中的内容送入片内 RAM 中 60H 单元中。但是前一条指令的长度为 2 字节,指令执行时间是 1 个机器周期;而后一条指令的指令长度为 3 字节,指令执行时间是 2 个机器周期。

3.2.3 立即寻址

立即寻址是指指令中直接给出操作数的寻址方式。通常把出现在指令中的操作数称为立即数。

注意:立即数是直接写在指令中的,是作为指令的一部分存放在程序存储器 ROM 中。在采用立即寻址方式的指令中,立即数前面要加#号。

示例如下:

```
MOV   A, #30H              ; 30H 是 8 位立即数,功能是将 30H 送到累加器 A
MOV   A, #48               ; 48 是立即数,是 30H 的十进制写法
MOV   A, #00110000B        ; 00110000B 是立即数,是 30H 的二进制写法
```

```
MOV  DPTR, #2AD0H  ; 2AD0H是16位立即数,功能是将2AD0H送到DPTR
MOV  30H, #6EH     ; 6EH是立即数,30H是直接寻址,功能是将6EH送到片内RAM中30H单元里
```

注意:在指令中,#号是唯一区别数据与地址的标志。

3.2.4 寄存器间接寻址

寄存器间接寻址是指以寄存器中的内容为地址,以该地址对应的存储单元中的内容为操作数的寻址方式。寄存器间接寻址是二次寻找操作数地址的寻址方式。间接寻址的存储器空间包括片内RAM和片外RAM。①片内RAM低128字节单元和高128字节单元(52系列,非SFR区),只能使用R0、R1作为寄存器间接寻址;②片外RAM的64KB存储空间,低256字节单元可使用R0、R1、DPTR作为寄存器间接寻址,其余单元只能使用DPTR作为寄存器间接寻址。能用于寄存器间接寻址的寄存器有R0、R1和DPTR共3个。在指令中,寄存器名称前面加一个@符号表示寄存器间接寻址。

示例如下:

```
MOV    A, @R0      ; 将R0所指的片内RAM单元内容送到累加器A中
MOVX   @DPTR, A    ; 将累加器A中内容送到DPTR所指的片外RAM单元中
```

"MOV A,@R0"指令执行过程示意图如图3.3所示。假设R0中的内容为60H,则该指令的功能是以R0中的内容60H为地址,把片内RAM的60H单元中的内容送到累加器A。

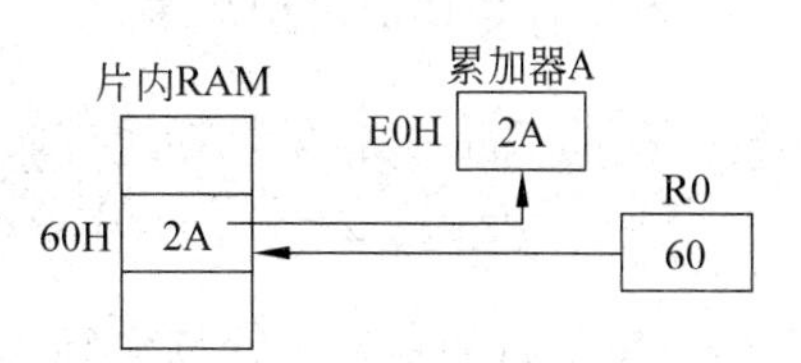

图3.3 "MOV A,@R0"指令执行过程示意图

在后面要介绍的栈操作指令(PUSH和POP)中,以栈指针SP作间址寄存器,寻址空间为片内RAM。PUSH和POP指令对操作数的寻址也应算是寄存器间接寻址。

3.2.5 基址变址寻址

基址变址寻址以变址寄存器和基址寄存器的内容相加形成的数作为操作数的地址,以累加器A作为变址寄存器,以程序计数器PC或寄存器DPTR作为基址寄存器。基址变址寻址是专门针对程序存储器的寻址方式,寻址范围可达64KB,常用于查表操作,访问程序存储器中的数据表格。基址变址寻址的指令只有以下3条,尽管基址变址寻址方式较为复杂,但是这3条指令都是1字节指令。

```
MOVC  A, @A+DPTR     ; 程序存储器读指令
MOVC  A, @A+PC       ; 程序存储器读指令
JMP   @A+DPTR        ; 无条件转移指令
```

"MOVC A,@A+DPTR"指令执行过程示意图如图3.4所示。功能是把DPTR和A的内容相加得到操作数的地址,然后将该地址单元的内容送到累加器A。假设执行该指令前,A=2CH,DPTR=2000H,基址变址寻址形成的操作数地址为2000H+2CH=202CH,程序存储器ROM中202CH单元的内容为3AH,因此,该指令执行后A的内容是3AH。

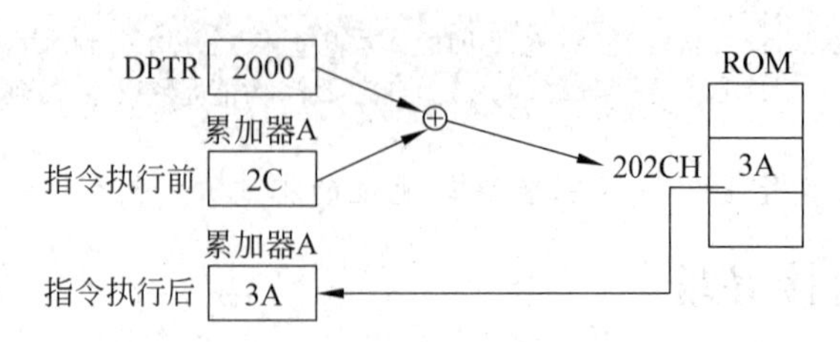

图3.4 “MOVC A,@A+DPTR”指令执行过程示意图

3.2.6 相对寻址

相对寻址是以当前程序计数器PC的值加上指令中给出的偏移量(rel),构成程序转移的目的地址的寻址方式。它用于访问程序存储器,实现程序的相对转移。相对寻址用于相对转移指令中。偏移量rel是一个有符号的单字节数,以补码表示,取值范围为-128~+127(即00H~FFH),负数表示从当前地址向上转移,正数表示从当前地址向下转移。

相对寻址中需要注意转移目的地址的计算方法。多数教材中采用的是静态计算法,目的地址的计算公式如下:

目的地址=相对转移指令地址+相对转移指令的字节数+rel

静态计算法的示例如下:

```
SJMP  08H    ; PC←PC+2+08H
JC    08H    ; C=1 则跳转,即 C=1 则 PC←PC+2+08H
```

然而,目的地址的计算实际上是在相对转移指令执行过程中(读取rel后)进行的,因此,转移目的地址的计算方法应该采用动态计算法,目的地址的计算公式如下:

目的地址=PC的值+rel

PC的值是相对转移指令所在地址加上转移指令字节数。

动态计算法的示例如下:

```
SJMP  08H    ; PC←PC+08H
JC    08H    ; C=1 则跳转,即 C=1 则 PC←PC+08H
JZ    30H    ; 累加器 A 为零就转移的双字节指令,若该指令地址为 2000H,则转移目的地址
               为 2032H
```

采用动态计算法时,SJMP 08H指令执行过程示意图如图3.5所示。

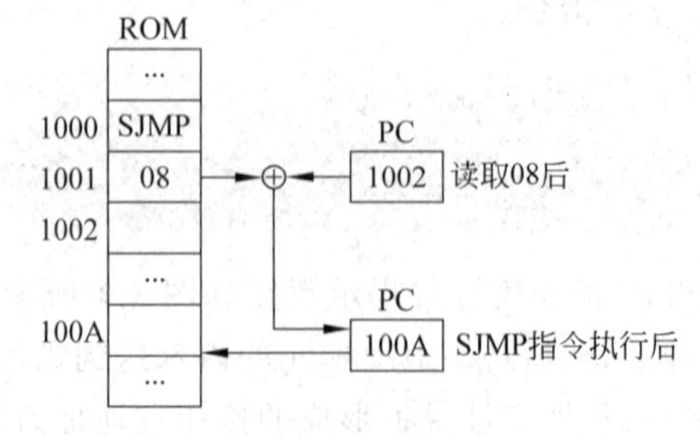

图3.5 采用动态计算法时,SJMP 08H指令执行过程示意图

注：本章后面的内容，指令注释中使用静态计算法表述，描述指令具体执行过程时采用动态计算法。

3.2.7　位寻址

MCS-51 单片机有位处理功能，可以对数据位进行操作，因此就有相应的位寻址方式。位寻址的寻址范围包括：①片内 RAM 的位寻址区(20H～2FH)的 16 个字节单元中的 128 位，位地址为 00H～7FH，如表 1.5 所示；②特殊功能寄存器中的 11 个可进行位寻址的寄存器中每个有定义的位，如表 1.7 所示。位寻址只能对有位地址的单元作位寻址操作。位寻址其实是一种直接寻址方式，不过其地址是位地址。位寻址指令中可以直接使用位地址。

位地址的表示方式可采用下面几种形式。

1. 直接使用位地址

包括位寻址区的位地址 00H～7FH 和部分特殊功能寄存器的位地址。例如，PSW 寄存器第 2 位的位地址为 0D2H。

2. 位名称表示法

特殊功能寄存器中的一些寻址位是有符号名的，对其进行位寻址时可用其符号名。例如，PSW 寄存器的第 2 位可用 OV 表示，第 5 位可用 F0 表示。

3. 单元地址加位表示法

例如，D0H 单元(PSW)的第 2 位可表示为 0D0H.2。

4. 特殊功能寄存器名称加位表示法

例如，PSW 寄存器的第 2 位可表示为 PSW.2，累加器的第 3 位可表示为 ACC.3。

5. 用汇编语言中的伪指令定义

例如，用 OVERFLOW 这一标号定义 OV(位符号地址)，则在指令中 OV 也允许用 OVERFLOW 来表示。示例如下：

```
OVERFLOW  BIT  OV
MOV  C, OVERFLOW
```

更多位寻址示例如下：

```
MOV  C, 0D2H       ；直接使用位地址，PSW 寄存器的第 2 位
MOV  C, 7FH        ；直接使用位地址
MOV  C, OV         ；位名称表示法
MOV  C, 0D0H.2     ；单元地址加位表示法
MOV  C, 2FH.7      ；单元地址加位表示法
MOV  C, PSW.2      ；特殊功能寄存器名称加位表示法
MOV  C, ACC.7      ；特殊功能寄存器名称加位表示法
SETB P2.3          ；将 P2 口的第 3 位置 1
SETB PSW.3         ；将 PSW 中的 RS0 置 1。该指令机器码为 D2D3，第 2 字节给出位地址 D3H
CLR  PSW.3         ；将 PSW.3 位清零
SETB 20H           ；将 20H 位置 1
ORL  C, 60H        ；把位累加器 C 中的内容与 60H 所指的位单元中的内容进行"或"运算，将
                     结果放在位累加器 C 中
MOV  C, 20H        ；把位地址 20H 中的值(状态)送给累加位 C
MOV  A, 20H        ；把字节地址 20H 中的数送给累加位 A，注意区别上条指令
```

3.2.8 七种寻址方式总结

在MCS-51单片机的指令系统中,指令对哪一个存储器空间进行操作,是由指令的操作码和寻址方式确定的。在两个操作数的指令中,把左边操作数称为目的操作数,右边操作数称为源操作数。前面所讲的各种寻址方式都是针对源操作数的。实际上源操作数和目的操作数都有寻址问题。MCS-51指令系统的七种寻址方式涉及的存储空间如表3.2所示。

表3.2 七种寻址方式涉及的存储空间

寻址方式	存储空间
寄存器寻址	工作寄存器R0~R7、A、B、DPTR,累加位C
直接寻址	片内RAM低128B、特殊功能寄存器
立即寻址	程序存储器ROM
寄存器间接寻址	片内RAM低128B使用@R0、@R1、SP作为操作数;52系列片内高128B使用@R0、@R1作为操作数;片外RAM使用@R0、@R1、@DPTR作为操作数
基址变址寻址	程序存储器,使用@A+PC、@A+DPTR
相对寻址	程序存储器256B范围(PC+偏移量)
位寻址	片内RAM和特殊功能寄存器的位地址空间

由表3.2可以看出:①对程序存储器ROM只能采用立即寻址、相对寻址和基址变址寻址方式;②对特殊功能寄存器只能采用直接寻址方式,不能采用寄存器间接寻址;③对52系列单片机片内RAM的高128个字节(80H~FFH),只能采用寄存器间接寻址,不能使用直接寻址方式;④对于位操作指令,只能对位寻址区操作;⑤片外RAM只能使用寄存器间接寻址,只能用MOVX指令访问;⑥片内RAM的低128个字节(00H~7FH)使用频繁,寻址方式较多,有寄存器寻址、直接寻址、寄存器间接寻址、位寻址。

3.3 指令分类详解

51单片机指令系统共有111条指令,根据功能将这些指令分为五类:数据传送类指令(29条)、算术运算类指令(24条)、逻辑运算及移位类指令(24条)、控制转移类指令(17条)、位操作类指令(17条)。

3.3.1 指令中的符号及其含义

指令中的常用符号及其含义如表3.3所示。

表3.3 指令中的常用符号及其含义

符号	含义
A	累加器
C	进位标志位。就是PSW中的进位标志位CY
DPTR	数据指针寄存器

续表

符号	含义
Rn	表示当前工作寄存器组 R0～R7 中的一个寄存器
@Ri	表示寄存器间接寻址，其中 Ri 代表 R0 或 R1
@	表示间接寻址寄存器或基址变址寄存器的前缀符号
#data	表示 8 位立即数，即 8 位常数，取值范围为#00H～#0FFH
#data16	表示 16 位立即数，即 16 位常数，取值范围为#0000H～#0FFFFH
addr11	11 位目标地址，只限于在 ACALL 和 AJMP 指令中使用，在下条指令的 2KB 范围内转移或调用
addr16	16 位目标地址，只限于在 LCALL 和 LJMP 指令中使用，跳转或调用范围是 ROM 中的 64KB
rel	补码表示的 8 位地址偏移量(相对地址)，用于 SJMP 和所有条件转移指令，范围是－128～＋127
bit	片内 RAM 中的可寻址位和 SFR 的可寻址位
/bit	位操作数的前缀，表示对可寻址位 bit 的状态取反
direct	表示可直接寻址的 8 位地址，是片内 RAM 低 128 字节单元地址(00H～7FH)或特殊功能寄存器 SFR 的地址(80H～FFH)，对于 SFR 而言，既可使用它的地址，也可直接使用它的名字
$	表示当前指令的地址
(Ri)	表示以寄存器 R0 或 R1 的内容作为地址的存储单元的内容
(x)	表示存储单元 x 的内容
((x))	表示以存储单元 x 的内容作为地址的存储单元的内容
←	表示数据传送方向，箭头左边的内容被箭头右边的内容所取代
↔	箭头左右两边的内容进行交换

3.3.2 数据传送类指令

数据传送类指令共有 29 条，如表 3.4 所示。这类指令的一般操作是把源操作数送到目的操作数，指令执行后，源操作数不改变，目的操作数被修改为源操作数的值。源操作数可以采用寄存器寻址、寄存器间接寻址、直接寻址、立即寻址、基址变址寻址五种寻址方式；目的操作数可以采用寄存器寻址、寄存器间接寻址、直接寻址三种寻址方式。

数据传送类指令的操作码助记符有 8 个：MOV(Move)、MOVC(Move Code)、MOVX(Move External RAM)、XCH(Exchange)、XCHD(Exchange low-order Digit)、SWAP(Swap)、PUSH(Push onto Stack)、POP(Pop from Stack)。

表 3.4 数据传送类指令

编号	操作码	操作数	指令功能	字节	机器周期
1	MOV	A,#data	A←data，立即数传送到累加器	2	1
2	MOV	direct,#data	(direct)←data，立即数传送到直接地址对应的存储单元	3	2

续表

编号	操作码	操作数	指令功能	字节	机器周期
3	MOV	Rn,#data	Rn←data,累加器内容传送到直接地址对应的存储单元	2	1
4	MOV	@Ri,#data	(Ri)←data,立即数传送到间接地址@Ri对应的存储单元	2	2
5	MOV	DPTR,#data16	DPTR←data16,16位常数送到DPTR。“MOV DPTR,#1234H”等价于“MOV DPH,#12H”和“MOV DPL,#34H”两条指令	3	1
6	MOV	direct2,direct1	(direct2)←(direct1),直接地址direct1对应的存储单元中的内容传送到直接地址direct2对应的存储单元	3	2
7	MOV	direct,Rn	(direct)←Rn,Rn的内容传送到直接地址direct对应的存储单元	2	1
8	MOV	Rn,direct	Rn←(direct),直接地址direct对应的存储单元中的内容传送到Rn	2	2
9	MOV	direct,@Ri	(direct)←(Ri),间接地址@Ri对应的存储单元中的内容传送到直接地址direct对应的存储单元	2	2
10	MOV	@Ri,direct	(Ri)←(direct),直接地址direct对应的存储单元中的内容传送到间接地址@Ri对应的存储单元	2	1
11	MOV	A,Rn	A←Rn,Rn的内容传送到累加器	1	1
12	MOV	Rn,A	Rn←A,累加器的内容传送到Rn	1	1
13	MOV	A,direct	A←(direct),直接地址direct对应的存储单元中的内容传送到累加器	2	1
14	MOV	direct,A	(direct)←A,累加器的内容传送到直接地址direct对应的存储单元	2	1
15	MOV	A,@Ri	A←(Ri),间接地址@Ri对应的存储单元中的内容传送到累加器	1	1
16	MOV	@Ri,A	(Ri)←A,累加器的内容传送到间接地址@Ri对应的存储单元	1	2
17	MOVX	A,@DPTR	A←(DPTR),间接地址@DPTR(16位地址)对应的片外存储单元中的内容传送到累加器	1	2
18	MOVX	@DPTR,A	(DPTR)←A,累加器的内容传送到间接地址@DPTR(16位地址)对应的片外存储单元	1	2
19	MOVX	A,@Ri	A←(Ri),间接地址@Ri(8位地址)对应的片外存储单元中的内容传送到累加器	1	2
20	MOVX	@Ri,A	(Ri)←A,累加器的内容传送到间接地址@Ri(8位地址)对应的片外存储单元	1	2
21	MOVC	A,@A+DPTR	A←(A+DPTR),可以给DPTR赋任何一个16位的地址值,所以查表范围可达整个程序存储器64KB空间的代码或常数,在实际应用中这条指令是主要的查表指令	1	2

续表

编号	操作码	操作数	指令功能	字节	机器周期
22	MOVC	A,@A+PC	A←(A+PC),这条指令以 PC 作为基址寄存器,A 的内容作为无符号整数和 PC 的内容(下一条指令的起始地址)相加后得到一个 16 位的地址,将该地址对应的 ROM 存储单元中的内容传送到累加器 A。这条指令只能查这条指令以后 256B 范围内的代码或常数	1	2
23	XCH	A,Rn	A↔Rn,交换寄存器和累加器中的字节	1	1
24	XCH	A,direct	A↔(direct),交换 direct 和累加器中的字节	2	1
25	XCH	A,@Ri	A↔(Ri),交换@Ri 对应的存储单元和累加器中的字节	1	1
26	XCHD	A,@Ri	$A_{3\sim0}$↔$(Ri)_{3\sim0}$,交换间接 RAM 和累加器的低半字节	1	1
27	SWAP	A	$A_{7\sim4}$↔$A_{3\sim0}$,交换累加器低 4 位与高 4 位	1	1
28	PUSH	direct	SP←SP+1,(SP)←(direct),将 direct 中的内容压入堆栈中	2	2
29	POP	direct	(direct)←(SP),SP←SP−1,将堆栈中的内容弹出到 direct 中	2	2

1. 片内 RAM 的数据传送指令

片内 RAM 的数据传送指令有 16 条,包括寄存器、累加器、特殊功能寄存器、RAM 单元之间的相互数据传送。

立即数传送指令包括 4 条 8 位立即数传送指令(表 3.4 中编号 1～4)和 1 条 16 位立即数传送指令(表 3.4 中编号 5)。

片内 RAM 之间的数据传送指令共有 5 条(表 3.4 中编号 6～10),使用直接寻址、寄存器寻址、寄存器间接寻址方式。

通过累加器的数据传送指令共有 6 条(表 3.4 中编号 11～16),实现累加器 A 与不同寻址方式的片内 RAM 单元之间的数据传送。

2. 片外 RAM 数据传送指令

对片外 RAM 单元只能使用寄存器间接寻址的方式,与累加器 A 之间进行数据传送。片外 RAM 数据传送指令有 4 条(表 3.4 中编号 17～20)。

3. 程序存储器数据传送指令

程序存储器数据传送指令只有 2 条(表 3.4 中编号 21、22),其功能是从程序存储器中读出数据,送给累加器 A。

4. 数据交换指令

数据交换指令共有 5 条(表 3.4 中编号 23～27),完成累加器 A 和片内 RAM 单元之间的字节或半字节交换。整字节交换指令(表 3.4 中编号 23～25)完成累加器 A 与片内 RAM 单元内容进行 8 位数据交换。半字节交换指令(表 3.4 中编号 26)完成累加器 A 与片内 RAM 单元内容的低 4 位数据进行交换。累加器高低半字节交换(表 3.4 中编号 27)完成累加器低 4 位与高 4 位交换。

5. 栈操作指令

栈操作指令有进栈指令和出栈指令。

进栈指令(表 3.4 中编号 28)的功能是将片内 RAM 低 128 单元或特殊功能寄存器的内容送到栈顶单元。具体操作是：将栈指针 SP 加 1,使它指向栈顶空单元,然后将直接地址 direct 单元的内容送入栈顶空单元。

出栈指令(表 3.4 中编号 29)的功能是将栈顶单元内容取出并送到片内 RAM 低 128 单元或特殊功能寄存器中。具体操作是：将栈顶指针 SP 所指示的栈顶单元中的内容传送到直接地址 direct 对应的存储单元中,然后将栈指针 SP 减 1,使之指向新的栈顶单元。

栈操作指令通过堆栈指示器 SP 进行读写操作,因此它采用以 SP 为寄存器的间接寻址方式。系统 SP 是唯一的,所以在指令中把通过 SP 的间接寻址的操作数项隐含了,只标出直接寻址的操作数项。

6. 数据传送类指令小结

对于不同的存储器空间采用不同的指令来访问,请注意 MOV、MOVX、MOVC 的区别。数据传送指令一般不影响标志位,只有目的操作数为 A 的指令影响奇偶标志 P 位。MCS-51 指令系统没有专用的输入/输出指令,它采用数据传送指令来进行 I/O 操作。

3.3.3 算术运算类指令

算术运算类指令共有 24 条,如表 3.5 所示,有 8 种助记符,包括加、减、乘、除、加 1、减 1 等运算指令,指令操作将影响 PSW 中有关状态位。这些指令主要用于 8 位无符号数运算,如果要进行带符号或多字节二进制数的运算,则需要编写程序,通过执行程序实现。

表 3.5　算术运算类指令

编号	操作码	操作数	指 令 功 能	字节	机器周期
1	ADD	A,Rn	A←A+Rn	1	1
2	ADD	A,direct	A←A+(direct)	2	1
3	ADD	A,@Ri	A←A+(Ri)	1	1
4	ADD	A,#data	A←A+data	2	1
5	ADDC	A,Rn	A←A+Rn+CY	1	1
6	ADDC	A,direct	A←A+(direct)+CY	2	1
7	ADDC	A,@Ri	A←A+(Ri)+CY	1	1
8	ADDC	A,#data	A←A+data+CY	2	1
9	SUBB	A,Rn	A←A−Rn−CY	1	1
10	SUBB	A,direct	A←A−(direct)−CY	2	1
11	SUBB	A,@Ri	A←A−(Ri)−CY	1	1
12	SUBB	A,#data	A←A−data−CY	2	1
13	INC	A	A←A+1	1	1
14	INC	Rn	Rn←Rn+1	1	1
15	INC	direct	direct ←(direct)+1	2	1

续表

编号	操作码	操作数	指令功能	字节	机器周期
16	INC	@Ri	(Ri)←(Ri)+1	1	1
17	INC	DPTR	DPTR←DPTR+1	1	2
18	DEC	A	A←A−1	1	1
19	DEC	Rn	Rn←Rn−1	1	1
20	DEC	direct	(direct)←(direct)−1	2	2
21	DEC	@Ri	(Ri)←(Ri)−1	1	1
22	MUL	AB	累加器 A 和 B 寄存器内容相乘	1	4
23	DIV	AB	累加器 A 的内容除以 B 寄存器内容	1	4
24	DA	A	累加器 A 的内容进行十进制调整	1	1

1. 加法指令

加法指令 ADD 共有 4 条(表 3.5 中的编号为 1～4)。加法指令的被加数总是在累加器 A 中,而另一个加数可以由不同寻址方式得到,其相加结果送回累加器 A 中。加法操作影响 PSW 中的状态位 CY、AC、OV 和 P 标志。

(1) 对标志位的影响。若 D7 有进位,则 CY=1;若 D3 有进位,则 AC=1;若 D7 有进位但 D6 无进位,或 D7 无进位但 D6 有进位,则 OV=1;若累加器 A 中有奇数个 1,则 P=1。

(2) 溢出规律。对于无符号数,若 CY=1,则溢出;对于有符号数,若 OV=1,则溢出。

若位 3 有进位,则辅助进位标志位 AC=1,反之,AC=0。

若位 7 有进位,则进位标志位 CY=1,反之,CY=0。

若位 6、位 7 二者只有一位产生进位,则溢出,OV=1;若二者同时产生进位或同时没有进位,则不溢出,OV=0。

溢出标志 OV 的状态,只有在符号数运算时才有意义。当两个符号数相加时,若 OV=1,表示运算结果超出了累加器 A 所能表示的符号数有效范围(−128～+127),即产生了溢出,因此运算结果是错误的;若 OV=0,则运算结果是正确的。

2. 带进位加法指令

带进位加法指令 ADDC 共有 4 条(表 3.5 中编号 5～8)。它是将累加器 A 中的内容、源操作数所指内容以及进位标志位 CY 三者相加,其运算结果送回累加器 A 中。带进位加法指令对 PSW 中的状态位 CY、AC、OV 和 P 的影响与前面讲的加法指令相同。带进位加法指令主要用于多字节数的加法运算。

3. 带借位减法指令

带借位减法指令 SUBB 共有 4 条(表 3.5 中编号 9～12)。它是将累加器 A 中的内容减去源操作数所指内容以及进位标志位 CY 的状态,其差送回累加器 A 中。减法指令只有带借位减法指令,而没有不带借位减法指令。若进行不带借位减法运算,只需在带借位减法指令前用 CLR C 指令先把进位标志位 CY 清零即可。

带借位减法操作影响 PSW 中的状态位 CY、AC、OV 和 P。

(1) 对标志位的影响。若 D7 有借位,则 CY=1;若 D3 有借位,则 AC=1;若 D7 有借位但 D6 无借位,或 D7 无借位但 D6 有借位,则 OV=1;若 A 中有奇数个 1,则 P=1。

(2) 溢出规律。对于无符号数,若CY=1,则溢出;对于有符号数,若OV=1,则溢出。

若位3有借位,则辅助进位标志位AC=1,反之,AC=0。

若位7有借位,则进位标志位CY=1,反之,CY=0。

若位6、位7二者只有一位产生借位,认为溢出,OV=1;而二者同时产生借位或同时没有借位,将认为不溢出,OV=0。

溢出标志OV的状态与前面讲的加法指令相同。

4. 加1指令

加1指令INC共有5条(表3.5中编号13~17),功能是对指定单元的内容进行加1。

加1指令不影响程序状态字寄存器PSW。这5条指令中,前4条是对一个字节单元内容加1,最后一条是对16位的寄存器内容加1,这条指令在加1的过程中,若低8位有进位,则直接向高8位进位,而不对进位标志CY置1。比如INC DPTR指令,先对低8位指针DPL的内容加1,当产生溢出时就对高8位指针DPH加1。

5. 减1指令

减1指令DEC共有4条(表3.5中编号18~21),功能是将指定单元的内容进行减1。

与加1指令一样,减1指令不影响程序状态字PSW。注意,在MCS-51指令系统中,没有对DPTR减1的指令,也就是没有DEC DPTR指令。

6. 乘除指令

乘除指令各有1条(表3.5中编号22、23),完成2个8位无符号整数的乘法或除法运算。乘除指令都是1字节指令,执行时需4个机器周期。乘除指令只对累加器A和寄存器B操作,都影响程序状态字PSW。

乘法指令MUL将A和B中的两个8位无符号数相乘,结果为16位无符号数。其中高8位放在B中,低8位放在A中。在乘积大于FFH时,OV=1,否则OV=0;而CY总是0。

除法指令DIV将A中的8位无符号数除B中的8位无符号数,商放在A中,余数放在B中。如果在做除法前B中的值是00H,也就是除数为0,那么OV=1。

7. 十进制调整指令

BCD(binary coded decimal)码是用4位二进制数表示1位十进制数,如十进制数45,其BCD码形式为45H。BCD码只是一种表示形式,与其数值没有关系。十进制调整指令DA是一条专用指令(表3.5中编号24),用于对BCD码十进制数加法运算的结果进行修正。由于相加结果在累加器A中,因此也就是对累加器A的内容进行修正。DA指令只能跟在ADD或ADDC指令后,不适用于减法。下面说明为什么要使用DA A指令。

在计算机中十进制数字0~9一般用BCD码来表示,然而计算机在进行运算时,是按二进制规则进行的,对于4位二进制数有16种状态,对应16个数字,而十进制数只用其中的10种表示0~9,因此按二进制的规则运算就可能导致错误的结果。

例如,6+9=15:

```
       0110
  +)   1001
  ----------
       1111  (非BCD码)
  +)   0110
  ----------
      10101  (+6后得到正确的BCD码)
```

由此可见第一次得到的1111不是BCD码，进行+6修正后得到个位数为5，并向高位产生进位1，从而得到正确的BCD码。因此两个BCD码数进行相加时，必须由DA A指令调整才能得到正确的BCD码。DA指令只影响进位标志CY。这条指令的修正规则如下：

当 $A_{3\sim0}>9$ 或(AC)=1，则 A←(A)+06H。

当 $A_{7\sim4}>9$ 或(CY)=1，则 A←(A)+60H。

当 $A_{7\sim4}=9$ 而 $A_{3\sim0}>9$，则 A←(A)+66H。

例如，通过如下3条指令计算66+55=121：

```
MOV  A, #66H
ADD  A, #55H
DA   A
```

```
        01100110
+)      01010101
        10111011   (A3~0>9, A7~4>9)
+)      01100110   (由 DA A 指令实现)
       100100001   (+6 后得到正确的 BCD 码)
```

执行结果：A=21，CY=1。

3.3.4　逻辑运算及移位类指令

逻辑运算及移位类指令共有24条，有九种助记符，如表3.6所示。这类命令完成与、或、异或、清零、取反、左右移位等各种运算。逻辑运算的所有指令都是按位进行操作的。逻辑运算及移位类指令一般不影响PSW，仅当目的操作数为累加器A时对奇偶标志位P有影响，带进位的移位指令影响进位标志位CY。

表3.6　逻辑运算及移位类指令

编号	操作码	操作数	指令功能	字节	机器周期
1	ANL	A,Rn	A←A∧Rn	1	1
2	ANL	A,direct	A←A∧(direct)	2	1
3	ANL	A,@Ri	A←A∧(Ri)	1	1
4	ANL	A,#data	A←A∧data	2	1
5	ANL	direct,A	(direct)←(direct)∧A	2	1
6	ANL	direct,#data	(direct)←(direct)∧data	3	2
7	ORL	A,Rn	A←A∨Rn	1	2
8	ORL	A,direct	A←A∨(direct)	2	1
9	ORL	A,@Ri	A←A∨(Ri)	1	1
10	ORL	A,#data	A←A∨data	2	1
11	ORL	direct,A	(direct)←(direct)∨A	2	1
12	ORL	direct,#data	(direct)←(direct)∨data	3	1
13	XRL	A,Rn	A←A⊕Rn	1	2

续表

编号	操作码	操作数	指 令 功 能	字节	机器周期
14	XRL	A,direct	A←A⊕(direct)	2	1
15	XRL	A,@Ri	A←A⊕(Ri)	1	1
16	XRL	A,#data	A←A⊕data	2	1
17	XRL	direct,A	(direct)←(direct)⊕A	2	1
18	XRL	direct,#data	(direct)←(direct)⊕data	3	1
19	CLR	A	A←0	1	2
20	CPL	A	A←/A	1	1
21	RL	A	A_{i+1}←A_i,A_0←A_7	1	1
22	RLC	A	A_{i+1}←A_i,CY←A_7,A_0←CY	1	1
23	RR	A	A_i←A_{i+1},A_7←A_0	1	1
24	RRC	A	A_i←A_{i+1},A_7←CY,CY←A_0	1	1

1. 逻辑与运算指令

逻辑与运算指令 ANL 共 6 条(表 3.6 中编号 1~6),功能是对两个操作数进行按位逻辑与操作。其中前 4 条指令以累加器 A 为目的操作数,后 2 条是以直接地址单元为目的操作数。

2. 逻辑或运算指令

逻辑或运算指令 ORL 共 6 条(表 3.6 中编号 7~12),功能是对两个操作数进行按位逻辑或操作。前 4 条指令以累加器 A 为目的操作数,后 2 条是以直接地址单元为目的操作数。

3. 逻辑异或运算指令

逻辑异或运算指令 XRL 共 6 条(表 3.6 中编号 13~18),功能是对两个操作数进行按位逻辑异或操作。其中前 4 条指令以累加器 A 为目的操作数,后 2 条是以直接地址单元为目的操作数。运算规则如下:

$$0\oplus0=0,1\oplus1=0,0\oplus1=1,1\oplus0=1$$

例如,A=52H,R1=65H,三条命令“ANL A,R1”“ORL A,R1”“XRL A,R1”对应的列式如下:

```
   0101 0010          0101 0010          0101 0010
∧  0110 0101      ∨   0110 0101      ⊕   0110 0101
   0100 0000          0111 0111          0011 0111
结果:A=40H        结果:A=77H        结果:A=37H
```

4. 累加器清零、取反指令

累加器清零指令 CLR(表 3.6 中编号 19)将 A 的内容清零。

累加器取反指令 CPL(表 3.6 中编号 20)将 A 的内容按位取反。

5. 移位指令

移位指令只能对累加器 A 进行移位,共有 4 条指令(表 3.6 中编号 21~24)。4 条指令对累加器 A 操作的示意图如图 3.6 所示。

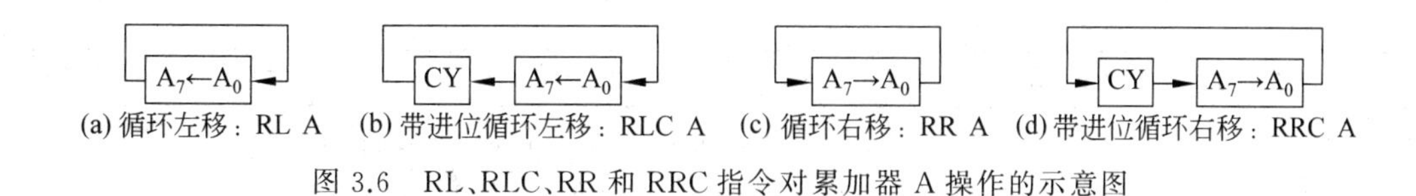

(a) 循环左移：RL A (b) 带进位循环左移：RLC A (c) 循环右移：RR A (d) 带进位循环右移：RRC A

图 3.6 RL、RLC、RR 和 RRC 指令对累加器 A 操作的示意图

RL 和 RR 指令是将 A 的内容循环左移、右移 1 位，RLC 和 RRC 指令是将 A 的内容和进位标志位 CY 的状态 1 起循环左移、右移 1 位。左移 1 位相当于乘 2，而右移 1 位相当于除 2。

3.3.5 控制转移类指令

CPU 读取指令时需要知道要执行的指令保存在 ROM 的什么位置，这个位置信息称为地址。程序计数器(PC)就是存储地址的寄存器。通常，PC 是按 1 递增设计的，51 单片机是 8 位机，不管是几字节指令，根据 PC 内容每次只从 ROM 中读取 1 字节，然后 PC 会自动加 1。可以说，PC 决定了程序执行的顺序。

控制转移类指令共有 17 条(不包括布尔变量控制转移指令)，有 13 种助记符，如表 3.7 所示，主要功能是控制程序转移到 PC 所指的地址上。

表 3.7 控制转移类指令

编号	操作码	操作数	指 令 功 能	字节	机器周期
1	LJMP	add16	PC←addr16，无条件长转移，转移范围为 64KB	3	2
2	AJMP	add11	PC←PC+2，$PC_{10\sim0}$←addr11，无条件绝对转移，转移范围为 2KB	2	2
3	SJMP	rel	PC←PC+2+rel，无条件相对短转移，转移范围为－128B～＋127B。 编号为 3、5～12 的指令中，通常将 rel 写成标号，这样编程更简便	2	2
4	JMP	@A+DPTR	PC←A+DPTR，无条件相对长转移，转移范围为 64KB	1	2
5	JZ	rel	A=0，PC←PC+2+rel；A≠0，PC←PC+2；如果 A=0，则转移(转移到相对于当前 PC 值的 8 位偏移量地址处)，否则顺序执行	2	2
6	JNZ	rel	A≠0，PC←PC+2+rel；A=0，PC←PC+2；如果 A≠0，则转移(转移到相对于当前 PC 值的 8 位偏移量地址处)，否则顺序执行	2	2
7	CJNE	A，direct，rel	如果 A≠(direct)，则转移，否则顺序执行	3	2
8	CJNE	A，#data，rel	如果 A≠data，则转移，否则顺序执行	3	2
9	CJNE	Rn，#data，rel	如果 Rn≠data，则转移，否则顺序执行	3	2
10	CJNE	@Ri，#data，rel	如果(Ri)≠data，则转移，否则顺序执行	3	2
11	DJNZ	Rn，rel	Rn←Rn－1；若 Rn=0，则 PC←PC+2；若 Rn≠0，则 PC←PC+2+rel；Rn 减 1 后不为 0 则转移，否则顺序执行	2	2

续表

编号	操作码	操作数	指令功能	字节	机器周期
12	DJNZ	direct,rel	(direct)←(direct)－1;若(direct)＝0,则 PC←PC＋3;若(direct)≠0,则 PC←PC＋3＋rel;(direct)减 1 后不为 0 则转移,否则顺序执行	3	2
13	LCALL	add16	长调用子程序	3	2
14	ACALL	add11	绝对调用子程序	2	2
15	RET		子程序返回指令	1	2
16	RETI		中断服务子程序返回指令	1	2
17	NOP		空操作,消耗一个机器周期,用于短暂延时	1	1

1. 无条件转移类指令

无条件转移类指令有 4 条(表 3.7 中编号 1～4)。

(1) 无条件长转移指令(表 3.7 中编号 1)。无条件长转移指令是将 16 位地址送给 PC,从而实现程序的转移。因为操作码提供 16 位地址,所以可在 64KB 程序存储器范围内跳转。该指令为 3 字节指令,依次为操作码、高 8 位地址、低 8 位地址。

(2) 无条件绝对转移指令(表 3.7 中编号 2)。无条件绝对转移指令是一条双字节的指令,其中 A10～A0 为指令提供 11 位的地址 addr11,addr11 最小值为 000H,最大值为 7FFH,因此绝对转移指令所能转移的最大范围为 2KB。这条指令的功能是:首先将 PC 的内容加 2,使 PC 指向该绝对转移指令的下一条指令,然后把 addr11 送入 PC 的低 11 位,PC 的高 5 位保持不变,形成新的 PC 值,实现程序的转移。11 位转移地址的形成示意图如图 3.7 所示。

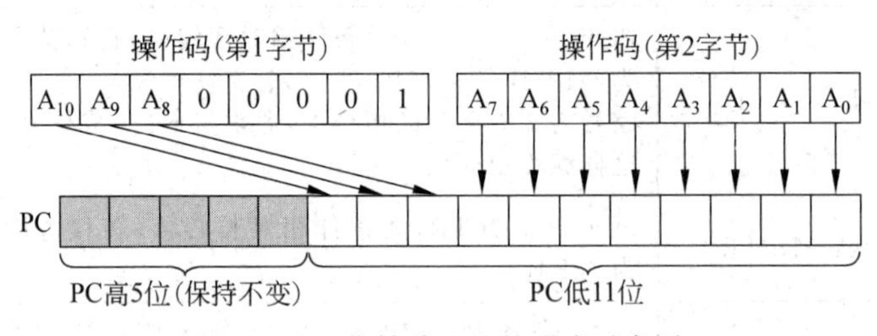

图 3.7 11 位转移地址的形成示意图

(3) 无条件相对短转移指令(表 3.7 中编号 3)。无条件相对短转移指令是一条双字节指令,其功能是:首先将 PC 的内容加 2,再与 rel 相加后形成转移目的地址,其中 rel 是 8 位补码表示的相对偏移量。该指令的转移范围以本指令所在地址加 2 为基准,向后(低地址)转移 128B,向前(高地址)转移 127B。也就是说,转移范围为 256B(－128～127),称为短转移。

(4) 无条件相对长转移指令(表 3.7 中编号 4)。无条件相对长转移指令是一条单字节指令,转移地址由 A＋DPTR 形成,并直接送入 PC,JMP 指令对 A、DPTR 和标志位均无影响,转移范围为 64KB。本指令可代替众多的判别跳转指令,又称为散转指令,多用于多分支程序结构中。

AJMP 和 LJMP 指令后跟的是绝对地址,而 SJMP 指令后跟的是相对地址。原则上,所有用 SJMP 或 AJMP 的地方都可以用 LJMP 指令来替代。

2. 条件转移类指令

条件转移类指令有8条(表3.7中编号5～12)。条件转移指令是指当某种条件满足时，程序进行转移，否则程序继续执行本指令的下一条指令。MCS-51所有条件转移指令都是采用相对寻址方式得到转移的目的地址。

(1) 累加器判零条件转移指令(表3.7中编号5、6)。JZ和JNZ这2条指令是双字节指令。

(2) 数值比较转移指令(表3.7中编号7～10)。数值比较转移指令CJNE共有4条，功能是把两个操作数进行比较，如果二者不相等则转移，否则顺序执行。这4条指令都是3字节指令，是MCS-51指令系统中仅有的4条3个操作数的指令。执行操作如下：

若目的操作数＝源操作数，则(CY)＝0，PC←(PC)＋3。

若目的操作数＞源操作数，则(CY)＝0，PC←(PC)＋3＋rel。

若目的操作数＜源操作数，则(CY)＝1，PC←(PC)＋3＋rel。

本组指令影响CY标志位，所以利用本组指令可以判别两数的大小。

利用这些指令可以判断两个数是否相等。但有时还想判别两个数的大小，可以在程序转移后(不相等才转移)再利用CY进行判断。

(3) 减1条件转移指令(表3.7中编号11～12)。DJNZ指令是把减1与条件转移两种功能结合在一起的指令，主要用于控制程序循环。例如，预先把寄存器或片内RAM单元赋值循环次数，利用减1条件转移指令，以减1后是否为0作为转移条件，即可实现按次数控制循环。

3. 子程序调用与返回指令

(1) 长调用子程序指令(表3.7中编号13)。LCALL是一条3字节指令，程序跳转前完成的操作是：先将PC的内容加3，然后将PC的内容(称为断点地址)压入栈，接着将16位地址addr16送入PC，实现子程序调用。子程序调用范围是64KB。

(2) 绝对调用子程序指令(表3.7中编号14)。ACALL指令为双字节指令，程序跳转前完成的操作是：先将PC的内容加2，然后将PC的内容(称为断点地址)压入栈，接着将11位地址addr11(11位地址的形成过程如图3.7所示)送入PC，实现子程序调用。子程序调用范围是2KB。

(3) 返回指令。返回指令共2条(表3.7中编号15、16)。

RET指令的功能是只从栈中取出断点地址并送给程序计数器PC，使程序在主程序断点处继续向下执行。

中断服务子程序返回指令RETI除了完成上面的功能外，还要清除中断响应时被置位的优先级状态，开放较低级中断和恢复中断逻辑，使较低级中断申请可以被响应。

4. 空操作指令

空操作指令NOP也算是一条控制指令(表3.7中编号17)，即控制CPU不做任何操作，只消耗这条指令执行所需的一个机器周期时间。这条指令常用于程序的等待或延迟。

3.3.6 位操作类指令

MCS-51在硬件结构中有一个位处理器(又称布尔处理器)，它以进位标志位CY作为位累加器，以位地址空间中的各位作为存储位(每个位又称为布尔变量或开关变量)。位处理器以位作为单位进行运算和操作,有一套位变量处理的指令集,包括位变量传送、逻辑运算、控制程序转移等。位操作类指令共有 17 条指令和 11 个助记符,如表 3.8 所示。

表 3.8　位操作类指令

编号	操作码	操作数	指令功能	字节	机器周期
1	MOV	C,bit	CY←(bit),直接寻址位传送到进位位	2	1
2	MOV	bit,C	(bit)←CY,进位位传送到直接寻址	2	2
3	CLR	C	CY←0,清进位位	1	1
4	CLR	bit	(bit)←0,清直接寻址位	2	1
5	SETB	C	CY←1,置位进位位	1	1
6	SETB	bit	(bit)←1,置位直接寻址位	2	1
7	ANL	C,bit	CY←CY∧(bit),CY 与指定位的值相与,结果送回 CY	2	2
8	ANL	C,/bit	CY←CY∧/(bit),先将指定位的值取出后取反,再和 CY 相与,结果送回 CY。注意,指定位的值本身不变	2	2
9	ORL	C,bit	CY←CY∨(bit),CY 与指定位的值相或,结果送回 CY	2	2
10	ORL	C,/bit	CY←CY∨/(bit),先将指定位的值取出后取反,再和 CY 相或,结果送回 CY。注意,指定位的值本身不变	2	2
11	CPL	C	CY←/C,取反进位位	1	1
12	CPL	bit	(bit)←/(bit),取反直接寻址位	2	1
13	JC	rel	若 CY=1,则 PC←PC+2+rel;若 CY=0,则 PC←PC+2。如果进位位为 1 则转移	2	2
14	JNC	rel	若 CY=0,则 PC←PC+2+rel;若 CY=1,则 PC←PC+2。如果进位位为 0 则转移	2	2
15	JB	bit,rel	若(bit)=1,则 PC←PC+3+rel;若(bit)=0,则 PC←PC+3。如果直接寻址位为 1 则转移,否则顺序执行	3	2
16	JNB	bit,rel	若(bit)=0,则 PC←PC+3+rel;若(bit)=1,则 PC←PC+3。如果直接寻址位为 0 则转移,否则顺序执行	3	2
17	JBC	bit,rel	若(bit)=1,则 PC←PC+3+rel,且(bit)←0;若(bit)=0,则 PC←PC+3。如果直接寻址位为 1 则转移且清除该位,否则顺序执行	3	2

注意:这类指令中所使用的地址全部是位地址,不能与片内 RAM 字节地址混淆。

1. 位传送指令

位传送指令 MOV 实现位累加器(CY)和其他可寻址位之间的数据传递,共 2 条指令(表 3.8 中编号 1、2)。指令中的 C 就是 CY,因两个可寻址位之间没有直接的传送指令,因此若要完成这种传送,可通过 CY 作为中介来实现。如下代码将 30H 位的内容传送到 5BH 位。

```
MOV  F0, C          ; F0 是程序状态字 PSW 中的用户标志位(PSW.5)
MOV  C, 30H
MOV  5BH, C
MOV  C, F0
```

尽管位地址和字节地址有重叠，读/写位寻址空间时也采用 MOV 指令形式，但所有的位操作指令都以位地址为一个操作数，以 C 为另一个操作数。示例如下：

```
MOV  C, 90H          ; 读位地址 90H，将 P1.0 的状态送给 C，等价于下面一条指令
MOV  C, P1.0
MOV  P1.5, C
MOV  A, 90H          ; 读字节地址 90H，将 P1 的内容送给 A，等价于下面一条指令
MOV  A, P1
MOV  P0, A
```

2. 位置位/复位指令

CLR 和 SETB 指令可以对进位标志位 CY 和可寻址位进行复位（设置为 0）和置位（设置为 1）操作，共有 4 条指令（表 3.8 中编号 3～6）。

3. 位运算指令

位运算都是逻辑运算，有与、或、非三种（ANL、ORL、CPL），共 6 条指令（表 3.8 中编号 7～12）。与、或运算时，都是以累加位 C 作为目的操作数，可寻址位的内容为源操作数，逻辑运算结果仍送回 C，非运算则对可寻址位的内容取反。

4. 位控制转移指令

位控制转移指令就是以位的状态作为实现程序转移的判断条件。有 2 条（JC、JNC）以 C 状态为条件的转移指令（表 3.8 中编号 13、14）。有 3 条（JB、JNB、JBC）以位状态为条件的转移指令（表 3.8 中编号 15～17）。

JB 和 JBC 的功能类似，不同的是，若满足转移条件，JB 指令实现转移，而 JBC 指令在转移的同时还将 bit 位地址的内容清零。

3.4　51 单片机汇编语言程序设计

3.4.1　汇编语言的特点

汇编语言是计算机系统提供给用户的最快、最有效的语言，也是能对硬件直接编程的语言。因此，对空间和时间要求很高的程序，或需要直接控制硬件的程序，一般都使用汇编语言进行程序设计。用汇编语言编写的程序称为汇编语言源程序或汇编语言程序。

汇编语言是用助记符来表示机器语言的指令代码的。汇编语言的特点：①助记符指令和机器指令一一对应。用汇编语言编写的程序效率高，占用存储空间小，运行速度快，且能编写出最优化的程序。②汇编语言与计算机硬件设备密切相关。汇编语言程序能直接管理和控制硬件设备，直接访问存储器及接口电路，也能处理中断。③汇编语言编程比高级语言程序的编写和调试要困难。汇编语言是面向计算机的，汇编语言的程序设计人员必须对计算机硬件有相当深入的了解。④汇编语言缺乏通用性，程序不易移植。各种计算机都有自己的汇编语言，不同计算机的汇编语言之间不能通用。

3.4.2　汇编语言的语句格式

汇编语言源程序由汇编语句、伪指令两种指令构成。

汇编语句也称为指令语句,伪指令也称为指示性语句。

汇编语句的格式表示如下:

```
[标号:] 操作码 [操作数1[,操作数2]...] [;注释]
```

一条汇编语句由标号、操作码、操作数和注释四个部分组成,其中方括号括起来的是可选部分,根据需要而定。

操作码和操作数之间用空格作为分隔符。操作数之间用逗号","作为分隔符。注释之前用分号";"作为分隔符。一条汇编语句必须在一行中写完。

1. 标号

标号是语句地址的标志符号,通过标号才能访问到汇编语言源程序的语句。对于标号的使用有以下规定:①标号由1~8个ASCII码字符组成(ASCII码表见附录A),第一个字符必须是字母,其余字符可以是字母、数字和一些特定字符;②不能使用汇编语言中已经定义的符号作为标号,如指令助记符、伪指令、寄存器符号名称等;③标号后必须紧跟一个冒号;④同一个标号在一个程序中只能定义一次,不能重复定义;⑤一条语句可以有标号,也可以没有标号,标号的有无取决于本程序中的其他语句是否需要访问这条语句。

2. 操作码

操作码用于规定语句执行的操作,它是指令助记符。操作码是汇编语言语句中唯一不可缺少的部分。

3. 操作数

操作数是给指令的操作提供数据或地址,它与操作码之间用空格分隔。在一条指令中,操作数根据指令的不同,可以是空缺或1~3个。

4. 注释

注释不属于汇编语句的功能部分,它只是对汇编语句的功能和性质进行解释说明,因此注释不是必需的。注释用分号开头,注释的长度不限,一行不够时可以换行接着书写,但换行时应注意在开头使用分号。使用注释可以使程序结构清楚,可读性强,方便软件的维护、修改和扩充功能,因而一个完整的汇编语言程序应附有必要的注释。

3.4.3 汇编语言的伪指令

汇编程序是指把汇编语言程序翻译成与之等价的机器语言程序的翻译程序。伪指令是控制汇编用的特殊指令,对汇编程序将汇编语言程序汇编成目标程序有用,对阅读汇编语言源程序也有用。伪指令不属于指令系统,但是,汇编程序在这些指令的指导下将汇编语言程序汇编成机器码。伪指令对程序本身的执行没有作用,因此伪指令没有对应的机器语言代码。

下面介绍MCS-51汇编语言程序中常用的伪指令。

1. ORG

伪指令ORG的功能是规定生成的机器码在ROM中的起始地址。ORG格式如下:

```
[标号:] ORG 地址
```

2. END

汇编终止伪指令 END 的功能是终止源程序的汇编工作，在 END 之后的指令，汇编程序都不予处理。END 是汇编语言程序的结束标志，一个程序只能有一个 END 命令。END 格式如下：

```
END  [标号]
```

其中标号是可选项，当源程序为主程序时，END 伪指令可带标号，这个标号是主程序第一条指令的符号地址；当源程序为子程序时，END 伪指令不应带标号。示例如下：

```
      ORG 1000H
MAIN: MOV A, #10H
      ...
      END MAIN
```

MAIN 标号对应指令的地址为 1000H，机器码从 ROM 的 1000H 地址处开始存放。

3. EQU

赋值伪指令 EQU 的功能是将一个特定值赋给一个字符名称。赋值以后，字符名称的值在整个程序中有效。EQU 格式如下：

```
字符名称  EQU  表达式
```

字符名称不同于标号，不加冒号。表达式可以是常数、地址、标号或表达式。赋值以后的字符名称既可以作地址使用，也可以作立即数使用。示例如下：

```
AA   EQU  50H
BB   EQU  60H
MOV  P0, AA          ; P0←(50H)
MOV  P1, BB          ; P1←(60H)
```

4. DB

定义字节伪指令 DB 的功能是从指定地址单元开始，定义若干字节(8 位)的数据或 ASCII 码字符。常用于定义数据常数表。DB 格式如下：

```
[标号:]  DB  数据表
```

标号是可选项，数据表是 1 字节数据，或用逗号分隔开的一组字节数据，或用引号括起来的字符串。示例如下：

```
     ORG 2000H
DAT: DB50H
     DB 12, 0BDH, 'E', 'F'
STR: DB "Hello", "Single-Chip Computer", "!"
TAB: DB 41H, 42H, 43H, 44H, 45H, 46H
     DB 47H, 48H, 49H, 4AH, 4BH, 4CH, 4DH
```

5. DW

定义字伪指令 DW 的功能是从指定的地址单元开始，定义若干个字(16 位)的数据。常用于定义数据常数表。DW 格式如下：

```
[标号:]  DW  数据表
```

一个数据字占 2 字节。存放时，高字节在低地址，低字节在高地址。示例如下：

```
        ORG 2000H
TABLE: DW 0E28AH, 23H, 0B1H
```

上面代码经汇编后，则有

```
(2000H)=E2H (2001H)=8AH
(2002H)=00H (2003H)=23H
(2004H)=00H (2005H)=B1H
```

数据存储时有大端和小端之分，如表 3.9 所示，以指令"MOV 50H，1234H"为例说明大端和小端的区别。大端存储时高字节数据存储在低地址，小端存储时低字节数据存储在低地址。51 单片机采用大端模式，STM32 采用小端模式。

表 3.9　大端存储和小端存储

大 端 存 储		小 端 存 储	
地　　址	值	地　　址	值
50H	12H	50H	34H
51H	34H	51H	12H

6. DS

定义存储区伪指令 DS 的功能为从指定地址开始保留若干字节的存储单元。DS 格式如下：

```
[标号:]  DS 表达式
```

表达式的值决定了保留多少字节的存储单元。示例如下：

```
      ORG 4000
TAB: DS 100
```

7. BIT

位定义伪指令 BIT 的功能是给字符名称赋予位地址。BIT 格式如下：

```
字符名称  BIT  位地址
```

其中，位地址可以是绝对地址，也可以是符号地址，即位符号名称。示例如下：

```
FGO  BIT  F0
X1   BIT  P3.1
```

```
X2  BIT  P3.2
DD  BIT     22H.3
MOV  C, DD
```

3.4.4　电路原理图

第 3.4 节中的所有示例使用的电路原理图如图 3.8 所示。6264 芯片为片外扩展的 8KB 数据存储器。

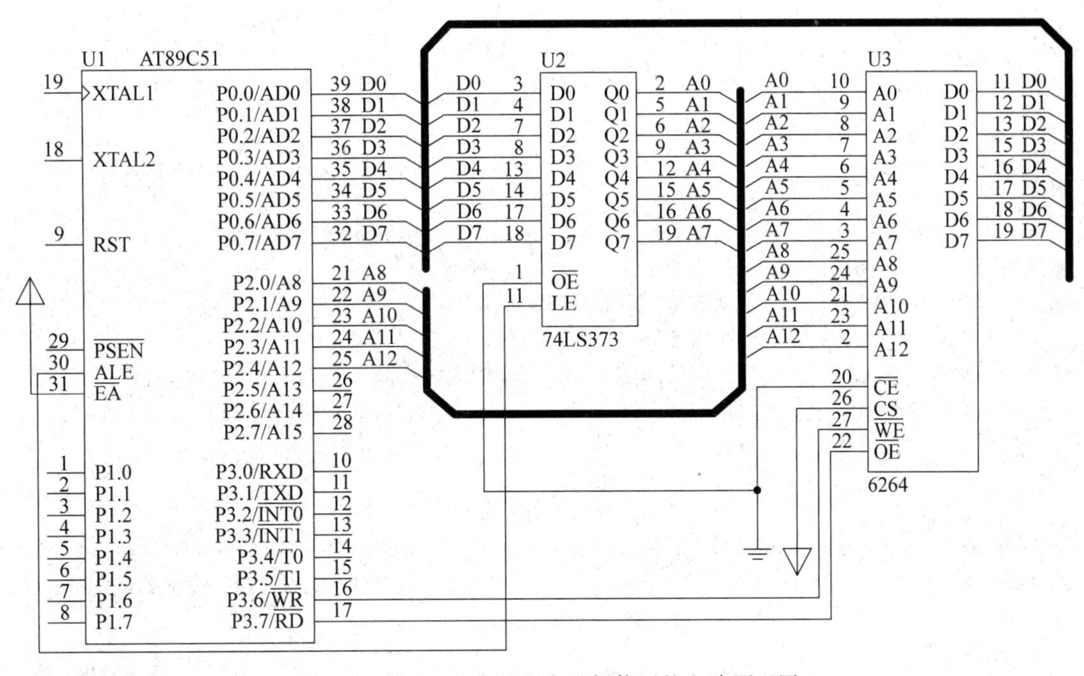

图 3.8　第 3.4 节中的所有示例使用的电路原理图

示例 3-1：在 Proteus 中绘制电路原理图。

示例 3-1

电路图中总线的绘制步骤：①选择 Proteus 左侧工具栏中的“总线模式”，在总线起始位置左击，移动鼠标绘制总线，在终点处左击两次结束此段总线的绘制；②引脚连接总线，在连线拐弯处左击，然后按住 Ctrl 键，移动鼠标使得连线与总线呈 45°角相连；③给接线处设置标号，选择“工具”→“属性赋值工具”命令，打开“属性赋值工具”对话框（也可按一下大写字母 A 键，直接弹出该对话框），在“字符串”文本框中输入“NET＝D＃”（字母 D 是根据引脚命名，也可用其他符号），计数初值为 0，计数增量设置为 1，表示编号由 D0 开始，依次增 1，如 D1、D2、D3。移动鼠标指针到连线处，鼠标箭头会变为“手和绿色矩形”图标，左击，就会自动给各个连线设置标号。

3.4.5　顺序程序设计

顺序程序的执行没有流程转移，全部按照程序语句的先后次序执行。顺序程序是最基本的程序结构之一，也是最简单的结构。

示例 3-2：两个无符号双字节数相加，被加数存放在片内 RAM 的 61H(高字节)和 62H(低字节)单元中，加数存放在 63H(高字节)和 64H(低字节)单元中，和数存入 61H 和 62H 单元中。汇编语言程序如下。

示例 3-2

按照如图 2.5 所示的步骤使用 Keil μVision5 新建工程，工程名称为 exam-3-1，不要添加 STARTUP.A51 文件。按照如图 2.6 所示的步骤添加汇编源代码文件(在 Add New Item to Group Source Group 1 对话框中选择 Asm File)，文件名为 exam-3-1，在 exam-3-1.a51 文件中输入下面的汇编源代码，然后保存。

```
1: ORG   0000H
2: MOV   61H, #11H
3: MOV   62H, #22H
4: MOV   63H, #0AAH
5: MOV   64H, #0DDH
6: CLR   C              ; 将 CY 清零
7: MOV   R0, #62H       ; 将被加数地址送 R0(先对双字节数的低字节求和)
8: MOV   R1, #64H       ; 将加数地址送 R1
9: MOV   A, @R0         ; 被加数低字节的内容送入 A
10: ADD   A, @R1        ; 两个低字节相加
11: MOV   @R0, A        ; 低字节的和存入被加数低字节中
12: DEC   R0            ; 指向被加数高字节(再对双字节数的高字节求和)
13: DEC   R1            ; 指向加数高字节
14: MOV   A, @R0        ; 被加数高字节送入 A
15: ADDC A, @R1         ; 两个高字节以及 CY 相加
16: MOV   @R0, A        ; 高字节的和送被加数高字节
17: SJMP   $            ; 该指令的作用是不让程序执行结束,可以查看寄存器或存储单元中的值
18: RET
19: END
```

此时，可以成功构建工程。将生成的 HEX 文件加载到如图 3.8 所示的电路原理图的 AT89C51 单片机中，即可正常运行。单击仿真工具中的运行按钮(Proteus 窗口左下角)，启动程序全速运行，可以查看单片机系统的运行结果。依次选择"调试"→3. 8051 CPU→Internal (IDATA) Memory 命令，弹出 8051 单片机片内数据存储器窗口，其中的内容如图 3.9 所示。

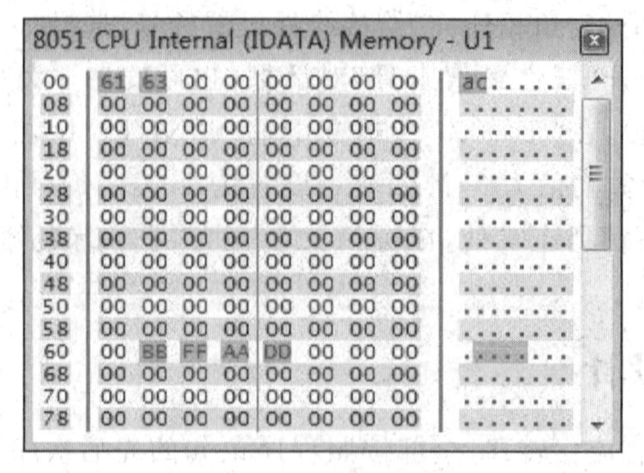

图 3.9　8051 单片机片内数据存储器窗口

依次选择"调试"→"开始仿真"命令，按 F10 键单步运行，此时可以查看每条指令执行后的结果，如图 3.10 所示。如果图 3.10 中的窗口没有显示，可以依次选择"调试"→3.8051 CPU→Register/SFR Memory/Internal(IDATA)Memory 命令打开这 3 个窗口。Register 窗口显示当前各个寄存器的值。SFR Memory 窗口显示单片机当前特殊功能寄存器的内容。在全速运行时，上述各窗口将自动隐藏。

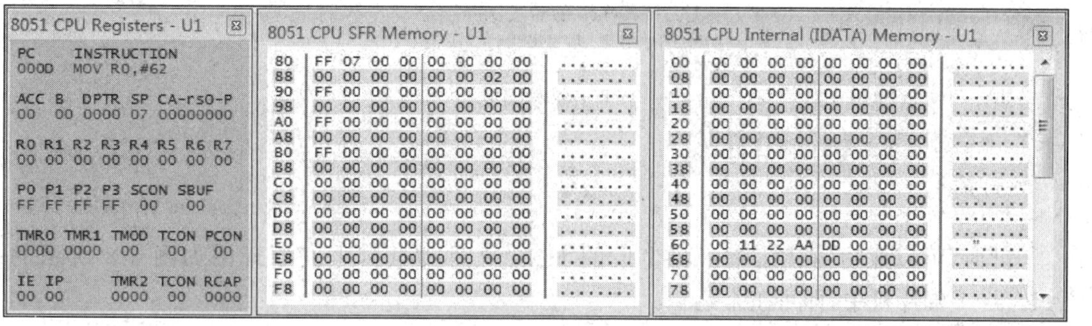

图 3.10　单步运行时，查看指令执行后的结果

依次选择"调试"→2. Watch Window 命令，弹出观测窗口，如图 3.11 所示。观测窗口即使在全速运行期间也将保持实时显示，因此可以在观测窗口中添加一些项目，以便于观测程序调试或运行期间值的变化情况。添加项目可以通过观测窗口中的右键菜单实现，也可以先用鼠标左键标记希望进行观测的存储器单元，然后将其直接拖拽到观测窗口中。

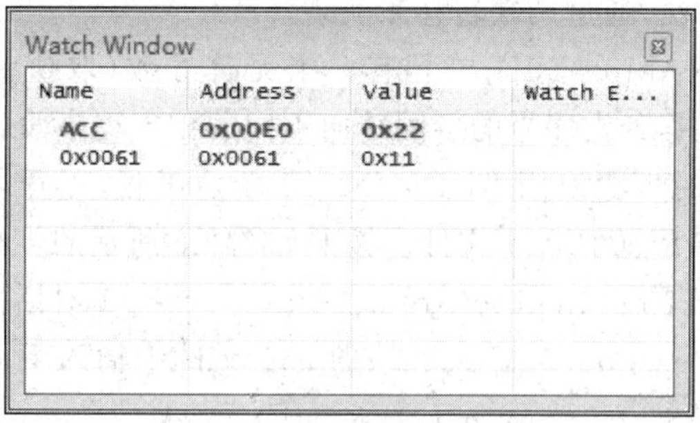

图 3.11　观测窗口

上述各个窗口的内容在调试过程会自动发生变化，在单步运行时，发生改变的值会高亮显示，显示格式可通过窗口右键菜单选项进行调整。

示例 3-3

示例 3-3：将两个半字节数合并成一个 1 字节数。设片内 RAM 中 61H 和 62H 单元中分别存放着 8 位二进制数，要求取出两个单元中的低半字节，合并成 1 字节后，存入 63H 单元中。

注意：61H 的低半字节为 63H 的低半字节，62H 的低半字节为 63H 的高半字节。

按照如图 2.5 所示的步骤使用 Keil μVision5 新建工程，工程名称为 exam-3-2，不要添加 STARTUP.A51 文件。按照如图 2.6 所示的步骤添加汇编源代码文件(在 Add New Item to Group Source Group 1 对话框中选择 Asm File)，文件名为 exam-3-2，在 exam-3-2.

a51 文件中输入下面的汇编源代码,然后保存。

```
1: ORG   0000H
2: MOV   61H, #0AAH
3: MOV   62H, #0DDH
4: MOV   A, 62H          ; 取出第 2 个单元中的内容送到 A
5: ANL   A, #0FH         ; 取出第 2 个数的低半字节送到 A
6: SWAP A                ; A 的低半字节移至高半字节
7: MOV   63H, A          ; 存放中间结果到 63H 单元中
8: MOV   A, 61H          ; 取出第 1 个单元中的内容并送到 A
9: ANL   A, #0FH         ; 取第 1 个数的低半字节
10: ORL  63H, A          ; 拼字
11: SJMP  $
12: END
```

此时,可以成功构建工程。将生成的 HEX 文件加载到电路原理图如图 3.8 所示的 AT89C51 单片机中,即可正常运行。

3.4.6 分支程序设计

程序的分支是通过条件转移指令实现的。根据条件对程序中的状态进行判断,满足条件则进行程序转移,否则按顺序执行。分支程序可分为单分支程序和多分支程序。单分支程序是只使用一次条件转移指令的分支程序。在多分支程序中,因为可能的分支会有 N 个,若采用多条 CJNE 指令逐次比较,程序的执行效率会降低很多,特别是分支较多时。这时,一般采用跳转表的方法,通过两次转移来实现。

示例 3-4:设片内 RAM 的 50H 单元有一个无符号数(取值范围为 0～2),称为分支序号,根据分支序号的不同转向不同的分支程序段。

示例 3-4

按照如图 2.5 所示的步骤使用 Keil μVision5 新建工程,工程名称为 exam-3-3,不要添加 STARTUP.A51 文件。按照如图 2.6 所示的步骤添加汇编源代码文件(在 Add New Item to Group Source Group 1 对话框中选择 Asm File),文件名为 exam-3-3,在 exam-3-3.a51 文件中输入下面的汇编源代码,然后保存。接着构建工程,加载运行 HEX 文件。

```
1:           MOV  50H, #2H              ; 赋值分支序号
2:           MOV  A, 50H                ; 取分支序号
3:           RL   A          ; 乘以 2 得到跳转表的偏移量,因 AJMP 是双字节指令,所以乘以 2
4:           MOV  DPTR, #JMPTAB         ; 将跳转表的首地址放入 DPTR
5:           JMP  @A+DPTR               ; 转向跳转表
6: JMPTAB: AJMP PROC0                   ; 转向分支 0
7:           AJMP PROC1                 ; 转向分支 1
8:           AJMP PROC2                 ; 转向分支 2
9: PROC0: MOV   A, #11H                 ; 分支 0
10:          SJMP  $                    ; 死循环
11: PROC1: MOV  A, #22H                 ; 分支 1
12:          SJMP  $
13: PROC2: MOV  A, #33H                 ; 分支 2
14:          SJMP  $
15:          END
```

示例 3-5

示例 3-5：使用跳转表最多可实现 128 路分支。由于 AJMP 指令的转移范围是 2KB，因此分支程序段的位置受到限制。如果把跳转表中的 AJMP 改为 LJMP，则分支程序段可分布在整个 64KB 范围内。因 LJMP 是 3 字节指令，故需对分支序号进行乘 3 处理。

按照如图 2.5 所示的步骤使用 Keil μVision5 新建工程，工程名称为 exam-3-4，不要添加 STARTUP.A51 文件。按照如图 2.6 所示的步骤添加汇编源代码文件(在 Add New Item to Group Source Group 1 对话框中选择 Asm File)，文件名为 exam-3-4，在 exam-3-4.a51 文件中输入下面的汇编源代码，然后保存。接着构建工程，加载运行 HEX 文件。

```
1:          MOV  50H, #2H            ; 赋值分支序号
2:          MOV  A, 50H              ; 取分支序号
3:          RL   A                   ; 分支序号乘以 2
4:          ADD  A, 50H              ; 再加一次，实现乘 3，得到跳转表的偏移量
5:          MOV  DPTR, #JMPTAB       ; 将跳转表的首地址放入 DPTR
6:          JMP  @A+DPTR             ; 转向跳转表
7: JMPTAB:  LJMP PROC0               ; 转向分支 0
8:          LJMP PROC1               ; 转向分支 1
9:          LJMP PROC2               ; 转向分支 2
10: PROC0:  MOV  A, #11H             ; 分支 0
11:         SJMP $                   ; 死循环
12: PROC1:  MOV  A, #22H             ; 分支 1
13:         SJMP $
14: PROC2:  MOV  A, #33H             ; 分支 2
15:         SJMP $
16:         END
```

3.4.7　循环程序设计

循环是为了重复执行一个程序段。与高级语言不同，汇编语言中没有专用的循环指令，但是可以使用条件转移指令通过判断来控制循环是继续还是结束。通常循环程序包含 4 个部分：①初始化部分，为循环程序做准备，如设置循环次数、起始地址，给各变量设置初值等；②循环体，为重复执行的程序段，是循环程序的主体；③循环控制部分，作用是修改循环次数及有关变量参数等，并根据循环结束条件来判断是否结束循环；④结束部分，对结果进行分析、处理和存放。

示例 3-6

示例 3-6：在 ROM 中从 1000H 开始的连续单元中存放一个字符串，该字符串以回车符(0DH)为结束标志，要求计算该字符串的长度(包含串结束标志)，将长度值放入片内 RAM 的 40H 单元中。

按照如图 2.5 所示的步骤使用 Keil μVision5 新建工程，工程名称为 exam-3-5，不要添加 STARTUP.A51 文件。按照如图 2.6 所示的步骤添加汇编源代码文件(在 Add New Item to Group Source Group 1 对话框中选择 Asm File)，文件名为 exam-3-5，在 exam-3-5.a51 文件中输入下面的汇编源代码，然后保存。接着构建工程，加载运行 HEX 文件。

```
1:          MOV  DPTR, #STR
2:          MOV  R0, #00H              ; R0存放循环次数,也是字符串长度
3: LOOP: MOV  A, R0                   ; R0也表示字符串的位置指针
4:          MOVC  A, @A+DPTR           ; 取出字符串中的字符
5:          INC  R0                    ; 修改循环变量
6:          CJNE  A, #0DH, LOOP        ; 如果不是回车符,继续循环,否则跳出循环
7:          MOV  40H, R0               ; 将长度值放入片内 RAM 的 40H 单元中
8:          SJMP  $
9:          ORG 1000H                  ; 在 ROM 中从 1000H 开始的连续单元中存放一个字符串
10: STR: DB "Hello Single-Chip Computer", 0DH
11:         END
```

示例 3-7：设在片内 RAM 的 40H 单元开始处有一个长度为 10 的无符号数据区,向里面存储数据 1～10,对这些数据求和,然后将和存入片内 RAM 的 60H 单元中。

示例 3-7

按照如图 2.5 所示的步骤使用 Keil μVision5 新建工程,工程名称为 exam-3-6,不要添加 STARTUP.A51 文件。按照如图 2.6 所示的步骤添加汇编源代码文件(在 Add New Item to Group Source Group 1 对话框中选择 Asm File),文件名为 exam-3-6,在 exam-3-6.a51 文件中输入下面的汇编源代码,然后保存。接着构建工程,加载运行 HEX 文件。

```
1:          MOV  R0, #40H          ; R0 为数据区指针
2:          MOV  R1, #01H          ; R1 中依次产生数据 1~10
3:          MOV  R2, #0AH          ; R2 为循环变量
4:          MOV  60H, #00H
5: LOOP: MOV  A, R1
6:          MOV  @R0, A            ; 向数据区存储数据 1~10
7:          MOV  A, 60H
8:          ADD  A, R1             ; 求和
9:          MOV  60H, A            ; 和存入 60H
10:         INC  R0
11:         INC  R1
12:         DJNZ  R2, LOOP
13:         SJMP  $
14:         END
```

示例 3-8：将片内 RAM 的 40H 地址开始的 20 个数据,传送到片外 RAM 的 200H 单元开始的区域。

示例 3-8

按照如图 2.5 所示的步骤使用 Keil μVision5 新建工程,工程名称为 exam-3-7,不要添加 STARTUP.A51 文件。按照如图 2.6 所示的步骤添加汇编源代码文件(在 Add New Item to Group Source Group 1 对话框中选择 Asm File),文件名为 exam-3-7,在 exam-3-7.a51 文件中输入下面的汇编源代码,然后保存。接着构建工程,加载运行 HEX 文件。

```
1:        MOV  40H, #40H
2:        MOV  45H, #45H
3:        MOV  50H, #50H
4:        MOV  R0, #40H              ; R0为源数据区地址指针
5:        MOV  DPTR, #200H           ; DPTR为目的数据区地址指针
6:        MOV  R1, #20               ; 循环次数
7: LOOP:  MOV  A, @R0                ; 从源数据区读取数据
8:        MOVX  @DPTR, A             ; 将数据传送到目的数据区
9:        INC  R0                    ; 源地址指针加1
10:       INC  DPTR                  ; 目的地址指针加1
11:       DJNZ  R1, LOOP             ; 循环控制
12:       SJMP  $
13:       END
```

依次选择“调试”→“开始仿真”命令，按 F10 键单步运行，此时可以查看每条指令执行后的结果。依次选择“调试”→4. Memory Contents 命令，弹出 Memory Contents-U3 窗口，此时可以查看片外 RAM 中的内容，如图 3.12 所示。

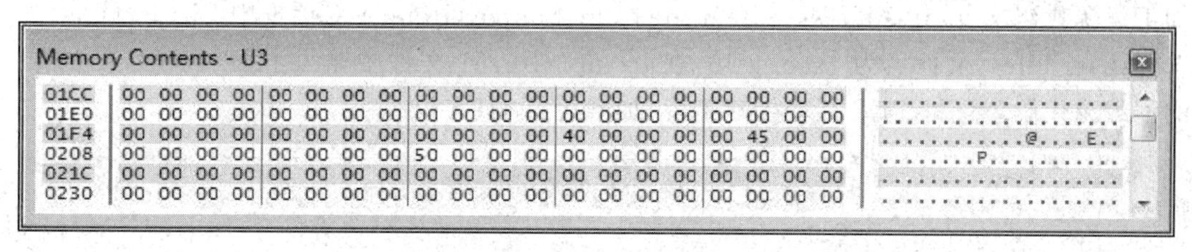

图 3.12　片外 RAM 中的内容

示例 3-9：若单片机的晶振为 12MHz，则一个机器周期为 1μs。利用循环实现软件延时 10ms 的子程序（DELAY10MS12）。示例如下面代码左侧。

示例 3-10：若单片机的晶振为 6MHz，则一个机器周期为 2μs。利用循环实现软件延时 10ms 的子程序（DELAY10MS6）。示例如下面代码右侧。

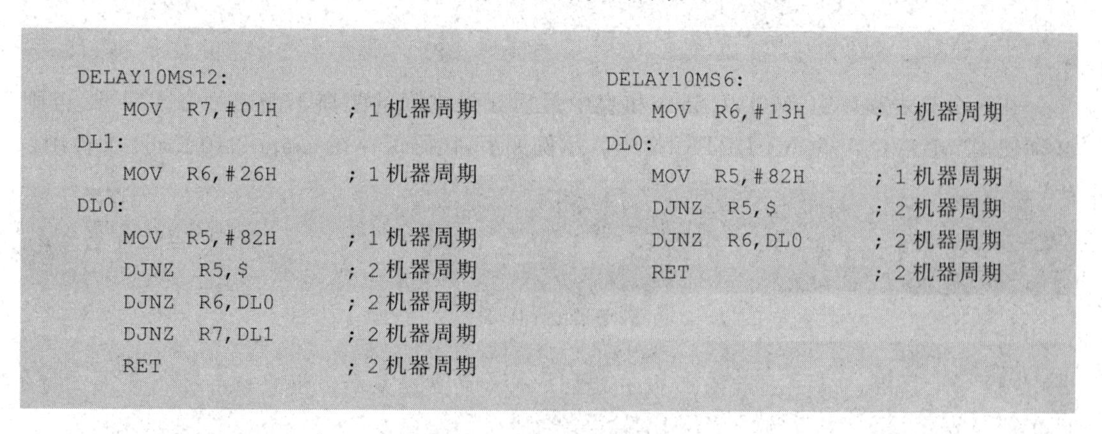

```
DELAY10MS12:
    MOV   R7,#01H        ; 1机器周期
DL1:
    MOV   R6,#26H        ; 1机器周期
DL0:
    MOV   R5,#82H        ; 1机器周期
    DJNZ  R5,$           ; 2机器周期
    DJNZ  R6,DL0         ; 2机器周期
    DJNZ  R7,DL1         ; 2机器周期
    RET                  ; 2机器周期
```

```
DELAY10MS6:
    MOV   R6,#13H        ; 1机器周期
DL0:
    MOV   R5,#82H        ; 1机器周期
    DJNZ  R5,$           ; 2机器周期
    DJNZ  R6,DL0         ; 2机器周期
    RET                  ; 2机器周期
```

示例 3-9 的子程序总共消耗的机器周期数的计算如下：

```
1×(1+26H×(1+82H×2+2)+2)+2=2710H=10000
```

示例 3-10 的子程序总共消耗的机器周期数的计算如下：

```
1+13H×(1+82H×2+2)+2=1388H=5000
```

3.4.8 查表程序设计

查表程序是一种常用程序，预先将数据以表格的形式存放在存储器中，在使用时将其读出。查表程序广泛使用于数据补偿、数值计算、LED显示控制、转换等功能程序中。

如果数据表格存放在ROM中，则可以使用“MOVC A,@A+DPTR”和“MOVC A,@A+PC”两条指令实现查表功能。当表格长度不超过256字节时，可以使用“MOVC A,@A+PC”指令。当表格长度大于256时，必须使用“MOVC A,@A+DPTR”指令。

如果数据表格存放在片外RAM中，就必须使用MOVX指令访问。

示例3-11：将片内RAM的50H单元的低4位（一个十六进制数）对应的ASCII码送回50H单元。ASCII码表见附录A。

示例3-11

按照如图2.5所示的步骤使用Keil μVision5新建工程，工程名称为exam-3-10，不要添加STARTUP.A51文件。按照如图2.6所示的步骤添加汇编源代码文件（在Add New Item to Group Source Group 1对话框中选择Asm File），文件名为exam-3-10，在exam-3-10.a51文件中输入下面的汇编源代码，然后保存。接着构建工程，加载运行HEX文件。

```
1:        MOV  50H, #5DH      ; 假设这个十六进制数是D
2:        MOV  A, 50H
3:        ANL  A, #0FH        ; 十六进制数放入累加器
4:        ADD  A, #4          ; 累加器加4
5:        MOVC  A, @A+PC      ; 该指令到表格ASC首地址之间有下面两条指令，因此应加4
6:        MOV  50H, A         ; 双字节指令
7:        SJMP  $             ; 双字节指令
8: ASC: DB    30H, 31H, 32H, 33H, 34H, 35H, 36H, 37H
9:        DB    38H, 39H, 41H, 42H, 43H, 44H, 45H, 46H
10:       END
```

在这个查表程序中，MOVC指令和表中最后元素之间的距离不能超过255字节，否则必须使用“MOVC A,@A+DPTR”指令。示例如下，代码保存在exam-3-10-2.a51文件中。

```
1:        MOV  50H, #5AH         ; 假设这个十六进制数是A
2:        MOV  A, 50H
3:        ANL  A, #0FH
4:        MOV  DPTR, #ASC        ; 表格ASC首地址放入DPTR
5:        MOVC  A, @A+DPTR       ; 十六进制数对应的ASCII码放入A
6:        MOV  50H, A            ; 十六进制数对应的ASCII码送回50H单元
7:        SJMP  $
8: ASC: DB    30H, 31H, 32H, 33H, 34H, 35H, 36H, 37H
9:        DB    38H, 39H, 41H, 42H, 43H, 44H, 45H, 46H
10:       END
```

示例 3-12

示例 3-12：用程序实现 $c=a^2+b^2$，假设 a、b、c 分别存放于单片机片内 RAM 的 6AH、6BH、6CH 三个单元。主程序通过调用子程序 SQU 用查表方式分别求得 a^2 和 b^2 的值，然后进行相加得到最后的 c 值。

按照如图 2.5 所示的步骤使用 Keil μVision5 新建工程，工程名称为 exam-3-11，不要添加 STARTUP.A51 文件。按照如图 2.6 所示的步骤添加汇编源代码文件(在 Add New Item to Group Source Group 1 对话框中选择 Asm File)，文件名为 exam-3-11，在 exam-3-11.a51 文件中输入下面的汇编源代码，然后保存。接着构建工程，加载运行 HEX 文件。

```
1:         ORG  0000H              ; 复位入口
2: START:  LJMP  MAIN
3:         ORG  0030H              ; 主程序 MAIN
4: MAIN:
5:         MOV  6AH, #02           ; a= 2
6:         MOV  6BH, #09           ; b= 9
7:         MOV  A, 6AH             ; a 的值放入累加器。主程序 MAIN 通过累加器向子程序
                                     SQU 传递参数
8:         LCALL  SQU              ; 调用查表子程序 SQU 计算 a²
9:         MOV  R1, A              ; a² 暂存于 R1 中
10:        MOV  A, 6BH             ; b 的值放入累加器
11:        LCALL  SQU              ; 调用查表子程序 SQU 计算 b²
12:        ADD  A, R1              ; 计算 a²+b²
13:        MOV  6CH, A             ; 结果给 c
14: WAIT:  SJMP  $                 ; 该指令的作用是不让程序执行结束，可以查看寄存器或存
                                     储单元中的值
15:        ORG  1000H              ; 查表子程序 SQU
16: SQU:   MOV  DPTR, #TAB         ; 将表的首地址放入 DPTR
17:        MOVC  A, @A+DPTR        ; 查表求平方值。子程序 SQU 通过累加器向主程序 MAIN 返
                                     回结果
18:        RET                     ; 子程序返回
19:        ORG  2000H              ; 平方表
20: TAB:   DB  0,1,4,9,16,25,36,49,64,81
21:        END                     ; 程序结束
```

子程序结构是汇编语言中一种重要的程序结构。在一个程序中经常会碰到反复执行某程序段的情况，如果重复书写这段程序，会使程序变得冗长。因此，可以采用子程序结构，通过主程序调用它。这样可以提高编制和调试程序的效率，并且缩短程序长度，从而节省程序存储空间，但是程序的运行时间略微变长。子程序结构是以时间换空间。

3.4.9 汇编语言程序的框架

汇编语言程序一般包含主程序和子程序，主程序称为前台程序，它通常是一个无穷循环；子程序称为后台程序，它可以是各种功能子程序(普通子程序)，也可以是中断服务子程序。在主程序中完成单片机系统的初始化，如内存单元清零、开放中断等。子程序一般完成某个具体任务，如数据采集、存储、运算等。一般在主程序的循环体中根据需要不断调用各种功能子程序，从而完成单片机应用系统规定的任务。汇编语言程序的框架如下所示。

```
     ORG  0000H            ; 程序开始
     SJMP MAIN             ; 转向主程序
     ORG  8n+3             ; 中断程序入口
     LJMP INT_SERVICE      ; 转向中断服务子程序
     ORG  0030H            ; 主程序入口地址
MAIN:                      ; 主程序
     ...                   ; 初始化
LOOP:                      ; 主循环
     ...
     LCALL  FUNC           ; 调用功能子程序
     ...
     LJMP  LOOP
FUNC:                      ; 功能子程序
     ...
     RET
INT_SERVICE:               ; 中断服务子程序
     ...
     RETI
TAB:                       ; 表格
     DB  d0, d1, d2, ...
     END                   ; 程序结束
```

3.5 习　　题

1. 填空题

(1) 编程语言主要分为________、________和高级语言。

(2) 机器语言用二进制代码表示________和________。

(3) 汇编语言用________表示指令操作功能,用________表示操作对象。

(4) ________是指计算机(单片机)执行某种操作的命令。

(5) ________是计算机所有指令的集合,它是表征计算机性能的重要标志。

(6) 指令的表示方法称为________,一条指令通常由操作码和________两部分组成。

(7) ________规定指令进行什么操作,采用助记符表示。

(8) 操作数表示指令的________。

(9) MCS-51 的指令系统共有________条指令,由 42 个助记符和________种寻址方式组合而成。

(10) ________就是寻找指令中操作数或操作数所在的地址。________就是如何找到存放操作数的地址。

(11) ________是以寄存器的内容为操作数的寻址方式。寄存器有 8 个通用寄存器 R0～R7 和 3 个特殊功能寄存器________、________、________,共 11 个。

(12) ________是指指令中直接给出操作数地址的寻址方式。操作数是指片内 RAM 中低 128 个字节单元的地址,或________。

(13) 十六进制数是数字 0～9 开头则不用加 0,如果是 A～F 开头则要加________,目的是将十六进制数和________区分开。

(14) 累加器在直接寻址时的助记符为________,除此之外全部用助记符________表示。

(15) ________是指指令中直接给出操作数的寻址方式。通常把出现在指令中的操作数称为________。在采用立即寻址方式的指令中,立即数前面要加________号。

(16) ________是指以寄存器中的内容为地址。

(17) 能用于寄存器间接寻址的寄存器有________、________和________共 3 个。

(18) 在指令中,寄存器名称前面加一个________符号表示寄存器间接寻址。

(19)________是以变址寄存器和基址寄存器的内容相加形成的数作为操作数的地址,它以累加器 A 作为________,以程序计数器 PC 或寄存器 DPTR 作为________。

(20) ________是以当前程序计数器 PC 的值加上指令中给出的偏移量,构成程序转移的目的地址的寻址方式。它用于访问程序存储器,实现程序的________。

(21) ________能对有位地址的单元作位寻址操作。位寻址其实是一种________。

(22) 51 单片机指令分为五类:________、算术运算类指令、逻辑运算及移位类指令、________、位操作类指令。

(23) 算术运算类指令的操作将影响________中有关状态位。

(24) 加法指令的被加数总是在________中。

(25) 带进位加法指令 ADDC 是将累加器 A 中的内容、源操作数所指内容以及________三者相加,其运算结果送回________中。

(26) 加 1 指令 INC 的功能是对指定单元的内容进行________。

(27) 减 1 指令 DEC 的功能是将指定单元的内容进行________。

(28) ________是用 4 位二进制数表示 1 位十进制数。

(29) LJMP 指令是将________送给 PC,从而实现程序的转移。因为操作码提供 16 位地址,所以可在________程序存储器范围内跳转。

(30) AJMP 指令能转移的最大范围为________。

(31) SJMP 指令的转移范围为________,称为短转移。

(32) JMP 指令的转移地址由________形成,并直接送入 PC,JMP 指令对 A、DPTR 和标志位均无影响,转移范围为________。

(33) AJMP 和 LJMP 指令后跟的是________,而 SJMP 指令后跟的是相对地址。

(34) ________是指当某种条件满足时,程序进行转移,否则程序继续执行本指令的下一条指令。

(35) 长调用子程序指令是________,绝对调用子程序指令是________。

(36) MCS-51 在硬件结构中有一个位处理器(又称布尔处理器),它以进位标志位 CY 作为________,以位地址空间中的各位作为________。

(37) CLR 和 SETB 指令可以对进位标志位 CY 和可寻址位进行________和________操作。

(38) 位运算都是________,有与、或、非三种。

(39) 位控制转移指令就是以位的状态作为实现程序转移的________。

(40) 用________语言编写的程序称为汇编语言源程序或汇编语言程序。

(41) 汇编语言源程序由以下两种指令构成:________、伪指令。

(42) 汇编语句也称为________,________也称为指示性语句。

(43) 伪指令________的功能是规定生成的机器码在ROM中的起始地址。

(44) 汇编终止伪指令________是汇编语言程序的结束标志。

(45) 赋值伪指令________的功能是将一个特定值赋给一个字符名称。

(46) 定义字节伪指令________的功能是从指定地址单元开始,定义若干字节的数据。

(47) 定义字伪指令________的功能是从指定的地址单元开始,定义若干字的数据。

(48) 定义存储区伪指令________的功能为从指定地址开始保留若干字节的存储单元。

(49) 位定义伪指令________的功能是给字符名称赋以位地址。

2. 简答题

(1) 简述MCS-51汇编语言指令格式。

(2) 简述指令的执行过程。

(3) 画出"MOV A,60H"指令执行过程示意图。

(4) 画出"MOV A,@R0"指令执行过程示意图。

(5) 画出"MOVC A,@A+DPTR"指令执行过程示意图。

(6) 简述相对寻址中转移目的地址的计算方法。

(7) 采用动态计算法时,画出"SJMP 08H"指令执行过程示意图。

(8) 以表格的形式给出7种寻址方式涉及的存储空间。

(9) 简述MOV、MOVX、MOVC的区别。

(10) 通过如下3条指令计算66+55=121,结果是BCD码形式。

(11) A=52H,R1=65H,给出三条命令"ANL A,R1""ORL A,R1""XRL A,R1"对应的列式。

(12) 给出RL、RLC、RR和RRC指令对累加器A操作的示意图。

(13) 简述RET、RETI指令的区别。

(14) 简述汇编语言的特点。

(15) 简述汇编语句的格式。

(16) 简述大端和小端的区别。

3. 上机题

(1) 在Proteus中绘制出第3.4.4小节中的电路原理图。

(2) 运行示例3-2中的汇编代码,在理解的基础上修改代码并运行。

(3) 运行示例3-3中的汇编代码,在理解的基础上修改代码并运行。

(4) 运行示例3-4中的汇编代码,在理解的基础上修改代码并运行。

(5) 运行示例3-5中的汇编代码,在理解的基础上修改代码并运行。

(6) 运行示例3-6中的汇编代码,在理解的基础上修改代码并运行。

(7) 运行示例3-7中的汇编代码,在理解的基础上修改代码并运行。

(8) 运行示例3-8中的汇编代码,在理解的基础上修改代码并运行。

(9) 运行示例3-11中的汇编代码,在理解的基础上修改代码并运行。

(10) 运行示例3-12中的汇编代码,在理解的基础上修改代码并运行。

第 4 章　C51 语言程序设计

本章学习目标

- 掌握 C51 的数据类型和存储器类型；
- 掌握将变量定义在不同类型存储器中的方法；
- 掌握使用关键字_at_和预定义宏指定变量的绝对地址；
- 掌握 C51 指针的使用；
- 理解函数定义的一般形式；
- 掌握 C51 程序的一般结构；
- 掌握 C51 与汇编混合编程。

用汇编语言开发的单片机应用程序，可读性差、移植性不好，测试和排错比较困难，产品开发周期长。采用高级语言编写应用程序，可以改善程序的可读性和可移植性，缩短产品开发周期。单片机 C 语言编译器不仅能把 C 语言程序编译成 8051 可以识别的机器码，更主要的是能够自动安排 ROM 空间，分配片内、片外 RAM 空间以及自动安排栈位置。这些事情原来都是汇编语言开发者必须自己完成的。

4.1　C51 编程语言简介

C 编程语言是一种通用的结构化程序设计语言，方便以模块化方式组织程序，层次清晰。C51 编程语言是在标准 C 语言基础上针对 8051 单片机硬件特点进行了扩展，数据类型及运算符丰富，位操作能力强，是目前使用非常广的单片机编程语言。

C51 语言与标准 C 语言在使用方面有很多区别。C51 语言程序需根据 MCS-51 单片机存储器结构及内部功能资源定义数据类型和变量，而标准 C 语言程序不需要考虑硬件相关的问题；C51 语言的数据类型、变量存储模式、输入/输出处理、库函数等方面与标准的 C 语言有较大区别。C51 语言有专门的中断函数。C51 语言通过头文件把 MCS-51 单片机内部的外设硬件资源（如定时器、中断、I/O 等）相应的特殊功能寄存器包含进来。

C51 语言与 8051 汇编语言相比，C51 语言在可读性、可维护性上有明显优势，易学易用，便于模块化开发与资源共享，可移植性好，采用较好的 C51 语言编译系统，编译代码效率可达汇编语言的 90%。汇编语言编程时需要考虑单片机存储器具体结构，熟悉其片内 RAM 与 SFR 的使用，并用物理地址处理端口数据。用 C51 语言不必像汇编语言那样具体分配存储器资源和处理端口数据，但对数据类型与变量的定义，必须要与单片机的存储结构相关联，否则编译器不能正确地映射定位。因此，第 1 章和第 3 章是学好本章以及后续各章内容的基础。

4.2 本章所有示例使用的电路原理图

本章所有示例使用的电路原理图如图 4.1 所示。6264 芯片为片外扩展的 8KB 数据存储器。左下角是一个共阳极七段数码管。

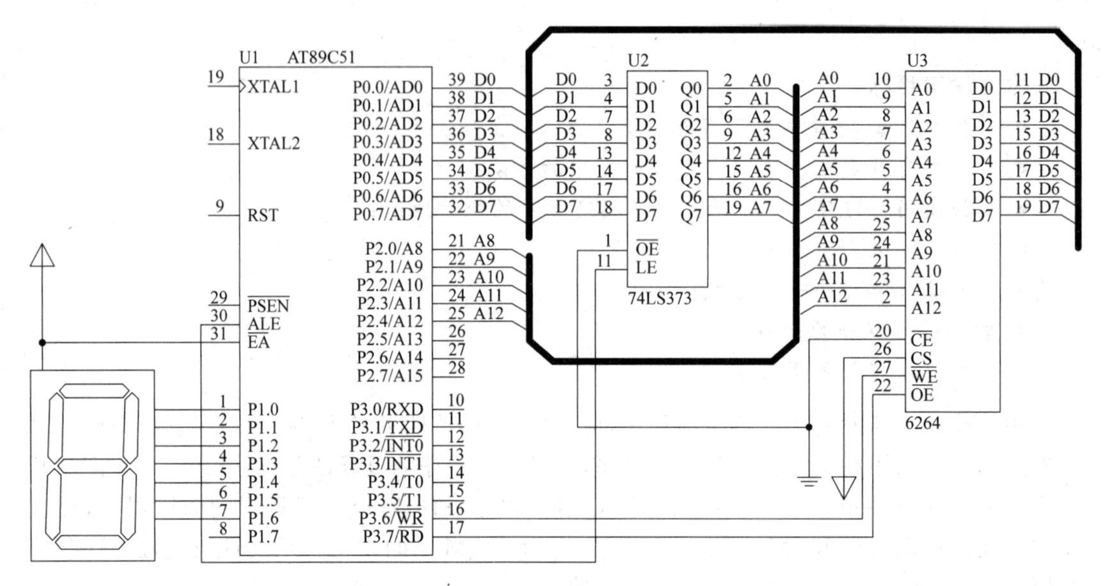

图 4.1 本章所有示例使用的电路原理图

4.3 C51 程序设计基础

C51 与标准 C 有许多内容是一样的，比如各种语句(表达式语句、复合语句、顺序语句、分支语句、循环语句、条件语句、开关语句、循环语句、goto 语句、break 语句、continue 语句、return 语句等)、各种运算符(赋值运算符、算术运算符、关系运算符、逻辑运算符、位运算符、逗号运算符、条件和指针与地址运算符等)、构造数据类型结构体和联合、数组等，本章不做介绍。运算符的优先级和结合性见附录 B。

标识符用来标识源程序中某个对象的名字，这些对象可以是语句、数据类型、函数、变量、数组等。标识符由字符、数字和下画线组成，第一个字符必须是字母或下画线，不能用数字开头。C51 中有些库函数的标识符是以下画线开头的，所以一般不要以下画线开头命名用户自定义标识符。C51 编译器规定标识符最长为 255 个字符，但是只有前 32 个字符在编译时有效，因此在编程时标识符的长度不要超过 32 个字符。

关键字又称为保留字，是编程语言保留的特殊标识符，具有固定的名称和含义，在编程中不允许标识符与关键字相同。C51 中的关键字除了有 ANSI C 标准的 32 个关键字外，还根据 MCS-51 单片机的特点扩展相关的关键字。C51 增加的关键字主要用于定义数据类型

(bit、sbit、sfr、sfr16)、存储器类型(data、bdata、idata、pdata、xdata、code)、中断函数(interrupt)、可重入函数(reentrant)和工作寄存器(using)。

本章主要介绍C51针对标准C的扩展内容。

4.3.1 数据类型

数据是CPU操作的对象,是有一定格式的数字或数值,其格式称为数据类型。

组合型数据类型包括数组类型、结构类型、联合类型等较复杂的数据类型。另外还有很重要的指针类型。

C51数据类型可分为基本数据类型和复杂数据类型,复杂数据类型由基本数据类型构造而成。

C51语言支持的数据类型分为基本数据类型和组合数据类型,基本数据类型如表4.1所示。C51具有ANSI C的所有标准数据类型。基本数据类型包括:char、int、short、long、float和double。对Keil C51编译器来说,short类型和int类型相同(char型与short型相同),double类型和float类型相同,只列出其中一种。有符号数类型可以忽略signed标识符。C51语言专门针对MCS-51单片机的特殊功能寄存器和位类型,扩展了四种数据类型,包括bit、sbit、sfr、sfr16,不能使用指针来对这四种数据类型进行存取。

表4.1 Keil C51编译器能够识别的基本数据类型

数据类型	名称	位数	字节数	值域
signed char	有符号字符型	8	1	−128～+127
unsigned char	无符号字符型	8	1	0～255
signed int	有符号整型	16	2	−32768～32767
unsigned int	无符号整型	16	2	0～65535
signed long	有符号长整型	32	4	−2147483648～+2147483647
unsigned long	无符号长整型	32	4	0～4294967295
float	浮点型	32	4	-3.40×10^{38}～ $+3.40\times10^{38}$
bit	位类型	1		0或1
sbit	可寻址位类型	1		可位寻址的SFR的某位的绝对地址
sfr	特殊功能寄存器	8	1	0～255
sfr16	16位特殊功能寄存器	16	2	0～65535

4.3.2 存储器类型

C51定义变量时,应根据51单片机存储器的特点,指明该变量所处的单片机内存空间,否则没有任何实际意义。Keil C51编译器支持MCS-51单片机的硬件结构,可完全访问MCS-51硬件系统的所有部分。Keil C51编译器能够识别的存储器类型有data、bdata、idata、pdata、xdata、code,如表4.2所示。这六种存储器类型分别对应于DATA、BDATA、IDATA、PDATA、XDATA、CODE存储空间,如图1.3所示。Keil C51编译器通过将变量或常量定义成不同的存储器类型,将它们定位在不同的存储空间中。

表4.2 Keil C51编译器所能识别的存储器类型

存储器类型	说明
data	直接寻址的片内RAM(128B),访问速度最快,应把常用变量定义为data类型
bdata	可位寻址的片内RAM(16B),允许位与字节混合访问。C51编译器不允许在BDATA空间中定义float和double类型的变量
idata	间接寻址的片内RAM(256B),允许访问全部片内地址。常用来存放使用比较频繁的变量,速度比直接寻址慢。与片外RAM寻址相比,其指令执行周期和代码长度相对较短
pdata	分页寻址的片外RAM(256B)
xdata	片外RAM(64KB),允许访问全部片外地址
code	程序存储器(64KB),允许访问全部地址,其中的数据是不可修改的(常量),读取CODE空间存放的数据相当于用汇编语言的MOVC指令

变量是一种在程序执行过程中其值可变的量。变量必须先定义后使用,定义时指出其数据类型和存储模式,以便编译系统为它分配相应的存储单元。C51中变量的定义形式如下:

```
[存储种类] 数据类型 [存储器类型] 变量名表;
```

或

```
[存储种类] [存储器类型] 数据类型 变量名表;
```

其中,存储种类和存储器类型是可选项。变量名由字母、数字和下画线组成,必须由字母或下画线开头。

单片机访问片外RAM比访问片内RAM相对慢,所以应把频繁使用的变量采用data、bdata或idata存储器类型,把不太频繁使用的变量采用pdata或xdata存储器类型。对于常量,只能采用code存储器类型。

存储种类指出在程序执行过程中变量作用范围。变量的存储种类有四种:自动(auto)、外部(extern)、静态(static)和寄存器(register)。定义变量时如果省略存储种类,则该变量将为自动变量。①auto自动变量的作用范围在定义它的函数体或复合语句内部,被执行时,才为该变量分配内存,结束时释放内存。②extern外部变量,在函数体内使用已在该函数体外或其他程序中定义过的外部变量时,用extern说明该变量。外部变量定义后,被分配固定的内存,直到程序执行结束才释放。③static静态变量,分内部静态变量和外部静态变量。内部静态变量在函数体内部定义,在函数体内有效,当离开函数时值不变。外部静态变量在函数外部定义,它一直存在,且只在文件内部或模块内部有效。用static定义的全局变量只能在源文件内使用,称为静态全局变量。用extern声明的非静态全局变量可被其他文件引用。④register寄存器变量存放在单片机内部寄存器中,处理速度快。C51编译器能自动识别程序中使用频度高的变量,将其作为寄存器变量,无须专门声明寄存器变量。

示例 4-1：使用 data、bdata、idata、pdata、xdata、code 这六种存储器类型。按照如图 2.5 所示的步骤使用 Keil μVision5 新建工程，工程名称为 exam-4-1，并且添加 STARTUP.A51 文件。按照如图 2.6 所示的步骤添加 C 源代码文件（在 Add New Item to Group Source Group 1 对话框中选择 C File），文件名为 exam-4-1，在 exam-4-1.c 文件中输入 C51 源代码，如下所示，然后保存。

示例 4-1

```
1: #include < reg51.h>
2: //下面是在 CODE 空间中定义常量
3: unsigned char code code1[6]="ABCDEF";
4: void main(){
5:      //下面是在 DATA 空间中定义变量
6:      unsigned char data data1=0xEE;
7:      unsigned int data data2[3]={0xAAAA, 0xBBBB, 0xCCCC};
8:      float data data3=3.1415926;
9:      //下面是在 BDATA 空间中定义变量
10:      bdata char bdata1=0x88;
11:      int bdata bdata2=0x99DD;
12:      //下面是在 IDATA 空间中定义变量
13:      unsigned char idata idata1=0x22;
14:      unsigned int idata idata2=0x3344;
15:      //下面是在 PDATA 空间中定义变量
16:      unsigned char pdata pdata1[12]="DDDDEEEEFFFF";
17:      //下面是在 XDATA 空间中定义变量
18:      unsigned char xdata xdata1[10]="ABCDEFGHI";
19:      unsigned int i;
20:      P0=code1[0];
21:      P1=pdata1[1];
22:      for(i= 0; i< 65535; i++);     //延时
23: }
```

4.3.3 bit、sbit、sfr 和 sfr16 数据类型

1. bit

bit 类型用来定义一个通用的位变量，编译器在编译过程中，会在 8051 片内 RAM 的可位寻址区中为位变量分配位地址。位变量只有一个比特位长度，它的值是一个二进制位（0 或 1）。bit 类型不能用来定义位指针和位数组。可以定义 bit 类型的变量、函数、函数参数及返回值。示例如下：

```
bit flag=0;
bit func(bit arg1, bit arg2){
    ...
    return 0;
}
```

2. sbit

sbit是可位寻址类型,用于定义可独立寻址访问的可位寻址变量。利用它可以访问片内RAM中的可寻址位或特殊功能寄存器中的可寻址位。C51编译器提供一个存储器类型bdata,带有bdata存储器类型的变量定位在80C51单片机片内RAM的可位寻址区,带有bdata存储器类型的变量可以进行字节寻址,也可以进行位寻址,因此对bdata变量可用sbit指定其中任意位为可位寻址变量。sbit定义的可位寻址变量的地址是确定的,sbit类似于define或typedef,是为已经分配了内存空间的变量重新取一个别名。因此,在定义sbit类型变量的同时为其赋初值。sbit类型定义的可位寻址变量位于表1.5和表1.7所示的位寻址区中。

使用bdata和sbit定义的变量必须是全局变量。

定义方法有如下四种。

方法1:sbit 变量名=位地址

这种方法将位的绝对地址赋给变量,位地址必须位于0x80～0xFF内。

方法2:sbit 变量名=SFR名^位位置

当可寻址位位于SFR中时,可采用这种方法。符号^前是SFR名称,^后数字表示在SFR中的位位置,是一个0～7内的常数。

方法3:sbit 变量名=字节地址^位位置

这种方法是以一个常数(字节地址)作为基地址,该常数必须在80H～FFH(特殊功能寄存器的字节地址)内,位位置是一个0～7内的常数。

方法4:sbit 变量名=bdata变量^位位置

bdata变量是定义该变量时指定了其存储器类型为bdata。

3. sfr和sfr16

为了能够直接访问51单片机内部SFR,可以在C51源程序中使用sfr和sfr16类型定义变量。sfr为字节型,可访问51单片机内部的所有SFR;sfr16为双字节型,占用2个内存单元,可访问51单片机内部占2字节的SFR。当SFR的高字节地址直接位于低字节之后时,对16位SFR的值可以直接进行访问。sfr和sfr16类似于define或typedef,是为SFR取一个名字,然后通过该名字就可以访问该SFR了。因此,在定义sfr或sfr16类型变量的同时为其赋初值。为了能直接访问SFR,Keil C51提供了如下定义形式:

```
sfr 变量名=地址常数;
sfr16 变量名=地址常数;
```

地址常数必须在特殊功能寄存器的地址范围之内(见表1.6)。

4. reg51.h头文件

单片机中的特殊功能寄存器及其可寻址位,已被预先定义在reg51.h头文件中,在使用时,用预处理命令#include <reg51.h>把这个头文件包含到程序中。reg51.h头文件内容如下:

```
/*  BYTE Register  */
sfr P0   =0x80;
sfr P1   =0x90;
sfr P2   =0xA0;
sfr P3   =0xB0;
sfr PSW  =0xD0;
sfr ACC  =0xE0;
sfr B    =0xF0;
sfr SP   =0x81;
sfr DPL  =0x82;
sfr DPH  =0x83;
sfr PCON=0x87;
sfr TCON=0x88;
sfr TMOD=0x89;
sfr TL0  =0x8A;
sfr TL1  =0x8B;
sfr TH0  =0x8C;
sfr TH1  =0x8D;
sfr IE   =0xA8;
sfr IP   =0xB8;
sfr SCON=0x98;
sfr SBUF=0x99;

/*  BIT Register  */
/*  PSW  */
sbit CY   =0xD7;
sbit AC   =0xD6;
sbit F0   =0xD5;
sbit RS1  =0xD4;
sbit RS0  =0xD3;
sbit OV   =0xD2;
sbit P    =0xD0;
/*  TCON  */
sbit TF1  =0x8F;
sbit TR1  =0x8E;
sbit TF0  =0x8D;
sbit TR0  =0x8C;
sbit IE1  =0x8B;
sbit IT1  =0x8A;
sbit IE0  =0x89;
sbit IT0  =0x88;
/*  IE  */
sbit EA   =0xAF;
sbit ES   =0xAC;
sbit ET1  =0xAB;
sbit EX1  =0xAA;
sbit ET0  =0xA9;
sbit EX0  =0xA8;
/*  IP  */
sbit PS   =0xBC;
sbit PT1  =0xBB;
sbit PX1  =0xBA;
sbit PT0  =0xB9;
sbit PX0  =0xB8;
/*  P3  */
sbit RD   =0xB7;
sbit WR   =0xB6;
sbit T1   =0xB5;
sbit T0   =0xB4;
sbit INT1=0xB3;
sbit INT0=0xB2;
sbit TXD  =0xB1;
sbit RXD  =0xB0;
/*  SCON  */
sbit SM0  =0x9F;
sbit SM1  =0x9E;
sbit SM2  =0x9D;
sbit REN  =0x9C;
sbit TB8  =0x9B;
sbit RB8  =0x9A;
sbit TI   =0x99;
sbit RI   =0x98;
```

注意：AT89C51单片机的头文件是AT89X51.H(regx51.h)，AT89X51.H和reg51.h的最大区别是在AT89X51.H文件中添加了对P0、P1、P2、P3口每个引脚的定义，如下所示，编程时如果包含了AT89X51.H头文件，可直接访问这些引脚。本书所有示例使用reg51.h。

```
sbit P0_0=0x80;
sbit P0_1=0x81;
...
sbit P1_0=0x90;
sbit P1_1=0x91;
...
sbit P2_0=0xA0;
sbit P2_1=0xA1;
...
sbit P3_0=0xB0;
sbit P3_1=0xB1;
...
```

示例4-2：使用bit、sbit、sfr、sfr16这四种数据类型。按照如图2.5所示的步骤使用Keil μVision5新建工程，工程名称为exam-4-2，并且添加STARTUP.A51文件。按照如图2.6所示的步骤添加C源代码文件(在Add New Item to Group Source Group 1对话框中选择C File)，文件名为exam-4-2，在exam-4-2.c文件中输入C51源代码，如下所示，然后保存。

示例4-2

```
1: #include <reg51.h>
2: sbit P1_1=P1^1;         //定义 P1_1 为 P1 口的第 1 位,以便进行位操作
3: sbit P1_2=0x90^2;       //定义 P1_2 为 P1 口的第 2 位。注意,定义变量 P1_2 之前,P1^2 这
4:                           个数据位已经有一个明确的地址,P1_2 其实就是 P1^2 的别名
5: sbit  PSW_2=0XD2 ;      //定义 PSW_2 为 PSW 寄存器的第 2 位,即 D0H 字节中的第 2 位(OV)
6: sbit  PSW_7=0XD7 ;      //定义 PSW_2 为 PSW 寄存器的第 7 位,即 D0H 字节中的第 7 位(CY)
7: bdata unsigned char cflag=0xAA;          //定义变量 cflag
8: sbit cflag_3=cflag^3;
9: sbit cflag_7=cflag^7;
10: int bdata iflag=0xFFFF;                 //定义变量 iflag
11: sbit iflag_7=iflag^7;
12: sbit iflag_15=iflag^15;
13: char bdata carray[2]={0xBB, 0xCC};      //定义字符型数组 carray
14: sbit carray_07=carray[0]^7;
15: sbit carray_17=carray[1]^7;
16: sfr16 DPTR=0x82;       //定义 DPTR 为 DPH(83H)及 DPL(82H)寄存器组成的 16 位数据
17: void main(){
18:     unsigned int i;
19:     bit flag1=1;
20:     bit flag2=1;
21:     bit flag3=1;
22:     DPTR=0x1234;       //将 DPTR 指向片外 RAM 中地址为 0x1234 的单元
23:     carray_07=0;
24:     carray_17=0;
25:     iflag_7=0;
26:     iflag_15=0;
27:     cflag_3=0;
28:     cflag_7=0;
29:     PSW_2=1;
30:     PSW_7=1;
31:     //sfr P1=0x90;     //变量 P1 已经在头文件 reg51.h 中定义
32:     P1=0xFF;           //对 P1 口的所有引脚置高电平。其实,单片机复位时 P1 口的 8 个
33:                          引脚都是高电平,如表 1.9 所示
34:     P1_1=0;            //将 P1 口的第 1 位置低电平,点亮七段数码管中的一段
35:     P1_2=0;            //将 P1 口的第 2 位置低电平,点亮七段数码管中的一段
36:     for(i=0; i<065535; i++);     //延时
37: }
```

4.3.4 存储模式(编译模式)和存储器类型

Keil C51 编译器支持 Small、Compact 和 Large 三种存储模式(Memory Model)。不同之处在于在每种存储模式下函数或变量默认的存储器类型不同。存储模式是编译器的编译选项,因此存储模式也称为编译模式。如果在变量定义时省略了存储器类型,C51 编译器会选择默认的存储器类型。

在小编译模式(Small)下,默认的存储器类型为 data,所有未声明存储器类型的变量,都默认驻留在片内 RAM 中。采用 Small 编译模式与定义变量时指定 data 存储器类型具有相同效果。对这种变量的访问速度最快。

在紧凑编译模式(Compact)下,默认的存储器类型为 pdata,所有未声明存储器类型的

变量，都默认驻留在片外 RAM 的一个页上。每一页的长度为 256 字节(注意，在汇编代码中，变量的低 8 位地址由 R0 或 R1 确定，变量的高 8 位地址由 P2 口确定)。采用 Compact 编译模式与定义变量时指定 pdata 存储器类型具有相同效果。

在大编译模式(Large)下，默认的存储器类型为 xdata，所有未声明存储器类型的变量，都默认驻留在片外 RAM 中(最大可达 64KB)。这种编译模式对数据访问的效率最低，而且将增加程序的代码长度。采用 Large 编译模式与定义变量时指定 xdata 存储器类型具有相同效果。

有两种方式指定变量和函数的存储模式：编译控制、预处理命令。编译控制方式通过设置 Memory Model 选项实现，如图 2.9 所示。C51 编译器可根据当前采取的编译模式自动认定默认的存储器类型。也可以在程序中通过 # pragma 预处理命令指定变量和函数的存储模式。

为了提高系统运行速度，建议在编写源程序时，把存储模式(编译模式)设定为 Small。

示例 4-3：使用编译模式和存储器类型。按照如图 2.5 所示的步骤使用 Keil μVision5 新建工程，工程名称为 exam-4-3，并且添加 STARTUP.A51 文件。按照如图 2.6 所示的步骤添加 C 源代码文件(在 Add New Item to Group Source Group 1 对话框中选择 C File)，文件名为 exam-4-3，在 exam-4-3.c 文件中输入 C51 源代码，如下所示，然后保存。

示例 4-3

```
1: #pragma large                     //函数的编译模式为 Large。该行必须放在 include 行之前
2: #include <reg51.h>
3: #define uint unsigned int
4: uint func(uint x, uint y){        //函数的编译模式为 Large
5:     return x+y;                   //形参 x 和 y 的存储器类型为 xdata
6: }
7:                                   //下面是在 XDATA 空间中定义变量
8: unsigned char data1=0xEE;
9: uint data2[3]={0xAAAA, 0xBBBB, 0xCCCC};
10: float data3=3.1415926;
11:                                  //下面是在 CODE 空间中定义常量
12: uint code code1[3]={0xAAAA, 0xBBBB, 0xCCCC};
13: sfr16 DPTR=0x82;                 //定义 DPTR 为 DPH(83H)及 DPL(82H)寄存器组成的 16 位数据
14: void main(){                     //主函数
15:     uint i;
16:                                  //下面是在 BDATA 空间中定义变量
17:     char bdata bdata1=0x88;
18:     uint bdata bdata2=0x99DD;
19:                                  //下面是在 IDATA 空间中定义变量
20:     unsigned char idata idata1=0x22;
21:     uint idata idata2=0x3344;
22:                                  //下面是在 PDATA 空间中定义变量
23:     pdata uint pdata1[3]={0x1111, 0x2222, 0x3333};
24:                                  //下面是在 XDATA 空间中定义变量
25:     unsigned char xdata1[10]="ABCDEFGHI";
26:     uint xdata2=func(0x6666, 0x9999);
27:     DPTR=code1[1];
28:     for(i=0; i<65535; i++);     //延时
29: }
```

4.3.5 使用关键字_at_指定变量的绝对地址

定义变量时,可以使用关键字_at_指定变量在存储空间中的绝对地址,定义形式如下:

```
数据类型 [存储器类型] 变量名 _at_ 地址常数;
```

或

```
[存储器类型] 数据类型 变量名 _at_ 地址常数;
```

数据类型可用 char、int、long、float 等基本类型,还可以采用数组、结构体等复杂数据类型。存储器类型为 data、bdata、idata、pdata、xdata,如果省略该项,则按编译模式 Small、Compact 或 Large 规定的默认存储器类型确定变量的存储空间。地址常数指定变量的绝对地址,它必须位于有效存储空间内。

示例 4-4:使用关键字_at_定义变量。按照如图 2.5 所示的步骤使用 Keil μVision5 新建工程,工程名称为 exam-4-4,并且添加 STARTUP.A51 文件。按照如图 2.6 所示的步骤添加 C 源代码文件(在 Add New Item to Group Source Group 1 对话框中选择 C File),文件名为 exam-4-4,在 exam-4-4.c 文件中输入 C51 源代码,如下所示,然后保存。

示例 4-4

```
1: #include <reg51.h>
2:                                          //下面是在 DATA 空间中定义变量
3: unsigned char data1 _at_ 0x30;
4: unsigned int data2[3] _at_ 0x31;
5:                                          //下面是在 BDATA 空间中定义变量
6: char bdata bdata1 _at_ 0x28;
7: int bdata bdata2 _at_ 0x29;
8:                                          //下面是在 IDATA 空间中定义变量
9: unsigned char idata idata1 _at_ 0x40;
10: unsigned int idata idata2 _at_ 0x41;
11:                                         //下面是在 PDATA 空间中定义变量
12: unsigned int pdata pdata1[3] _at_ 0x10;
13: unsigned char xdata xdata1[10] _at_ 0x1000;
14: xdata unsigned char xdata2[32] _at_ 0x1100;
15: void main() {                            //主函数
16:     unsigned int i;
17:     data1=0xEE;                          //DATA 空间
18:     data2[0]=0xAAAA;                     //DATA 空间
19:     data2[1]=0xBBBB;
20:     data2[2]=0xCCCC;
21:     bdata1=0x88;                         //BDATA 空间
22:     bdata2=0x99DD;
23:     idata1=0x22;                         //IDATA 空间
24:     idata2=0x3344;
25:     pdata1[0]=0x1111;                    //PDATA 空间
```

```
26:     pdata1[1]=0x2222;
27:     pdata1[2]=0x3333;
28:     for(i=0; i<10; i++) xdata1[i]=i+1;          //XDATA 空间
29:     for(i=0; i<32; i++) xdata2[i]='A'+i;        //XDATA 空间
30:     for(i=0; i<65535; i++);                     //延时
31: }
```

4.3.6　使用预定义宏指定变量的绝对地址

C51 编译器提供了 8 个宏定义来对 51 系列单片机的 code、data、pdata 和 xdata 存储空间进行绝对寻址。这 8 个宏在 absacc.h 文件中定义，具体定义如下。

```
#define CBYTE ((unsigned char volatile code *)0)  //以字节形式对 code 存储空间寻址
#define DBYTE ((unsigned char volatile data *)0)  //以字节形式对 data 存储空间寻址
#define PBYTE ((unsigned char volatile pdata *)0)  //以字节形式对 pdata 存储空间或
                                                     I/O 口寻址
#define XBYTE ((unsigned char volatile xdata *)0)  //以字节形式对 xdata 存储空间或
                                                     I/O 口寻址
#define CWORD ((unsigned int volatile code *)0)  //以字形式对 code 存储空间寻址
#define DWORD ((unsigned int volatile data *)0)  //以字形式对 data 存储空间寻址
#define PWORD ((unsigned int volatile pdata *)0)  //以字形式对 pdata 存储空间或 I/O
                                                    口寻址
#define XWORD ((unsigned int volatile xdata *)0)  //以字形式对 xdata 存储空间或 I/O
                                                    口寻址
```

volatile 是用来告诉编译器，此变量可能会被特殊的情况修改，所以不要对此变量做优化，直接从内存上存取。Keil 编译器为了执行效率，都是将变量存放到寄存器后再操作，这就导致第二次取变量值时，可能是直接从寄存器中取值，而不是从内存读取。若有一些特殊操作发生在二次取值过程中，就会导致第二次取的值不是最新值。

可以将 CBYTE、DBYTE、PBYTE、XBYTE 分别看作一维字符数组，也就是说把 code、data、pdata 和 xdata 存储空间看作一维字符数组，数组名就是 CBYTE、DBYTE、PBYTE、XBYTE。

可以将 CWORD、DWORD、PWORD、XWORD 分别看作一维整型数组，也就是说把 code、data、pdata 和 xdata 存储空间看作一维整型数组，数组名就是 CWORD、DWORD、PWORD、XWORD。

由于可以将这 8 个宏分别看作一维数组，因此使用这些宏访问存储空间的形式如下：

```
宏名[下标]
```

示例 4-5：使用预定义宏指定变量绝对地址。按照如图 2.5 所示的步骤使用 Keil μVision5 新建工程，工程名称为 exam-4-5，并且添加 STARTUP.A51 文件。按照如图 2.6 所示的步骤添加 C 源代码文件（在 Add New Item to Group Source Group 1 对话框中选择 C File），文件名为 exam-4-5，在 exam-4-5.c 文件中输入 C51 源代码，如下所示，然后保存。

示例 4-5

```
1: #include <reg51.h>
2: #include <absacc.h>            //使用预定义宏指定变量的绝对地址,需要包含该头文件
3: void main(){                   //主函数
4:     unsigned int i;
5:     DBYTE[0x90]=0x33;          //给P1口赋值0x33
6:     //在DATA空间中,向指定的存储单元赋值
7:     DBYTE[0x30]=0xEE;
8:     DWORD[0x31]=0xAAAA;
9:     //在PDATA空间中,向指定的存储单元赋值
10:     PWORD[0x30]=0xBBBB;
11:     P2=0x01;
12:     PWORD[0x30]=0xEEEE;
13:     P2=0x05;
14:     PWORD[0x30]=0xFFFF;
15:     //在XDATA空间中,向指定的存储单元赋值
16:     for(i=0; i<32; i++) XBYTE[0x200+i]='a'+i;
17:     //读取CODE空间中的存储单元
18:     XBYTE[0x300]=CBYTE[0x00];
19:     XBYTE[0x301]=CBYTE[0x01];
20:     XBYTE[0x302]=CBYTE[0x02];
21:     for(i=0; i<65535; i++);     //延时
22: }
```

4.3.7 C51指针

Keil C51编译器支持两种指针类型：基于存储器的指针和通用指针。在定义指针变量时,若直接给出指针变量指向变量的存储器类型,则是基于存储器的指针,否则为通用指针。

通用指针需要占用3字节(第1字节表示存储器类型,第2、3字节是目标地址的高字节和低字节),通用指针具有较好的兼容性,但是运行速度较慢。

基于存储器的指针占用1字节(存储器类型为data、bdata、idata和pdata)或2字节(存储器类型为xdata和code)。基于存储器的指针是C51编译器专门针对51单片机存储器特点进行的扩展,其指针长度比通用指针短,可以节省存储空间,且具有较高的运行速度。基于存储器的指针所指对象具有明确的存储空间,缺乏兼容性。如果看重时空效率,建议优先使用基于存储器的指针。通用指针与基于存储器的指针可以相互转换。

基于存储器的指针变量的定义形式如下：

```
数据类型 [存储器类型] *指针变量;
```

或

```
[存储器类型] 数据类型 *指针变量;
```

注意：下面的定义形式所定义的不是基于存储器的指针变量,而是通用指针变量,该指针变量的存放位置由存储器类型决定。

```
数据类型 * [存储器类型] 指针变量;
```

示例 4-6：使用 C51 指针。按照如图 2.5 所示的步骤使用 Keil μVision5 新建工程，工程名称为 exam-4-6，并且添加 STARTUP.A51 文件。按照如图 2.6 所示的步骤添加 C 源代码文件(在 Add New Item to Group Source Group 1 对话框中选择 C File)，文件名为 exam-4-6，在 exam-4-6.c 文件中输入 C51 源代码，如下所示，然后保存。

示例 4-6

```
1: #include <reg51.h>
2: unsigned int code code1[3]={0xAAAA, 0xBBBB, 0xCCCC};    //在 CODE 空间中定义常量
3: unsigned int bdata bdata2 _at_ 0x20;       //在 BDATA 空间中定义变量
4: unsigned char * dp1 _at_ 0x30;             //在 DATA 空间中,dp1 指针占 3 字节
5: unsigned int xdata * xp1 _at_ 0x33;        //在 DATA 空间中,xp1 指针占 2 字节
6: unsigned int xdata * xp2 _at_ 0x35;        //在 DATA 空间中,xp2 指针占 2 字节
7: void main(){                               //主函数
8:     unsigned int i;
9:     unsigned int code * cp1=code1;         //指向 CODE 空间的 int 型指针
10:     unsigned char d1;
11:     bdata2= * (cp1+2);             //通过指针 cp1 给 BDATA 空间中的变量赋值
12:     dp1=&d1;                       //指针 dp1 指向 DATA 空间的 d1 变量
13:     * dp1='A';                     //给变量 d1 赋值
14:     xp1=0x1000;                    //指向 XDATA 空间的 int 型指针
15:     * xp1=0x1234;                  //将数据 0x1234 送到片外 RAM 的 1000H 和 1001H 单元
16:     xp2=0x1002;                    //指向 XDATA 空间的 int 型指针
17:     * xp2= * cp1;                  //将数据 0xAAAA 送到片外 RAM 的 1002H 和 1003H 单元
18:     for(i=0 i<65535 i++);          //延时
19: }
```

4.4　C51 函数

函数是一个能完成一定功能的代码段。函数分为两种：主函数和普通函数。一个 C51 程序必须有一个主函数，名字为 main。主函数是唯一的，整个程序从主函数开始执行。普通函数又分为标准库函数和用户自定义函数。标准库函数由 C51 编译器提供。善于利用标准库函数可以提高编程效率。

4.4.1　函数定义的一般形式

1. 函数定义的一般形式

C51 编译器支持的函数定义的一般形式如下：

```
函数类型函数名(形式参数列表) [编译模式] [reentrant] [interrupt n] [using m]
{
    局部变量定义;
    语句;
}
```

函数类型说明自定义函数的返回值类型。函数名是用标识符表示的自定义函数名字。

形式参数列表中列出了在主调函数与被调函数之间传递数据的形式参数,各个参数之间用逗号隔开,形式参数的类型必须要加以说明。如果定义无参函数,可以没有形参列表,但圆括号不能省略。

2. 函数的编译模式

编译模式可以是Small、Compact或Large,用于指定函数局部变量和参数的存储空间。

3. 可重入函数

使用关键字reentrant可以把函数定义为可重入函数,允许函数被递归调用,或同时被两个以上的其他函数调用。通常在实时系统应用中,当中断函数与非中断函数需要共享一个函数时,应将该函数定义为可重入函数。可重入函数不能传送bit类型的参数,不能定义局部位变量,不能操作可位寻址的变量,不能返回bit类型的值。可重入函数可以同时具有其他属性,如interrupt、using等,还可以明确声明其编译模式。

4. 中断函数

使用关键字interrupt可以在C51程序中定义中断服务函数,系统编译时会自动添加现场保护,返回时自动恢复现场等程序段。interrupt后面的n为中断号,是一个0~31内的数字,用于指定中断源,C51编译器根据中断号自动生成中断函数入口地址,并按照MCS-51系统中断的处理方式将此函数安排在ROM中的相应位置。关键字interrupt对中断函数目标代码的影响是:在进入中断函数时,特殊功能寄存器ACC、B、DPH、DPL、PSW入栈保存;如果不使用关键字using进行工作寄存器组切换,那么将中断函数中所用到的全部工作寄存器入栈保存;函数退出之前,将之前入栈内容出栈,恢复到对应的寄存器中。

5. 寄存器组切换

51单片机片内RAM中最低32字节分为4组,每组8字节,都命名为R0~R7,统称为工作寄存器组,这一特点对于编写中断服务函数或使用实时操作系统都十分有用。使用关键字using可以指定本函数内使用的工作寄存器组,m的取值为0~3。在中断服务函数定义时,如果没有使用using关键字,中断函数中使用的所有工作寄存器的内容都要被保存到栈中。

4.4.2 函数的调用

C51程序中函数是可以互相调用的。所谓函数调用,就是在一个函数体中引用另一个已定义的函数,前者称为主调函数,后者称为被调函数。函数调用的一般形式如下:

```
函数名(实际参数列表)
```

实际参数列表中可以包含多个实际参数,各个参数之间用逗号隔开。实际参数的作用是将它的值传递给被调函数中的形式参数。需要注意的是,函数调用中的实参与函数定义中的形参必须在个数、类型及顺序上严格保持一致,以便将实参的值正确地传递给形参。如果调用的是无参函数,则可以没有实参列表,但圆括号不能省略。

4.4.3 本征库函数

C51语言提供了丰富的可直接调用的库函数,其中大多数是可重入函数。本节主要介绍本征库函数。本征库函数是指编译时直接将函数代码插入函数调用处(类似于静态函数)，而不是用汇编语言中的 ACALL 和 LCALL 指令来实现调用，从而大大提高程序的执行效率。

使用本征函数时，C51 源程序中必须包含预处理命令 #include <intrins.h>。

Keil C51 的本征库函数有 9 个，数量虽少，但非常有用。

```
unsigned char _crol_(unsigned char val,unsigned char n); //将字符 val 循环左移 n 位
unsigned int _irol_(unsigned int val,unsigned char n);    //将整数 val 循环左移 n 位
unsigned int _lrol_(unsigned int val,unsigned char n); //将长整数 val 循环左移 n 位
unsigned char _cror_(unsigned char val,unsigned char n); //将字符 val 循环右移 n 位
unsigned int _iror_(unsigned int val,unsigned char n);    //将整数 val 循环右移 n 位
unsigned int _lror_(unsigned int val,unsigned char n); //将长整数 val 循环右移 n 位
void _nop_(void);        //空操作，对应于 NOP 汇编指令
bit _testbit_(bit x);  //若位变量 x 为 1 则跳转，同时将位变量 x 清零，对应于 JBC 汇编指令
```

4.5 C51 程序的一般结构

与标准 C 语言相同，C51 程序由一个或多个函数构成，其中至少应包含一个主函数 main。程序执行时是从 main 函数开始，调用其他函数后又返回 main 函数，被调函数如果位于主调函数前面可以直接调用，否则要先声明后调用。C51 函数与汇编语言中的子程序类似，函数之间也可以互相调用。C51 程序的一般结构如下：

```
#include <reg51.h>
#include <stdio.h>
//宏定义
//全局变量定义
void func();                                      //普通函数声明
void main()                                       //主函数
{
    //局部变量声明
    //程序初始化
    for(;;){                                      //主循环
        func();                                   //普通函数调用
    }
}
void func()                                       //普通函数
{
    //功能语句
}
void int_ser() interrupt n using m                //中断服务函数
{
    //功能语句
}
```

编写 C51 程序时要注意：①函数以左花括号{开始，以右花括号}结束，包含在{}中的部分称为函数体。花括号必须成对出现，如果一个函数内有多对花括号，则最外层花括号为函数体的范围。为使程序增加可读性，便于理解，最好采用缩进方式书写。②变量必须先定义后使用。在函数内部定义的变量称为局部变量或内部变量，只有在定义它的函数内才能使用。在函数外定义的变量称为全局变量或外部变量，在定义它的文件中的函数都可以使用。③每条语句最后必须以分号结尾。④注释必须放在双斜线后，或放在/ * ... * /内。

4.6 C51 与汇编混合编程

4.6.1 混合编程的必要性

使用 C51 语言编写的程序可读性好，开发效率高，然而在很多时候，单片机应用系统中需要调用延时子程序或延时函数，用 C51 编写的延时函数很难得到确切的延时时间，但是用汇编写的延时子程序就可以准确地计算出要延时的时间。还有一些单片机应用系统中对时序要求很高，以及对步进电机的精准控制，这些都需要汇编编程。混合编程是一种结合 C51 与汇编优点的编程方法，掌握混合编程的方法是很必要的。

4.6.2 混合编程的要点

C51 与汇编混合编程主要有三种：①C 语言中嵌入汇编；②无参数传递的函数调用；③有参数传递的函数调用。在混合编程中，关键是传递参数和函数的返回值，它们必须有完整的约定。

1. 对函数名作转换

C51 程序中是以函数调用的形式来调用汇编子程序的，因此 C51 函数名和汇编子程序名之间要有一种转换规则，使它们之间建立一种一对一的映射关系。根据不同情况对函数名作转换，如表 4.3 所示。

表 4.3 对函数名作转换

函数头	符号名	说明
void func(void)	FUNC	无参数传递或不含寄存器参数的函数名不作改变，只是简单地转换为大写形式
void func(char)	_FUNC	含寄存器参数的函数名前加_字符前缀以示区别，它表明这类函数包含寄存器内的参数传递
void func(void) reentrant	_? FUNC	可重入函数名前加_? 字符前缀以示区别，它表明这类函数包含栈内的参数传递

2. 传递参数

在混合语言编程中，关键是入口参数和出口参数的传递，Keil C51 编译器可使用寄存器传递参数，也可使用固定存储器或栈。由于 51 单片机的栈空间有限，因此多用寄存器或存储器传递。利用 8051 单片机的工作寄存器最多能传递 3 个参数，并且要选择固定的寄存器，这样可以产生高效代码，如表 4.4 所示。当无寄存器可用时，参数的传递将发生在固定存储器区域(称为参数传递段),其地址空间取决于编译时所选择的编译模式。在 Small 模式下参数传递在片内 RAM 中完成,在 Compact 和 Large 模式下参数传递在片外 RAM 中完成。

表 4.4　传递参数的工作寄存器选择

参数类型	char	int	long,float	通用指针
第 1 个参数	R7	R6(高字节),R7(低字节)	R4~R7	R3 存储器类型,R2 高字节,R1 低字节
第 2 个参数	R5	R4(高字节),R5(低字节)	R4~R7	R3、R2、R1(这 3 个寄存器作用同上)
第 3 个参数	R3	R2(高字节),R3(低字节)	无	R3、R2、R1(这 3 个寄存器作用同上)

例如:

func1(char a,char b,char c)函数的第 1 个参数 a 通过 R7 传递,第 2 个参数 b 通过 R5 传递,第 3 个参数 c 通过 R3 传递。

func2(inta,int b,int c)函数的第 1 个参数 a 通过 R6 和 R7 传递,第 2 个参数 b 通过 R4 和 R5 传递,第 3 个参数 c 通过 R2 和 R3 传递。

func3(long a,int *b)函数的第 1 个参数 a 通过 R4~R7 传递,第 2 个参数 b 通过 R1~R3 传递。

func4(char a,int b,char *c)函数的第 1 个参数 a 通过 R7 传递,第 2 个参数 b 通过 R4 和 R5 传递,第 3 个参数 c 通过 R1~R3 传递。

3. 返回值

C51 程序通过寄存器或存储器传递参数给汇编语言程序,汇编语言程序通过寄存器将返回值传递给 C51 程序,返回值所占用的工作寄存器如表 4.5 所示。

表 4.5　返回值所占用的工作寄存器

返回值类型	寄存器	说　明
bit	C	返回值在进位标志位 CY 中
(unsigned) char	R7	返回值在寄存器 R7 中
(unsigned) int	R6、R7	返回值高位在 R6,低位在 R7
(unsigned) long	R4~R7	返回值高位在 R4,低位在 R7
float	R4~R7	32 位 IEEE 格式,指数和符号位在 R7
指针	R1、R2、R3	R3 放存储器类型,高位在 R2,低位在 R1

4. 符号声明

本模块中定义的被其他模块使用的符号,需要进行 PUBLIC 声明;本模块要使用其他模块中定义的符号,需要进行 EXTERN 声明。

4.6.3　C51 程序中直接嵌入汇编代码

C51 程序中嵌入汇编代码的语法如下:

```
#pragma asm
    ;汇编代码
#pragma endasm
```

示例4-7：C51程序中直接嵌入汇编代码。按照如图2.5所示的步骤使用Keil μVision5新建工程，工程名称为exam-4-7，并且添加STARTUP.A51文件。按照如图2.6所示的步骤添加C源代码文件(在Add New Item to Group Source Group 1对话框中选择C File)，文件名为exam-4-7，在exam-4-7.c文件中输入C51源代码(包含内嵌汇编代码)，如下所示，然后保存。

示例4-7

```
1: #include<reg51.h>
2: void main(){                          //主函数
3:     while(1){                         //主循环
4:         P1=0x00;                      //点亮数码管
5: #pragma asm                           //嵌入汇编,起到延时作用
6:         MOV R6, #0FFH
7: LOOP1:  MOV R5, #0FFH
8: LOOP2:  DJNZ R5, LOOP2
9:         DJNZ R6, LOOP1
10: #pragma endasm                       //结束汇编
11:         P1=0xff;                     //熄灭数码管
12: #pragma asm                          //嵌入汇编,起到延时作用
13:         MOV R6, #0FFH
14: LOOP3:  MOV R5, #0FFH
15: LOOP4:  DJNZ R5, LOOP4
16:         DJNZ R6, LOOP3
17: #pragma endasm                       //结束汇编
18:     }
19: }
```

此时，如果构建工程，会给出如下警告和错误信息。

```
exam-4-7.c: warning C245: unknown #pragma, line ignored
exam-4-7.c: error C272: 'asm/endasm' requires src-control to be active
```

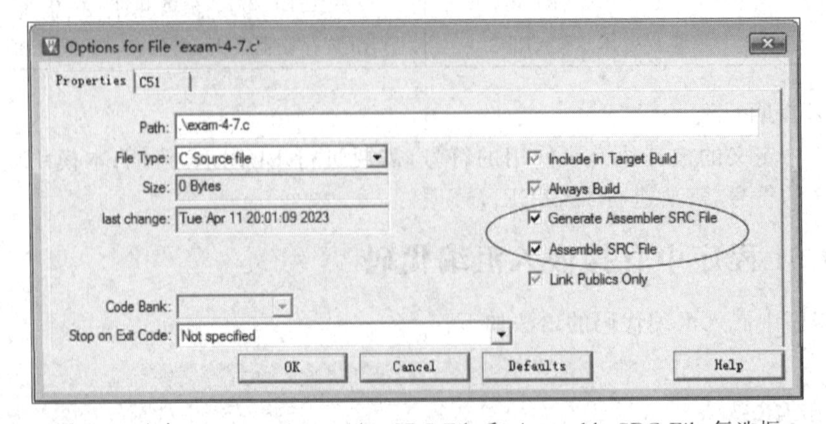

图4.2　选中Generate Assembler SRC File和Assemble SRC File复选框

解决上述问题的方法是：在 Keil μVision5 左侧 Project 窗口中，单击包含汇编代码的 exam-4-7.c 文件，选择 Options for File 命令，弹出如图 4.2 所示的对话框。选中右边的 Generate Assembler SRC File(产生汇编源代码文件)和 Assemble SRC File(汇编源代码文件)，使其对应的复选框由灰色变成黑色。此时，如果构建工程，会给出如下警告信息。虽然也生成了 HEX 文件，但是不能在单片机中正常运行。

```
*** WARNING L1: UNRESOLVED EXTERNAL SYMBOL
    SYMBOL:   ? C_START
    MODULE:   .\Objects\STARTUP.obj (? C_STARTUP)
*** WARNING L2: REFERENCE MADE TO UNRESOLVED EXTERNAL
    SYMBOL:   ? C_START
    MODULE:   .\Objects\STARTUP.obj (? C_STARTUP)
    ADDRESS: 000DH
Program Size: data=9.0 xdata=0 code=24
creating hex file from ".\Objects\liushuideng"...
".\Objects\liushuideng" - 0 Error(s), 2 Warning(s).
```

解决上述问题的方法是：在 Keil μVision5 左侧 Project 窗口中，单击 Source Group 1，在快捷菜单中选择 Add Existing Files to Group 命令，将 C:\Keil_v5\C51\LIB\C51S.LIB 库文件添加到工程中。注意，需要根据选择的编译模式，把相应的库文件添加到工程中。Small 模式对应的库文件是 C51S.Lib，Large 模式对应的库文件是 C51L.Lib，Compact 模式对应的库文件是 C51C.Lib。此时，可以成功构建工程。

根据第 2.3 节介绍的步骤，使用 Proteus 与 Keil μVision5 联合仿真调试。

4.6.4　C51 程序调用汇编子程序——无参数传递的函数调用

C51 语言常用来编写主程序和运算程序，汇编语言常用来编写与硬件有关的子程序。

示例 4-8：C51 程序调用汇编子程序。

按照如图 2.5 所示的步骤使用 Keil μVision5 新建工程，工程名称为 exam-4-8，并且添加 STARTUP.A51 文件。按照如图 2.6 所示的步骤添加 C 源代码文件(在 Add New Item to Group Source Group 1 对话框中选择 C File)，文件名为 exam-4-8，在 exam-4-8.c 文件中输入 C51 源代码，如下所示，然后保存。

示例 4-8

```
1: #include<reg51.h>
2: extern void delay();                //声明外部函数
3: void main(){                        //主函数
4:     while(1){                       //主循环
5:         P1=0x00;                    //点亮数码管
6:         delay();                    //对应于汇编代码,延时子程序
7:         P1=0xff;                    //熄灭数码管
8:         delay();                    //对应于汇编代码,延时子程序
9:     }
10: }
```

按照如图 2.6 所示的步骤添加汇编源代码文件(在 Add New Item to Group Source

Group 1 对话框中选择 Asm File),文件名为 exam-4-8-asm,在 exam-4-8-asm.a51 文件中输入汇编源代码,如下所示,然后保存。注意,C 文件和 Asm 文件不能使用同一个文件名。

```
1: ;exam-4-8-asm.a51
2: ?PR?DELAY SEGMENT CODE  ; 作用是在 ROM 中定义段,DELAY 为段名,?PR?表示段在 ROM 内
3: PUBLIC DELAY            ; 作用是声明汇编子程序 DELAY 为公共函数
4: RSEG ? PR? DELAY        ; 表示子程序 DELAY 可被链接器放置在任何地方,RSEG 是段名的属性
5: DELAY:
6:     MOV R7, #0FFH
7: LOOP:
8:     MOV R6, #0FFH
9:     DJNZ R6, $
10:     DJNZ R7, LOOP
11:     RET
12: END
```

C51 编译器生成的目标(程序代码、程序数据和常量数据)都以段的形式存放,段是代码和数据的单元。一个段可能是可重定位的,也可能地址是绝对的。每一个可重定位的段都有一个类型和一个名字。段名就是在源程序中声明的代码段、数据段或常数段的名字,所有段名都大写。每个段名都有一个前缀,这个前缀对应于段所用的存储器类型。这个前缀放在两个问号之间。段名 DELAY 前面为 PR,说明是代码段。命名转换规律为:CODE 对应于“? PR?”,XDATA 对应于“? XD?”,DATA 对应于“? DT?”,BIT 对应于“? BI?”,PDATA 对应于“? PD?”。

此时,可以成功构建工程。根据第 2.3 节介绍的步骤,使用 Proteus 与 Keil μVision5 联合仿真调试。

4.6.5 C51 程序带 1 个参数调用汇编子程序——自动产生汇编源文件

对于初学者来说,编写第 4.6.4 小节 exam-4-8-asm.a51 文件中的汇编代码,门槛较高。其实,有个很简单的方法辅助大家编写汇编源代码文件。下面通过示例介绍该方法。

示例 4-9:C51 程序带参(1 个参数)调用汇编子程序,自动产生汇编源代码文件。

示例 4-9

按照如图 2.5 所示的步骤使用 Keil μVision5 新建工程,工程名称为 exam-4-9,并且添加 STARTUP.A51 文件。按照如图 2.6 所示的步骤添加 C 源代码文件(在 Add New Item to Group Source Group 1 对话框中选择 C File),文件名为 exam-4-9,在 exam-4-9.c 文件中输入 C51 源代码,如下所示,然后保存。

```
1: #include <reg51.h>
2: extern void delay(unsigned int t);          //函数声明
3: void main(){                                //主函数
4:     while(1){                               //主循环
5:         P1=0x00;                            //点亮数码管
6:         delay(10000);                       //短延时
```

```
7:        P1=0xff;                  //熄灭数码管
8:        delay(35000);             //长延时
9:    }
10: }
```

按照如图 2.6 所示的步骤添加 C 源代码文件(在 Add New Item to Group Source Group 1 对话框中选择 C File),文件名为 exam-4-9-delay,在 exam-4-9-delay.c 文件中输入 C51 源代码,如下所示,然后保存。

```
void delay(unsigned int t){            //延时函数
    unsigned int i;
    for(i=0; i<t ; i++);
}
```

此时,这个工程里共有 3 个文件:STARTUP.A51、exam-4-9.c 和 exam-4-9-delay.c。

此时,可以成功构建工程。生成的 HEX 文件可以在单片机中正常运行。但是,该示例的主要目的是让编译器自动产生汇编源代码文件。继续后续操作。

在 Keil μVision5 左侧 Project 窗口中,单击 exam-4-9-delay.c 文件,选择 Options for File 命令,在弹出的对话框中,选中右边的 Generate Assembler SRC File 和 Assemble SRC File,使其对应的复选框由灰色变成黑色。构建工程,在 C:\Users\Administrator\Documents\Objects 目录中有 exam-4-9-delay.SRC 汇编代码文件,内容如下。此时,生成的 HEX 文件仍然可以在单片机中正常运行。

```
; .\Objects\exam-4-9-delay.SRC generated from: exam-4-9-delay.c
; COMPILER INVOKED BY:
;        C:\Keil_v5\C51\BIN\C51.EXE exam-4-9-delay.c OPTIMIZE(8,SPEED) BROWSE
DEBUG OBJECTEXTEND PRINT(.\Listings\exam-4-9-delay.lst) TABS(2) SRC(.\Objects\
exam-4-9-delay.SRC)

NAME    EXAM_4_9_DELAY

?PR?_delay?EXAM_4_9_DELAY                    SEGMENT CODE
    PUBLIC    _delay
; void delay(unsigned int t){      //延时函数

    RSEG  ?PR?_delay?EXAM_4_9_DELAY
_delay:
    USING    0
            ; SOURCE LINE #1
;----Variable 't?040' assigned to Register 'R6/R7' ----
;     unsigned int i;
;     for(i=0; i<t; i++);
            ; SOURCE LINE #3
;----Variable 'i?041' assigned to Register 'R4/R5' ----
    CLR      A
    MOV      R5,A
    MOV      R4,A
?C0001:
    CLR      C
```

```
    MOV     A,R5
    SUBB    A,R7
    MOV     A,R4
    SUBB    A,R6
    JNC     ?C0004
    INC     R5
    CJNE    R5,#00H,?C0005
    INC     R4
?C0005:
    SJMP    ?C0001
; }         ; SOURCE LINE #4
?C0004:
    RET
; END OF _delay

    END
```

从 exam-4-9-delay.SRC 文件内容可以看出，原来的 C 程序都变成了汇编中的注释。

将所有注释都去掉后的汇编代码如下(工程中的 exam-4-9-delay.a51 文件)。

```
1:  NAME EXAM_4_9_DELAY
2:  ?PR?_delay?EXAM_4_9_DELAY               SEGMENT CODE
3:   PUBLIC    _delay
4:   RSEG  ?PR?_delay?EXAM_4_9_DELAY
5: _delay:
6:   USING  0
7:   CLR    A
8:   MOV    R5,A
9:   MOV    R4,A
10: ?C0001:
11:  CLR    C
12:  MOV    A,R5
13:  SUBB   A,R7
14:  MOV    A,R4
15:  SUBB   A,R6
16:  JNC    ?C0004
17:  INC    R5
18:  CJNE   R5,#00H,?C0005
19:  INC    R4
20: ?C0005:
21:  SJMP   ?C0001
22: ?C0004:
23:  RET
24:  END
```

在 Keil μVision5 左侧 Project 窗口中，单击 exam-4-9-delay.c 文件，选择 Remove File 命令，将 exam-4-9-delay.c 文件从工程中移除。

按照如图 2.6 所示的步骤添加汇编源代码文件(在 Add New Item to Group Source Group 1 对话框中选择 Asm File)，文件名为 exam-4-9-delay，在 exam-4-9-delay.a51 文件中

输入上面的汇编源代码，然后保存。注意，C 文件和 Asm 文件不能使用同一个文件名。

此时，可以成功构建工程。

使用该方法可以让编译器自动完成汇编代码中各种段的安排，提高了汇编源程序的编写效率。读者可以根据实际需要修改 exam-4-9-delay.a51 文件，然后重新构建工程。

4.6.6　C51 程序带 2 个参数调用汇编子程序——自动产生汇编源文件

示例 4-10：C51 程序带参（2 个参数）调用汇编子程序，自动产生汇编源代码文件。

按照如图 2.5 所示的步骤使用 Keil μVision5 新建工程，工程名称为 exam-4-10，并且添加 STARTUP.A51 文件。按照如图 2.6 所示的步骤添加 C 源代码文件（在 Add New Item to Group Source Group 1 对话框中选择 C File），文件名为 exam-4-10，在 exam-4-10.c 文件中输入 C51 源代码，如下所示，然后保存。

示例 4-10

```
1: #include <reg51.h>
2: #define uchar unsigned char
3: #define uint unsigned int
4: extern uint add(uchar x, uchar y);
5: void main(void){
6:     uchar a, b;
7:     uint sum;
8:     a=0xAD;
9:     b=0x21;
10:     sum=add(a, b);
11:     while(1);
12: }
```

按照如图 2.6 所示的步骤添加 C 源代码文件（在 Add New Item to Group Source Group 1 对话框中选择 C File），文件名为 exam-4-10-add，在 exam-4-10-add.c 文件中输入 C51 源代码，如下所示，然后保存。

```
#define uchar unsigned char
#define uint unsigned int
uint add(uchar x, uchar y){
    uint sum=x +y;
    return sum;
}
```

此时，这个工程里共有 3 个文件：STARTUP.A51、exam-4-10.c 和 exam-4-10-add.c。

此时，可以成功构建工程。生成的 HEX 文件可以在单片机中正常运行。但是，该示例的主要目的是让编译器自动产生汇编源代码文件。继续后续操作。

在 Keil μVision5 左侧 Project 窗口中，单击 exam-4-10-add.c 文件，选择 Options for File 命令，在弹出的对话框中，选中右边的 Generate Assembler SRC File 和 Assemble SRC File，使其对应的复选框由灰色变成黑色。构建工程，在 C:\Users\Administrator\Documents\Objects 目录中有 exam-4-10-add.SRC 汇编代码文件，内容如下。此时，生成的

HEX 文件仍然可以在单片机中正常运行。

```
; .\Objects\exam-4-10-add.SRC generated from: exam-4-10-add.c
; COMPILER INVOKED BY:
;         C:\Keil_v5\C51\BIN\C51.EXE exam-4-10-add.c OPTIMIZE(8,SPEED) BROWSE
DEBUG OBJECTEXTEND PRINT(.\Listings\exam-4-10-add.lst) TABS(2) SRC(.\Objects\
exam-4-10-add.SRC)

NAME    EXAM_4_10_ADD

?PR?_add?EXAM_4_10_ADD                  SEGMENT CODE
    PUBLIC     _add
; #define uchar unsigned char
; #define uint unsigned int
; uint add(uchar x, uchar y){

    RSEG  ?PR?_add?EXAM_4_10_ADD
_add:
    USING     0
            ; SOURCE LINE #3
;----Variable 'y?041' assigned to Register 'R5' ----
;----Variable 'x?040' assigned to Register 'R7' ----
;     uint sum=x +y;
            ; SOURCE LINE #4
    MOV      A,R5
    ADD      A,R7
    MOV      R7,A
    CLR      A
    RLC      A
    MOV      R6,A
;----Variable 'sum?042' assigned to Register 'R6/R7' ----
;     return sum;
                 ; SOURCE LINE #5
; }              ; SOURCE LINE #6
    RET
; END OF _add

    END
```

从 exam-4-10-add.SRC 文件内容可以看出,原来的 C 程序都变成了汇编中的注释。将所有注释都去掉后的汇编代码如下(工程中的 exam-4-10-add.a51 文件)。

```
1: NAME EXAM_4_10_ADD
2: ?PR?_add?EXAM_4_10_ADD                  SEGMENT CODE
3:  PUBLIC     _add
4:  RSEG  ?PR?_add?EXAM_4_10_ADD
5: _add:
6:  USING     0
7:  MOV      A,R5
```

```
8:   ADD      A,R7
9:   MOV      R7,A
10:  CLR      A
11:  RLC      A
12:  MOV      R6,A
13:  RET
14:  END
```

在Keil μVision5左侧Project窗口中，单击exam-4-10-add.c文件，选择Remove File命令，将exam-4-10-add.c文件从工程中移除。

按照如图2.6所示的步骤添加汇编源代码文件(在Add New Item to Group Source Group 1对话框中选择Asm File)，文件名为exam-4-10-add，在exam-4-10-add.a51文件中输入上面的汇编源代码，然后保存。注意，C文件和Asm文件不能使用同一个文件名。

此时，可以成功构建工程。

使用该方法可以让编译器自动完成汇编代码中各种段的安排，提高了汇编源程序的编写效率。读者可以根据实际需要修改exam-4-10-add.a51文件，然后重新构建工程。

4.7 习　　题

1. 填空题

(1) ________用来标识源程序中某个对象的名字，由字符、数字和下画线组成，第一个字符必须是______________，不能用数字开头。

(2) ________又称为保留字，是编程语言保留的特殊标识符，具有固定的名称和含义，在编程中不允许标识符与关键字________。

(3) 数据是CPU操作的对象，是有一定格式的数字或数值，其格式称为________。

(4) C51数据类型可分为________和复杂数据类型。

(5) C51针对51单片机的SFR和位类型扩展了四种数据类型：bit、________、sfr、________，不能使用________来对这四种数据类型进行存取。

(6) Keil C51编译器能够识别的存储器类型有________、________、idata、pdata、________、code，这六种存储器类型分别对应于DATA、BDATA、________、________、XDATA、________存储空间。

(7) ________是一种在程序执行过程中其值可变的量。变量必须________。

(8) 变量的存储种类有四种：________、外部(extern)、________和寄存器(register)。

(9) ________类型用来定义通用位变量，在片内RAM的可位寻址区为位变量分配位地址。

(10) ________是可位寻址类型，可以访问片内RAM中的可寻址位或SRF中的可寻址位。

(11) 为了能直接访问SFR，可在C51源程序中使用________和________类型定义变量。

(12) 单片机中的SRF及其可寻址位,已被预先定义在________头文件中。

(13) Keil C51编译器支持________、Compact和________三种存储模式。

(14) 在小编译模式(Small)下,默认的存储器类型为________。

(15) 在紧凑编译模式(Compact)下,默认的存储器类型为________。

(16) 在大编译模式(Large)下,默认的存储器类型为________。

(17) 有两种方式指定变量和函数的存储模式:编译控制、________。

(18) 定义变量时,可以使用关键字________指定变量在存储空间中的绝对地址。

(19) 可以将XBYTE看作一维字符数组,也就是说把xdata存储空间看作一维字符数组,数组名就是________。

(20) 可以将DWORD看作一维整型数组,也就是说把data存储空间看作一维整型数组,数组名就是________。

(21) Keil C51编译器支持两种指针类型:基于存储器的指针和________。

(22) 通用指针需要占用________字节,基于存储器的指针占用1字节(存储器类型为data、bdata、idata和pdata)或________字节(存储器类型为xdata和code)。

(23) ________是一个能完成一定功能的代码段。函数分为两种:主函数和________。

(24) 一个C51程序必须有一个主函数,名字为________。主函数是唯一的。

2. 简答题

(1) 开发单片机应用系统的软件时,为什么优先考虑使用C语言?

(2) 简述C51语言与标准C语言在使用方面的区别。

(3) 简述C51语言相对于8051汇编语言的优势。

(4) 简述使用sbit定义变量的四种方法。

(5) 简述函数定义的一般形式。

(6) 简述编写C51程序时的注意事项。

(7) 简述混合编程的必要性。

(8) 简述C51与汇编混合编程。

3. 上机题

分别运行本章10个示例中的C51代码,在理解的基础上修改代码并运行。

第 5 章　键盘与显示器接口技术

本章学习目标

- 掌握 LED 数码管显示器接口技术；
- 掌握键盘接口技术；
- 掌握 8279 可编程键盘/显示器芯片接口技术；
- 掌握 LCD 液晶显示器接口技术。

5.1　LED 数码管显示器接口技术

显示器是单片机应用系统不可缺少的外部输出设备，如显示系统运行的结果，监视单片机的运行状态等。显示器的种类很多，有数码管(LED)显示器、液晶(LCD)显示器和 CRT 显示器等。由于 LED 数码管显示器具有显示清晰、亮度高、使用电压低、寿命长的特点，常用来显示各种数字或符号，因此在单片机系统中得到了广泛应用。

5.1.1　LED 数码管显示器

LED 是 Light Emitting Diode(发光二极管)的缩写。在应用系统中通常使用 7 段 LED 数码管显示器，由 7 个发光二极管按日字形排列，其管脚排列如图 5.1(a)所示。此外，显示器中还有一个圆点型发光二极管，表示小数点，图中以 dp 表示。

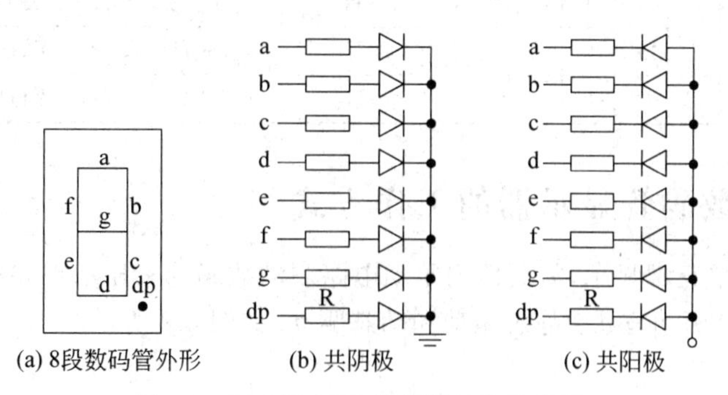

图 5.1　7(8)段 LED 数码管结构及外形

LED 数码管显示器有共阴极与共阳极两种。所有发光二极管的阳极连在一起称为共阳极接法，所有发光二极管的阴极连在一起称为共阴极接法，分别如图 5.1(b)和图 5.1(c)所示，图中 R 是限流电阻。

使用 LED 显示器时,要注意区分共阴极和共阳极两种不同的接法。当选用共阴极的 LED 显示器时,所有发光二极管的阴极连在一起并接地,当某个发光二极管的阳极加入高电平时,对应的二极管点亮;加入低电平时,对应的二极管熄灭。当选用共阳极的 LED 显示器时,所有发光二极管的阳极连在一起并接高电平,当某个发光二极管的阴极加入高电平时,对应的二极管熄灭;加入低电平时,对应的二极管点亮。

为了在 LED 数码管显示器上显示字符,需要对字符进行编码,简称段码(也称字型码)。7 段数码管加上一个小数点,共 8 段。因此段码正好是 1 字节。电路接法不同,段码也不同,如表 5.1 所示。实际使用中,向 LED 数码管显示接口输出不同段码,可显示相应的字符。

表 5.1　8 段 LED 数码管的段码表

显示字符	D7	D6	D5	D4	D3	D2	D1	D0	共阴极段码(dp 灭)	共阳极段码(dp 灭)	共阴极段码(dp 亮)	共阳极段码(dp 亮)
	dp	g	f	e	d	c	b	a				
0	0	0	1	1	1	1	1	1	3FH	C0H	BFH	40H
1	0	0	0	0	0	1	1	0	06H	F9H	86H	79H
2	0	1	0	1	1	0	1	1	5BH	A4H	DBH	24H
3	0	1	0	0	1	1	1	1	4FH	B0H	CFH	30H
4	0	1	1	0	0	1	1	0	66H	99H	E6H	19H
5	0	1	1	0	1	1	0	1	6DH	92H	EDH	12H
6	0	1	1	1	1	1	0	1	7DH	82H	FDH	02H
7	0	0	0	0	0	1	1	1	07H	F8H	87H	78H
8	0	1	1	1	1	1	1	1	7FH	80H	FFH	00H
9	0	1	1	0	1	1	1	1	6FH	90H	EFH	10H
A	0	1	1	1	0	1	1	1	77H	88H	F7H	08H
B	0	1	1	1	1	1	0	0	7CH	83H	FCH	03H
C	0	0	1	1	1	0	0	1	39H	C6H	B9H	46H
D	0	1	0	1	1	1	1	0	5EH	A1H	DEH	21H
E	0	1	1	1	1	0	0	1	79H	86H	F9H	06H
F	0	1	1	1	0	0	0	1	71H	8EH	F1H	0EH

5.1.2　LED 数码管显示器的工作方式

LED 数码管要正常显示,需要使用驱动电路驱动数码管来显示需要的字符。LED 数码管显示器常用两种驱动方式:静态驱动和动态驱动,如图 5.2 所示。

1. 静态驱动

静态驱动是指每个数码管都由一个单片机的 I/O 口进行驱动,或使用如 BCD 码二—十进位转换器进行驱动。如图 5.2(a)所示为 2 位 LED 数码管静态驱动显示电路,各数码管可独立显示。静态驱动的优点是编程简单,显示亮度高;缺点是占用较多的 I/O 口,当需要显示的位数增加时,所需的器件和连线也相应增加,成本也增加。

多位 LED 数码管工作于静态驱动方式时,各位共阴极(或共阳极)连接在一起并接地

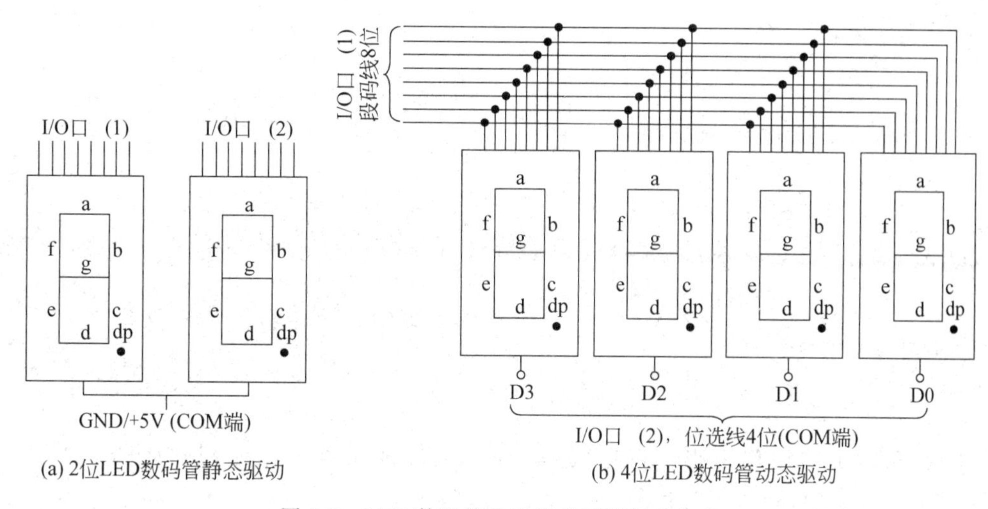

(a) 2位LED数码管静态驱动

(b) 4位LED数码管动态驱动

图 5.2　LED 数码管显示器的两种驱动方式

(或接+5V)；每位数码管段码线(a～dp)分别与一个 8 位 I/O 口锁存器输出相连。送往各个 LED 数码管所显示字符的段码一经确定，则相应 I/O 口锁存器锁存的段码输出将维持不变，直到送入下一个显示字符段码。静态驱动方式显示无闪烁，亮度较高。

2. 动态驱动

如图 5.2(b)所示是 4 位 LED 数码管动态驱动接口电路。动态驱动接口电路是把所有数码管的 8 个段的同名段码线(a～dp)连在一起，而每一个数码管的公共极 COM 是各自独立地受 I/O 口(2)控制。CPU 向 I/O 口(1)输出段码时，所有数码管接收到相同的段码，但究竟是哪个数码管亮，则取决于 COM 端。位选控制使用 I/O 口(2)中的 4 位口线，可以通过程序控制哪一位数码管显示。动态显示必须由 CPU 不断地调用显示程序，才能保证持续不断地显示。如果时间间隔比较长，就会使显示不连续。

动态显示方式采用分时的方法，轮流控制各个数码管的 COM 端，使各个数码管轮流点亮，这时 LED 的亮度就是通断的平均亮度。在轮流点亮扫描过程中，每位数码管的点亮时间非常短暂(约 1ms)，但由于人的视觉暂留现象及发光二极管的余辉效应，尽管实际上各位数码管并非同时点亮，但只要扫描速度足够快，给人的感觉就是一组稳定的字符显示，没有闪烁感。

5.1.3　使用 LED 数码管显示器

示例 5-1

示例 5-1：使用硬件译码 7 段 BCD LED 数码管显示器。

按照如图 2.5 所示的步骤使用 Keil μVision5 新建工程，工程名称为 exam-5-1，并且添加 STARTUP.A51 文件。按照如图 2.6 所示的步骤添加 C 源代码文件(在 Add New Item to Group Source Group 1 对话框中选择 C File)，文件名为 exam-5-1，在 exam-5-1.c 文件中输入 C51 源代码，如下所示，然后保存。

```
1: #include <reg51.h>
2: #define uint unsigned int
3: void delay() {                 //延时函数
```

```
4:      uint i;
5:      for(i=0; i<35000; i++);
6: }
7: void main(){
8:      while(1){
9:          P2=0x12; delay();          //从 P2 口输出 BCD 码 12
10:         P2=0x34; delay();          //从 P2 口输出 BCD 码 34
11:         P2=0x56; delay();          //从 P2 口输出 BCD 码 56
12:         P2=0x78; delay();          //从 P2 口输出 BCD 码 78
13:     }
14: }
```

此时,可以成功构建工程。将生成的 HEX 文件加载到电路原理图如图 5.3 所示的 AT89C51 单片机中,即可正常运行。

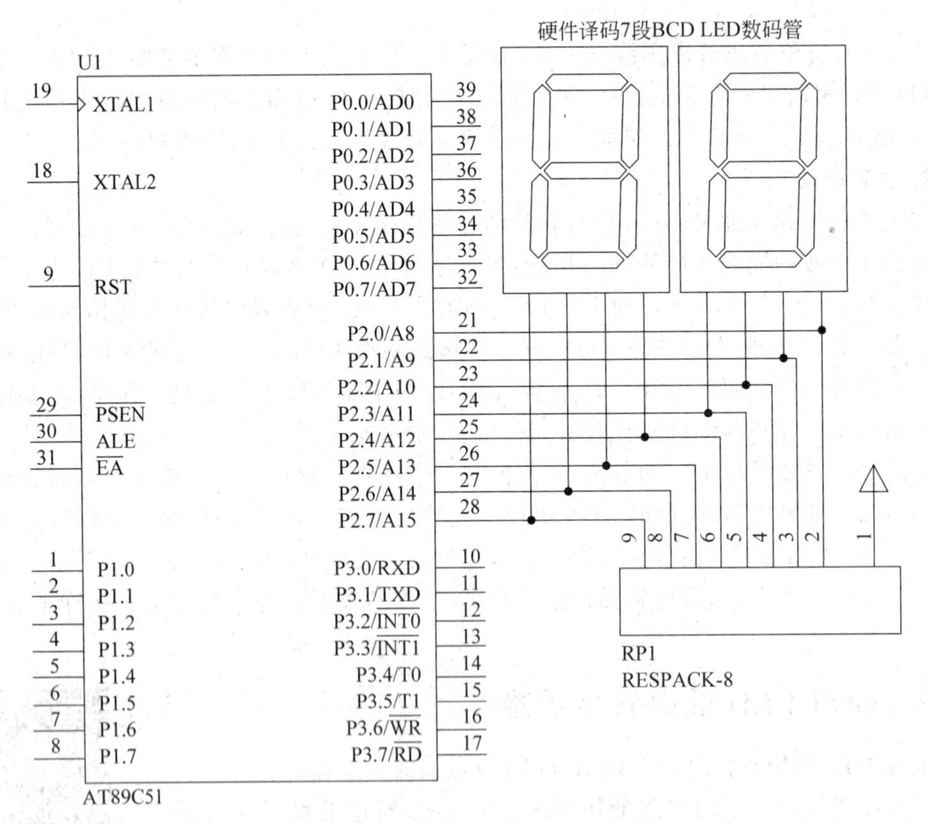

图 5.3　硬件译码 7 段 BCD LED 数码管

示例 5-2:使用 7 段 LED 数码管显示器。

示例 5-2

按照如图 2.5 所示的步骤使用 Keil μVision5 新建工程,工程名称为 exam-5-2,并且添加 STARTUP.A51 文件。按照如图 2.6 所示的步骤添加 C 源代码文件(在 Add New Item to Group Source Group 1 对话框中选择 C File),文件名为 exam-5-2,在 exam-5-2.c 文件中输入 C51 源代码,如下

所示，然后保存。

```
1: #include <reg51.h>
2: #define uchar unsigned char
3: #define uint unsigned int
4: uint code table[]={0x3f, 0x06, 0x5b, 0x4f, 0x66, 0x6d, 0x7d,
5:                    0x07, 0x7f, 0x6f};      //段码表。共阴极段码(dp 灭)
6: void delay(){                             //延时函数
7:      uint i;
8:      for(i=0; i<35000; i++);
9: }
10: void main(){
11:      uchar i;
12:      while(1)
13:          for(i=0; i<10; i++){
14:              P0=table[i];                  //从 P0 口输出段码
15:              delay();
16:          }
17: }
```

此时，可以成功构建工程。将生成的 HEX 文件加载到电路原理图如图 5.4 所示的 AT89C51 单片机中，即可正常运行。

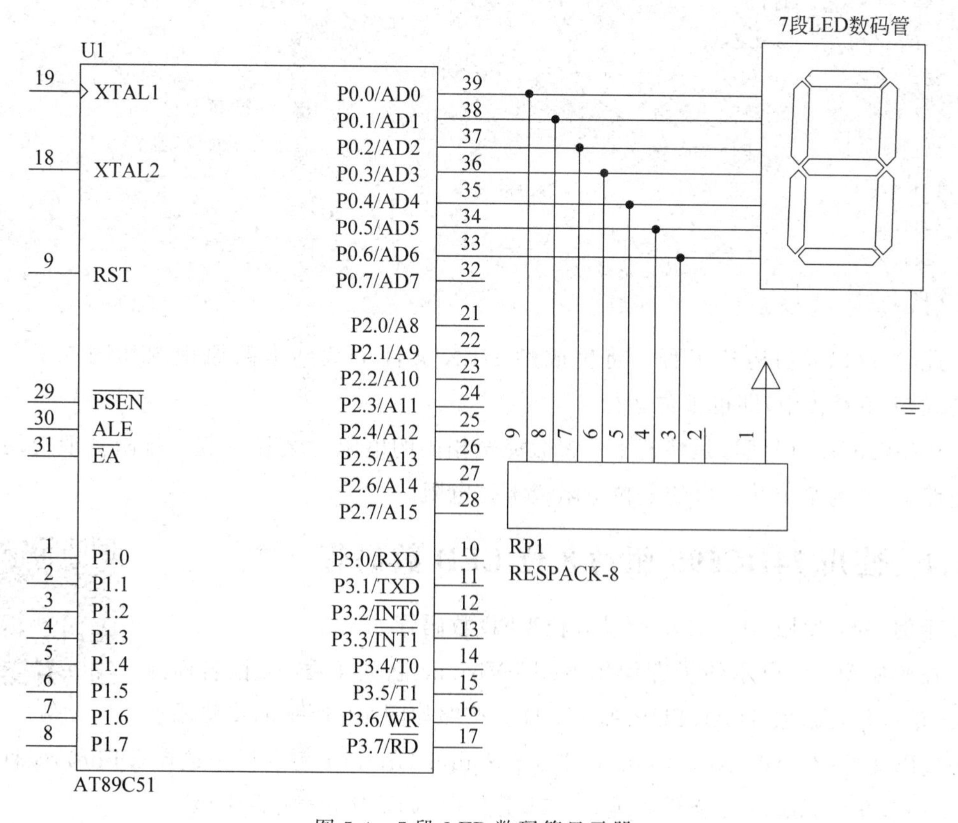

图 5.4　7 段 LED 数码管显示器

示例 5-3：8 位 LED 数码管显示器的动态驱动方式。

示例 5-3

按照如图 2.5 所示的步骤使用 Keil μVision5 新建工程，工程名称为 exam-5-3，并且添加 STARTUP.A51 文件。按照如图 2.6 所示的步骤添加 C 源代码文件(在 Add New Item to Group Source Group 1 对话框中选择 C File)，文件名为 exam-5-3，在 exam-5-3.c 文件中输入 C51 源代码，如下所示，然后保存。

```
1: #include <reg51.h>
2: #include <intrins.h>
3: #define uchar unsigned char
4: #define uint unsigned int
5: uint code table[]={0x3f, 0x06, 0x5b, 0x4f, 0x66, 0x6d, 0x7d,
6:                         0x07, 0x7f, 0x6f};      //段码表。共阴极段码(dp 灭)
7: void delay(){                                   //延时函数
8:      uint i;
9:      for(i=0; i<35000; i++);
10: }
11: void main(){
12:      uchar i;
13:      while(1){
14:          P3=0x7f;
15:          for(i=0; i<8; i++){
16:              P3=_crol_(P3,1);                  //将 P3 循环左移 1 位
17:              P2=table[i];                      //从 P2 口输出段码
18:              delay();
19:          }
20:      }
21: }
```

此时，可以成功构建工程。将生成的 HEX 文件加载到电路原理图如图 5.5 所示的 AT89C51 单片机中，即可正常运行。

RESPACK-8(排阻)是将若干个参数完全相同的电阻封装在一起。排阻一般应用在数字电路上，作为某个并行口的上拉电阻或下拉电阻。

5.1.4　使用 74HC595 驱动 8 位 LED 数码管

示例 5-4：使用 74HC595 驱动 8 位 LED 数码管。

示例 5-4

按照如图 2.5 所示的步骤使用 Keil μVision5 新建工程，工程名称为 exam-5-4，并且添加 STARTUP.A51 文件。按照如图 2.6 所示的步骤添加 C 源代码文件(在 Add New Item to Group Source Group 1 对话框中选择 C File)，文件名为 exam-5-4，在 exam-5-4.c 文件中输入 C51 源代码，如下所示，然后保存。

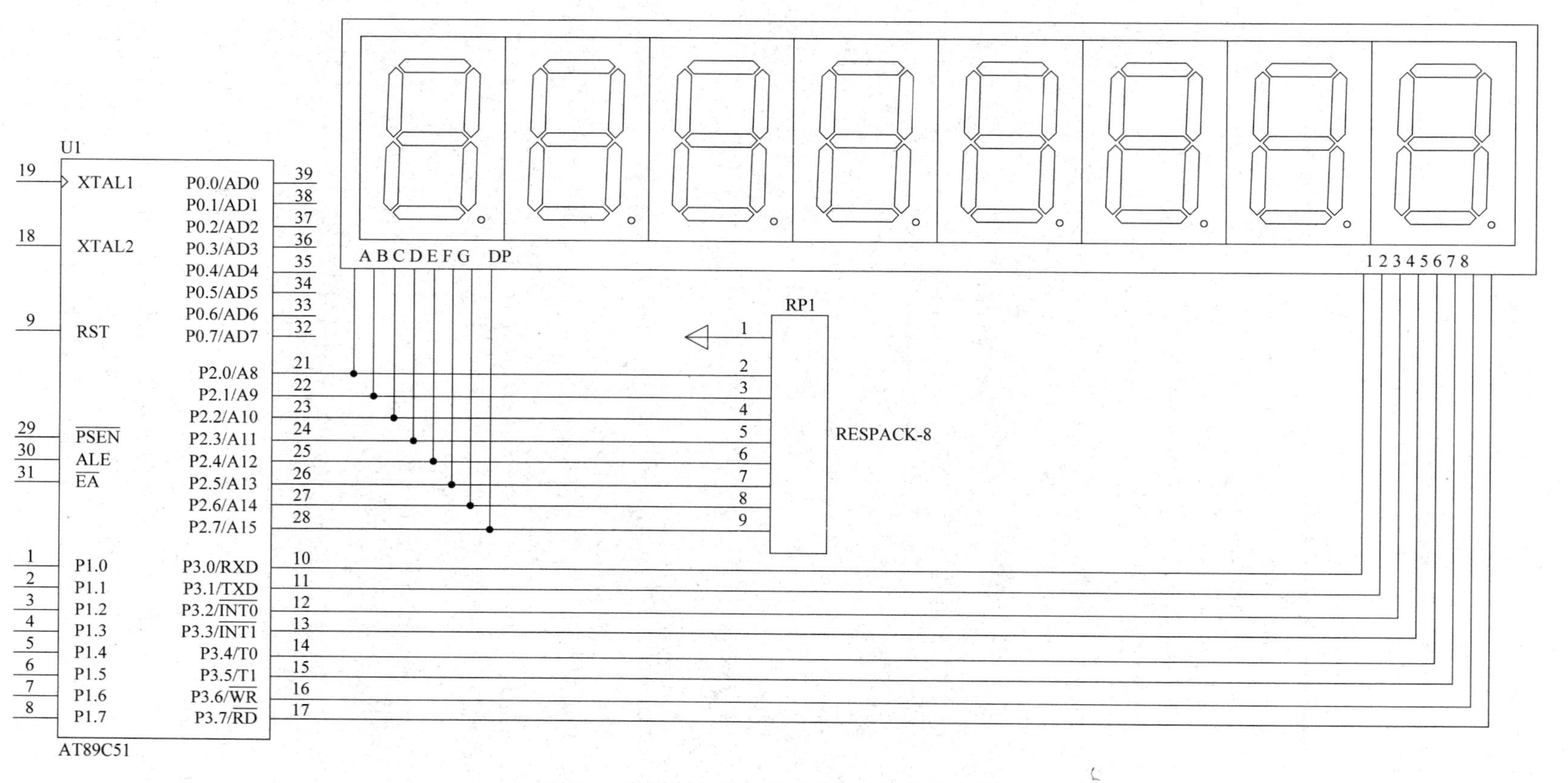

图 5.5　8 位 LED 数码管显示器的动态驱动

```
1: #include <reg51.h>
2: #include <intrins.h>
3: #define uchar unsigned char
4: #define uint unsigned int
5: #define NOP   _nop_()
6: sbit SH_CP  =   P2^0;
7: sbit DS     =   P2^1;
8: sbit ST_CP  =   P2^2;
9: uchar code ledcode[]={0x3F,0x06,0x5B,0x4F,0x66,
10:    0x6D,0x7D,0x07,0x7F,0x6F};            //共阴极段码
11: uchar code ledlocate[]={0x0fe,0xfd,
12:         0xfb,0xf7,0xef,0xdf,0xbf,0x7f};
13: void init(void){
14:     DS=0;
15:     SH_CP=0;
16:     ST_CP=0;
17: }
18: void delay(){                             //延时函数
19:   uint i; for(i=0; i<35000; i++);
20: }
21: void senddata(uchar val){
22:     uchar i;  uchar VAL=val;
23:     for(i=0; i<8; i++){
24:      if(VAL & 0x80) DS=1;
25:      else DS=0;
26:      VAL <<=1;
27:      SH_CP=0; NOP; NOP; NOP; NOP;
28:      SH_CP=1; NOP; NOP;
29:    }
30:   ST_CP=1; NOP; NOP; NOP; NOP;
31:   ST_CP=0;
32: }
33: void main(){
34:     uchar i;  init();
35:     while(1){
36:      P3=ledlocate[i];
37:      senddata(ledcode[i]);
38:      i=(i+1)%8; delay();
39:    }
40: }
```

此时,可以成功构建工程。将生成的 HEX 文件加载到电路原理图如图 5.6 所示的 AT89C51 单片机中,即可正常运行。

在单片机系统中,74HC595 是常用的芯片之一,其作用是把串行输入信号转换为并行输出信号(串入并出),常用在各种数码管以及点阵显示器的驱动中。使用 74HC595 可以节约单片机的 I/O 口资源,用 3 个 I/O 口引脚就可以控制 8 位数码管显示器。74HC595 引脚功能介绍如表 5.2 所示。

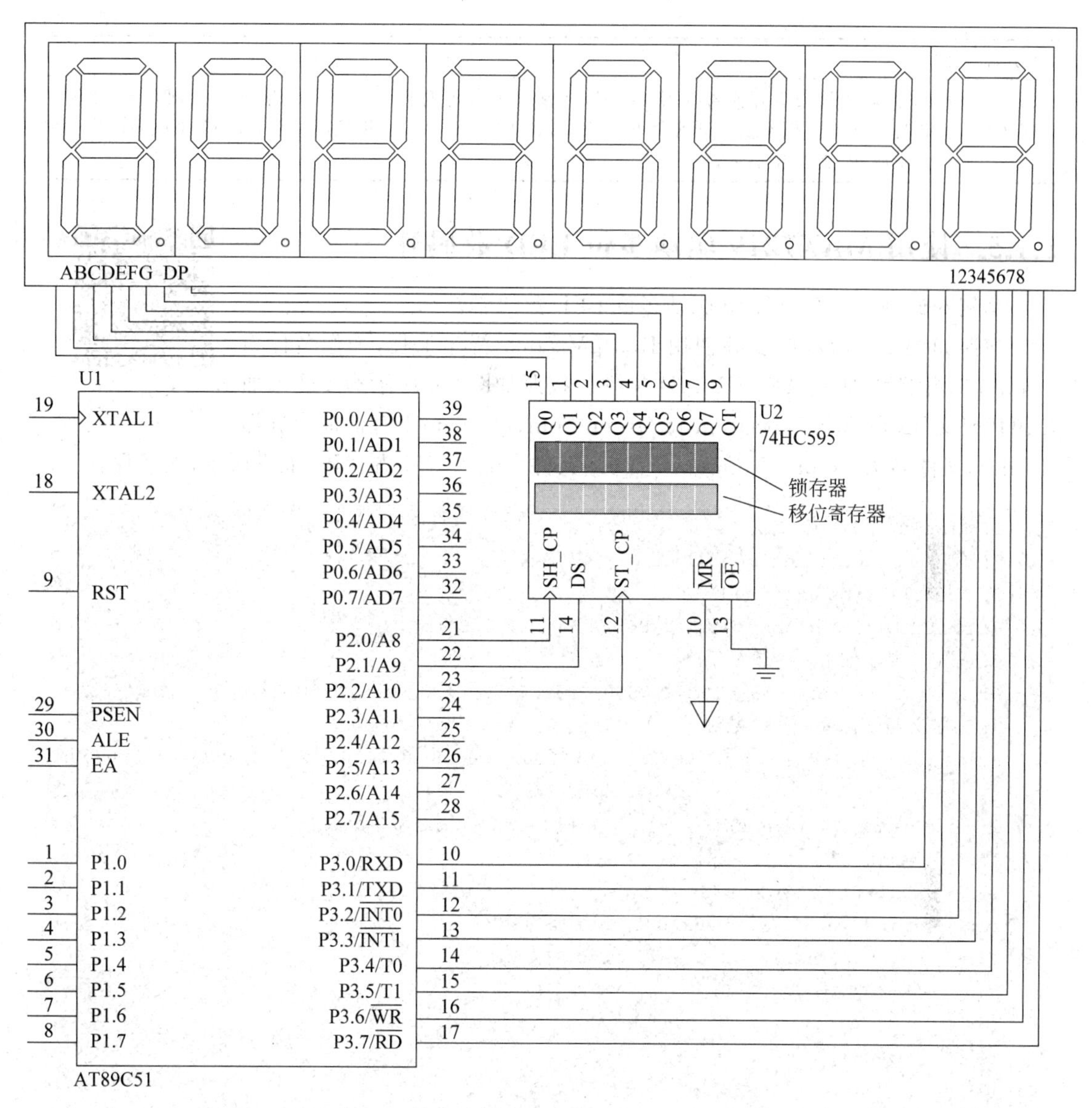

图 5.6　使用 74HC595 驱动 8 位 LED 数码管

表 5.2　4HC595 引脚功能

引脚	功　能
/OE	输出允许端。低电平时允许输出，高电平时禁止输出(高阻态)
/MR	复位端。低电平时将移位寄存器的数据清零。通常接到 VCC 防止数据清零
DS	串行数据输入端。级联时接上一级 74HC595 的 Q7′引脚
Q7′	串行数据输出端，用于级联，接下一级 74HC595 的 DS 引脚
Q0～Q7	8 位三态并行输出端，可直接控制数码管的 8 个段
SH_CP	移位寄存器时钟输入端。上升沿时移位寄存器的数据移位，DS→Q0→Q1→Q2→Q3→Q4→Q5→Q6→Q7，下降沿移位寄存器数据不变

续表

引脚	功　能
ST_CP	锁存器(也称数据存储寄存器)时钟输入端。上升沿时移位寄存器的数据进入锁存器,下降沿时锁存器数据不变。通常将ST_CP引脚置为低电平,当移位结束后,在ST_CP端产生一个正脉冲,更新显示数据

5.1.5 使用MAX7219驱动多位LED数码管

示例5-5

示例5-5:使用MAX7219驱动多位LED数码管。

按照如图2.5所示的步骤使用Keil μVision5新建工程,工程名称为exam-5-5,并且添加STARTUP.A51文件。按照如图2.6所示的步骤添加C源代码文件(在Add New Item to Group Source Group 1对话框中选择C File),文件名为exam-5-5,在exam-5-5.c文件中输入C51源代码,如下所示,然后保存。

```
1: #include <reg51.h>
2: #define uchar unsigned char
3: #define uint unsigned int
4: sbit DIN=0xB5; sbit LOAD=0xB6; sbit CLK=0xB7;
5: //定义显示数字 0~9 数组
6: uchar code table[10]={0x7E,0x30,0x6D,0x79,0x33,0x5B,0x5F,0x70,0x7F,0x7B};
7: //定义显示位置 L0~L3 数组
8: uint code locate[8]={0x0100, 0x0200, 0x0300, 0x0400, 0x0500, 0x0600, 0x0700,
                        0x0800};
9: void sent_LED(uint n){              //向 MAX7219 发送命令函数
10:     uint i;
11:     CLK=0; LOAD=0; DIN=0;
12:     for(i=0x8000; i>=0x0001; i=i>>1){
13:         if((n&i)==0) DIN=0; else DIN=1;
14:         CLK=1; CLK=0;
15:     }
16:     LOAD=1;
17: }
18: void MAX7219_init(){                //初始化 MAX7219 函数
19:      sent_LED(0x0C01);              //置 LED 为正常状态
20:      sent_LED(0x0A04);              //置 LED 亮度为 9/32
21:      sent_LED(0x0B07);              //置 LED 扫描范围 DIGIT0-7
22:      sent_LED(0x0900);              //置 LED 显示为不译码方式
23: }
24: void cls(){                         //清除 MAX7219 函数
25:      uint i; for(i=0x0100; i<=0x0800; i+=0x0100) sent_LED(i);
26: }
27: void disp_09(uchar H, uchar n){//显示数字函数
28:      if((n&0x80)==0) sent_LED(locate[H]|table[n]);
29:      else sent_LED(locate[H]|0x80);
30: }
```

```
31: void main(){
32:     MAX7219_init(); cls();
33:     disp_09(0x00,0xff); disp_09(0x01,0xff);
34:     disp_09(0x02,0x08); disp_09(0x03,0x00);
35:     disp_09(0x04,0x05); disp_09(0x05,0x01);
36:     disp_09(0x06,0xff); disp_09(0x07,0xff);
37:     while(1);
38: }
```

此时,可以成功构建工程。将生成的 HEX 文件加载到电路原理图如图 5.7 所示的 AT89C51 单片机中,即可正常运行。

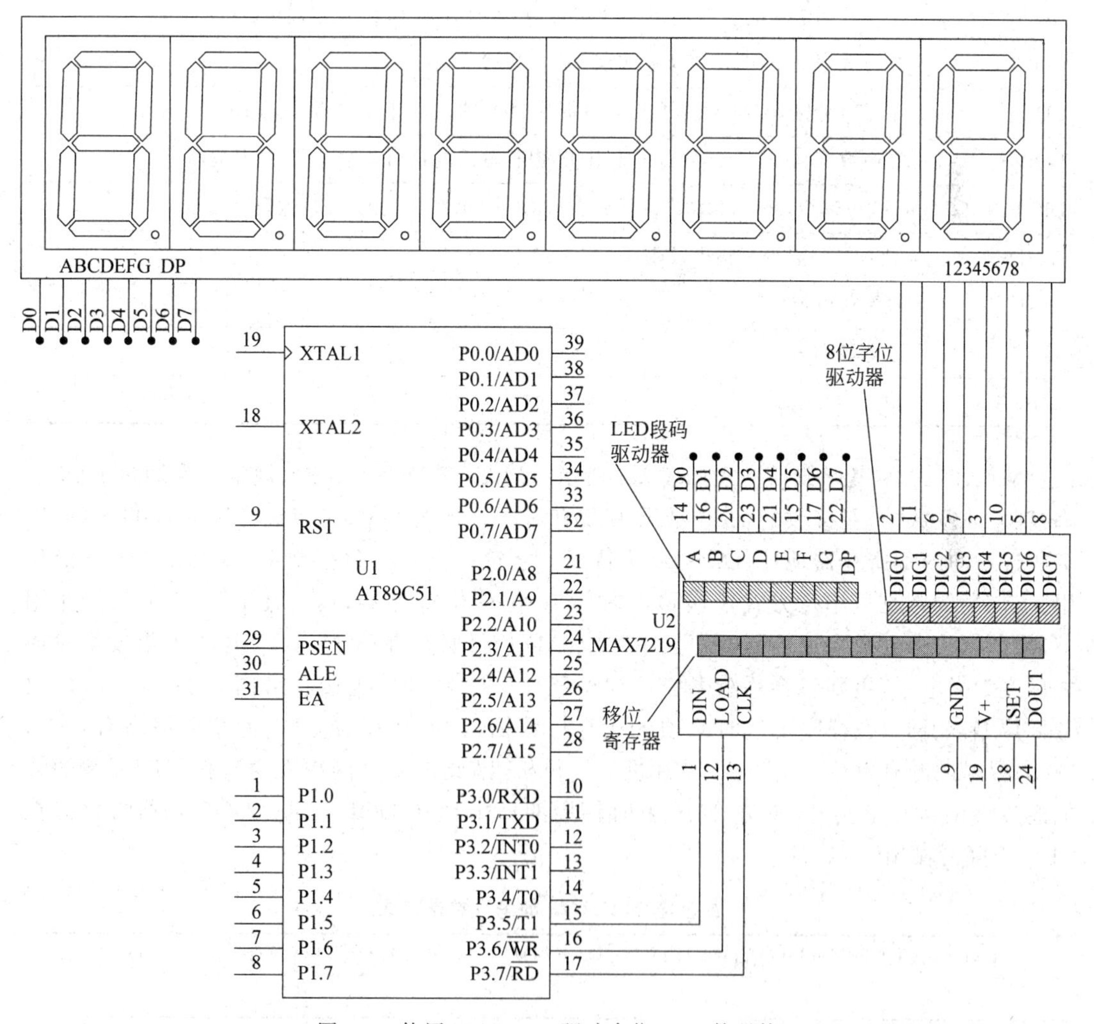

图 5.7　使用 MAX7219 驱动多位 LED 数码管

MAX7219 采用三线(DIN、LOAD、CLK)串行方式与单片机相连,采用 16 位数据串行移位接收方式。单片机将 16 位二进制数逐位发送到 DIN 端,在 CLK 上升沿到来前准备就绪,CLK 的每个上升沿将一位数据移入 MAX7219 中的 16 位移位寄存器,当 16 位数据全部移入后,LOAD上升沿将16位数据装入MAX7219内的相应位置,在MAX7219内部硬件动态扫描显示控制电路作用下实现动态显示。

MAX7219是一种串行接口方式的8段共阴极LED数码管显示驱动器,其片内包含一个BCD码到B码(二进制数)的译码器、多路复用扫描电路、16位移位寄存器、LED段码驱动器、8位字位驱动器等功能部件,同时内含8×8位静态RAM,用于存放显示的字符,每个字符都可以被寻址和更新,并且允许对每一个字符选择B码译码或不译码。

MAX7219引脚功能介绍如表5.3所示。

表5.3 MAX7219引脚功能

引 脚	功 能
DIN	串行数据输入端。当CLK为上升沿时,数据存入16位移位寄存器
DOUT	串行数据输出端,用于级联扩展
CLK	串行时钟输入。时钟上升沿时数据从DIN输入,下降沿时数据从DOUT输出
LOAD	装载数据输入,在LOAD的上升沿,串行输入的最后一个16位数据被锁存
DIG0～DIG7	8位位选线,A～DP输出的段码在DIG0～DIG7指定的LED数码管显示
A～DP	8位并行输出端,输出段码
ISET	设置段电流
V+	正电源
GND	地

MAX7129的串行数据格式如表5.4所示。MAX7219在工作时,规定一次通过DIN引脚接收16位数据,在接收的16位数据中,D15～D12是无关位,可以任意写入,D11～D8决定所选通的内部寄存器地址,D7～D0为待显示字符或是初始化控制字。在CLK上升沿作用下,DIN的数据以串行方式依次移入内部16位移位寄存器,然后在LOAD上升沿作用下,将数据锁存到数字或控制寄存器中。LOAD信号必须在第16个CLK上升沿发生时或之后变为高电平,否则将会丢失数据。MAX7219在接收时,先接收最高位D15,最后接收最低位D0,因此,在程序发送时必须先送高位数据,再循环移位。D7为数据最高有效位,D0为数据最低有效位。由于51单片机是8位机,因此需要分两次发送数据。DIN端的数据通过移位寄存器传送,并在16.5个时钟周期后出现在DOUT端。DOUT端的数据在CLK下降沿输出。

表5.4 MAX7129的串行数据格式

D15	D14	D13	D12	D11	D10	D9	D8	D7	D6	D5	D4	D3	D2	D1	D0
×	×	×	×	地址				数据							

MAX7219内部有14个可寻址的数字和控制寄存器,如表5.5所示。其中的8个数字寄存器由一个片内8×8双端口SRAM实现,它们可直接寻址,因此可对单个数进行更新。另外,还有无操作、译码方式、亮度调整、扫描界限(位数)、停机和显示器测试6个控制寄存器。

表 5.5 14 个可寻址的数字和控制寄存器

寄存器	地址					
	D15～D12	D11	D10	D9	D8	十六进制代码
NO-OP	×	0	0	0	0	×0H
数字 0	×	0	0	0	1	×1H
数字 1	×	0	0	1	0	×2H
数字 2	×	0	0	1	1	×3H
数字 3	×	0	1	0	0	×4H
数字 4	×	0	1	0	1	×5H
数字 5	×	0	1	1	0	×6H
数字 6	×	0	1	1	1	×7H
数字 7	×	1	0	0	0	×8H
译码方式	×	1	0	0	1	×9H
亮度调整	×	1	0	1	0	×AH
扫描界限	×	1	0	1	1	×BH
停机	×	1	1	0	0	×CH
显示器测试	×	1	1	1	1	×FH

MAX7219 有两种译码方式：B 译码方式（硬件译码）和不译码方式（软件译码）。当选择不译码时，8 个数据分别一一对应 7 个段和小数点位；B 译码方式是 BCD 译码，直接送数据就可以显示，译码器只选择数据寄存器中较低的几位（D3～D0），不考虑 D4～D6 位。D7 位显示十进制小数点，独立于译码器，当 D7=1 时，十进制小数点 DP 点亮。字符 0～9 对应的十六进制码为 0～9，字符-、E、H、L、P 和暗分别对应的十六进制码为×A～×F。实际应用中可以按位设置选择 B 译码或是不译码方式。译码方式寄存器中数据的含义如表 5.6 所示，寄存器中的每一位与一个数字位相对应，逻辑高电平选择 B 码译码，逻辑低电平则选择旁路译码器。

表 5.6 译码方式寄存器（×9H）

含义	D7	D6	D5	D4	D3	D2	D1	D0	十六进制代码
7～0 位均不译码	0	0	0	0	0	0	0	0	00H
0 位译成 B 码，7～1 位均不译码	0	0	0	0	0	0	0	1	01H
3～0 位译成 B 码，7～4 位均不译码	0	0	0	0	1	1	1	1	0FH
7～0 位均译成 B 码	1	1	1	1	1	1	1	1	FFH

数字 0～7 寄存器受译码方式寄存器的控制：译码或不译码。数字寄存器可将 BCD 码译成 B 码（0～9、-、E、H、L、P、暗），如表 5.7 所示。

MAX7219 可用 V+和 ISET 之间所接外部电阻 R_{SET} 来完显示亮度。来自段驱动器的峰值电流通常为进入 ISET 电流的 100 倍。R_{SET} 既可为固定电阻，也可为可变电阻，以提供来自面板的亮度调节，其最小值为 9.52kΩ。段电流的数字控制由内部脉宽调制 DAC 完成，该DAC通过亮度寄存器向低4位加载，该DAC将平均峰值电流按16级比例设计，从R_{SET}设置峰值电流的31/32(最大值)到1/32(最小值)，最大亮度出现在占空比为31/32时，如表5.8所示。

表5.7 数字0～7寄存器(×1H～×8H)

7段字形	寄存器数据						点亮段							
	D7	D6～D4	D3	D2	D1	D0	DP	A	B	C	D	E	F	G
0		×	0	0	0	0		1	1	1	1	1	1	0
1		×	0	0	0	1		0	1	1	0	0	0	0
2		×	0	0	1	0		1	1	0	1	1	0	1
3		×	0	0	1	1		1	1	1	1	0	0	1
4		×	0	1	0	0		0	1	1	0	0	1	1
5		×	0	1	0	1		1	0	1	1	0	1	1
6		×	0	1	1	0		1	0	1	1	1	1	1
7		×	0	1	1	1		1	1	1	0	0	0	0
8		×	1	0	0	0		1	1	1	1	1	1	1
9		×	1	0	0	1		1	1	1	1	0	1	1
-		×	1	0	1	0		0	0	0	0	0	0	1
E		×	1	0	1	1		1	0	0	1	1	1	1
H		×	1	1	0	0		0	1	1	0	1	1	1
L		×	1	1	0	1		0	0	0	1	1	1	0
P		×	1	1	1	0		1	1	0	0	1	1	1
暗		×	1	1	1	1		0	0	0	0	0	0	0

表5.8 亮度寄存器(×AH)

占空比(亮度)	D7	D6	D5	D4	D3	D2	D1	D0	十六进制代码
1/32(最小亮度)	×	×	×	×	0	0	0	0	×0H
3/32	×	×	×	×	0	0	0	1	×1H
5/32	×	×	×	×	0	0	1	0	×2H
…	…								…
29/32	×	×	×	×	1	1	1	0	×EH
31/32(最大亮度)	×	×	×	×	1	1	1	1	×FH

扫描界限寄存器用于设置所显示的数字位，可以从1到8。通常以扫描频率为1300Hz、8位数字、多路方式显示。因为所扫描数字的多少会影响显示亮度，所以要注意调整。如果扫描界限寄存器被设置为3个数字或更少，各数字驱动器将消耗过量的功率。因此R_{SET}电阻的值必须按所显示数字的位数多少适当调整，以限制各个数字驱动器的功耗。扫描界限寄存器中数据的含义如表5.9所示。

表 5.9　扫描界限寄存器(×BH)

显示数字位	D7	D6	D5	D4	D3	D2	D1	D0	十六进制代码
只显示第 0 位数字	×	×	×	×	×	0	0	0	×0H
显示第 0 位～第 1 位数字	×	×	×	×	×	0	0	1	×1H
显示第 0 位～第 2 位数字	×	×	×	×	×	0	1	0	×2H
…	…								…
显示第 0 位～第 6 位数字	×	×	×	×	×	0	1	1	×6H
显示第 0 位～第 7 位数字	×	×	×	×	×	1	1	1	×7H

当 MAX7219 处于停机方式时，扫描振荡器停止工作，所有的段电流源被拉到地，而所有的位驱动器被拉到 V＋，此时 LED 将不显示。在数字和控制寄存器中的数据保持不变。停机方式可用于节省功耗或使 LED 处于闪烁。MAX7219 退出停机方式的时间不到 250μs，在停机方式下显示驱动器还可以进行编程，停机方式可以被显示测试功能取消。停机寄存器中数据的含义如表 5.10 所示。

表 5.10　停机寄存器(×CH)

工作方式	D7	D6	D5	D4	D3	D2	D1	D0	十六进制代码
停机	×	×	×	×	×	×	×	0	×0H
正常	×	×	×	×	×	×	×	1	×1H

显示测试寄存器有两种工作方式：正常和显示测试。显示测试方式时所有的 LED 点亮，方法是将所有控制字寄存器(包括关闭寄存器)置成无效。在显示测试方式下 8 位数字被扫描。显示测试寄存器中数据的含义如表 5.11 所示。

表 5.11　显示测试寄存器(×FH)

工作方式	D7	D6	D5	D4	D3	D2	D1	D0	十六进制代码
正常	×	×	×	×	×	×	×	0	×0H
显示测试	×	×	×	×	×	×	×	1	×1H

空操作寄存器(NO-OP)在 MAX7219 级联时使用，把所有级联芯片的 LOAD 端连在一起，并将 DOUT 端连接到相邻 MAX7219 的 DIN 端。例如，使用 4 个级联的 MAX7219，对第 4 个 MAX7219 写入时，发送所需的 16 位字，并且紧跟 3 个空操作码(×0××)，在 LOAD 上升沿作用下，所有的数据被锁存，前 3 个 MAX7219 接到空操作命令，第 4 个 MAX7219 接到所需的 16 位字。

注意： 在实际单片机应用系统开发时，会选用各种控制芯片，为了能够正确使用这些芯片，建议读者仔细研读控制芯片对应的数据手册。

5.2　键盘接口技术

用户可通过键盘向单片机系统输入数据，这是人机对话的主要手段。任何键盘接口均要解决反弹跳、串键保护、按键识别三个主要问题。

当按键开关的触点闭合或断开到其稳定,会产生一个短暂的抖动和弹跳,这是机械式开关的一个共同性问题。消除由于键抖动和弹跳产生的干扰可采用硬件方法,也可采用软件延迟的方法。

由于操作不慎,可能会造成同时有几个键被按下,这种情况称为串键。有两键同时按下、N键同时按下和N键锁定三种处理串键的技术。①两键同时按下技术是在两个键同时按下时产生保护作用。最简单的办法是当只有一个键按下时才读取键盘的输出,最后仍被按下的键是有效的正确按键。当用软件扫描键盘时常采用这种方法。还有一种方法是当第一个按键未松开时,按第二个键不产生选通信号。这种方法常借助硬件来实现。②N键同时按下技术或者不理会所有被按下的键,直至只剩下一键按下时为止,或者将所有按键的信息都存入内部缓冲器中,然后逐个处理,这种方法成本较高。③N键锁定技术只处理一个键,任何其他按下又松开的键不产生任何码。通常第一个被按下或最后一个松开的键产生码。这种方法最简单也最常用。

按键识别决定是否有键被按下,如有则应识别键盘矩阵中被按键对应的编码。键盘主要分为两类:编码键盘和非编码键盘。编码键盘通过硬件直接提供按键对应的ASCII码或其他编码,由于要提供较多的硬件,价格较贵。非编码键盘是由软件产生编码,硬件接口简单,使用灵活,因此被广泛应用于单片机系统中。非编码键盘有独立式键盘和矩阵式键盘(行列式键盘)两种结构。非编码键盘需要通过编程方式提供按键编码,要占用较多的CPU时间。

5.2.1 编码键盘接口技术

示例5-6

示例5-6:编码键盘接口技术的应用。

按照如图2.5所示的步骤使用Keil μVision5新建工程,工程名称为exam-5-6,并且添加STARTUP.A51文件。按照如图2.6所示的步骤添加C源代码文件(在Add New Item to Group Source Group 1对话框中选择C File),文件名为exam-5-6,在exam-5-6.c文件中输入C51源代码,如下所示,然后保存。

```
1: #include <reg51.h>
2: #define uchar unsigned char
3: #define uint unsigned int
4: void delay(){          //延时函数
5:     uint i; for(i=0; i<35000; i++);
6: }
7: void main(){
8:     P3=0xff;
9:     while(1){
10:            P0=P3;
11:            delay();
12:            P3=0xff;
13:    }
14: }
```

此时,可以成功构建工程。将生成的HEX文件加载到电路原理图如图5.8所示的AT89C51单片机中,即可正常运行。

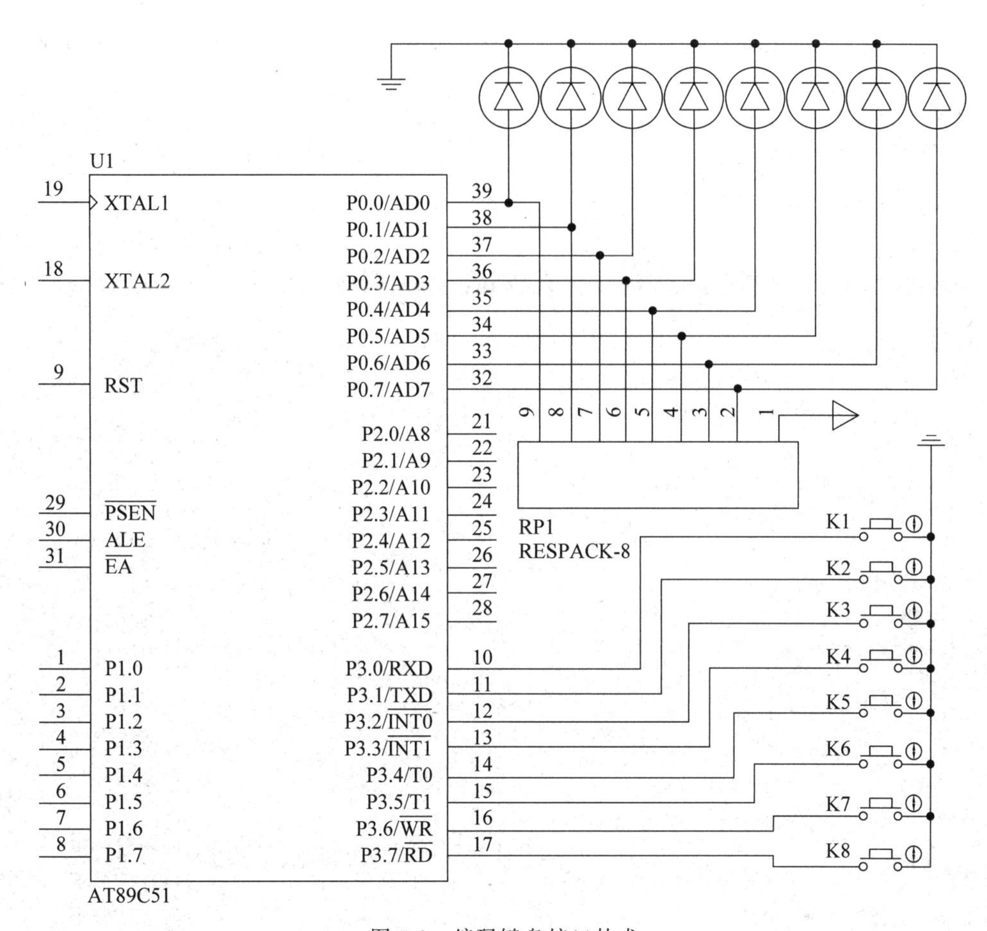

图 5.8　编码键盘接口技术

P3 口(P3.0～P3.7)第一功能为内部带上拉电阻的 8 位准双向 I/O 口。准双向口就是在进行输入操作之前,需要先向口锁存器写入 1,才能获得正确的输入结果。通常按键输入都采用低电平有效,上拉电阻保证了按键断开时,I/O 口有确定的高电平。如果 I/O 口内部有上拉电阻,外电路可以不配置上拉电阻。

本示例编码键盘接口是用 I/O 端口实现的独立式键盘接口。独立式按键是指直接用 I/O 口线构成的单个按键电路,每个独立式按键单独占用一根 I/O 口线,各键相互独立,通过检测 I/O 口线的电平状态,判断哪个按键被按下。每根 I/O 口线上的按键工作状态不会影响其他 I/O 口线上的工作状态。

独立式键盘电路配置灵活,软件结构简单,但每个按键必须占用一根 I/O 口线,在按键数量较多时,要占用较多 I/O 口线,因此独立式键盘一般适用于按键数量不多的情况。

5.2.2　非编码键盘接口技术

示例 5-7

示例 5-7:非编码键盘接口技术的应用。

按照如图 2.5 所示的步骤使用 Keil μVision5 新建工程,工程名称为 exam-5-7,并且添加 STARTUP.A51 文件。按照如图 2.6 所示的步骤添加 C 源代码文件(在 Add New Item to Group Source Group 1 对话框中选择

C File),文件名为 exam-5-7,在 exam-5-7.c 文件中输入 C51 源代码,如下所示,然后保存。

```
1: #include <reg51.h>
2: #include <intrins.h>
3: #define uchar unsigned char
4: #define uint unsigned int
5: uchar locate[8]={0,1,2,3,4,5,6,7};                         //显示缓冲区
6: uchar code table[]={0x3f,0x06,0x5b,0x4f,0x66,0x6d,0x7d,0x07,
7:   0x7f,0x6f,0x77,0x7c,0x39,0x5e,0x79,0x71,0x00};           //段码表
8: void display(){                                            //数码管显示函数
9:      uchar i, dmask=0xfe;
10:     for(i=0; i<8; i++){
11:         P2=0xff;                                           //不选择任何数码管
12:         P0=table[locate[i]];
13:         P2=dmask;
14:           dmask=_crol_(dmask,1);                           //修改扫描模式
15:     }
16: }
17: uchar key(){                                               //键盘扫描函数
18:      uchar i, kscan, temp=0x00, kval=0x00, kmask=0xfe;
19:      for(i=0; i<4; i++){
20:          P3=kmask; kscan=P3;                               //扫描模式→P3 口
21:          kscan=kscan>>4;
22:          switch(kscan & 0x0f){
23:              case(0x0e): kval=0x00+temp; break;            //第 0 列有键按下
24:              case(0x0d): kval=0x01+temp; break;            //第 1 列有键按下
25:              case(0x0b): kval=0x02+temp; break;            //第 2 列有键按下
26:              case(0x07): kval=0x03+temp; break;            //第 3 列有键按下
27:              default: kmask=_crol_(kmask,1);               //修改扫描模式
28:                        temp=temp+0x04; break;
29:          }
30:     }
31:     if(kmask==0xef) kval=0x088;
32:     return kval;
33: }
34: void main(){
35:      uchar i, k;
36:      while(1){
37:          display(); k=key();
38:          if(k! =0x88){
39:              locate[0]=k;
40:              for(i=1; i<8; i++) locate[i]=0x10;
41:          }
42:         display();
43:     }
44: }
```

此时,可以成功构建工程。将生成的 HEX 文件加载到电路原理图如图 5.9 所示的 AT89C51 单片机中,即可正常运行。

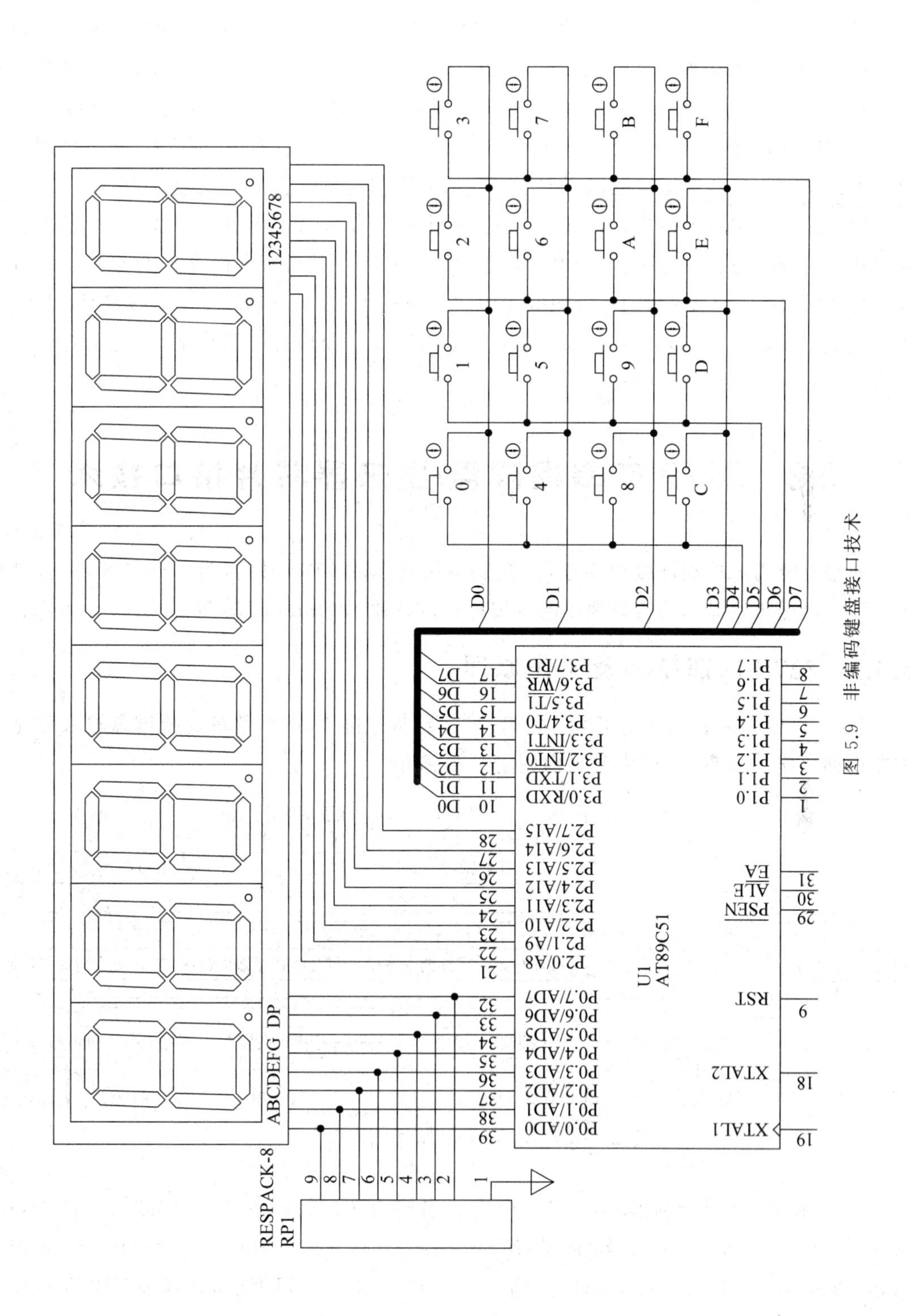

图 5.9　非编码键盘接口技术

矩阵式(也称行列式)键盘用于按键数目较多的场合,由行线和列线组成,按键位于行、列交叉点上,一个 4×4 的行、列结构可以构成一个 16 个按键的键盘,只需要一个 8 位的并行 I/O 口即可。如果采用 8×8 的行、列结构,可以构成一个 64 按键的键盘,只需要两个并行 I/O 口即可。在按键数目较多场合,矩阵式键盘要比独立式键盘节省较多 I/O 口线。

非编码键盘接口技术主要是如何确定被按键的行、列位置,即键码(值)。按键识别是接口技术的关键问题。常用按键识别方法有行扫描法和线反转法。

行扫描法采用步进扫描方式,CPU 通过输出口把 0 逐行加至键盘行线上,然后通过输入口检查列线状态。由行线、列线电平状态的组合来确定是否有键被按下,并确定被按键所处的行、列位置。图 5.9 中的 P3 口的低 4 位(行)和高 4 位(列)构成 4×4 矩阵键盘。P3.0~P3.3 为键盘的输出口线,P3.4~P3.7 为键盘输入口线。如果有键被按下,按键处的行线和列线被接通,列线变为低电平。

5.3 8279 可编程键盘/显示器芯片接口技术

非编码键盘虽然硬件接口简单,但是要占用较多的 CPU 时间,为了克服该缺点,出现了一些专供键盘及显示器接口使用的可编程接口芯片,如 Intel 8279 等芯片。

5.3.1 8279 内部结构及工作原理

Intel 8279 是一种通用的可编程键盘/显示器芯片接口器件,能够完成键盘输入和显示控制两种功能,8279 引脚及内部结构如图 5.10 所示。

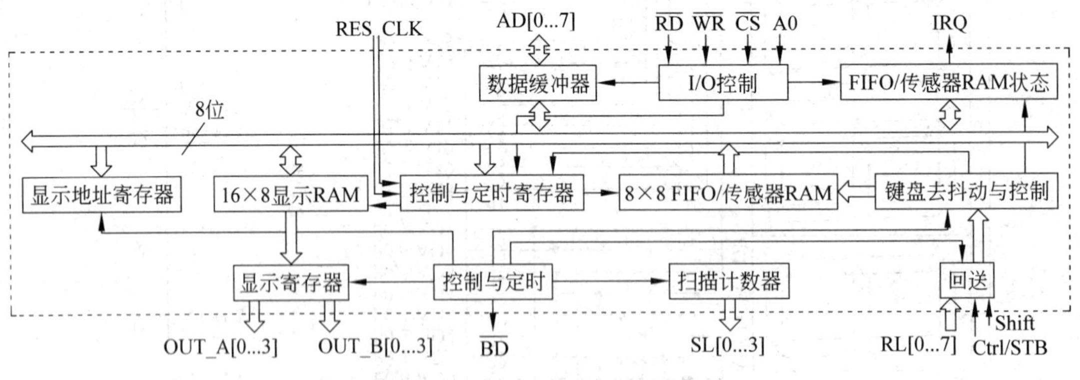

图 5.10 8279 引脚及内部结构

8279 采用 40 引脚封装,与 CPU 相连的引脚有 CLK、RES、AD[0...7]、/RD、/WR、/CS、A0、IRQ,与键盘接口相连的引脚有 SL[0...3]、RL[0...7]、Shift、Ctrl/STB,与显示器接口相连的引脚有 OUT_A[0...3]、OUT_B[0...3]、/BD。8279 引脚功能介绍如表 5.12 所示。

8279 内部结构主要包括键盘/传感器部分、显示器部分两部分。

表 5.12　8279 引脚功能

引　脚	功　能
CLK	片外时钟输入端
RES	复位信号,高电平有效。复位时默认状态:16 个字符显示(左入方式),编码扫描键盘(双键锁定),程序时钟编程设定为 31
AD[0...7]	数据总线(双向、三态总线)
/RD	读信号,低电平有效
/WR	写信号,低电平有效
/CS	片选信号,低电平有效
A0	A0=0 时,输入/输出的是数据;A0=1 时,输入的是命令,输出的是状态
IRQ	中断请求信号,高电平有效。在键盘工作方式中,当 FIFO/传感器 RAM 中存有数据时,该信号有效;CPU 每次从 RAM 读出数据时,IRQ 就变为低电平;若 RAM 中仍有数据,则 IRQ 再次恢复为高电平。在传感器工作方式中,当检测出传感器状态变化时,IRQ 就出现高电平
SL[0...3]	扫描输出线
RL[0...7]	键扫描返回输入线
Shift	换挡信号输入线,高电平有效。该引脚用来扩充键开关的功能,可以用作键盘的上、下档功能键。在传感器方式和选通方式中,Shift 无效
Ctrl/STB	控制/选通输入线,高电平有效。在键盘工作方式中,作为控制功能键使用。在选通方式中,该引脚的上升沿可以将来自 RL[0...7]的数据存入 FIFO 存储器。在传感器方式中无效
OUT_A[0...3]	A 组显示信号输出线
OUT_B[0...3]	B 组显示信号输出线
/BD	消隐输出线,低电平有效。在数字切换显示或使用显示消隐命令时,将显示消隐

1. 键盘/传感器部分

提供 64 按键阵列(可扩展为 128)的扫描接口,也可接传感器阵列。键的按下可以是双键锁定或 N 键互锁,能自动识别按键,能对多键同时按下提供保护功能。键盘输入经过反弹跳电路自动消除前后沿按键抖动影响之后,被选通送入一个 8 字符的 FIFO(先进先出) RAM。如果送入的字符多于 8 个,则溢出状态置位。按键输入后将中断请求信号线 IRQ 升到高电平并向 CPU 发中断请求。

1) FIFO/传感器 RAM 及其状态

FIFO/传感器 RAM 是一个双重功能的 8×8 RAM。在键盘或选通工作方式中,它是 FIFO RAM。每次新的输入都顺序写入 RAM 单元,而每次读出时,总是按输入的顺序,将最先输入的数据读出。FIFO 状态寄存器用来存放 FIFO RAM 的工作状态(RAM 是满还是空、RAM 中存有多少字符、是否操作出错等)。当 FIFO RAM 不空时,状态逻辑将产生 IRQ=1 信号,向 CPU 申请中断。

在传感器矩阵方式中,这个存储器又叫传感器 RAM。它存放着传感器矩阵中每一个传感器的状态。在此方式中,若传感器有变化,则 IRQ 变为高电平,向 CPU 发出中断请求。

2）控制与定时寄存器

控制与定时寄存器用于寄存键盘及显示的工作方式，以及其他操作方式。控制与定时包括基本的计数链。首级计数器是一个可编程的 N 级计数器，N 在 2～31 内，由软件控制，以便从外部时钟 CLK 得到内部所需的 100kHz 时钟信号。然后经过分频为键盘提供适当的逐行扫描频率和显示的扫描时间。

3）扫描计数器

扫描计数器有两种工作方式：编码方式、译码方式。按编码方式工作时，计数器作二进制计数。四位计数状态从扫描线 SL[0…3]输出，经外部译码器译码后，为键盘和显示器提供扫描线。按译码方式工作时，扫描计数器的最低两位被译码后，从 SL[0…3]输出。

4）回送缓冲器、键盘去抖动与控制

来自 RL[0…7]的 8 根回送输入线的回复信号，由回送缓冲器存储。在键盘工作方式中，这些线被接到键盘矩阵的列线。在逐行扫描时，回送输入线用来查询一行中闭合的键。当某一键闭合时，去抖动电路就被置位，延时等待 100ms 之后，再检测该键是否仍然闭合。若闭合，则该键的地址和附加的位移、控制状态一起形成键盘数据并被送入 8279 内部的 FIFO RAM。

2. 显示器部分

显示部分为 7 段 LED 数码管或其他器件提供了按扫描方式工作的显示接口。显示部分除了以上所述的与键盘共用部分电路以外，还包括以下两部分。

1）显示 RAM 和显示地址寄存器

8279 内部有一个 16×8 显示 RAM，组成一对 16×4 存储器，最多可以存储 16 字节待显示字符或数字。显示 RAM 可由 CPU 读/写。显示方式有从右进入的计算器方式和从左进入的电传打字方式。显示地址寄存器用来存储由 CPU 进行读/写的显示 RAM 的地址，它可以由命令设置，也可以设置成每次读/写之后地址自动加 1。

2）I/O 控制及数据缓冲器

数据缓冲器是双向缓冲器，用于传送 CPU 和 8279 之间的命令或数据。I/O 控制是 CPU 对 8279 的控制，有 4 条引脚。

5.3.2 8279 的寄存器

1. 命令寄存器

8279 的命令寄存器为 8 位寄存器，其中高 3 位(D7、D6、D5)是命令的特征位，不同的状态组合代表着不同的命令。8279 共有 8 条命令。

1）键盘/显示方式设置命令(D7D6D5＝000)

此命令用于设置键盘与显示器的工作方式，编码格式如下：

	D7	D6	D5	D4	D3	D2	D1	D0
键盘/显示方式设置命令	0	0	0	D	D	K	K	K

DD 两位用来设定显示方式，定义如表 5.13 所示。

表 5.13　显示方式 1

D4	D3	显示方式
0	0	8 个字符显示，左入方式(指在显示时，显示字符是从左向右移动)
0	1	16 个字符显示，左入方式
1	0	8 个字符显示，右入方式(指在显示时，显示字符是从右向左移动)
1	1	16 个字符显示，右入方式

KKK 三位用来设定键盘工作方式，定义如表 5.14 所示。

表 5.14　键盘工作方式

D2	D1	D0	键盘工作方式
0	0	0	编码扫描键盘，双键锁定
0	0	1	译码扫描键盘，双键锁定
0	1	0	编码扫描键盘，N 键轮回
0	1	1	译码扫描键盘，N 键轮回
1	0	0	编码扫描传感器矩阵
1	0	1	译码扫描传感器矩阵
1	1	0	选通输入，编码扫描显示器
1	1	1	选通输入，译码扫描显示器

其中，双键锁定指为两键同时按下提供保护；N 键轮回为 N 键同时按下提供保护，根据发现它们的次序，依次将它们的状态送入 FIFO RAM。

2）扫描频率设置命令(D7D6D5＝001)

编码格式如下：

	D7	D6	D5	D4	D3	D2	D1	D0
扫描频率设置命令	0	0	0	P	P	P	P	P

将来自 CLK 的外部时钟进行 PPPPP 分频(2～31)，用以产生 100kHz 的频率信号并作为 8279 的内部时钟。例如，CLK 为 2MHz，要想得到 100kHz 的时钟信号，分频系数＝2MHz/100kHz＝20，转换成二进制数为 10100。8279 在接到 RESET 信号后，若不发送该命令，则分频系数取值为 31。

3）读 FIFO/传感器 RAM 命令(D7D6D5＝010)

编码格式如下：

	D7	D6	D5	D4	D3	D2	D1	D0
读 FIFO/传感器 RAM 命令	0	1	0	AI	X	A	A	A

AAA 为 FIFO RAM(共 8 字节)的地址；AI 为自动增量特征位，若 AI＝1，则每次读出传感器 RAM 后，地址将自动加 1，使地址指针指向下一个存储单元；X 没有意义。在键盘扫描工作方式中，由于读出操作严格按照先入先出的顺序，因此这条命令与之无关。

4）读显示 RAM 命令(D7D6D5＝011)

编码格式如下：

	D7	D6	D5	D4	D3	D2	D1	D0
读显示 RAM 命令	0	1	1	AI	A	A	A	A

在读显示 RAM 之前，CPU 要先输出该命令。AAAA 为显示 RAM 存储单元(共 16 字节)的地址；AI 为自动增量特征位，AI＝1，表示每次读出后，地址自动加 1，使地址指针指向下一个存储单元；AI＝0，则不变。

5）写显示 RAM 命令(D7D6D5＝100)

编码格式如下：

	D7	D6	D5	D4	D3	D2	D1	D0
写显示 RAM 命令	1	0	0	AI	A	A	A	A

在将数据写入显示 RAM 之前，CPU 要先输出该命令。AAAA 为显示 RAM 存储单元(共 16 字节)的地址；AI 为自动增量特征位，AI＝1，表示每次写入后，地址自动加 1，使地址指针指向下一个存储单元；AI＝0，则不变。

6）显示禁止写入/消隐命令(D7D6D5＝101)

编码格式如下：

	D7	D6	D5	D4	D3	D2	D1	D0
显示禁止写入/消隐命令	1	0	1	X	IW_A	IW_B	BL_A	BL_B

IW_A 和 IW_B 分别用来屏蔽 A 组和 B 组显示 RAM。例如，当 A 组的掩蔽位 D3＝1 时，A 组的显示 RAM 禁止写入。目的是给其中一个四位显示器输入数据，而又不影响另一个四位显示器。

BL_A 和 BL_B 是消隐特征位。若为 1，则对应组的显示输出被熄灭；若为 0，则恢复显示。

7）清除命令(D7D6D5＝110)

编码格式如下：

	D7	D6	D5	D4	D3	D2	D1	D0
清除命令	1	1	0	CD	CD	CD	CF	CA

该命令字用来清除 FIFO RAM 和显示 RAM。D4D3D2 三位(CD)用来设定清除显示 RAM 的方式，其意义如表 5.15 所示。

D1(CF)位用来清空 FIFO 存储器，并使中断 IRQ 复位。同时，传感器 RAM 的读出地址也被清 0。

D0(CA)位是总清的特征位，它兼有 CD 和 CF 的功能。在 CA＝1 时，对显示 RAM 的清除方式由 D3D2 的编码决定。

表 5.15　显示方式 2

D4	D3	D2	显 示 方 式
1	0	X	将显示 RAM 所有存储单元置 0
1	1	0	将显示 RAM 所有存储单元置 20H
1	1	1	将显示 RAM 所有存储单元置 1
0	X	X	若 CA=0,不清除;若 CA=1,则 D3D2 仍有效

清除显示 RAM 大约需要 100μs 的时间,在此期间,FIFO 状态字的最高位 DU=1,表示显示无效,CPU 不能向显示 RAM 写入数据。

8）结束中断/错误方式设置命令(D7D6D5=111)

编码格式如下:

	D7	D6	D5	D4	D3	D2	D1	D0
结束中断/错误方式设置命令	1	1	1	E	X	X	X	X

在传感器工作方式,每当传感器状态出现变化时,扫描检测电路就会将其状态写入传感器 RAM,并使 IRQ 变高电平,向 CPU 发出中断请求,并且禁止写入传感器 RAM。当 E=1 时,此命令用来结束传感器 RAM 的中断请求。

8279 被设定为键盘扫描 *N* 键轮回方式时,若发现有多个键被同时按下,则 FIFO 状态字中的错误特征位 S/E 将被置位,产生中断请求信号,并且阻止写入 FIFO RAM。

2. 状态寄存器

8279 状态寄存器为 8 位寄存器,主要用于键盘和选通工作方式,以指示 FIFO RAM 中的字符数是否有错误发生,编码格式如下:

	D7	D6	D5	D4	D3	D2	D1	D0
状态寄存器	DU	S/E	O	U	F	N	N	N

状态寄存器中各位意义如表 5.16 所示。

表 5.16　状态寄存器中各位意义

位	意　义
DU	显示无效位。当显示 RAM 由于清除显示或全清除命令尚未完成时,DU=1,这时对显示 RAM 的写操作无效
S/E	传感器信号结束/错误特征码,用于传感器输入方式,几个传感器同时闭合时置 1
O	O=1 表示发生了溢出错误
U	U=1 表示发生了读空错误
F	F=1 表示 FIFO RAM 已满。若 FIFO RAM 为空,当 CPU 读取 FIFO RAM 时,会将 U 置 1。若 FIFO RAM 已满,当向 FIFO RAM 写入时,会将 O 置 1
NNN	其值为 FIFO RAM 中数据的个数

3. 数据寄存器

数据寄存器指FIFO RAM中最前面的那个单元,其内容为被按键的信息,通过读它而把键信息输入单片机,做进一步处理,编码格式如下:

	D7	D6	D5	D4	D3	D2	D1	D0
数据寄存器	Ctrl	Shift	扫描			回送		

Ctrl和Shift(D7和D6)的状态由两个独立的附加开关决定,而扫描(D5、D4、D3)和返回(D2、D1、D0)则是被按键的位置数据。D5、D4、D3三位来自扫描计数器,是按键的行编码,而D2、D1、D0三位则是来自列计数器,它们是根据返回输入信号而确定的列编码。在传感器矩阵方式中,返回输入线的内容直接被送往相应的传感器RAM(即FIFO存储器)。在选通输入方式中,返回输入线的内容在Ctrl引脚的上升沿时,被送入FIFO存储器。

5.3.3 使用8279芯片

示例5-8

示例5-8:8279可编程键盘/显示器芯片接口技术的应用。

按照如图2.5所示的步骤使用Keil μVision5新建工程,工程名称为exam-5-8,并且添加STARTUP.A51文件。按照如图2.6所示的步骤添加C源代码文件(在Add New Item to Group Source Group 1对话框中选择C File),文件名为exam-5-8,在exam-5-8.c文件中输入C51源代码,如下所示,然后保存。

```
1: #include <absacc.h>
2: #define uchar unsigned char
3: #define uint unsigned int
4: uchar code keyval[]={0x00,0x01,0x02,0x03,0x08,0x09,0x0a,0x0b,
5:      0x10,0x11,0x12,0x13,0x18,0x19,0x1a,0x1b};              //键值表
6: uchar code table[]={0x3f,0x06,0x5b,0x4f,0x66,0x6d,0x7d,0x07,
7:      0x7f,0x6f,0x77,0x7c,0x39,0x5e,0x79,0x71,0x00};         //段码表
8: char data locate[8]={0,1,2,3,4,5,6,7};                      //显示缓冲区
9: void init(){                                                //8279初始化函数
10:      XBYTE[0x7fff]=0x00;                                   //设置8279工作方式
11:      XBYTE[0x7fff]=0xD1;                                   //清除8279
12:      while(XBYTE[0x7fff]&0x80);                            //等待清除结束
13:      XBYTE[0x7eff]=0x34;                                   //设置8279分频系数
14: }
15: uchar getkey(){                                            //读键值函数
16:         uchar i, j;
17:         if(XBYTE[0x7fff] & 0x07){                          //判断是否有按键
18:              XBYTE[0x7fff]=0x40;                           //有键,写入读FIFO命令
19:              i=XBYTE[0x7eff];                              //获取键值
20:              j=0;
21:              while(i!=keyval[j]){j++;}                     //查键值表
22:              return(j+1);
23:      }
24:      return 0;                                             //无键按下
25: }
```

```
26: void display(){                                          //显示函数
27:     uchar i;
28:     XBYTE[0x7fff]=0x90;                                  //写显示 RAM 命令
29:     for(i=0; i<8; i++) XBYTE[0x7eff]=table[locate[i]]; //显示缓冲区内容
30: }
31: void DspBf(){                                            //填充显示缓冲区函数
32:     uchar i;
33:     for(i=1; i<8; i++) locate[i]=0x10;
34: }
35: void nokey(){}                                           //无按键处理函数
36: void key0(){locate[0]=0x00; DspBf();}                    //0 键处理函数
37: void key1(){locate[0]=0x01; DspBf();}
38: void key2(){locate[0]=0x02; DspBf();}
39: void key3(){locate[0]=0x03; DspBf();}
40: void key4(){locate[0]=0x04; DspBf();}
41: void key5(){locate[0]=0x05; DspBf();}
42: void key6(){locate[0]=0x06; DspBf();}
43: void key7(){locate[0]=0x07; DspBf();}
44: void key8(){locate[0]=0x08; DspBf();}
45: void key9(){locate[0]=0x09; DspBf();}
46: void keya(){locate[0]=0x0a; DspBf();}
47: void keyb(){locate[0]=0x0b; DspBf();}
48: void keyc(){locate[0]=0x0c; DspBf();}
49: void keyd(){locate[0]=0x0d; DspBf();}
50: void keye(){locate[0]=0x0e; DspBf();}
51: void keyf(){locate[0]=0x0f; DspBf();}                    //F 键处理函数
52: code void (code * keyfunc[])()={nokey,key0,key1,key2,key3,key4,key5,
53:                     key6,key7,key8,key9,keya,keyb,keyc,keyd,keye,keyf};
54: void main(){
55:     init();                                              //8279 初始化
56:     hile(1){
57:         display();
58:         (* keyfunc[getkey()])();                         //根据键值查表散转
59:     }
60: }
```

此时,可以成功构建工程。将生成的 HEX 文件加载到电路原理图如图 5.11 所示的 AT89C51 单片机中,即可正常运行。

AT89C51 单片机的 P2.7(A15)连接到 8279 片选端/CS,P2.0(A8)连接到 8279 的 A0 端(A0 的功能介绍见表 5.12),因此 8279 接口只有 2 个端口地址：7EFFH(数据口地址)、7FFFH(命令口地址)。8279 外接 4×4 键盘和 8 位共阴极 LED 显示器,采用编码扫描方式,译码器 74LS138 对扫描线译码后,接键盘的列线的同时接到 LED 数码管显示器上。

单片机在初始化 8279 后,把显示字符送到 8279 内部 16 字节的显示 RAM 内,并将字符转换成段码,经 OUT_A[0...3]、OUT_B[0...3]线把段码送到数码管显示器,同时经 SL[0...3]线发出 3 位数位选通码(本示例使用 3 个引脚)。3-8 译码器对选通码进行译码后轮流选通各位数码管。

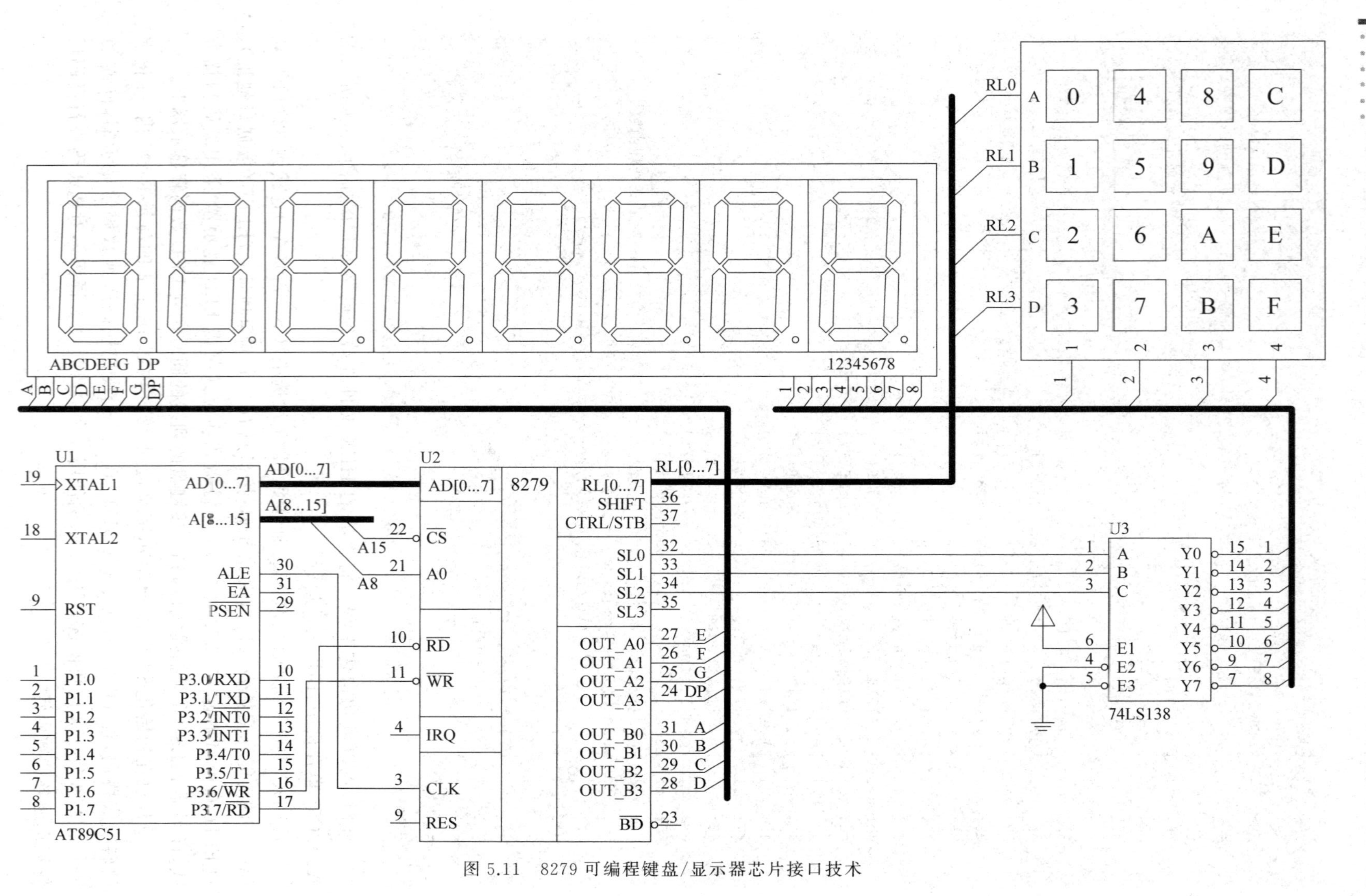

图 5.11 8279 可编程键盘/显示器芯片接口技术

3-8译码器的输出也用于扫描键盘的4列。8279经4根返回线RL[0...3]读取键盘的状态。若发现按键闭合则等待10ms，震动过去后再检验按键是否闭合。若按键仍然闭合，则把被按键的键值选通输入8279内部的FIFO RAM中，同时经INT线发出一个高电平，指出FIFO内已经有一个字符。

本示例使用8279芯片时，单片机要做的工作仅是初始化8279、送出要显示的字符、读取按键的键值，其他工作均由8279自动完成。

注意：本示例可通过使用中断来提高单片机系统的执行效率。方法是通过非门将8279的IRQ端和AT89C51单片机的$\overline{\text{INT0}}$或$\overline{\text{INT1}}$端相连。当单片机接收到中断请求后，若开中断，则转到键盘中断服务程序，进而从FIFO中读取按键的键值。建议读者学完第6章后改进本示例，然后在此基础上实现十进制数的算术运算，即实现一个简易计算器。

5.4 LCD接口技术

5.4.1 LCD工作原理

LCD是Liquid Crystal Display(液晶显示器)的缩写。由于LCD具有体积小、重量轻、功耗低、寿命长、价格低等优点，常应用于便携式仪表或低功耗应用系统中，如手表、数字仪表、通信产品、家用电器等领域。LCD是被动式显示，它本身并不发光，只是调节光的亮度。当外部入射光通过偏振片后形成偏振光，该偏振光通过平行排列的液晶材料后被旋转90°，再通过与上偏振片垂直的下偏振片，被反射板反射回来，呈透明状态；当上、下电极加上一定的电压后，电极部分的液晶分子转成垂直排列，失去旋光性，从上偏振片入射的偏振光不被旋转，光无法通过下偏振片返回，因而呈黑色。这样所得到光暗对比的现象，叫作扭转式向列场效应。把这样的液晶放在两个偏振片之间，改变偏振片的相对位置(平行或正交)就可得到黑底白字或白底黑字的显示形式。在电子产品中所用的液晶显示器，几乎都是用扭转式向列场效应原理所制成的。

LCD分为很多种类，按显示方式可分为段式、行点阵式和全点阵式。段式与数码管类似；行点阵式一般用来显示英文字符；全点阵式可显示任何信息，如汉字、图形、图表等。

5.4.2 LM016L液晶显示屏简介

1602是一款使用广泛的液晶显示模块，1602是显示模块的代号，并不是指具体哪一厂商的哪一款产品。16是指显示屏上每一行显示16个字符，02是指显示屏上可以显示2行。1602的控制芯片是HD44780，只有通过HD44780，1602才能按照设计进行显示。仿真用的LM016L就是1602。LM016L引脚功能介绍如表5.17所示。

RW与RS组合设置可以实现多种操作，决定数据寄存器和指令寄存器的读写控制逻辑关系，如表5.18所示。

HD44780是一款点阵式液晶显示控制器，具有简单而功能较强的指令集，可以实现字符移动、闪烁等功能。HD44780能够配合4位或8位微处理器驱动点阵式液晶显示模块。HD44780的控制电路主要由指令寄存器(IR)、数据寄存器(DR)、忙标志(BF)、地址计数器

(AC)、显示数据存储器(DDRAM)、字符发生器ROM(CGROM)、字符发生器RAM(CGRAM)、时序发生电路所组成。HD44780内部主要部件如表5.19所示。

表 5.17　LM016L 引脚功能

引　脚	功　　能
D0～D7	8位双向数据线,可选择4位总线或8位总线操作。选择4位总线操作时使用D4～D7
E	片选线,高电平有效。当E端由高电平跳变成低电平时,HD44780执行命令
RW	读/写控制线,低电平为写入,高电平为读出
RS	寄存器选择线,低电平(RS=0)选通指令寄存器,高电平(RS=1)选通数据寄存器
Vee	液晶对比度(亮度)调整端。VEE端接可变电阻再接地,可以调整液晶对比度。默认为−5V
Vdd	接正电源。默认为5V
Vss	接地。默认为0

表 5.18　RW 与 RS 组合设置

RS	RW	操　　作
0	0	指令寄存器(IR)写入
0	1	忙标志和地址计数器(AC)读出
1	0	数据寄存器(DR)写入
1	1	数据寄存器(DR)读出

表 5.19　HD44780 内部主要部件

部　件	功　　能
IR	8位指令寄存器(instruction register,IR)用于存储指令,只能写入,不能读出。除此之外,IR还存储用于显示数据的地址信息,这里的地址是指DDRAM或CGRAM中存储单元的地址
DR	8位数据寄存器(data register,DR)用于存储数据。当需要传输数据到显示模块时,数据先存储在DR中,再传送到DDRAM或CGRAM中。从HD44780中读数据时,也要使用DR充当中转站。DR和DDRAM(或CGRAM)之间的数据传输是HD44780内部操作自动完成的
BF	忙标志(busy flag,BF)为1时,液晶模块处于内部操作中,此时不能接收任何外部指令和数据,只有BF为0时才能和外界通信。注意,当设置RW和RS实现读取指令时,在D7位(也就是读出的二进制数的最高位)读取BF的状态值(0或1)
AC	地址计数器(address counter,AC)作为DDRAM或CGRAM的地址指针,存储DDRAM和CGRAM的地址,如果地址码随指令写入IR,则IR自动把地址码装入AC,同时选择DDRAM或CGRAM单元。在读或写DDRAM或CGRAM后,AC中的值会自动加1或减1
DDRAM	显示数据RAM(display data RAM,DDRAM)用来存储显示的字符,DDRAM可以被认为是显存,存储在其中的内容会在显示屏显示。其中一共可存储80个字符,每个字符有一个地址,这个地址用8位二进制数表示
CGROM	字符生成器只读存储器(character generator ROM,CGROM)存储了192个已被定义好的字符(有阿拉伯数字、英文字母的大小写、常用的符号和日文假名等),其中包括160个5×7点阵的字符和32个5×10点阵的字符。如表5.20所示(该表来自HD44780数据手册),CGROM其实就是一个字符表,每个字符都有一个固定的代码,以8位二进制数表示,这个代码被称为字符码(character codes)。比如,小写英文字母a的字符码是01100001B(61H),想要显示哪个字符,直接向DDRAM中写入其对应的字符码即可。若想显示192个字符以外的字符,则需要利用CGRAM自定义字符

续表

部　件	功　　能
CGRAM	字符生成器随机存储器(character generator RAM,CGRAM)是为用户创建自己的特殊字符设立的,它的容量仅为 64 字节,地址为 00～3FH。自定义字符字模使用的仅是 1 字节中的低 5 位,每字节的高 3 位是无效位,一般置 0。可以自定义 8 个 5×7 点阵字符或 4 个 5×10 点阵字符,自定义字符的编码为 00H～07H

表 5.20　CGROM 存储的 192 个预定义字符

低4位	高4位															
	0000	0001	0010	0011	0100	0101	0110	0111	1000	1001	1010	1011	1100	1101	1110	1111
××××0000	CG RAM (1)			0	@	P	`	p				ー	タ	ミ	α	p
××××0001	(2)		!	1	A	Q	a	q			。	ア	チ	ム	ä	q
××××0010	(3)		"	2	B	R	b	r			「	イ	ツ	メ	β	θ
××××0011	(4)		#	3	C	S	c	s			」	ウ	テ	モ	ε	∞
××××0100	(5)		$	4	D	T	d	t			、	エ	ト	ヤ	μ	Ω
××××0101	(6)		%	5	E	U	e	u			・	オ	ナ	ユ	σ	ü
××××0110	(7)		&	6	F	V	f	v			ヲ	カ	ニ	ヨ	ρ	Σ
××××0111	(8)		'	7	G	W	g	w			ァ	キ	ヌ	ラ	g	π
××××1000	(1)		(	8	H	X	h	x			ィ	ク	ネ	リ	√	x̄
××××1001	(2)		)	9	I	Y	i	y			ゥ	ケ	ノ	ル	⁻¹	y
××××1010	(3)		*	:	J	Z	j	z			ェ	コ	ハ	レ	j	千
××××1011	(4)		+	;	K	[	k	{			ォ	サ	ヒ	ロ	ˣ	万
××××1100	(5)		,	<	L	¥	l	|			ャ	シ	フ	ワ	¢	円
××××1101	(6)		-	=	M	]	m	}			ュ	ス	ヘ	ン	£	÷
××××1110	(7)		.	>	N	^	n	→			ョ	セ	ホ	゛	ñ	
××××1111	(8)		/	?	O	_	o	←			ッ	ソ	マ	゜	ö	█

1. DDRAM、CGROM、CGRAM 之间的关系

DDRAM 用来存储需要显示字符的字符码,需要显示哪个字符,就必须把相应的字符码放在 DDRAM 中。CGROM 用来存储预定义的字符,使用时把所需字符的字符码写入 DDRAM 就可以显示了。大部分字符都可以在 CGROM 中找到,对于找不到的特殊字符则需要自定义,这时就用到 CGRAM 了,在使用前需要把特殊字符的字模存储在 CGRAM 中,再把特殊字符的字符码写入 DDRAM 中就可以显示了。

2. 进一步介绍 DDRAM

DDRAM 中字节单元的地址(0x00～0x67)与显示屏的物理位置(16 字符×2 行)是一一对应的,如图 5.12 所示,当向 DDRAM 某单元写入一个字符码时,该字符就在显示屏对应的位置显示出来。

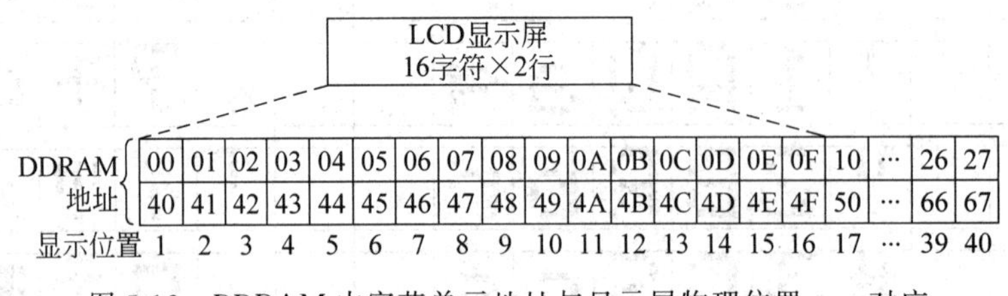

图 5.12　DDRAM 中字节单元地址与显示屏物理位置一一对应

如果 DDRAM 中存放了 80 个字符,而 LCD 显示屏最多只能显示 32 个字符,此时怎么显示 DDRAM 中的其他字符呢?答案是滚屏。当设置了滚屏功能,显示屏可以显示 DDRAM 中被隐藏的其他储存单元中的字符,而显示内容按照储存单元首尾相连的顺序进行排布,并且两行同时滚动,如图 5.13 所示。

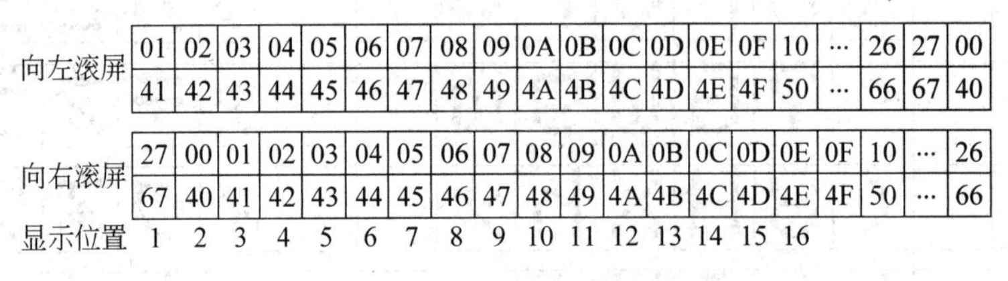

图 5.13　向左滚屏和向右滚屏

3. 进一步介绍 CGRAM

与 CGROM 的设计相同,CGRAM 中每个自定义字符也有一个字符码,字符码由 8 位二进制数(0～7)表示,与 CGROM 中字符的字符码不同的是,CGRAM 中字符码的高 4 位二进制数值都是 0,低 4 位二进制数中的低 3 位(0、1、2 位)用来表示不同的字符,对于 5×7 点阵显示方式,这 3 位的字符码从 000 到 111。低 4 位的高 1 位是无效位(可以被置 0 或 1)。与每个字符码相对应的是字符的地址码,地址码由 6 位二进制数(0～5)表示,对于不同的显示方式,设定是不同的。对于 5×7 点阵显示方式,6 位地址码的高 3 位与字符码的低 3 位相同,6 位地址码的低 3 位则表示不同的 8 字节单元的地址(000～111)。这 8 字节是用来构建字符形状,这就点阵的具体实现方式。由于每字节是 8 位,所以在设置的时候每字节只用其中的低 5 位(0～4),高 3 位(5～7)是无效位,一般置 0。在设置时,8 字节的最后 1 字节是光标位置,可以置 0 或 1。通过这种方法组成的字形被称为字模。5×10 显示方式稍有不同，用 11 字节表示字形，其地址码仍然由 6 位二进制数（0～5）表示，所以必须用低 4 位表示不同的字节单元地址（0000～1010），6 位地址码的高 2 位与字符码的第 2、1 位相同，以表示不同的字符码，字符码的第 0 位和第 3 位是无效位。同样，地址码的最后一位地址 1010 对应的字节是光标位置。两种显示方式的字模表如图 5.14 所示。

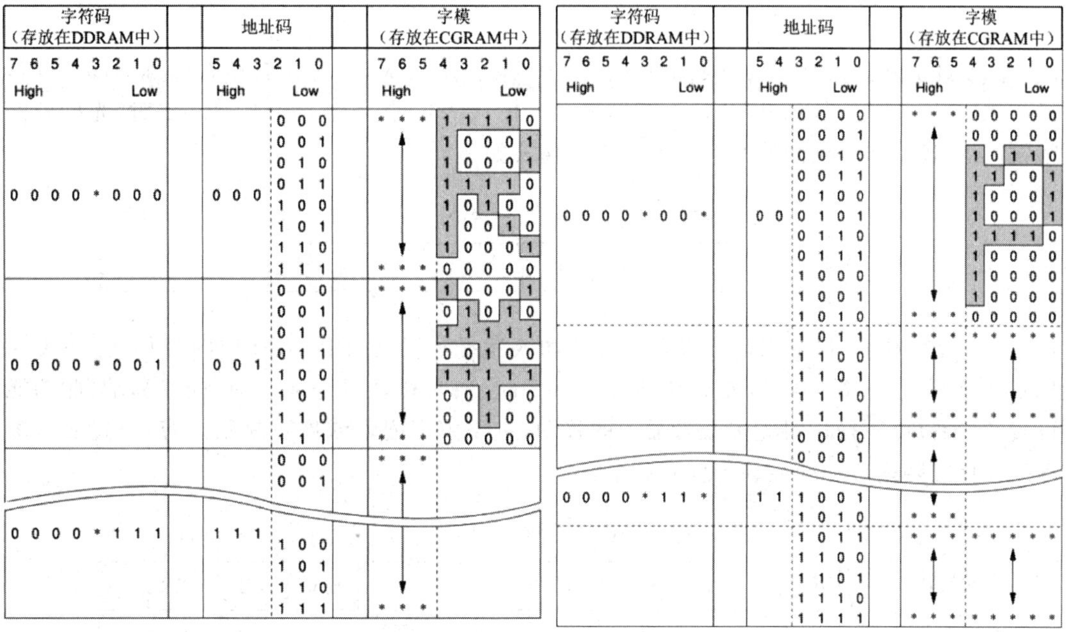

字符码（存放在DDRAM中） 7 6 5 4 3 2 1 0 High　Low	地址码 5 4 3 2 1 0 High　Low		字模（存放在CGRAM中） 7 6 5 4 3 2 1 0 High　Low	
0 0 0 0 * 0 0 0	0 0 0	0 0 0	* * *	1 1 1 1 0
		0 0 1		1 0 0 0 1
		0 1 0		1 0 0 0 1
		0 1 1		1 1 1 1 0
		1 0 0		1 0 1 0 0
		1 0 1		1 0 0 1 0
		1 1 0		1 0 0 0 1
		1 1 1	* * *	0 0 0 0 0
0 0 0 0 * 0 0 1	0 0 1	0 0 0	* * *	1 0 0 0 1
		0 0 1		0 1 0 1 0
		0 1 0		1 1 1 1 1
		0 1 1		0 0 1 0 0
		1 0 0		1 1 1 1 1
		1 0 1		0 0 1 0 0
		1 1 0		0 0 1 0 0
		1 1 1	* * *	0 0 0 0 0
		0 0 0	* * *	
		0 0 1		
0 0 0 0 * 1 1 1	1 1 1	1 0 0		
		1 0 1		
		1 1 0		
		1 1 1	* * *	

字符码（存放在DDRAM中） 7 6 5 4 3 2 1 0 High　Low	地址码 5 4 3 2 1 0 High　Low		字模（存放在CGRAM中） 7 6 5 4 3 2 1 0 High　Low	
0 0 0 0 * 0 0 *	0 0	0 0 0 0	* * *	0 0 0 0 0
		0 0 0 1		0 0 0 0 0
		0 0 1 0		1 0 1 1 0
		0 0 1 1		1 1 0 0 1
		0 1 0 0		1 0 0 0 1
		0 1 0 1		1 0 0 0 1
		0 1 1 0		1 1 1 1 0
		0 1 1 1		1 0 0 0 0
		1 0 0 0		1 0 0 0 0
		1 0 0 1		1 0 0 0 0
		1 0 1 0	* * *	0 0 0 0 0
		1 0 1 1	* * *	* * * * *
		1 1 0 0		
		1 1 0 1		
		1 1 1 0		
		1 1 1 1	* * *	* * * * *
		0 0 0 0	* * *	
		0 0 0 1		
0 0 0 0 * 1 1 *	1 1	1 0 0 1		
		1 0 1 0	* * *	
		1 0 1 1	* * *	* * * * *
		1 1 0 0		
		1 1 0 1		
		1 1 1 0		
		1 1 1 1	* * *	* * * * *

图 5.14　5×7 点阵显示方式和 5×10 点阵显示方式的字模表

4. LM016L 的控制命令

通过向 HD44780 写入控制命令，使 HD44780 产生显示驱动信号来驱动 LM016L。共有 11 条控制命令。

（1）清屏。清除整个屏幕（把空格编码 20H 写入 DDRAM 中的所有单元），并将地址计数器置 0。格式如下：

	RS	RW	D7	D6	D5	D4	D3	D2	D1	D0
清屏	0	0	0	0	0	0	0	0	0	1

（2）光标归位。设置 DDRAM 的地址为 0，将显示内容回归至最初位置，DDRAM 中的内容保持不变（不清屏）。格式如下（X 代表无效位，可以置 0）：

	RS	RW	D7	D6	D5	D4	D3	D2	D1	D0
光标归位	0	0	0	0	0	0	0	0	1	X

（3）模式设置。设置光标的移动方向（也就是 DDRAM 地址值），指定显示内容是否滚动。I/D＝1 时，光标自动增 1（DDRAM 地址值自动增 1）；I/D＝0 时，光标自动减 1（DDRAM 地址值自动减 1）；S＝1 时，显示内容滚动（看起来像是光标不动而显示的内容移

动,注意,读取 DDRAM 内容时显示内容不滚动,读取或写入 CGRAM 时显示内容也不滚动);S=0 时,显示内容不滚动。格式如下:

	RS	RW	D7	D6	D5	D4	D3	D2	D1	D0
模式设置	0	0	0	0	0	0	0	1	I/D	S

(4) 显示开关控制。设置显示开或者关,光标开或者关,光标位置是否闪烁。D=0 时,显示关闭;D=1 时,显示开启;C=1 时,显示光标;C=0 时,不显示光标;B=1 时,光标处的字符闪烁;B=0 时,光标处的字符不闪烁。格式如下:

	RS	RW	D7	D6	D5	D4	D3	D2	D1	D0
显示开关控制	0	0	0	0	0	0	1	D	C	B

(5) 光标移动/显示滚动。设置光标移动或者显示滚动,DDRAM 中内容不变。S/C=1 时,显示滚动;S/C=0 时,光标移动;R/L=1 时,向右移动,R/L=0 时,向左移动;此功能设置在没有读/写操作时光标或者显示的移动,主要用于搜索或修正显示内容,设置显示滚动时光标跟随内容一同移动。格式如下:

	RS	RW	D7	D6	D5	D4	D3	D2	D1	D0
光标移动/显示滚动	0	0	0	0	0	1	S/C	R/L	X	X

(6) 功能设置。设置信息长度,显示行数和字符点阵类型。DL=1 时,总线为 8 位;DL=0 时,总线为 4 位;N=0 时,显示 1 行;N=1 时,显示 2 行;F=1 时,为 5×10 点阵;F=0 时,为 5×7 点阵。格式如下:

	RS	RW	D7	D6	D5	D4	D3	D2	D1	D0
功能设置	0	0	0	0	1	DL	N	F	X	X

(7) 设置 CGRAM 地址。设置 CGRAM 的地址,地址范围为 0~63。注意,此命令执行后需要执行传输 CGRAM 中数据的命令。格式如下:

	RS	RW	D7	D6	D5	D4	D3	D2	D1	D0
设置 CGRAM 地址	0	0	0	1	ACG	ACG	ACG	ACG	ACG	ACG

(8) 设置 DDRAM 地址。设置 DDRAM 的地址,地址范围为 0~127。注意,此命令执行后需要执行传输 DDRAM 中数据的命令。要向相应地址写入内容时,需要先将光标定位到该位置。由于第一行起始地址是 0x00,因此在第一行开始处写字符指令是 0x80+0x00;第二行起始地址是 0x40,因此写入指令是 0x80+0x40,对应单元写入数据之后 AC 会自动加 1。

指令格式中的地址是 7 位(D0~D6)而不是 8 位,是因为 HD4478 芯片中设置了最多 80 个字符,也就是说最多有 80 个地址,最大地址用二进制表示是 1001111,所以最大就是

7位二进制数，在设置DDRAM地址时D7位，即最高位要预先设置为1。格式如下：

	RS	RW	D7	D6	D5	D4	D3	D2	D1	D0
设置DDRAM地址	0	0	1	ADD	ADD	ADD	ADD	ADD	ADD	ADD

(9) 读忙标志BF及地址计数器。读取忙状态并且读取地址计数器AC中的地址。忙标志BF=1时，表示忙，此时不能接收命令和数据；BF=0时，表示不忙，可接收命令和数据。AC位为地址计数器的值，范围为0～127。格式如下：

	RS	RW	D7	D6	D5	D4	D3	D2	D1	D0
读忙标志BF及地址计数器	0	1	BF	AC	AC	AC	AC	AC	AC	AC

(10) 向CGRAM或DDRAM中写入数据。将数据写入CGRAM或DDRAM中，应与CGRAM或DDRAM地址设置命令结合使用。注意，写入数据后地址计数器中的地址自动加1。格式如下：

	RS	RW	D7	D6	D5	D4	D3	D2	D1	D0
向CGRAM或DDRAM中写入数据	1	0	D	D	D	D	D	D	D	D

(11) 从CGRAM或DDRAM中读出数据。从CGRAM或DDRAM中读出数据，应与CGRAM或DDRAM地址设置命令结合使用。注意，读取数据后地址计数器中的地址自动加1。格式如下：

	RS	RW	D7	D6	D5	D4	D3	D2	D1	D0
从CGRAM或DDRAM中读出数据	1	1	D	D	D	D	D	D	D	D

5.4.3　点阵字符型液晶模块的直接访问方式

示例5-9

示例5-9：点阵字符型液晶模块的直接访问方式。

按照如图2.5所示的步骤使用Keil μVision5新建工程，工程名称为exam-5-9，并且添加STARTUP.A51文件。按照如图2.6所示的步骤添加C源代码文件(在Add New Item to Group Source Group 1对话框中选择C File)，文件名为exam-5-9。在exam-5-9.c文件中输入C51源代码，如下所示，然后保存。

```
1: #include <reg51.h>
2: #include <intrins.h>
3: #define uchar unsigned char
4: #define uint unsigned int
5: #define BUSY 0x80                          //忙判别位
6: char xdata cmdport _at_ 0x7ff0;            //命令地址
7: char xdata statusport _at_ 0x7ff1;         //状态地址
8: char xdata dataport _at_ 0x7ff2;           //数据地址
```

```
9: char code str1[]="8051 Single Chip";
10: char code str2[]={0x32,0x30,0x32,0x33,0x00,0x39,0x01,0x31,0x30,0x02};
11: char code nyr[]={0x08,0x0f,0x12,0x0f,0x0a,0x1f,0x02,0x00,   //年
12:         0x0f,0x09,0x0f,0x09,0x0f,0x09,0x11,0x00,            //月
13:         0x0f,0x09,0x09,0x0f,0x09,0x09,0x0f,0x00};           //日
14: void delay(uint t){uint i; for(i=0; i<t; i++);}  //延时函数
15: void sendcommand(uchar cmd, uchar ctrl){          //写控制字符函数
16:      if(ctrl) while(statusport & BUSY);          //检测忙信号
17:      cmdport=cmd;
18: }
19: void senddata(char c){                           //当前位置写字符函数
20:      while(statusport & BUSY);                   //检测忙信号
21:      dataport=c;
22: }
23: void locate(char posx, char posy){               //显示光标定位函数
24:      uchar temp;
25:      temp=posx & 0xf;                            //每行 16 个字符
26:      posy &=0x1;
27:      if(posy) temp |=0x40;        //第 1 行起始地址是 0x00,第 2 行起始地址是 0x40
28:      temp |=0x80;
29:      sendcommand(temp,0);
30: }
31: void hanzi(){                                    //自定义汉字字符函数
32:     uchar i;
33:     sendcommand(0x40, 1);
34:     for(i=0; i<24; i++){
35:        senddata(nyr[i]);
36:     }
37: }
38: void displaychar(uchar x, uchar y, uchar c){     //单字符显示函数
39:      locate(x, y);                               //定位显示字符的 x、y 位置
40:      senddata(c);                                //写字符
41: }
42: void displaystr(uchar x, uchar y, uchar j, uchar code *ptr){ //显示字符串函数
43:      uchar i;
44:      for(i=0; i<j; i++){
45:         displaychar(x++, y, ptr[i]);
46:         if(x==16){x=0; y^=1;}
47:      }
48: }
49: void reset(){                                    //LCD 初始化函数
50:      sendcommand(0x38,0); delay(500);            //显示模式设置(不检测忙信号)
51:      sendcommand(0x38,0); delay(500);            //5ms 延时
52:      sendcommand(0x38,0); delay(500);            //共 3 次
53:      sendcommand(0x38,1);                        //显示模式设置(以后均检测忙信号)
54:      sendcommand(0x08,1);                        //显示关闭
55:      sendcommand(0x01,1);                        //显示清屏
56:      sendcommand(0x06,1);                        //显示光标移动设置
57:      sendcommand(0x0c,1);                        //显示开及光标设置
58: }
```

```
59: void main(){
60:        delay(40000);              //启动时必须有的延时,等待 LCD 进入工作状态
61:        reset();                   //LCD 初始化
62:        hanzi();
63:        displaystr(0,0,16,str1);   //第 1 行从第 0 位开始显示 Hello Every Body
64:        displaystr(4,1,10,str2);   //第 2 行从第 4 位开始显示 2023 年 9 月 10 日
65:        while(1);
66: }
```

此时,可以成功构建工程。将生成的 HEX 文件加载到电路原理图如图 5.15 所示的 AT89C51 单片机中,即可正常运行。

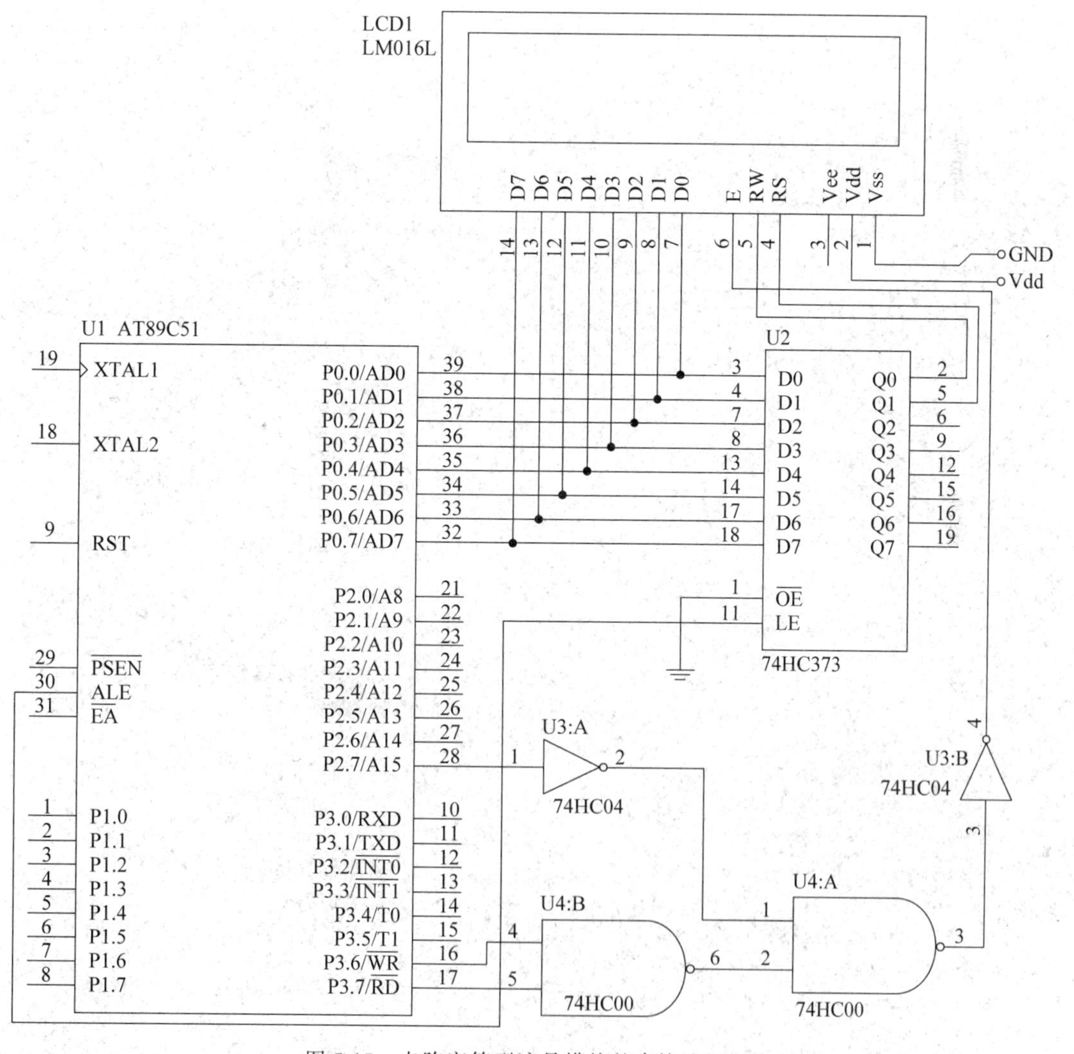

图 5.15　点阵字符型液晶模块的直接访问方式

直接访问方式是把字符型液晶显示模块直接挂在单片机的总线上。8 位数据线(D0～D7)与 AT89C51 的数据总线(P0 口)连接。显示模块的 E 信号由 $\overline{\text{WE}}$和 $\overline{\text{RD}}$逻辑与非后产

生,并且由高位地址(P2.7)信号选通控制。显示模块的 RS 和 RW 信号分别由低位地址 P0.1 和 P0.0 提供。因此,接口电路的命令写入地址是 7ff0H,命令读取地址是 7ff1H,数据操作地址是 7ff2H。

5.4.4 点阵字符型液晶模块的间接访问方式

示例 5-10

示例 5-10:点阵字符型液晶模块的间接访问方式。

按照如图 2.5 所示的步骤使用 Keil μVision5 新建工程,工程名称为 exam-5-10,并且添加 STARTUP.A51 文件。按照如图 2.6 所示的步骤添加 C 源代码文件(在 Add New Item to Group Source Group 1 对话框中选择 C File),文件名为 exam-5-10,在 exam-5-10.c 文件中输入 C51 源代码,如下所示,然后保存。

```
1: #include <reg51.h>
2: #include <intrins.h>
3: #define uchar unsigned char
4: #define uint unsigned int
5: #define dataport P0                              //数据端口
6: #define busy 0x80
7: sbit RS=P3^7;                                    //LCD 控制引脚定义
8: sbit RW=P3^6;
9: sbit E=P3^5;
10: char code str1[]="8051 Single Chip";
11: void delay(uint t){uint i; for(i=0; i<t; i++);}      //延时函数
12: void waiting(){                                  //等待允许函数
13:        dataport=0xff;
14:        RS=0; RW=1; _nop_();
15:        delay(200);                               //约 1ms 延时,如果无显示,可调整该值
16:        E=1; _nop_(); _nop_();
17:        delay(200);                               //约 1ms 延时,如果无显示,可调整该值
18:        while(dataport & busy);
19:        E=0;
20: }
21: void sendcommand(uchar cmd,uchar ctrl){               //写控制字符函数
22:        if(ctrl) waiting();                             //检测忙信号
23:        RS=0; RW=0; _nop_();
24:        dataport=cmd; _nop_();                          //送控制字子程序
25:        E=1; _nop_(); _nop_(); E=0;                     //操作允许脉冲信号
26: }
27: void senddata(char c){                                 //当前位置写字符函数
28:        waiting();                                      //检测忙信号
29:        RS=1; RW=0; _nop_();
30:        dataport=c; _nop_();
31:        E=1; _nop_(); _nop_(); E=0;                     //操作允许脉冲信号
32: }
33: void locate(char x, char y){                           //显示光标定位函数
34:        uchar temp;
35:        temp=x & 0xf;
36:        y &=0x1;
```

```
37:        if(y) temp |=0x40;
38:        temp |=0x80;
39:        sendcommand(temp, 0);
40: }
41: void displaychar(uchar x, uchar y, uchar c){  //单字符显示函数
42:        locate(x, y);                           //定位显示字符的 x、y 位置
43:        senddata(c);                            //写字符
44: }
45: void displaystr(uchar x, uchar y, uchar j, uchar code *ptr){ //显示字符串函数
46:        uchar i;
47:        for(i=0; i<j; i++){
48:            displaychar(x++, y, ptr[i]);
49:            if(x==16){x=0; y^=1;}
50:        }
51: }
52: void reset(){                                  //LCD 初始化函数
53:        sendcommand(0x38,0); delay(500);        //显示模式设置(不检测忙信号)
54:        sendcommand(0x38,0); delay(500);        //5ms 延时
55:        sendcommand(0x38,0); delay(500);        //共 3 次
56:        sendcommand(0x38,1);                    //显示模式设置(以后均检测忙信号)
57:        sendcommand(0x08,1);                    //显示关闭
58:        sendcommand(0x01,1);                    //显示清屏
59:        sendcommand(0x06,1);                    //显示光标移动设置
60:        sendcommand(0x0c,1);                    //显示开关及光标设置
61: }
62: void main(){
63:      reset();
64:      delay(40000);                             //400ms 延时函数
65:      displaystr(0,0,16,str1);     //第 1 行从第 0 位开始显示 8051 Single Chip
66:      while(1);
67: }
```

此时,可以成功构建工程。将生成的 HEX 文件加载到电路原理图如图 5.16 所示的 AT89C51 单片机中,即可正常运行。

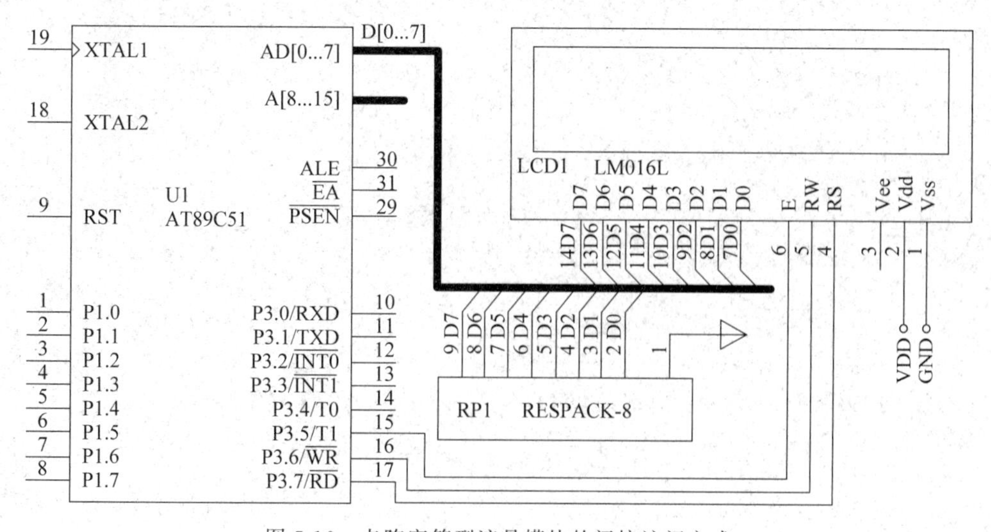

图 5.16　点阵字符型液晶模块的间接访问方式

LCD 显示模块的 RS、RW 和 E 信号分别由 AT89C51 单片机的 P3.7、P3.6 和 P3.5 来控制，与直接访问方式不同，间接访问方式不是通过固定的接口地址，而是通过单片机 I/O 端口引脚来操作 LCD 显示模块。写操作时 E 信号的下降沿有效，工作时序上应先设置 RS、RW 状态，再写入数据，然后产生 E 信号脉冲，最后复位 RS、RW 状态。读操作时 E 信号的高电平有效，工作时序上应先设置 RS、RW 状态，再设置 E 信号为高电平，读取数据，然后将 E 信号设置为低电平，最后复位 RS、RW 状态。编写程序时要注意工作时序的配合。

5.4.5 4 位数据总线接口

示例 5-11

示例 5-11：4 位数据总线接口。

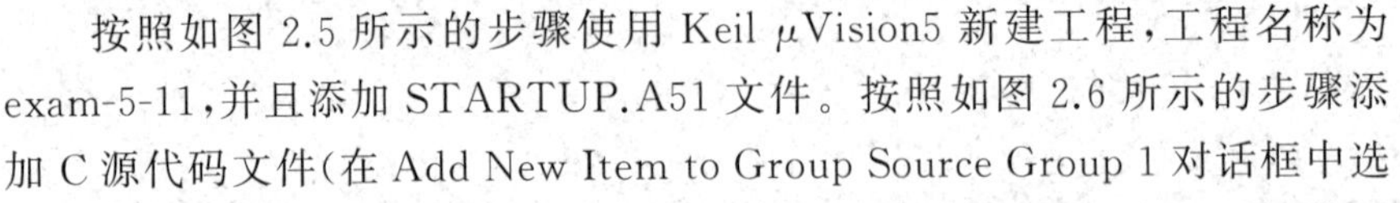

按照如图 2.5 所示的步骤使用 Keil μVision5 新建工程，工程名称为 exam-5-11，并且添加 STARTUP.A51 文件。按照如图 2.6 所示的步骤添加 C 源代码文件(在 Add New Item to Group Source Group 1 对话框中选择 C File)，文件名为 exam-5-11，在 exam-5-11.c 文件中输入 C51 源代码，如下所示，然后保存。

```
1: #include <reg51.h>
2: #include <intrins.h>
3: #define uchar unsigned char
4: #define uint unsigned int
5: sbit RS=P3^7;
6: sbit RW=P3^6;
7: sbit E  =P3^5;
8: char code str[]={0x32,0x30,0x32,0x33,0x00,0x39,0x01,0x31,0x30,0x02};
9: char code nyr[]={0x08,0x0f,0x12,0x0f,0x0a,0x1f,0x02,0x00,       //年
10:          0x0f,0x09,0x0f,0x09,0x0f,0x09,0x11,0x00,               //月
11:          0x0f,0x09,0x09,0x0f,0x09,0x09,0x0f,0x00};              //日
12: void delay(uint t){uint i; for(i=0; i<t; i++);}      //延时函数
13: void sendcommand(uchar c){                            //写命令函数
14:        RS=0; RW=0;                                    //写命令
15:        E=1; P0=c; delay(100);                         //写高 4 位
16:        E=0; _nop_();
17:        E=1; P0=c<<4; delay(100);                      //写低 4 位
18:        E=0;
19: }
20: void senddata(uchar c){                               //写数据函数
21:        RS=1; RW=0;                                    //写数据
22:        E=1; P0=c; delay(3000);                        //写高 4 位
23:        E=0; _nop_();
24:        E=1; P0=c<<4; delay(3000);                     //写低 4 位
25:        E=0;
26: }
27: void locate(char x, char y){                          //显示光标定位函数
```

```
28:     uchar temp;
29:     temp=x & 0xf;
30:     y &=0x1;
31:     if(y)temp |=0x40;
32:     temp |=0x80;
33:     sendcommand(temp);
34: }
35: void displaychar(uchar x,uchar y,uchar c){     //显示单个字符函数
36:     locate(x, y);                              //定位显示字符的 x、y 位置
37:     senddata(c);                               //写字符
38: }
39: void displaystr(uchar x,uchar y,uchar j, uchar code *ptr){  //显示字符串函数
40:     uchar i;
41:     for(i=0; i<j; i++){
42:         displaychar(x++, y, ptr[i]);
43:         if(x==16){x=0; y^=1;}
44:     }
45: }
46: void init(){                                   //LCD 初始化函数
47:     RS=0; RW=0;                                //写指令
48:     E=1; P0=0x20; delay(100);                  //设置 4 位数据接口
49:     E=0;
50:     sendcommand(0x28);                         //显示方式
51:     sendcommand(0x06);                         //显示光标移动设置
52:     sendcommand(0x0c);                         //显示开关及光标设置
53:     sendcommand(0x01);                         //清屏
54: }
55: void hanzi(){                                  //自定义汉字字符函数
56:     uchar i;
57:     sendcommand(0x40);
58:     for(i=0; i<24; i++) senddata(nyr[i]);
59: }
60: void main(void){
61:     init();
62:     hanzi();
63:     displaystr(4,0,10,str);          //第 1 行从第 4 位开始显示 2023 年 9 月 10 日
64:     displaystr(0,1,16,"8051 Single Chip");  //第 2 行从第 0 位开始显示英文字符
65:     while(1);
66: }
```

此时,可以成功构建工程。将生成的 HEX 文件加载到电路原理图如图 5.17 所示的 AT89C51 单片机中,即可正常运行。

由于只用了 4 位数据总线,因此需要分两次向 LCD 传递数据。其他操作与第 5.4.4 小节示例相同。

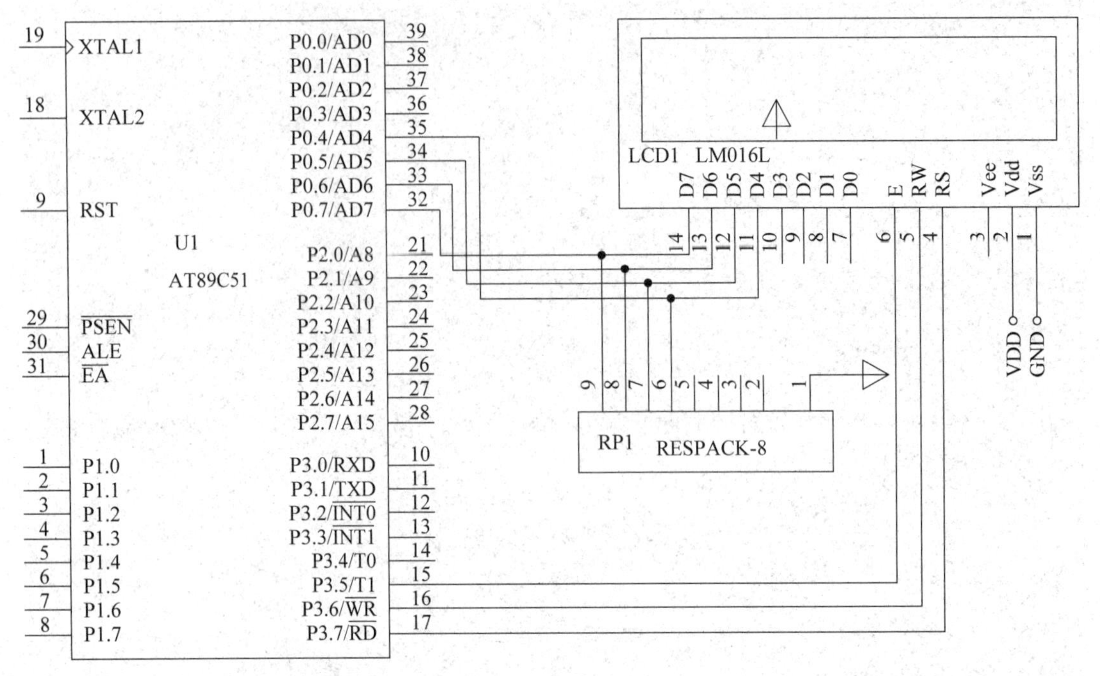

图 5.17 4 位数据总线接口

5.4.6 使用 12864 点阵图形 LCD 显示模块

示例 5-12

示例 5-12：12864 LCD 与单片机的接口。

按照如图 2.5 所示的步骤使用 Keil μVision5 新建工程，工程名称为 exam-5-12，并且添加 STARTUP.A51 文件。按照如图 2.6 所示的步骤添加 C 源代码文件(在 Add New Item to Group Source Group 1 对话框中选择 C File)，文件名为 exam-5-12，在 exam-5-12.c 文件中输入 C51 源代码，如下所示，然后保存。

```
1: #include <reg51.h>
2: #include <exam-5-12.h>
3: #define uchar unsigned char
4: #define uint unsigned int
5: sbit E=P3^3; sbit RW=P3^4; sbit RS=P3^5;
6: sbit CS2=P3^6; sbit CS1=P3^7; sbit bflag=P0^7;
7: void left(){CS1=0; CS2=1;}                //左半屏
8: void right(){CS1=1;CS2=0;}                //右半屏
9: void waiting(){                           //忙则等待
10:    do{ E=0; RS=0; RW=1;
11:       P0=0xff;  E=1; E=0;
12:    }while(bflag);
13: }                                        //下面函数写入命令
14: void sendcommand(uchar c){
15:     waiting();
16:     RS=0; RW=0; P0=c; E=1; E=0;
17: }                                        //下面函数写入数据
```

```
18: void senddata(uchar c){
19:     waiting();
20:     RS=1; RW=0; P0=c; E=1; E=0;
21: }                                        //设置显示初始页
22: void firstpage(uchar c){
23:     uchar i=c; c=i|0xb8;
24:     waiting(); sendcommand(c);
25: }                                        //设置显示初始列
26: void firstcol(uchar c){
27:     uchar i=c; c=i|0x40;
28:     waiting(); sendcommand(c);
29: }
30: void clear(){                            //清屏
31:     uint i,j;
32:     left();  sendcommand(0x3f);
33:     right(); sendcommand(0x3f);
34:     left();
35:     for(i=0;i<8;i++){
36:       firstpage(i); firstcol(0x00);
37:       for(j=0;j<64;j++)senddata(0x00);
38:   }
39:   right();
40:   for(i=0;i<8;i++){
41:       firstpage(i); firstcol(0x00);
42:       for(j=0;j<64;j++)senddata(0x00);
43:   }
44: }                                        //16×16的汉字显示,纵向取模,字节倒序
45: void showhanzi(uchar * s,uchar page,uchar col){
46:     uchar i,j;
47:     firstpage(page); firstcol(col);
48:     for(i=0;i<16;i++){senddata(* s); s++;}
49:     firstpage(page+1);
50:     firstcol(col);
51:     for(j=0;j<16;j++){senddata(* s); s++;}
52: }
53: void selectscreen(uchar screen){         //选屏
54:   switch(screen){
55:      case 0: CS1=0; CS2=0; break;        //全屏
56:      case 1: CS1=1; CS2=0; break;        //右屏
57:      case 2: CS1=0; CS2=1; break;        //左屏
58:      default: break;
59:   }
60: }
61: void setrow(uchar row){                  //设定行地址(页)
62:     row &=0x07;                          //0<=row<=7
63:     row |=0xb8;                          //1011 1xxx
64:     sendcommand(row);
65: }
66: void setcol(uchar col){                  //设定列地址
67:     col &=0x3f;                          //0=<col<=63
68:     col |=0x40;                          //01xx xxxx
69:     sendcommand(col);
70: }                                        //下面showpicture是显示图片函数
```

```
71: void showpicture(uchar row,uchar col,
72:     uchar high,uchar width,uchar * addr){
73:     uchar i,j;
74:     if(col<64){
75:       for(j=0;j<high;j+=8){
76:         selectscreen(2);                   //写左屏
77:         setrow(row); setcol(col);
78:         for(i=0;i<width;i++){
79:           if(i+col>127) break;
80:           if(col+i<64) senddata(*(addr+i));
81:           else{
82:            selectscreen(1);               //写右屏
83:            setrow(row); setcol(col-64+i);
84:            senddata(*(addr+i));
85:           }
86:         }
87:        row+=1; addr+=width;
88:      }
89:   }else{
90:      col-=64;                              //防止越界
91:      for(j=0;j<high;j+=8){
92:        selectscreen(2);
93:        setrow(row); setcol(col);
94:        for(i=0;i<width;i++){
95:          if(i+col>64) break;
96:          if(col+i<64) senddata(*(addr+i));
97:          else {
98:           selectscreen(1);
99:           setrow(row); setcol(col-64+i);
100:          senddata(*(addr+i));
101:         }
102:       }
103:       row+=1; addr+=width;
104:     }
105:   }
106: }
107: void main(){
108:     uint i;
109:     while(1){
110:      clear();
111:      left();
112:      showhanzi(hanzi+0x00,0,0);
113:      showhanzi(hanzi+0x20,0,16);
114:      showhanzi(hanzi+0x40,0,32);
115:      showhanzi(hanzi+0x60,0,48);
116:      right();
117:      showhanzi(hanzi+0x80,0,64);
118:      showhanzi(hanzi+0xa0,0,80);
119:      showhanzi(hanzi+0xc0,0,96);
120:      showhanzi(hanzi+0xe0,0,112);
121:      left();
122:      showhanzi(hanzi+0x100,2,0);
123:      showhanzi(hanzi+0x120,2,16);
124:      showhanzi(hanzi+0x140,2,32);
```

```
125:     showhanzi(hanzi+0x160,2,48);
126:     right();
127:     showhanzi(hanzi+0x180,2,64);
128:     showhanzi(hanzi+0x1a0,2,80);
129:     showhanzi(hanzi+0x1c0,2,96);
130:     showhanzi(hanzi+0x1e0,2,112);
131:     left();
132:     showhanzi(hanzi+0x200,4,0);
133:     showhanzi(hanzi+0x220,4,16);
134:     showhanzi(hanzi+0x240,4,32);
135:     showhanzi(hanzi+0x260,4,48);
136:     right();
137:     showhanzi(hanzi+0x280,4,64);
138:     showhanzi(hanzi+0x2a0,4,80);
139:     showhanzi(hanzi+0x2c0,4,96);
140:     showhanzi(hanzi+0x2e0,4,112);
141:     left();
142:     showhanzi(hanzi+0x300,6,0);
143:     i=0xffff; while(i--);                    //延时
144:     clear();
145:     showpicture(0,20,64,82,picture);
146:     i=0xffff; while(i--);                    //延时
147:   }
148: }
```

此时，可以成功构建工程。将生成的 HEX 文件加载到电路原理图如图 5.18 所示的 AT89C51 单片机中，即可正常运行。

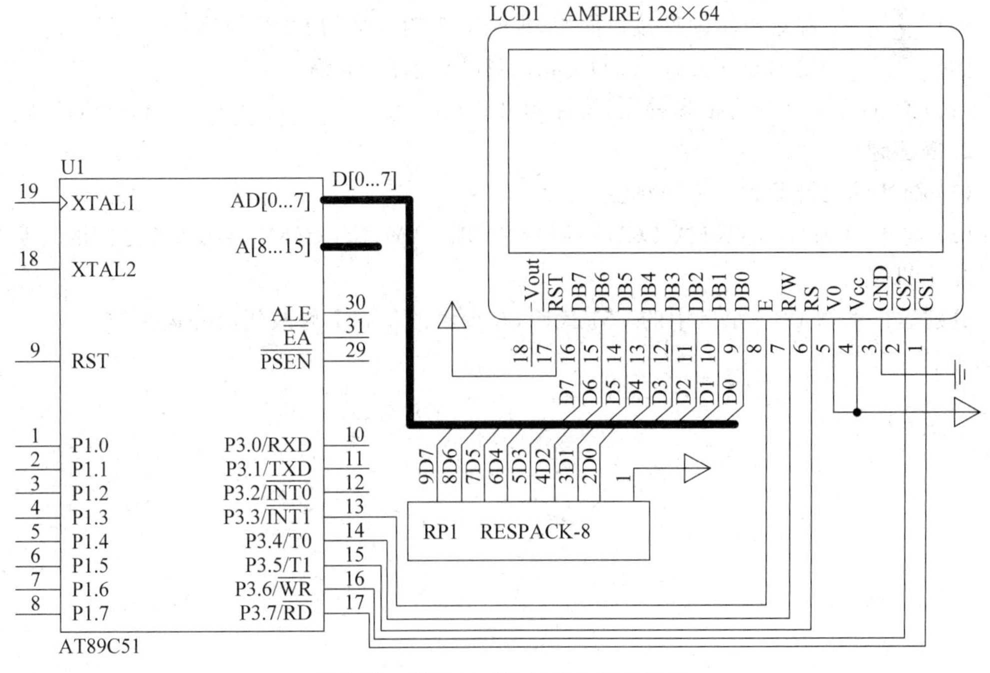

图 5.18　12864 LCD 与单片机的接口

12864点阵图形LCD显示模块主要由行驱动器/列驱动器及128×64全点阵(横向128个点,纵向64个点,分为左半屏和右半屏)液晶显示器组成。可显示图形,也可显示8×4个(16×16点阵)汉字。每个显示点都对应一位二进制数,0表示灭,1表示亮。存储这些点阵信息的RAM被称为DDRAM(显示数据存储器)。如果要显示某个图形或汉字,将相应的点阵信息写入对应的存储单元即可。图形或汉字的点阵信息是自己设计的(如果模块带有字库,则不需要自己设计汉字)。可以利用字模提取软件获得图形或汉字的点阵代码。字模点阵数据是纵向的,一个像素对应一个位。8个像素对应1字节,字节的位顺序是上低下高。12864的引脚中,D0～D7是8位双向数据线;E是使能控制线,负跳变有效;RW是读写控制线,低电平为写入,高电平为读出;RS是寄存器选择线,低电平(RS=0)选通指令寄存器,高电平(RS=1)选通数据寄存器;/CS2选择右半屏;/CS1选择左半屏。

5.5 习　　题

1. 填空题

(1) 显示器有________显示器、________显示器和CRT显示器等。

(2) ________是Light Emitting Diode(发光二极管)的缩写。

(3) LED数码管显示器有共阴极与________两种。

(4) 当选用共阴极的LED显示器时,所有发光二极管的阴极连在一起________。

(5) 为了在LED数码管显示器上显示字符,需要对字符进行编码,简称________。

(6) LED数码管显示器常用两种驱动方式:静态驱动和________驱动。

(7) 用户可通过________向单片机系统输入数据,是人机对话的主要手段。

(8) ________键盘虽然硬件接口简单,但是要占用较多的CPU时间。

(9) ________是Liquid Crystal Display(液晶显示器)的缩写。

(10) 液晶显示器分为很多种类,按显示方式可分为________、________和全点阵式。

2. 简答题

(1) 简述编码键盘和非编码键盘。

(2) 简述HD44780点阵式LCD控制器中DDRAM、CGROM、CGRAM之间的关系。

3. 上机题

分别运行本章12个示例中的C51代码,在理解的基础上修改代码并运行。

第6章　中断系统

本章学习目标

- 理解中断的概念及其作用；
- 掌握中断系统的内部结构和工作方式；
- 掌握中断相关寄存器中各位的作用；
- 掌握中断响应条件及其过程；
- 掌握中断嵌套及中断源扩展方法；
- 掌握中断函数的设计方法。

6.1　中断简介

CPU在执行程序（主程序）过程中，由于某种事件的发生，必须暂停当前程序的执行，而去执行相应的事件处理程序（中断处理程序），待处理结束后，CPU再回到被暂时中断的程序，接着往下继续执行。该过程称为中断。单片机对外设中断服务请求的响应过程如图6.1所示。

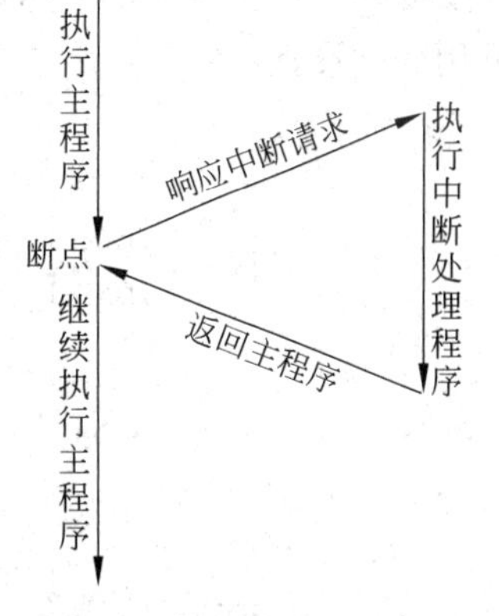

图6.1　中断响应过程

单片机中实现中断功能的部件称为中断系统或中断管理系统。向CPU发出中断请求的来源称为中断源。中断源向CPU发出的请求称为中断请求。CPU暂停当前的工作转去处理中断源事件称为中断响应。对整个事件的处理过程称为中断服务。事件处理完毕CPU返回被中断的地方称为中断返回。

当中断源发出中断请求时，如中断请求被允许，单片机暂时中止当前正在执行的主程序，转到中断服务处理程序处理中断服务请求，处理完中断服务请求后，再回到原来被中止的程序之处（断点），继续执行被中断的主程序。

第5.3.3小节介绍的示例5-8，采用查询方式识别按键，效率很低。与查询方式不同，中断方式是外设主动提出数据传送请求，CPU在收到这个请求以前，一直在执行着主程序，只是在收到外设希望进行数据传送的请求之后，才中断原有主程序的执行，暂时去与外设交换数据，数据交换完毕立即返回主程序继续执行。中断方式完全消除了CPU在查询方式中的等待现象，大大提高了CPU的工作效率。

中断方式的一个重要应用领域是实时控制。将从现场采集到的数据通过中断方式及时传送给 CPU,经过处理后就可立即做出响应,实现现场控制。而采用查询方式就很难做到及时采集和实时控制。

中断技术主要用于实时监测与控制,要求单片机能及时地响应中断请求源提出的服务请求,并快速响应与及时处理。如没有中断系统,单片机大量时间可能会浪费在查询是否有服务请求的定时查询操作上,即无论是否有服务请求,都必须去查询。采用中断技术完全消除查询方式的等待,大大提高单片机工作效率和实时性。

程序中断与调用子程序相似,但却有本质的区别:调用子程序是事先知道某种需要,在程序中插入一条调用指令,它是预先安排好的。中断则是由外部原因随机产生的。一般程序中断由中断源向 CPU 提出中断请求,在一定的条件下,CPU 响应中断请求后,程序就转至中断处理子程序,执行完中断处理程序后返回源程序继续执行。

6.2 中断系统结构与中断控制

6.2.1 中断系统结构图

AT89C51 单片机中断系统结构如图 6.2 所示。AT89C51 中断系统有 5 个中断源(2 个外部中断、2 个计数溢出中断和 1 个串行中断)以及 2 个中断优先级,可实现 2 级中断服务程序嵌套。每个中断源可用软件设置为允许中断或关闭中断状态;每个中断源的优先级均可用软件设置。

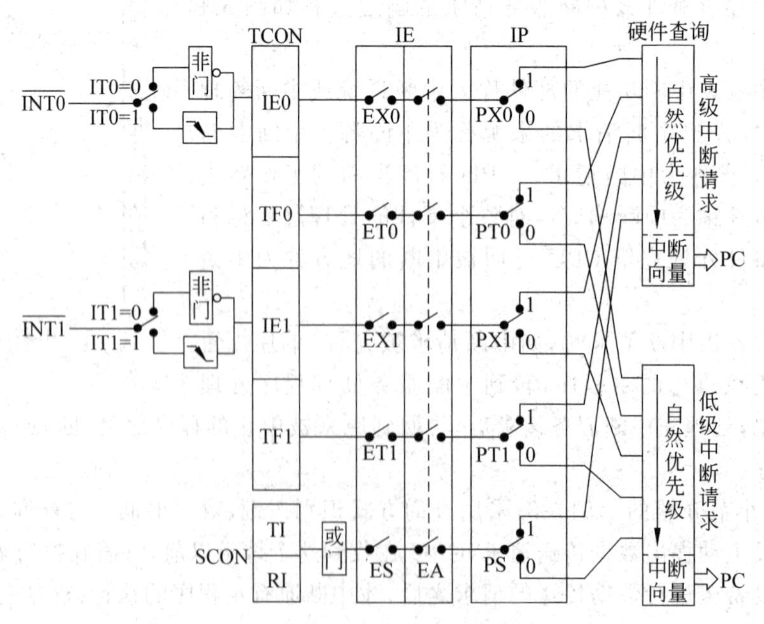

图 6.2 AT89C51 单片机中断系统结构

6.2.2　中断控制

MCS-51 单片机中断控制部分由 4 个特殊功能寄存器（TCON、SCON、IE、IP）组成。5 个中断源的中断请求标志（IE0 和 IE1、TF0 和 TF1、TI 和 RI）分别由 TCON 和 SCON 的相应位锁存。

1. TCON

TCON 是定时器/计数器控制寄存器，其字节地址为 88H，可位寻址，位地址为 88H～8FH。TCON 的格式如下：

	D7	D6	D5	D4	D3	D2	D1	D0	
TCON	TF1	TR1	TF0	TR0	TE1	IT1	IE0	IT0	88H

TCON 既有定时器/计数器功能又有中断控制功能，其中与中断有关的控制位共有 6 位。

IE0 和 IE1：分别为外部中断 INT0 和 INT1 的中断请求标志位。外部中断是由外部信号引起的。当 CPU 采样到 INT0 或 INT1 引脚出现有效中断请求时，IE0 或 IE1 位由硬件置 1，在中断响应完成后转向中断服务时，再由硬件自动将 IE0 或 IE1 清 0。

IT0 和 IT1：分别为外部中断 INT0 和 INT1 的触发方式选择位。IT0＝0 为电平触发方式，引脚 INT0 上低电平有效，并把 IE0 置 1，向 CPU 申请中断，CPU 响应 INT0 中断并且转向中断服务程序时，由硬件自动把 IE0 清 0；IT0＝1 为边沿触发方式，加到 INT0 引脚上的外中断请求输入信号从高电平到低电平的负跳变有效，并把 IE0 置 1，向 CPU 申请中断，CPU 响应 INT0 中断并且转向中断服务程序时，由硬件自动把 IE0 清 0。IT1 的触发方式与 IT0 类似。

TF0 和 TF1：分别为定时器/计数器 T0 和 T1 的计数溢出中断请求标志位。计数溢出中断属于内部中断。当启动 T0 计数后，T0 从初值开始加 1 计数，当最高位产生溢出时，硬件置 TF0 为 1，向 CPU 申请中断，CPU 响应 T0 计数溢出中断并且转向中断服务程序时，由硬件自动把 TF0 清 0。TF1 与 TF0 类似。这两位也可作为程序查询的标志位，在查询方式下可由软件将其清 0。

TR1（D6 位）和 TR0（D4 位）这 2 位与中断系统无关，仅与定时器/计数器 T0 和 T1 有关，将在第 7 章介绍。

当 AT89C51 复位后，TCON 被清 0，5 个中断源的中断请求标志均为 0。

2. SCON

SCON 是串行口控制寄存器，其字节地址为 98H，可位寻址，位地址为 98H～9FH。SCON 的低 2 位锁存串行口的发送中断和接收中断的中断请求标志 TI 和 RI。SCON 的格式如下：

	D7	D6	D5	D4	D3	D2	D1	D0	
SCON							TI	RI	98H

其中与中断有关的控制位共 2 位：TI 和 RI。串行口中断 TI/RI 由片内串行口提供。

TI：串行口发送中断请求标志位。CPU 将 1 字节的数据写入串行口的发送缓冲寄存器 SBUF 时,就启动一帧串行数据的发送。当发送完一帧串行数据后,硬件置 TI 为 1,向 CPU 申请中断,CPU 响应中断并且转向中断服务程序后,并不清除 TI 中断请求标志,必须由软件将 TI 清 0。

RI:串行口接收中断请求标志位。当串行口接收完一帧串行数据并且放入串行口的接收缓冲寄存器 SBUF 后,硬件置 RI 为 1,向 CPU 申请中断,CPU 响应中断并且转向中断服务程序后,并不清除 RI 中断请求标志,必须由软件将 RI 清 0。

串行中断由 TI 和 RI 逻辑或得到,因此,无论是 TI 还是 RI,都会产生串行中断请求。

3. IE

IE 是中断允许控制寄存器,其字节地址为 0A8H,可位寻址,位地址为 0A8H～0AFH。IE 的格式如下:

	D7	D6	D5	D4	D3	D2	D1	D0	
IE	EA			ES	ET1	EX1	ET0	EX0	A8H

IE 对中断开放和关闭实现两级控制。两级控制就是有一个中断允许总开关控制位 EA,当 EA=0 时,CPU 关中断,所有中断请求被屏蔽,CPU 对任何中断请求都不响应;当 EA=1 时,CPU 开中断,所有的中断请求被开放,但 5 个中断源的中断请求是否允许,还要由 IE 中的低 5 位所对应的 5 个中断请求允许控制位的状态来决定。

ES 是串行口中断允许位,ES=0 时,禁止串行口中断;ES=1 时,允许串行口中断。

ET1 是定时器/计数器 T1 计数溢出中断允许位,ET1=0 时,禁止 T1 溢出中断;ET1=1,允许 T1 溢出中断。

EX1 是外部中断 INT1 中断允许位,EX1=0 时,禁止外部中断 INT1 中断;EX1=1 时,允许外部中断 INT1 中断。

ET0 是定时器/计数器 T0 计数溢出中断允许位,ET0=0 时,禁止 T0 溢出中断;ET0=1,允许 T0 溢出中断。

EX0 是外部中断 INT0 中断允许位,EX0=0 时,禁止外部中断 INT0 中断;EX0=1 时,允许外部中断 INT0 中断。

51 单片机复位后,IE 被清 0,所有中断请求被禁止。IE 中与各个中断源相应的位可用软件置 1 或清 0,从而允许或禁止各中断源的中断申请。如果要使某个中断源被允许中断,除了将 IE 中相应的中断允许控制位置 1,还要将中断总允许位 EA 位置 1。

CPU 在中断响应后不会自动关闭中断,所以在转入中断服务程序后,需要通过软件方式关闭中断。

4. IP

MCS-51 中断有两个中断优先级,每个中断源可由软件设置为高优先级中断或低优先级中断,可实现两级中断嵌套。所谓两级中断嵌套,就是正在执行低优先级中断服务程序时,可被高优先级中断请求所中断,待高优先级中断服务程序执行完后,再返回低优先级中断服务程序执行。两级中断嵌套过程如图 6.3 所示。

IP 是中断优先级控制寄存器,其字节地址为 0B8H,可位寻址,位地址为 0B8H～0BFH。IP 的格式如下:

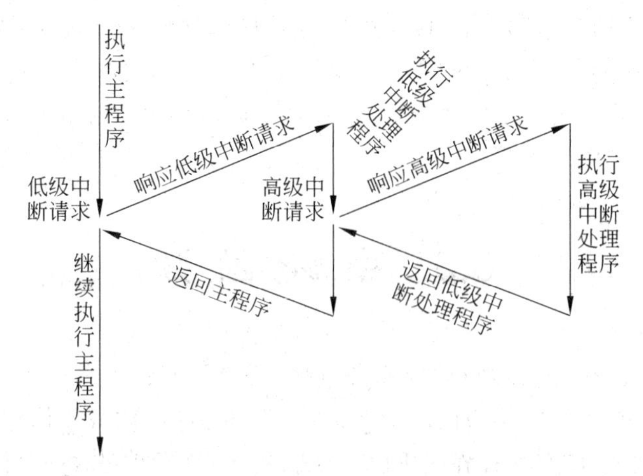

图 6.3　两级中断嵌套过程

	D7	D6	D5	D4	D3	D2	D1	D0	
IP				PS	PT1	PX1	PT0	PX0	B8H

每个中断源的优先级都可以通过 IP 中的相应位来设置。

PS 是串行口中断优先级控制位，PS＝1 时，串行口为高优先级；否则为低优先级。

PT1 是 T1 中断优先级控制位，PT1＝1 时，定时器 T1 为高优先级；否则为低优先级。

PX1 是外部中断 1 中断优先级控制位，PX1＝1 时，外部中断 INT1 为高优先级；否则为低优先级。

PT0 是 T0 中断优先级控制位，PT0＝1 时，定时器 T0 为高优先级；否则为低优先级。

PX0 是外部中断 0 中断优先级控制位，PX0＝1 时，外部中断 INT0 为高优先级；否则为低优先级。

51 单片机复位后，IP 被清 0，各中断源均为低优先级中断。

中断优先级的控制规则是：①低优先级中断请求不能中断高优先级的中断服务过程，但是高优先级中断请求可以中断低优先级的中断服务过程，从而实现中断嵌套；②如果一个中断请求已被 CPU 响应，则其中断服务过程不能被同优先级的其他中断请求所中断；③如果同优先级的多个中断请求同时出现，哪一个中断请求能优先得到响应，取决于内部查询顺序（中断级别）。中断级别如表 6.1 所示。各中断源在同一优先级条件下，外部中断 INT0 中断优先级别最高，串行口中断的优先级别最低。

表 6.1　同一优先级的中断级别

中　断　源	中断号	中断向量	中断级别
外部中断 INT0	0	0003H	最高
计数溢出中断 T0	1	000BH	↓
外部中断 INT1	2	0013H	
计数溢出中断 T1	3	001BH	
串行口中断	4	0023H	最低

单片机的中断为向量中断,当CPU响应中断时,就会转入固定入口地址(中断向量)执行中断服务程序。比如,中断源INT0的中断向量为0003H。两个中断向量之间相隔8字节,通常难以存放一个完整的中断服务程序。因此,通常在中断向量处放置一条无条件跳转指令,跳转到真正的中断服务程序。

6.3 中断函数

在C51中可以定义中断函数(中断服务程序)。由于C51编译器在编译时为中断函数自动生成中断向量,自动添加相应的现场保护(相关寄存器的内容被保存到栈中)、屏蔽其他中断、返回时恢复现场(所有保存在栈中的寄存器被恢复)等处理的程序代码,因而在编写中断函数时可不必考虑这些问题,简化了中断函数的开发难度。

中断函数的一般形式如下:

```
void 函数名() interrupt n [using m]
```

关键字interrupt后面的n是中断号,对于8051单片机,n的取值为0~4,编译器从8×n+3处产生中断向量。AT89C51中断源对应的中断号和中断向量如表6.1所示。

AT89C51内部RAM中可使用4个工作寄存器组,每个工作寄存器组包含8个工作寄存器(R0~R7)。关键字using后面的n用来选择使用哪个工作寄存器组。如果不用using,则中断函数中的所有工作寄存器组内容将被保存到栈中。如果使用using,则在中断函数的入口处,会将当前工作寄存器组内容保存到栈中,函数返回前将被保护的寄存器组内容从栈中恢复。使用using为函数指定一个工作寄存器组必须十分小心,要保证任何工作寄存器组的切换都只在指定的控制区域中发生,否则将产生不正确的函数结果。

中断函数没有返回值,建议将中断函数定义为void类型,明确说明无返回值。中断函数不能进行参数传递,因此没有形式参数,如果中断函数中包含参数声明将导致编译错误。

中断调用与标准C函数调用不同,任何情况下都不能直接调用中断函数,否则会产生编译错误。当中断事件发生时,对应的中断函数会被自动调用。如在中断函数中再调用其他函数,则被调函数所用的寄存器组必须与中断函数使用的寄存器组不同。

6.4 中断应用举例

51单片机内部共有21个特殊功能寄存器,C51编程时只需要掌握IP、IE、SCON、TCON、P1、P2、P3、P4、PCON、TMOD、TL0、TH0、TL1、TH1、SBUF这15个寄存器。根据51单片机内部四大功能模块将这15个寄存器分为四部分:①I/O口相关的P1、P2、P3、P4;②中断相关的IE、IP;③定时器/计数器相关的TMOD、TCON、TL0、TH0、TL1、TH1;④串行口通信相关的SCON、PCON、SBUF。在这四部分中,除I/O口相关的寄存器相对独立外,其他11个寄存器在使用时通常会相互结合使用,也就是说中断、定时器/计数器和串行口三者通常会结合起来用。比如,外部中断时,边沿触发还是电平触发需要设置TCON中的TR0或TR1,使用定时器/计数器时又可能用到中断,串行口通信时设置波特率又直接和定时器/计数器相关。从程序开发的角度讲,对单片机功能模块的内部结构不必掌握得太深,因为要让各功能模块发挥其强大的功能,只需正确设置相应寄存器即可。

一个中断源的中断请求被CPU响应,需要满足的条件有:①总中断允许开关接通,即IE中的中断总允许位EA=1;②该中断源发出中断请求,即该中断源对应的中断请求标志为1;③该中断源的中断允许位为1;④无同级或更高级的中断服务程序在运行。中断处理过程可分为三个阶段,即中断响应、中断服务和中断返回。51单片机的中断处理过程如图6.4所示。

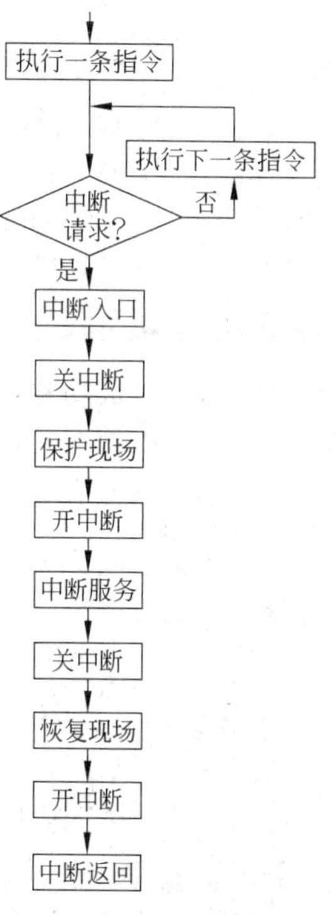

图6.4　51单片机的中断处理过程

中断系统是单片机内部一个重要的功能模块,跟外部中断相关的寄存器有3个:IE、IP、TCON。下面介绍有关中断应用程序的编写。

6.4.1　中断源扩展

示例6-1:中断源扩展。

按照如图2.5所示的步骤使用Keil μVision5新建工程,工程名称为exam-6-1,并且添加STARTUP.A51文件。按照如图2.6所示的步骤添加C源代码文件(在Add New Item to Group Source Group 1对话框中选择C File),文件名为exam-6-1,在exam-6-1.c文件中输入C51源代码,如下所示,然后保存。

示例6-1

```
1: #include <reg51.h>
2: #define uchar unsigned char
3: #define uint unsigned int
4: sbit K1=P0^0;                    //定义按键
5: sbit K2=P0^2;
6: sbit K3=P0^4;
7: sbit L1=P0^1;                    //定义 LED
8: sbit L2=P0^3;
9: sbit L3=P0^5;
10: void int0() interrupt 0 {       //INT0 中断服务函数
11:       if(K1==1) L1=1;
12:       if(K2==1) L2=1;
13:       if(K3==1) L3=1;
14: }
15: void int1() interrupt 2 {       //INT1 中断服务函数
16:       P0&=0x55;
```

```
17: }
18: void main(){
19:       P0&=0x55;
20:       IE=0x85;
21:       TCON=0x05;
22:       while(1);
23: }
```

此时,可以成功构建工程。将生成的 HEX 文件加载到电路原理图如图 6.5 所示的 AT89C51 单片机中,即可正常运行。

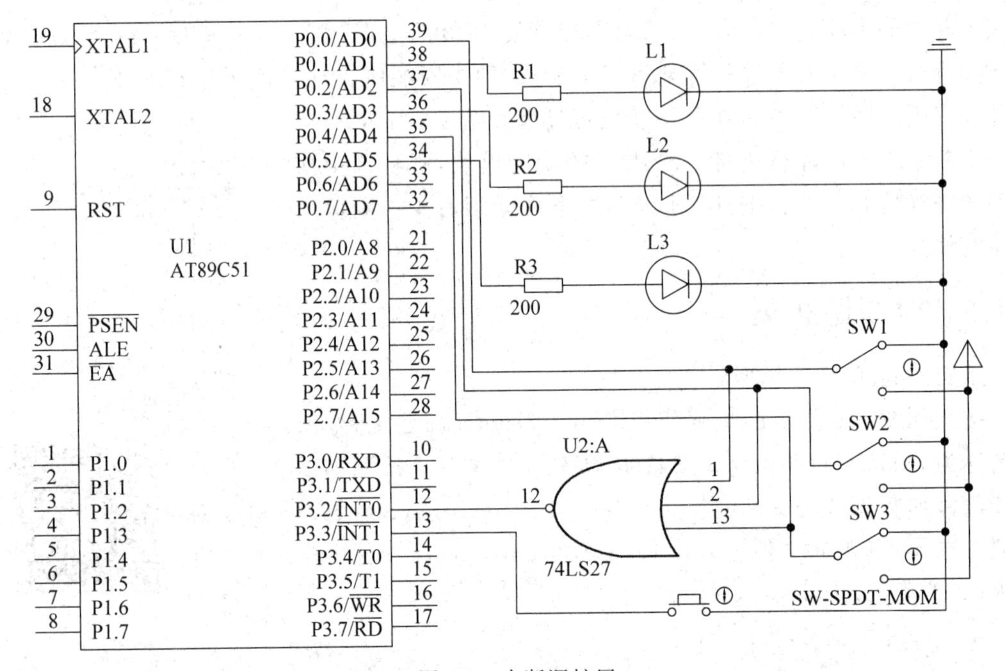

图 6.5　中断源扩展

8051 单片机只有 2 个外部中断源,实际应用中需要多个外部中断源时,可采用硬件请求和软件查询相结合的办法进行扩展,把多个中断源通过或非门接到外部中断输入端,同时又连到某个 I/O 端口,这样每个中断源都能引起中断,然后在中断服务程序中通过查询 I/O 端口的状态来区分是哪个中断源引起的中断。若有多个中断源同时发出中断请求,则查询的次序就决定了同一优先级中断中的优先级。

6.4.2　中断嵌套

示例 6-2

示例 6-2:中断嵌套。

按照如图 2.5 所示的步骤使用 Keil μVision5 新建工程,工程名称为 exam-6-2,并且添加 STARTUP.A51 文件。按照如图 2.6 所示的步骤添加 C 源代码文件(在 Add New Item to Group Source Group 1 对话框中选择 C File),文件名为 exam-6-2。在 exam-6-2.c 文件中输入 C51 源代码,如下所示,然后保存。

```
1: #include <reg51.h>
2: #define uchar unsigned char
3: #define uint unsigned int
4: uchar seg[]={0xC0,0xF9,0xA4,0xB0,0x99,0x92,0x82,0xF8,0x80};      //LED 段码表
5: sbit K1=P3^2;                              //定义按键
6: sbit K2=P3^3;
7: void delay(){                              //延时函数
8:      uint i;
9:      for(i=0; i<35000; i++);
10: }
11: void int0() interrupt 0 using 1{       //INT0 中断服务函数
12:      uchar i;
13:      for(i=1; i<9; i++){
14:          P2=seg[i];                      //循环显示 1~8
15:          delay();
16:      }
17:      P2=0xFF;
18: }
19: void int1() interrupt 2 using 2{       //INT1 中断服务函数
20:      uchar i;
21:      for(i=1; i<9; i++){
22:          P1=seg[i];                      //循环显示 1~8
23:          delay();
24:      }
25:      P1=0xFF;
26: }
27: void main(){
28:      uchar i;
29:      IE=0x85; TCON=0x05; PX1=1;        //开中断,设置 INT1 为高优先级
30:      while(1)
31:          for(i=1; i<9; i++){
32:              P0=seg[i];                  //循环显示 1~8
33:              delay();
34:          }
35: }
```

此时,可以成功构建工程。将生成的 HEX 文件加载到电路原理图如图 6.6 所示的 AT89C51 单片机中,即可正常运行。

8051 单片机的中断系统具有两个优先级,每个中断源都可以设置为高优先级、低优先级,多个中断同时发生时,CPU 根据优先级别的高低分先后进行响应,并执行相应的中断服务程序。一个正在执行的低优先级中断服务程序能被高优先级中断源的中断申请所中断,形成中断嵌套。相同级别的中断源不能相互中断,也不能被另一个低优先级的中断源所中断。若 CPU 正在执行高优先级的中断服务子程序,则不能被任何中断源所中断。

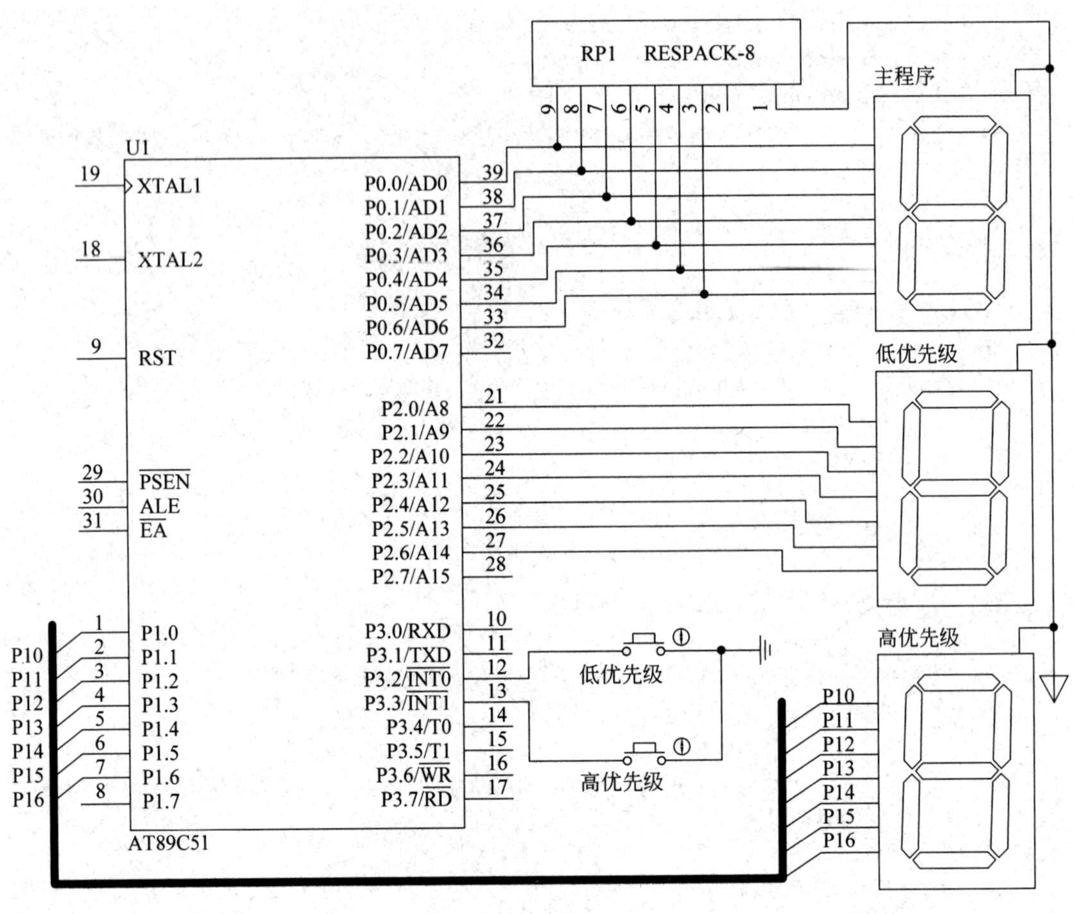

图 6.6 中断嵌套

6.5 习 题

1. 填空题

(1) 单片机中实现中断功能的部件称为________。

(2) 向 CPU 发出中断请求的来源称为________。

(3) 中断源向 CPU 发出的请求称为________。

(4) CPU 暂停当前的工作转去处理中断源事件称为________。对整个事件的处理过程称为________。

(5) 中断事件处理完毕后 CPU 返回被中断的地方称为________。

(6) 中断方式的一个重要应用领域是________。

(7) MCS-51 单片机中断控制部分有 4 个特殊功能寄存器：________、________、IE、IP。

(8) 5 个中断源的中断请求标志(IE0、IE1、TF0、TF1、TI 和 RI)分别由________和

________的相应位锁存。

(9) TCON既有定时器/计数器功能又有________功能。

(10) IE0和IE1分别为外部中断INT0和INT1的________。

(11) IT0和IT1分别为外部中断INT0和INT1的________。

(12) TF0和TF1分别为定时器/计数器T0和T1的________。

(13) SCON的低2位锁存串行口的________和________的中断请求标志TI和RI。

(14) CPU在中断响应后不会________,需要在中断服务程序中关闭中断。

2. 简答题

(1) 什么是中断?画出中断响应过程示意图。

(2) 简述程序中断与调用子程序的区别。

(3) 简述AT89C51中断系统。

(4) 简述中断的两级控制。

(5) 简述MCS-51的两个中断优先级,画出两级中断嵌套过程示意图。

(6) 简述中断优先级的控制规则和中断向量的作用。

(7) 简述C51中定义中断函数的优点。

3. 上机题

分别运行本章2个示例中的C51代码,在理解的基础上修改代码并运行。

第7章 定时器/计数器

本章学习目标

- 理解定时器/计数器的功能；
- 理解定时器/计数器的内部结构和工作原理；
- 掌握定时器/计数器相关寄存器中各位的作用；
- 掌握定时器/计数器的4种工作方式；
- 掌握定时器/计数器的应用编程方法。

7.1 定时器/计数器的工作方式与控制

7.1.1 定时器/计数器的功能

8051单片机内部集成了2个16位的定时器/计数器：T0和T1。T0由特殊功能寄存器TH0、TL0构成，T1由TH1、TL1构成。这两个定时器/计数器都具有定时和计数两种功能，可用于定时控制、延时、对外部事件计数和检测等场合。

1. 定时功能

计数输入信号是内部时钟脉冲，每个机器周期使计数寄存器(如T0的TH0、TL0)的值增1。每个机器周期等于12个振荡周期，故计数速率为振荡频率的1/12。当采用12MHz晶振时，计数速率为1MHz，即每微秒计数器加1，这样不但可以根据计数器计算出定时时间，也可以反过来按定时时间的要求计算出计数器的预置值。

2. 计数功能

计数输入信号是外部脉冲信号，计数脉冲来自外部输入引脚T0或T1。当输入信号产生由1至0的负跳变时，计数寄存器(如T0的TH0、TL0)的值增1。每个机器周期的S5P2期间，对外部输入进行采样。如在第一个周期中采得的值为1，而在下一个周期中采得的值为0，则在紧跟着的下一个周期的S3P1期间，计数值就增1。由于确认一次负跳变需要2个机器周期，即24个振荡周期，因此外部输入的计数脉冲的最高频率为振荡频率的1/24。为了确保某一给定的电平在变化之前至少采样一次，则这一电平至少要保持一个机器周期。

定时功能和计数功能实质都是对脉冲信号进行计数，只不过计数信号来源不同。

7.1.2 工作方式控制寄存器TMOD

TMOD是定时器/计数器的工作方式控制寄存器，用于控制T0或T1的工作方式，其字节地址为89H，不能位寻址。TMOD的格式如下：

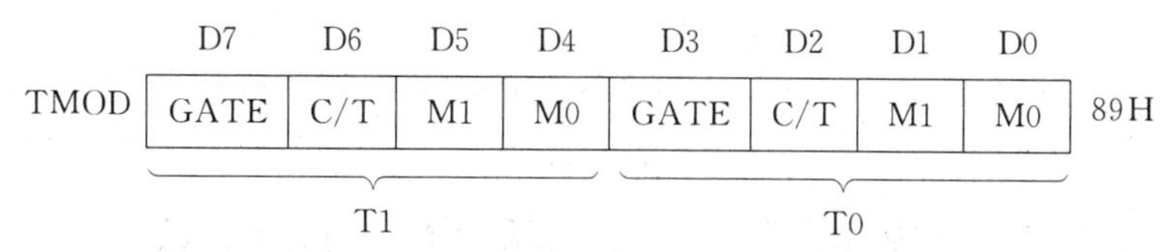

TMOD 的 8 位分为 2 组,高 4 位控制 T1,低 4 位控制 T0。TMOD 各位说明如下。

1. 门控位 GATE

GATE=0 时,定时器/计数器是否计数,由运行控制位 TR0(TR1)来控制。

GATE=1 时,定时器/计数器是否计数,由外部中断引脚 INT0(INT1)上的电平与运行控制位 TR0(TR1)共同控制。

2. 工作方式选择位 M1 和 M0

T0、T1 有四种可供选择的工作方式(方式 0、1、2 和 3)。M1、M0 的四种编码对应于四种工作方式,如表 7.1 所示。

表 7.1　工作方式选择位 M1 和 M0

M1	M0	工作方式	工作方式说明
0	0	方式 0	13 位定时器/计数器
0	1	方式 1	16 位定时器/计数器
1	0	方式 2	自动重置计数初值的 8 位定时器/计数器
1	1	方式 3	仅适用于 T0,分成 2 个 8 位定时器/计数器

3. 计数器/定时器模式选择位 C/T

C/T 位用于选择定时器/计数器工作在定时模式还是计数模式。

C/T=0 时,工作在定时工作模式。

C/T=1 时,工作在计数工作模式。

7.1.3　定时器/计数器控制寄存器 TCON

TCON 是定时器/计数器控制寄存器,其字节地址为 88H,可以位寻址,位地址为 88H~8FH。TCON 的格式如下:

	D7	D6	D5	D4	D3	D2	D1	D0	
TCON	TF1	TR1	TF0	TR0	IE1	IT1	IE0	IT0	88H

TCON 既参与中断控制又参与定时控制。有关中断控制的内容已在第 6 章进行介绍,本章只介绍定时控制功能。其中共有 4 位与定时控制有关。

特殊功能寄存器 TCON 用于控制 T0、T1 的启动和停止计数,同时包含了 T0、T1 状态。

1. 计数溢出标志位 TF1、TF0

当定时器/计数器计数溢出时,TF1(TF0)位置 1。使用查询方式时,此位作为状态位供 CPU 查询,查询有效后,一定要用软件及时将该位清 0。使用中断方式时,此位作为中断请求标志位,进入中断服务程序后由硬件自动清 0。

2. 定时器/计数器运行控制位 TR1、TR0

TR1(TR0)=1,启动定时器/计数器工作的必要条件。

TR1(TR0)=0,停止定时器/计数器工作。

TR1(TR0)位可由软件置 1 或清 0。TCON 中的中断功能还应配合 IE 的设置来实现。

7.2　定时器/计数器的工作方式

7.2.1　工作方式 0 和工作方式 1

1. 电路逻辑结构

定时器/计数器(以定时器/计数器 T0 为例)工作方式 0 和工作方式 1 的电路逻辑结构如图 7.1 所示。

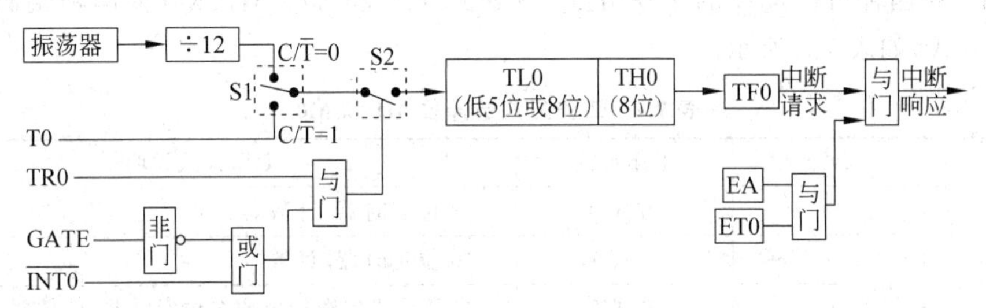

图 7.1　定时器/计数器工作方式 0/工作方式 1 的电路逻辑结构

定时器/计数器的核心部件是一个二进制增 1 计数器(TL0、TH0)。

工作方式 0 为 13 位定时器/计数器,计数寄存器由 TH0 的全部 8 位和 TL0 的低 5 位构成,TL0 的高 3 位不用。TL0 低 5 位计数溢出则向 TH0 进位,TH0 计数溢出则把 TCON 中的溢出标志位 TF0 置 1。

工作方式 1 为 16 位定时器/计数器,计数寄存器由 TH0 的全部 8 位和 TL0 的全部 8 位构成。TL0 计数溢出则向 TH0 进位,TH0 计数溢出则把 TCON 中的溢出标志位 TF0 置 1。

C/T 电子开关决定定时器/计数器的 2 种工作模式。①C/T=0 时,电子开关打在上面,定时器/计数器 T0 工作在定时模式,系统时钟 12 分频后的脉冲作为计数信号;②C/T=1 时,电子开关打在下面,定时器/计数器 T0 工作在计数模式,对 P3.4(T0)引脚上的外部输入脉冲计数,当引脚上发生负跳变时,计数器加 1。

电子开关 S2 是否闭合(S2 进而决定是否计数)由 TR0 和门控位 GATE(或 INT0)控制。①GATE=0 时,定时器/计数器 T0 是否计数,由运行控制位 TR0 来控制。②GATE=1 时,定时器/计数器 T0 是否计数,由外部中断引脚 INT0 上的电平与运行控制位 TR0 共同控制。

2. 方式 0 计数初值的计算

方式 0 的计数器是 13 位,其计数范围为 1～8192(2^{13})。由于计数器只能对计数脉冲进行增 1 操作,并且在计数溢出时将计数溢出中断标志 TF0 置位,此时计数完成,所以计数初值计算公式如下:

$$计数初值=2^{13}-N$$

式中,N 为要求的计数值。

在完成定时功能时,计数器对机器周期数进行增 1 操作,因此其定时时间的计算公式如下:

$$定时时间=(2^{13}-计数初值)\times 机器周期$$

或

$$定时时间=(2^{13}-计数初值)\times 振荡周期\times 12$$

如果晶振频率为 12MHz，则其定时时间的最小值和最大值分别如下。

最小定时时间：　　$[2^{13}-(2^{13}-1)]\times 1/12\times 10^{-6}\times 12=1(\mu s)$

最大定时时间：　　$(2^{13}-0)\times 1/12\times 10^{-6}\times 12=8192(\mu s)=8.192(ms)$

在给计数寄存器 TH0、TL0 赋初值时，应将计算得的计数初值转换为二进制数，然后按其格式将低 5 位二进制放入 TL0 的相应位，而高 8 位则放入 TH0 中。

3. 方式 1 计数初值的计算

方式 1 为 16 位定时器/计数器，计数寄存器由 TH 的全部 8 位和 TL 的全部 8 位构成。其逻辑结构和功能与方式 0 完全相同，所不同的只是组成计数寄存器的位数。

用作计数功能时，计数范围为 1～65536(2^{16})。计数初值的计算公式如下：

$$计数初值=2^{16}-N$$

式中，N 为要求的计数值。

在完成定时功能时，计数器对机器周期数进行增 1 操作，因此其定时时间的计算公式如下：

$$定时时间=(2^{16}-计数初值)\times 机器周期$$

或

$$定时时间=(2^{16}-计数初值)\times 振荡周期\times 12$$

如果晶振频率为 12MHz，则其定时时间的最小值和最大值分别如下。

最小定时时间：　　$[2^{16}-(2^{16}-1)]\times 1/12\times 10^{-6}\times 12=1(\mu s)$

最大定时时间：　　$(2^{16}-0)\times 1/12\times 10^{-6}\times 12=65536(\mu s)=65.536(ms)$

4. 计数初值的计算示例

示例 7-1：设单片机晶振频率 $f_{osc}=12MHz$，用定时器/计数器 T0 以方式 1 产生频率为 50Hz 的方波，从 P1.1 引脚输出。计算 TH0、TL0 的初值。

解：方波周期 $T=1/50=0.02(s)=20(ms)$，每隔 10ms 将 P1.1 引脚的输出取反一次即可输出周期为 20ms 的方波。因此定时时间为 10ms，计算计数初值 N：

$$(2^{16}-N)\times 1\times 10^{-6}=10\times 10^{-3}$$

$$N=55536=D8F0H$$

因此，TH0=D8H，TL0=F0H。

示例 7-2：系统时钟频率为 12MHz，要产生 1ms 定时，计算 TH0、TL0 的初值。

解：方式 1 计数初值的计算如下：

$$(2^{16}-N)\times 1\times 10^{-6}=1\times 10^{-3}$$

$$N=2^{16}-1000=64536=0FC18H$$

因此，TH0=FCH，TL0=18H。

方式 0 计数初值的计算如下：

$$(2^{13}-N)\times 1\times 10^{-6}=1\times 10^{-3}$$

$$N=2^{13}-1000=7192=1C18H=0001110000011000B$$

因此，TH0=11100000B=E0H，TL0=00011000B=18H。

示例 7-3：使用 T0 作为计数器，计算从引脚 T0 输入的脉冲个数，当脉冲个数为 5000

时产生计数溢出,计算方式 0 下 TH0、TL0 的初值。

解: 计数初值$=2^{13}-5000=8192-5000=3192=$0C78H$=$0000110001111000B

因此,TH0=01100011B=63H,TL0=00011000B=18H。

示例 7-4:设单片机晶振频率 $f_{osc}=6$MHz,选用定时器 T1 以方式 0 产生周期为 1ms 的方波,并由 P1.2 输出。计算方式 0 下 TH1、TL1 的初值。

解:在 P1.2 端以 500μs 为周期交替输出高低电平即可产生周期为 1ms 的方波,因此定时时间为 500μs。由于是 6MHz 晶振,因此每个机器周期为 2μs。计数初值 N 的计算如下:

$$(2^{13}-N)\times 2\times 10^{-6}=500\times 10^{-6}$$

$$N=8192-250=7942=\text{1F06H}=\text{0001111100000110B}$$

因此,TH1=11111000B=F8H,TL1=00000110B=06H。

7.2.2 工作方式 2

1. 电路逻辑结构

在方式 0 和方式 1 工作时,当完成一次计数后,下一次工作时应重新设置初值。这给程序设计带来不便。工作方式 2 为可自动重装的 8 位定时器/计数器。该方式把高 8 位计数寄存器 TH 作为计数常数寄存器,用于预置并保存计数初值,而把低 8 位计数寄存器 TL 作为计数寄存器。当计数寄存器 TL 溢出时,自动将计数常数寄存器 TH 的值自动重装到 TL 中,以进行下一次的计数工作。这样,方式 2 可以连续多次工作,直到有停止计数命令为止。

定时器/计数器(以定时器/计数器 T0 为例)工作方式 2 的电路逻辑结构如图 7.2 所示。

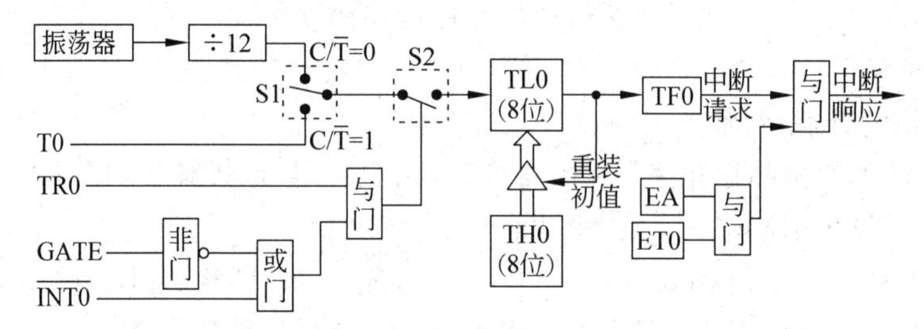

图 7.2 定时器/计数器工作方式 2 的电路逻辑结构

初始化时,8 位计数初值同时装入 TL0 和 TH0 中。当 TL0 计数溢出时,置位 TF0,同时把保存在计数常数寄存器 TH0 中的计数初值自动装入 TL0,然后 TL0 重新计数。如此循环往复。这不但省去了程序中的重装指令,简化了编程,而且也有利于提高定时精度。但是方式 2 下的计数值有限,最大只能到 255。这种方式非常适用于循环定时或循环计数的应用,如用于产生固定脉宽的脉冲,此外还可以作为串行口的波特率发生器使用。

2. 方式 2 计数初值的计算

方式 2 的计数器是 8 位,其计数范围为 1~255(2^8)。由于计数器只能对计数脉冲进行增 1 操作,并且在计数溢出时将计数溢出中断标志 TF0 置位,此时计数完成,所以计数初值计算公式如下:

$$计数初值=2^8-N$$

式中,N 为要求的计数值。

在完成定时功能时,计数器对机器周期数进行增 1 操作,因此其定时时间的计算公式如下:

$$定时时间=(2^8-计数初值)\times 机器周期$$

或

$$定时时间=(2^8-计数初值)\times 振荡周期\times 12$$

如果晶振频率为 12MHz，则其定时时间的最小值和最大值分别如下。

最小定时时间：　　$[2^8-(2^8-1)]\times 1/12\times 10^{-6}\times 12=1(\mu s)$

最大定时时间：　　$(2^8-0)\times 1/12\times 10^{-6}\times 12=256(\mu s)$

3. 计数初值的计算示例

示例 7-5：使用 T0 作为计数器，计算从引脚 T0 输入的脉冲个数，每当脉冲个数为 100 时产生计数溢出，计算方式 2 下 TH0、TL0 的初值。

解：　　$计数初值=2^8-100=256-100=156=9CH$

因此，TH0=9CH，TL0=9CH。

示例 7-6：设单片机晶振频率 $f_{osc}=6MHz$，选用定时器 T1 以方式 2 产生周期为 $200\mu s$ 的方波，并由 P1.2 输出。计算方式 2 下 TH1、TL1 的初值。

解：在 P1.2 端以 $100\mu s$ 为周期交替输出高低电平即可产生周期为 $200\mu s$ 的方波，因此定时时间为 $100\mu s$。因是 6MHz 晶振，所以每个机器周期为 $2\mu s$。计数初值 N 的计算如下：

$$(2^8-N)\times 2\times 10^{-6}=100\times 10^{-6}$$

$$N=256-50=206=CEH$$

因此，TH1=CEH，TL1=CEH。

7.2.3 工作方式 3

工作方式 3 是为增加一个附加的 8 位定时器/计数器而设置的，从而使 8051 单片机具有 3 个定时器/计数器。方式 3 只适用于 T0，T1 不能工作在方式 3。定时器/计数器 T0 工作方式 3 的电路逻辑结构如图 7.3 所示。T0 在方式 3 下被拆成两个独立的 8 位计数器 TH0 和 TL0。

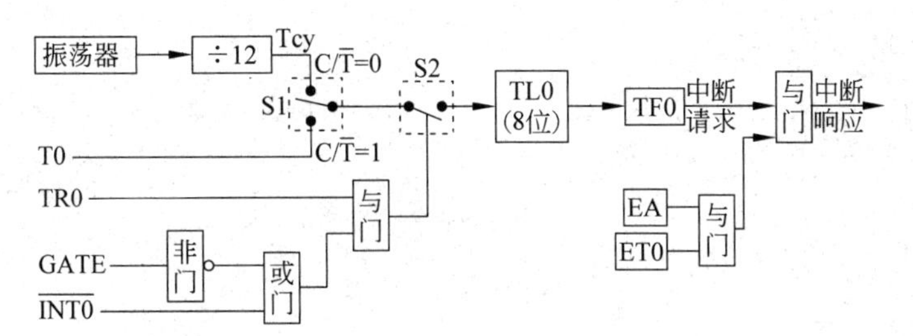

(a) TL0作为8位定时器/计数器

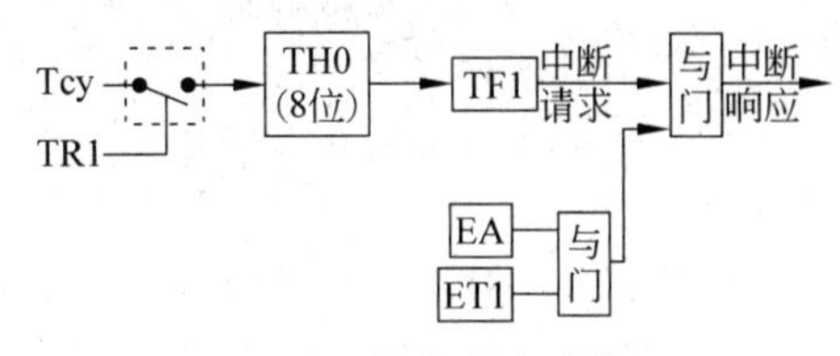

(b) TH0作为8位定时器

图 7.3　定时器/计数器 T0 工作方式 3 的电路逻辑结构

8 位定时器/计数器 TL0 占用了原来 T0 的一些控制位和引脚，它们是 T0、TR0、

GATE、INT0、C/T 和 TF0,TL0 的功能与方式 0 或方式 1 类似,既可定时也可计数。另一个 8 位定时器 TH0 只能完成定时功能(不能作为外部计数模式),并使用了定时器/计数器 T1 的运行控制位 TR1 和溢出标志位 TF1。因此在工作方式 3 下,定时器/计数器 T0 可以构成两个定时器或一个定时器和一个计数器。

7.3 定时器/计数器应用举例

7.3.1 定时功能

示例 7-7:设单片机的晶振频率为 6 MHz,利用 T0 中断产生 1s 定时,每当 1s 定时时间到,反转 P0.7 引脚的电平状态,点亮或熄灭发光二极管 L2,每当 3s 定时时间到,点亮或熄灭发光二极管 L1。定时器/计数器 T0 选用方式 1,每隔 100ms 中断一次,中断 10 次即为 1s。定时初值计算如下:

示例 7-7

$$(2^{16}-N)\times(1/6\times10^{-6}\times12)=100\times10^{-3}$$

$$N=2^{16}-(100\times10^{-3})/(1/6\times10^{-6}\times12)=15536=3CB0H$$

因此,TH0=3CH,TL0=B0H。

按照如图 2.5 所示的步骤使用 Keil μVision5 新建工程,工程名称为 exam-7-7,并且添加 STARTUP.A51 文件。按照如图 2.6 所示的步骤添加 C 源代码文件(在 Add New Item to Group Source Group 1 对话框中选择 C File),文件名为 exam-7-7,在 exam-7-7.c 文件中输入 C51 源代码,如下所示,然后保存。

```
1: #include <reg51.h>
2: #define uchar unsigned char
3: #define uint unsigned int
4: uint i=0;
5: sbit L1=P0^2;                              //定义 LED
6: sbit L2=P0^7;
7: void t0() interrupt 1 using 1{             //T0 中断服务函数
8:         TH0=0x3c; TL0=0xb0;                //重装 T0 初值,100ms
9:         i++;
10:        if(i%10==0) L2=~L2;
11:        if(i%30==0) L1=~L1;
12: }
13: void main(){
14:        TMOD=0x01;                          //设置 T0 工作方式
15:        TH0=0x3c; TL0=0xb0;                 //装入 T0 初值,100ms
16:        IE=0x82;                            //开中断
17:        TR0=1;                              //启动 T0
18:        while(1);
19: }
```

此时,可以成功构建工程。将生成的 HEX 文件加载到电路原理图如图 7.4 所示的 AT89C51 单片机中,即可正常运行。

示例 7-8:设单片机的晶振频率为 6 MHz,利用 T1 中断实现实时时钟。定时器/计数器 T1 选用方式 1,每隔 100 ms 中断一次,中断 10 次即为 1s。定时初值计算如下:

示例 7-8

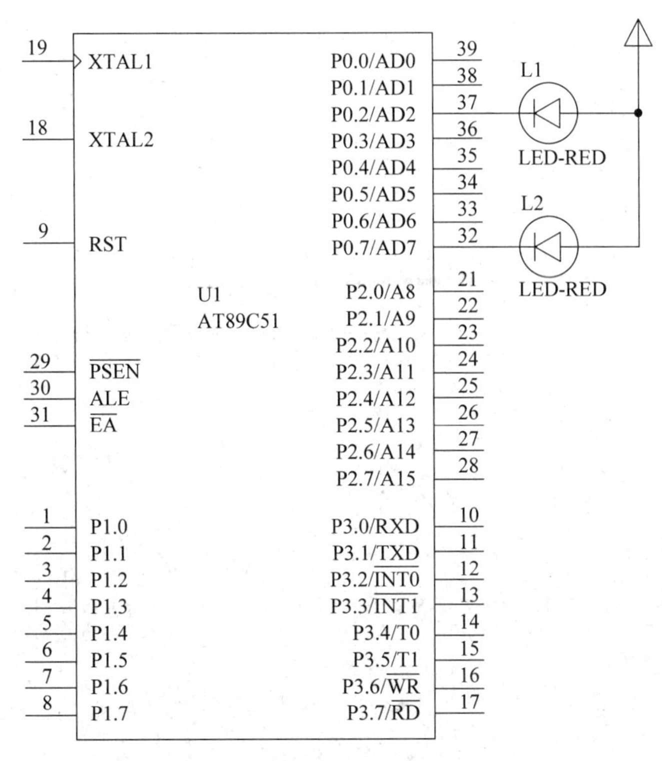

图 7.4　利用 T0 中断产生 1s 定时

$$N=2^{16}-(100\times10^{-3})/(1/6\times10^{-6}\times12)=15536=3CB0H$$

因此，TH1=3CH，TL1=B0H。

将内存单元 30H、31H、32H 分别作为时、分、秒单元，每当 1s 定时时间到，秒单元内容加 1，同时秒指示灯闪；每满 60s，则分单元加 1，同时分指示灯闪；每满 60min，则时单元加 1，同时时指示灯闪；满 24h 后将时单元清 0，同时熄灭所有指示灯。

按照如图 2.5 所示的步骤使用 Keil μVision5 新建工程，工程名称为 exam-7-8，并且添加 STARTUP.A51 文件。按照如图 2.6 所示的步骤添加 C 源代码文件(在 Add New Item to Group Source Group 1 对话框中选择 C File)，文件名为 exam-7-8，在 exam-7-8.c 文件中输入 C51 源代码，如下所示，然后保存。

```
1: #include <reg51.h>
2: #define uchar unsigned char
3: #define uint unsigned int
4: #define SECOND 10
5: uchar count=0;
6: sbit L1=P0^1;                                    //定义 LED
7: sbit L2=P0^4;
8: sbit L3=P0^7;
9: struct time{                                     //定义时、分、秒结构变量
10:        uchar hour;                              //时
11:        uchar min;                               //分
12:        uchar sec;                               //秒
13: };
14: struct time curtime _at_ 0x30;                  //当前时间
```

```
15: void timer1() interrupt 3 using 2{              //T1 中断服务函数
16:      TH1=0x3c; TL1=0xb0;                         //重装 T1 初值,100ms
17:      //TH1=0xd8; TL1=0xf0;                       //重装 T1 初值,10ms
18:      if(++count==SECOND){                        //每中断 10 次为 1s
19:           count=0; L1=~L1;
20:           if(++curtime.sec==60){                 //60s 为 1min
21:                curtime.sec=0;
22:                L2=~L2;
23:                if(++curtime.min==60){            //60min 为 1h
24:                     curtime.min=0;
25:                     L3=~L3;
26:                     if(++curtime.hour==24){      //24h 为 1 天
27:                          curtime.hour=0;
28:                          P0=0x00;
29:                     }
30:                }
31:           }
32:      }
33: }
34: void main(){
35:      TMOD=0x10;                                  //设置 T1 工作方式
36:      TH1=0x3c; TL1=0xb0;                         //装入 T1 初值,100ms
37:      //TH1=0xd8; TL1=0xf0;                       //装入 T1 初值,10ms
38:      IE=0x88;                                    //开中断
39:      TR1=1;                                      //启动 T1
40:      while(1);                                   //等待中断
41: }
```

此时,可以成功构建工程。将生成的 HEX 文件加载到电路原理图如图 7.5 所示的 AT89C51 单片机中,即可正常运行。

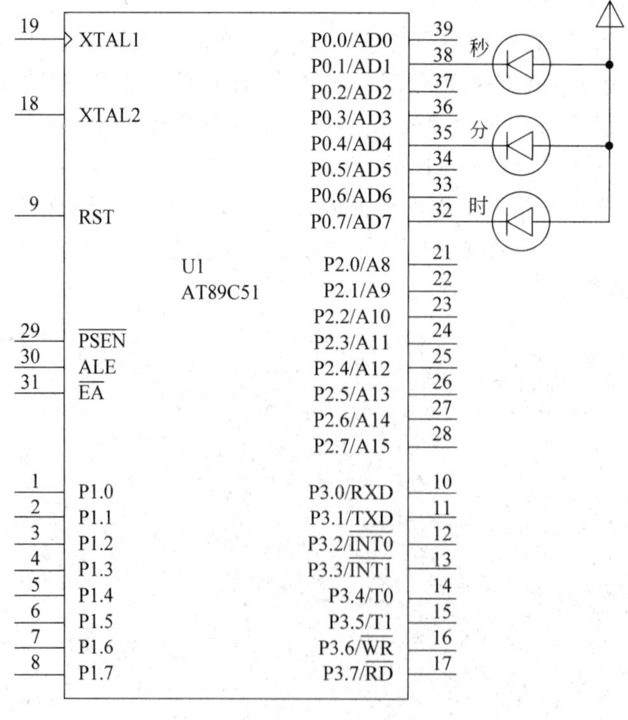

图 7.5 利用 T1 中断实现实时时钟

示例 7-9

示例 7-9：系统时钟频率为 6MHz，利用定时器 T0 在 P0.1 引脚产生周期为 4ms 的方波。T0 选用方式 0。启动 T0 的定时中断功能，将定时初值设置为方波周期时间的一半，即 2ms，每当定时时间到则产生中断，在中断服务程序中将 P0.1 引脚的状态反转，从而产生周期为 4ms 的方波。定时初值计算如下：

$$(2^{13}-N)\times(1/6\times10^{-6}\times12)=2\times10^{-3}$$

$$N=2^{13}-1000=7192=1C18H=0001110000011000B$$

因此，TH0=11100000B=E0H，TL0=00011000B=18H。

按照如图 2.5 所示的步骤使用 Keil μVision5 新建工程，工程名称为 exam-7-9，并且添加 STARTUP.A51 文件。按照如图 2.6 所示的步骤添加 C 源代码文件(在 Add New Item to Group Source Group 1 对话框中选择 C File)，文件名为 exam-7-9，在 exam-7-9.c 文件中输入 C51 源代码，如下所示，然后保存。

```
1: #include <reg51.h>
2: sbit L1=P0^1;                                   //定义 LED
3: void timer0() interrupt 1 using 2{              //T0 中断服务函数
4:        TH0=0xe0; TL0=0x18;                      //重装 T0 初值，6MHz，2ms
5:        L1=~L1;
6: }
7: void main(){
8:        TMOD=0x00;                               //设置 T0 工作方式
9:        TH0=0xe0; TL0=0x18;                      //装入 T0 初值，6MHz，20ms
10:       IE=0x82;                                 //开中断
11:       TR0=1;                                   //启动 T0
12:       while(1);                                //等待中断
13: }
```

此时，可以成功构建工程。将生成的 HEX 文件加载到电路原理图如图 7.6 所示的

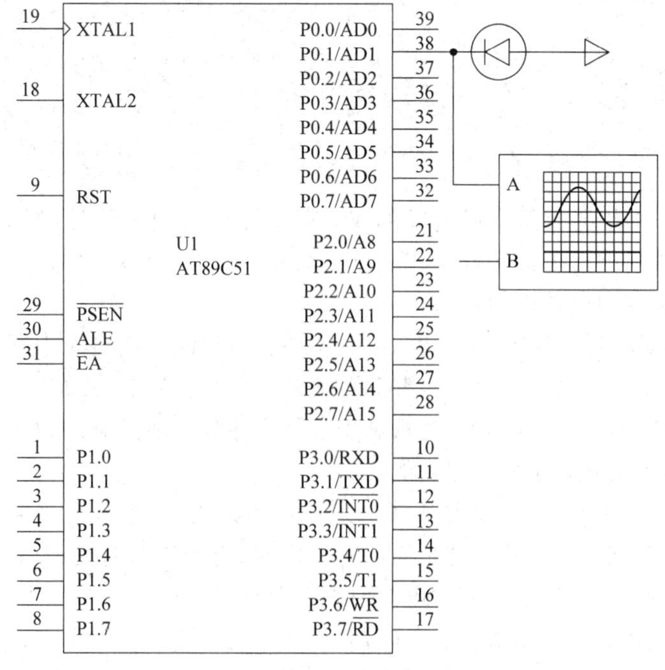

图 7.6　利用 T0 中断产生方波

AT89C51 单片机中,即可正常运行。仿真时,单击虚拟数字示波器,选择快捷菜单中的 Digital oscilloscope 命令,在虚拟数字示波器上显示 P0.1 引脚输出的周期为 4ms 的方波。

示例 7-10:利用定时器 T1 实现脉冲宽度测量。

示例 7-10

当特殊功能寄存器 TMOD 中的 GATE=1、TCON 中的 TR1=1,且只有 P3.3(INT1)引脚上出现高电平的时候,T1 才被允许计数,利用这一特点可以测量加在 P3.3 引脚上的正脉冲宽度。测量时,先将 T1 设置为定时方式,GATE 设为 1,并在 P3.3 引脚为 0 时将 TR1 置 1,这样当 P3.3 引脚变为 1 时将启动 T1;当 P3.3 引脚再次变为 0 时将停止 T1,此时 T1 的定时值就是被测正脉冲的宽度。若将定时初值设为 0,当单片机晶振频率为 12MHz 时,能测量的最大脉冲宽度为 65.536ms。

按照如图 2.5 所示的步骤使用 Keil μVision5 新建工程,工程名称为 exam-7-10,并且添加 STARTUP.A51 文件。按照如图 2.6 所示的步骤添加 C 源代码文件(在 Add New Item to Group Source Group 1 对话框中选择 C File),文件名为 exam-7-10,在 exam-7-10.c 文件中输入 C51 源代码,如下所示,然后保存。

```
1: #include <reg51.h>
2: #define uchar unsigned char
3: uchar pw[2] _at_ 0x30;
4: sbit pulse=P3^3;                 //定义脉冲输入端
5: void main(){
6:       TMOD=0x90;                 //设置 T1 工作方式
7:       TH1=0x00; TL1=0x00;        //装入 T1 初值
8:       while(pulse);              //等待 P3.2 变低电平
9:       TR1=1;                     //启动 T1
10:      while(!pulse);             //等待 P3.2 变高电平
11:      while(pulse);              //等待 P3.2 再次变低电平
12:      TR1=0;                     //停止 T1
13:      pw[0]=TH1;                 //读取脉冲宽度高低字节值,分别存放于 30H 和 31H 中
14:      pw[1]=TL1;                 //0x9C40=40000,40ms
15:      while(1);
16: }
```

此时,可以成功构建工程。将生成的 HEX 文件加载到电路原理图如图 7.7 所示的 AT89C51 单片机中,即可正常运行。

示例 7-11:利用定时器产生音乐。

示例 7-11

声音的频谱范围约在几十到几千赫兹,利用单片机定时器的定时中断功能,可以从一个 I/O 口线上形成一定频率的脉冲,经过滤波和功率放大,接上喇叭就能发出一定频率的声音,若再利用延时程序控制输出脉冲的频率来改变音调,即可实现音乐发生器功能。

要让单片机产生音频脉冲,只要计算出某一音频的周期,在将此周期除以 2 得到半周期,利用定时器对此半周期进行定时,每当定时时间到,将某个 I/O 口线上的电平取反,从而在 I/O 口线上得到所需要的音频脉冲。

如果单片机工作频率为 12MHz,定时器/计数器 T0 设置为工作方式 1,中音 DO 的频率为 523Hz,则计算得到计数初值为 64580;高音 DO 的频率为 1047Hz,则其计数初值为

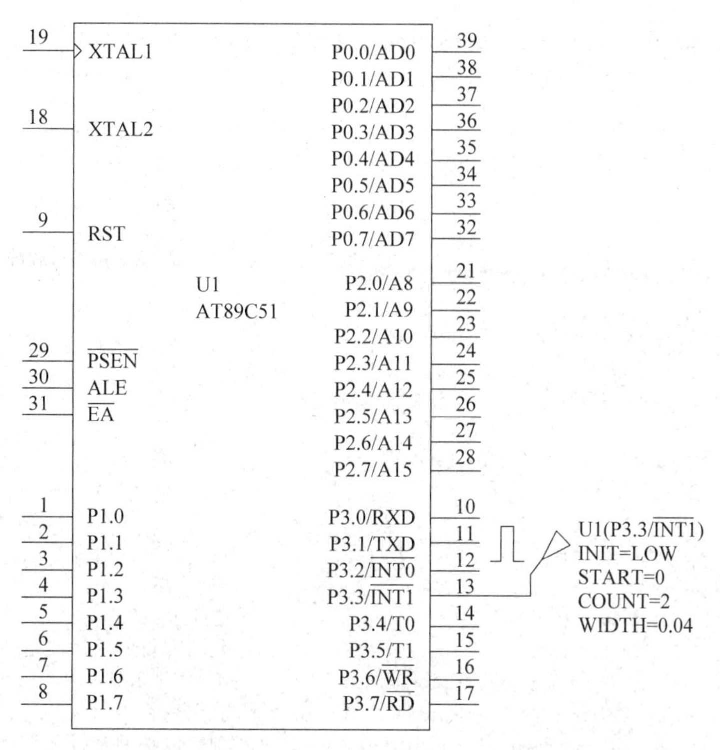

图 7.7　利用定时器实现脉冲宽度测量

65058。这样可以计算出不同音调对应的计数初值。编写一段延时程序 delay41 为 1/4 拍，则 1 拍只要调用 4 次 delay41 程序，以此类推。有了音调、节拍等，就可以按照乐谱编写出音乐程序。

按照如图 2.5 所示的步骤使用 Keil μVision5 新建工程，工程名称为 exam-7-11，并且添加 STARTUP.A51 文件。按照如图 2.6 所示的步骤添加 C 源代码文件（在 Add New Item to Group Source Group 1 对话框中选择 C File），文件名为 exam-7-11，在 exam-7-11.c 文件中输入 C51 源代码，如下所示，然后保存。

```
1: #include <reg51.h>
2: #include <intrins.h>
3: #define uchar unsigned char
4: #define uint unsigned int
5: sbit BEEP=P2^0;                              //定义喇叭输出端口
6: uchar tick, tl, th;                          //定义节拍和 T0 初值变量
7: uchar beat[]={                               //音符节拍表
8:    0x82,0x01,0x81,0x94,0x84,0xB4,0xA4,0x04, 0x82,0x01,0x81,0x94,0x84,0xC4,
9:    0xB4,0x04,0x82,0x01,0x81,0xF4,0xD4,0xB4,0xA4,0x94, 0xE2,0x01,0xE1,0xD4,
10:   0xB4,0xC4,0xB4,0x04,0x82,0x01,0x81,0x94,0x84,0xB4,0xA4,0x04, 0x82,0x01,
11:   0x81,0x94,0x84,0xC4,0xB4,0x04,0x82,0x01,0x81,0xF4,0xD4,0xB4,0xA4,0x94,
      0xE2,0x01,0xE1,0xD4,0xB4,0xC4,0xB4,0x04, 0x00
12: };
13: uchar initval[]={                            //音符对应的定时器计数初值表
14:        0xfb,0x04,0xfb,0x90,0xfc,0x09,0xfc,0x44,      //64260,64400,64521,64580
15:        0xfc,0xac,0xfd,0x09,0xfd,0x34,0xfd,0x82,      //64684,64777,64820,64898
```

```
16:     0xfd,0xc8,0xfe,0x06,0xfe,0x22,0xfe,0x56,     //64968,65030,65058,65110
17:     0xfe,0x85,0xfe,0x9a,0xfe,0xc1                //65157,65178,65217
18: };
19: void timer0() interrupt 1 using 1{               //T0 中断服务函数
20:     TL0=tl; TH0=th;                              //重装定时初值
21:     BEEP=~BEEP;                                  //喇叭输出端口电平取反
22: }
23: void delay41(){                                  //基本单位(1/4 拍)延时函数
24:     uint i;
25:     for(i=0; i<20000; i++);
26: }
27: void delay(uchar t){                             //节拍延时函数
28:     uchar i;
29:     for(i=0; i<=t; i++) delay41();
30: }
31: void main(){
32:     uchar temp, tmp, k=0;                        //定义临时变量
33:     while(1){
34:         TMOD=0x01; IE=0x82;                      //定义 T0 工作方式,开中断
35:         while(beat[k]!=0){                       //判断取得的简谱码是否为结束码
36:             tick=(beat[k])&0x0f;                 //不是,则取节拍码
37:             temp=(_crol_(beat[k],4))&0x0f;  //取音符码
38:             if(temp!=0){                         //判断取得的音符码是否为 0
39:                 tmp=--temp*2+1;                  //不为 0,则根据取得的音符码计算 T0 初值
40:                 temp=temp*2;
41:                 tl=TL0=initval[tmp];
42:                 th=TH0=initval[temp];
43:                 TR0=1;                           //启动 T0
44:             }else TR0=0;                         //取得的音符码为 0,则停止 T0
45:             delay(tick);                         //根据节拍码延时
46:             k++;
47:         }
48:         TR0=0;                                   //取得的简谱码为结束码,则停止 T0
49:     }
50: }
```

此时,可以成功构建工程。将生成的 HEX 文件加载到电路原理图如图 7.8 所示的 AT89C51 单片机中,即可正常运行。

7.3.2 计数功能

示例 7-12

示例 7-12:将 T0 设置为外部脉冲计数方式,在 P3.4(T0)引脚上外接一个单脉冲发生器,每按一次单脉冲按钮,T0 计数一个脉冲,同时将计数值送往 P0 口,从 P0.0～P0.7 外接的 LED 发光二极管可以看到计数值。

按照如图 2.5 所示的步骤使用 Keil μVision5 新建工程,工程名称为 exam-7-12,并且添加 STARTUP.A51 文件。按照如图 2.6 所示的步骤添加 C 源代码文件(在 Add New Item to Group Source Group 1 对话框中选择 C File),文件名为 exam-7-12,在 exam-7-12.c 文件中输入 C51 源代码,如下所示,然后保存。

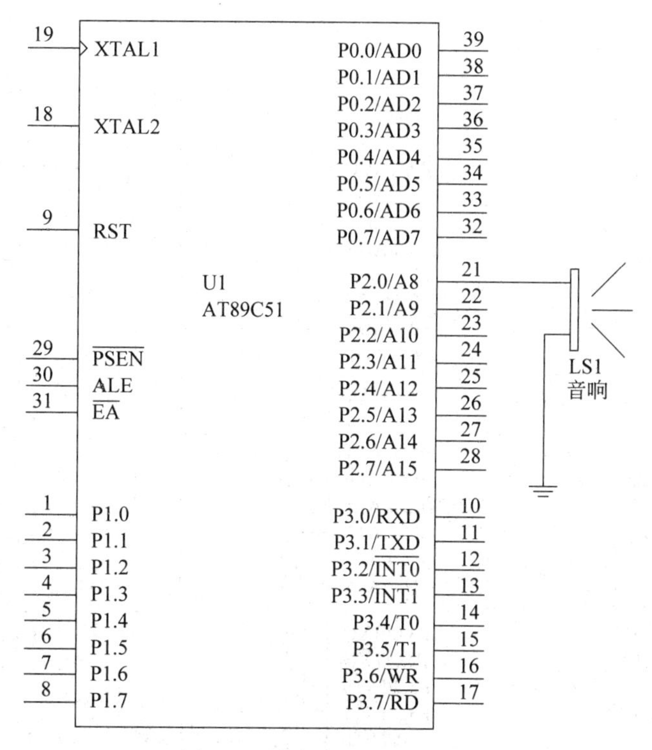

图 7.8　利用定时器产生音乐

```
1: #include <reg51.h>
2: void main(){
3:        TMOD=0x05;                    //设置 T0 工作方式
4:        TH0=0x00; TL0=0x00;           //装入 T0 初值
5:        TR0=1;                        //启动 T0,开始计数
6:        while(1) P0=TL0;              //将记数结果送到 P1 口
7: }
```

此时,可以成功构建工程。将生成的 HEX 文件加载到电路原理图如图 7.9 所示的 AT89C51 单片机中,即可正常运行。

示例 7-13:系统时钟频率为 6MHz,要求当 P3.4(T0)引脚上的电平发生负跳变时,从 P0.0 引脚电平反转。可以先将 T0 设置为方式 2,外部计数方式,计数初值设置为 FFH,当 P3.4 引脚上的电平发生负跳变时,T0 计数器增 1,同时 T0 发生溢出使 TF0 标志置位,使 P0.0 引脚电平反转;然后将 T0 改变为 500μs 定时工作方式。当 T0 定时时间到,产生溢出,同时 T0 恢复外部计数工作方式。将 P0.0 和 P3.4 引脚分别接到模拟示波器的 A、B 输入端。

示例 7-13

T0 设置为方式 2,定时时间为 500μs 的计数初值 N 的计算如下:

$$(2^8-N)\times 1/6\times 10^{-6}\times 12=500\times 10^{-6}$$

$$N=256-250=06\text{H}$$

因此,TH0=06H,TL0=06H。

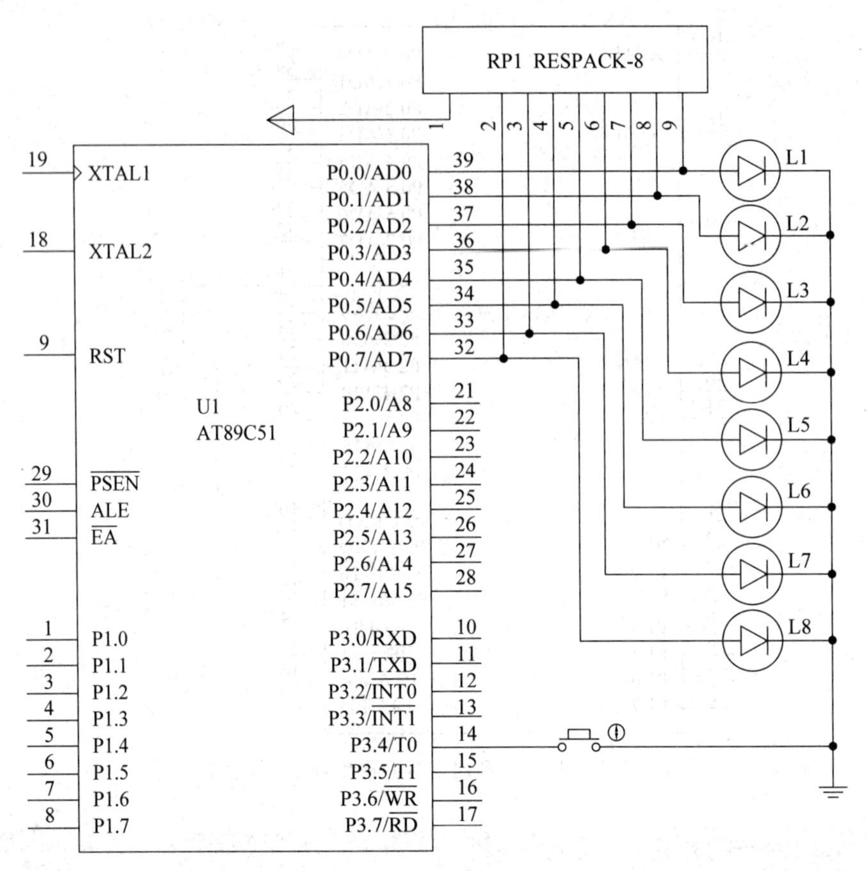

图 7.9　T0 设置为外部脉冲计数

按照如图 2.5 所示的步骤使用 Keil μVision5 新建工程,工程名称为 exam-7-13,并且添加 STARTUP.A51 文件。按照如图 2.6 所示的步骤添加 C 源代码文件(在 Add New Item to Group Source Group 1 对话框中选择 C File),文件名为 exam-7-13,在 exam-7-13.c 文件中输入 C51 源代码,如下所示,然后保存。

```
 1: #include <reg51.h>
 2: sbit L=P0^0;
 3: void main(){
 4:     while(1){
 5:         TMOD=0x06;                  //设置 T0 为 8 位外部计数方式
 6:         TH0=0xff; TL0=0xff;         //装入 T0 初值
 7:         TR0=1;                      //启动 T0,开始计数
 8:         while(!TF0);                //查询 T0 溢出标志
 9:         L=~L;                       //P0.0 电平反转
10:         TF0=0; TR0=0;               //停止计数
11:         TMOD=0x02;                  //改变 T0 为 8 位定时方式
12:         TH0=0x06; TL0=0x06;         //装入 T0 初值
13:         TR0=1;                      //启动 T0 定时 500μs
14:         while(!TF0);                //查询 T0 溢出标志
15:         TF0=0; TR0=0;               //停止 T0
16:     }
17: }
```

此时,可以成功构建工程。将生成的 HEX 文件加载到电路原理图如图 7.10 所示的 AT89C51 单片机中,即可正常运行。

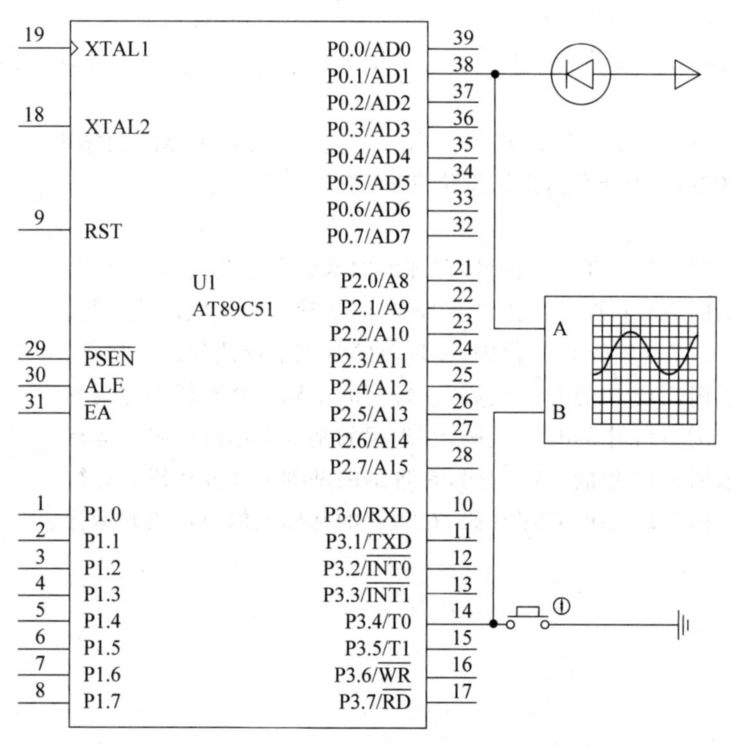

图 7.10　产生同步脉冲

7.4　习　　题

1. 填空题

(1) 8051 单片机内部集成了 2 个 16 位的定时器/计数器：________和________。

(2) T0 由特殊功能寄存器________、TL0 构成。

(3) T0 和 T1 这两个定时器/计数器都具有________和________两种功能。

(4) 定时功能和计数功能实质都是________________,只不过计数信号来源不同。

(5) 定时功能的计数输入信号是________。计数功能计数输入信号是________。

(6) TMOD 是定时器/计数器的工作方式控制寄存器,用于控制 T0 或 T1 的________。

(7) TMOD 的 8 位分为 2 组,高 4 位控制________,低 4 位控制________。

(8) 启动定时器/计数器工作的必要条件是________。

(9) 定时器/计数器的核心部件是一个________。

(10) 定时器/计数器的工作方式 0 为________定时器/计数器,计数寄存器由 TH0 的全部 8 位和 TL0 的________构成。

(11) 定时器/计数器的工作方式 1 为________定时器/计数器,计数寄存器由 TH0 的全部8位和TL0的全部8位构成。TL0计数溢出则向________进位,TH0计数溢出则把TCON中的溢出标志位________置1。

(12) 定时器/计数器的工作方式2为________定时器/计数器。

(13) 定时器/计数器的工作方式3只适用于________,________不能工作在方式3。

2. 简答题

(1) 以表格的形式说明TMOD中工作方式选择位M1和M0的作用。

(2) 简述TCON中计数溢出标志位TF1、TF0的作用。

3. 上机题

(1) 运行示例7-7中的C51代码,在理解的基础上修改代码并运行。

(2) 运行示例7-8中的C51代码,在理解的基础上修改代码并运行。

(3) 运行示例7-9中的C51代码,在理解的基础上修改代码并运行。

(4) 运行示例7-10中的C51代码,在理解的基础上修改代码并运行。

(5) 运行示例7-11中的C51代码,在理解的基础上修改代码并运行。

(6) 运行示例7-12中的C51代码,在理解的基础上修改代码并运行。

(7) 运行示例7-13中的C51代码,在理解的基础上修改代码并运行。

第8章　串　行　口

本章学习目标

- 了解串行通信的基本概念；
- 理解串行通信接口的结构和工作原理；
- 掌握串行通信相关寄存器中各位的作用；
- 理解串行口的4种工作方式；
- 掌握串行通信的应用编程方法。

计算机与外界的数据交换称为通信，分为并行通信和串行通信两种基本方式。

并行通信是指各个数据位同时进行传送的数据通信方式。因此有多少个数据位，就需要多少根数据线，在计算机内部数据通常采用并行通信方式；在计算机系统中，CPU与存储器之间也采用并行数据传送。并行数据传送的优点是速度快、效率高，但传送距离近。在数据位数较多，传送距离较远时不宜采用。

串行通信可使用现有的通信通道（如电话线、各种网络等），故在集散控制系统等远距离通信中使用很广。根据同步时钟提供的不同，串行通信可分为异步串行和同步串行两种通信方式。在单片机中使用的是异步串行通信，因此本章仅介绍异步串行通信方式。

8.1　异步串行通信

异步串行通信是指发送方和接收方使用各自的时钟来控制发送和接收，省去收、发双方的1条同步时钟信号线，使异步串行通信连接更简单且易实现。异步传送时，数据在线路上是以字符为单位来传送的，各个字符之间可以是连续传送，也可以是断续传送，这完全由发送方根据需要来决定。

8.1.1　字符的帧格式

由于字符的发送是随机进行的，对接收方来讲必须要判别字符何时开始。因此，在异步串行通信时，必须对传送的字符规定一个格式。从起始位开始到停止位结束是一个字符的全部内容，也被称为一帧（字符帧）。帧是一个字符的完整通信格式，因此把异步串行通信的字符格式称为帧格式，如图8.1所示。

字符帧由四部分组成，即起始位、数据位、奇偶校验位、停止位。

(1) 起始位：位于字符帧的开头，只占1位，始终为低电平，表示一个新字符的开始。

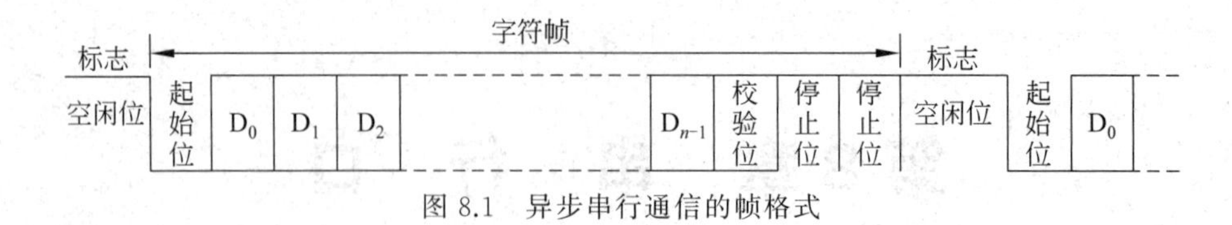

图 8.1 异步串行通信的帧格式

(2) 数据位：紧跟起始位后，根据具体格式的不同，可以是 5 位、6 位、7 位或 8 位，低位在前，高位在后。

(3) 奇偶校验位：紧跟数据位之后，只占 1 位，用于对字符传送作正确性检查。奇偶校验位可选择三种方式(偶校验、奇校验和无校验)，由用户根据需要选定。奇校验就是使各数据位加校验位含有奇数个 1 的校验方式。偶校验就是使各数据位加校验位含有偶数个 1 的校验方式。使用奇偶校验位能在一定程度上保证串行通信的可靠性。

(4) 停止位：位于字符帧的末尾，表示一个字符传送的结束，始终为高电平。根据具体格式的不同，可占用 1 位、1.5 位或 2 位。若接收方接收到停止位，就表明这一字符已接收完毕。同时，也为接收下一字符做好准备。

8.1.2 数据传送速率

异步串行通信的传送速率用于表示数据传送的快慢。在串行通信中，以每秒传送二进制的位数来表示，称为波特率，单位为位/秒(b/s 或 bit/s)或波特。波特率既反映了串行通信的速率，也反映了对传输通道的要求，波特率越高，要求传输通道的频带也越宽。在异步串行通信时，波特率为每秒传送的字符个数和每字符所含二进制位数的乘积。在串行通信中，数据位的发送和接收分别由发送时钟脉冲和接收时钟脉冲进行定时控制。时钟频率高，则波特率高，通信速度就快；反之，时钟频率低，波特率就低，通信速度就慢。例如，某异步串行通信的传送速率为 360 个字符/秒，字符格式为 10 位(1 位起始位、7 位数据位、1 位奇偶校验位、1 位停止位)，则波特率如下：

$$360 \times 10 = 3600(\text{位/秒}) = 3600(\text{波特})$$

异步串行通信的波特率一般在 50～64000 波特内。在异步通信中，收发双方必须事先规定两件事：一是字符格式，即规定字符各部分所占的位数，是否采用奇偶校验以及校验方式(奇校验或偶校验)；二是采用的波特率、时钟频率与波特率之间的比例关系。

8.1.3 数据通路方式

根据同一时刻串行通信的数据方向，异步串行通信可分为以下三种数据通路方式，如图 8.2 所示。

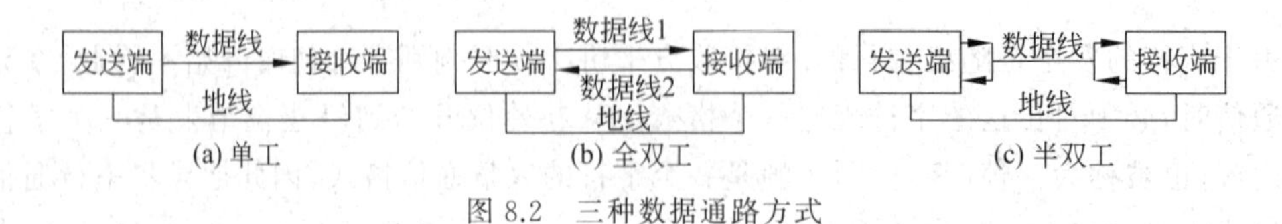

图 8.2 三种数据通路方式

1. 单工方式

在单工方式下，数据的传送是单向的。通信双方中，一方固定为发送方，另一方固定为接收方。通信双方只需一根数据线进行数据传送。

2. 全双工方式

在全双工方式下，数据的传送是双向的，并且可以同时接收和发送数据。通信双方需两根数据线进行数据传送。

3. 半双工方式

在半双工方式下，数据的传送也是双向的，但是与全双工方式不同的是，任何时刻只能由其中一方进行发送，另一方接收。通信双方既可使用一条数据线，也可使用两条数据线。

8.1.4 串行口结构

异步串行通信的主要技术问题是数据传送和数据转换。数据传送主要解决传送过程中的标准、格式及工作方式等问题，这些内容已在前面介绍过了。数据转换是指数据的串并转换。因为在计算机中使用的数据都是并行数据，因此在发送端，要将并行数据转换为串行数据，再进行发送；在接收端，则应将接收到的串行数据转换为并行数据，再送到计算机中。

51 单片机内部有一个可编程的全双工通用异步收发(universal asynchronous receiver/transmitter，UART)串行口。UART 口基本结构如图 8.3 所示。

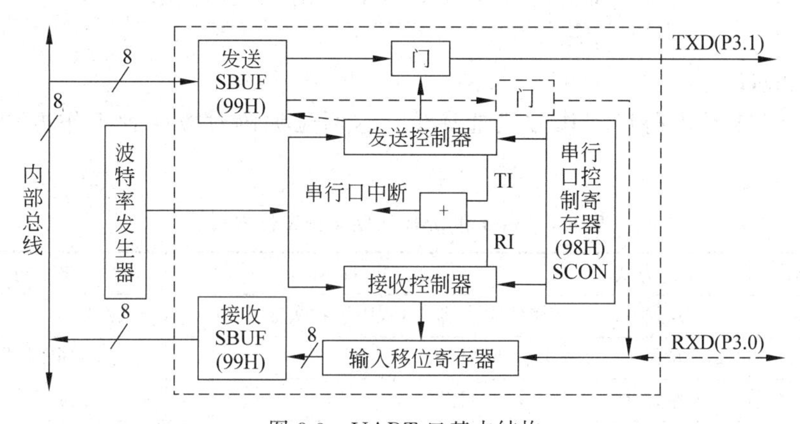

图 8.3　UART 口基本结构

发送缓冲器寄存器 SBUF 和接收缓冲器寄存器 SBUF 在物理上完全独立，这两个寄存器共用一个特殊功能寄存器地址 99H，究竟是访问发送 SBUF 还是接收 SBUF，由读写操作来决定。发送 SBUF 存放将要发送的数据，只写不读；接收 SBUF 存放接收到的数据，只读不写。接收 SBUF 之前还有一个输入移位寄存器，从而构成串行接收的双缓冲结构，这在一定程度上避免在数据接收过程中出现帧重叠错误，即在一帧数据到来时，上一帧数据还未被读走。

UART 口对外有两条独立的收、发信号线 RXD(P3.0)和 TXD(P3.1)。

当数据由单片机内部总线传送到发送 SBUF 时，即启动一帧数据的串行发送过程。发送 SBUF 将并行数据转换成串行数据，按帧格式要求插入起始位、校验位、停止位等信息，与各数据位组成位串，然后在移位时钟信号的作用下，将串行二进制信息由 TXD(P3.1)引脚按设定的波特率一位一位地发送出去。发送完毕，TXD 引脚呈高电平，并置 TI 标志位为 1，表示一帧数据发送完毕。

当RXD(P3.0)引脚由高电平变为低电平时,表示开始接收一帧数据。输入移位寄存器在移位时钟的作用下,按帧的格式自动滤除格式信息,保留数据位,将串行二进制数据一位一位地接收进来,接收完毕,将串行数据转换为并行数据并传送到接收SBUF中,并置RI标志位为1,表示一帧数据接收完毕。

8051的UART口通过两个特殊功能寄存器SCON和PCON进行控制。

8.2 串行通信控制寄存器

8.2.1 SCON

SCON是串行口控制寄存器,用于串行数据通信的控制,其字节地址为98H,可位寻址,位地址为98H～9FH。SCON的格式如下:

	D7	D6	D5	D4	D3	D2	D1	D0	
SCON	SM0	SM1	SM2	REN	TB8	RB8	TI	RI	98H

1. SM0、SM1

SM0和SM1是串行口工作方式选择位。这两位编码对应4种工作方式,如表8.1所示。

表8.1 SM0和SM1决定4种工作方式

SM0	SM1	工作方式	方式描述	波特率
0	0	方式0	移位寄存器I/O,用于扩展I/O口	$f_{osc}/12$
0	1	方式1	8位UART	可变,由定时器T1控制
1	0	方式2	9位UART	$f_{osc}/32$或$f_{osc}/64$
1	1	方式3	9位UART	可变,由定时器T1控制

2. SM2

SM2是多机通信控制位。仅当串行口工作于方式2或方式3时,该位才有意义。当串行口工作于方式0时,SM2一定要为0。

在方式1下,若SM2=1,则只有收到有效的停止位时才会将RI置1。

在方式2和方式3下,当接收数据时,若SM2=1,则只有当收到的第9位数据(RB8)为1时,接收才有效,将收到的前8位数据送入接收SBUF中,并将RI置1,产生中断请求;当收到的第9位数据(RB8)为0时,接收无效,将收到的前8位数据丢弃。若SM2=0,不管收到的第9位数据是1还是0,都将前8位数据送入接收SBUF,并将RI置1。

多机通信是在方式2或方式3下进行,因此SM2位主要用于方式2或方式3。

3. REN

REN是接收允许控制位。REN用于对串行数据的接收控制。当REN=1时,允许串行口接收数据;当REN=0时,禁止串行口接收数据。

4. TB8

TB8是发送的第9位数据。串行口工作于方式2或方式3时,TB8的内容是将要发送的第9位数据,其值由软件置1或清0。在双机通信时,TB8位常作为奇偶校验位用;在多机通信时表示发送方发送的是地址帧还是数据帧,通常TB8=0,发送的前8位数据为数据帧;TB8=1,为地址帧。

5. RB8

RB8是接收的第9位数据。串行口工作于方式2或方式3时,RB8存放收到的第9位数据。在方式1时,若SM2=0,RB8是收到的停止位。在方式0时,不使用RB8。

6. TI

TI是发送中断标志位。方式0下,串行发送的第8位数据结束时,TI由硬件自动置1,在其他工作方式中,串行口发送停止位的开始时,TI由硬件自动置1。TI=1表示1帧数据发送结束。该位可供软件查询或申请中断。CPU响应中断后,向发送SBUF写入要发送的下一帧数据。TI与其他4个中断标志位(IE0、IE1、TF0、TF1)不同,TI位必须由软件清0。

7. RI

RI是接收中断标志位。方式0下,接收完第8位数据时,RI由硬件自动置1,在其他工作方式下,串行接收到停止位时,RI由硬件自动置1。RI=1表示一帧数据接收完毕。该位可供软件查询或申请中断。CPU响应中断后,从接收SBUF取走数据。RI与其他4个中断标志位(IE0、IE1、TF0、TF1)不同,RI位必须由软件清0。

8.2.2 PCON和波特率

PCON是电源控制寄存器,其字节地址为87H,不可位寻址。PCON的格式如下:

	D7	D6	D5	D4	D3	D2	D1	D0	
PCON	SMOD				GF1	GF0	PD	IDL	87H

PD和IDL是CHMOS单片机用于进入低功耗方式的控制位。GF1和GF0是用户使用的一般标志位。PCON寄存器的D6、D5、D4位未定义。

仅最高位SMOD与串口有关。SMOD是串行口波特率选择位,当SMOD=1时,串行口波特率比SMOD=0时波特率增加1倍,因此SMOD也称为波特率倍增位。系统复位时,SMOD=0。

在串行通信中,收发双方发送或接收的波特率必须一致。波特率和串口工作方式有关。通过软件可对串口设定4种工作方式。其中方式0和方式2的波特率是固定的;方式1和方式3的波特率是可变的,由定时器T1的溢出率(T1每秒溢出的次数)来确定。定时器的不同工作方式,得到的波特率范围是不一样的,这是由于定时器/计数器T1在不同工作方式下计数位数不同所决定。

1. 串口工作方式0

波特率固定为晶振频率f_{osc}的1/12,且不受SMOD位的影响。若f_{osc}=12MHz,则波特率为f_{osc}/12,即1Mbit/s。

2. 串口工作方式2

波特率仅与SMOD位的值有关。

$$波特率=2^{SMOD}/64\times f_{osc}$$

若 f_{osc}=12MHz,SMOD=0,则

$$波特率=12/64=12000000/64=187500(bit/s)=187.5(kbit/s)$$

若 f_{osc}=12MHz,SMOD=1,则

$$波特率=2\times12/64=375(kbit/s)$$

3. 串口工作方式1或方式3

波特率由定时器T1的溢出率和SMOD的值共同决定。

$$\begin{aligned}波特率&=2^{SMOD}/32\times 定时器T1的溢出率\\&=2^{SMOD}/32\times f_{osc}/12\times1/(2^k-定时器T1的计数初值)\end{aligned}$$

式中,k 取决于定时器T1的工作方式,方式0时,$k=13$;方式1时,$k=16$;方式2和方式3时,$k=8$。

在实际设定波特率时,使用定时器方式2(自动重装初值)确定波特率较理想,不用软件重装初值,可避免因软件重装初值带来的定时误差,且算出的波特率比较准确。实际应用中,通常使用11.0592MHz频率的晶体振荡器,来提供1200bit/s、2400bit/s、4800bit/s、9600bit/s等多种常用的串行通信波特率。

8.2.3 IE和IP

1. 中断允许寄存器IE

中断允许寄存器IE中与串行口有关的是ES位。当ES=0时,禁止串行口的中断;当ES=1时,表示允许串行口中断。

2. 中断优先级控制寄存器IP

中断优先级控制寄存器IP中与串行口有关的是PS位,当PS=0时,表示串行口中断处于低优先级别;当PS=1时,表示串行口中断处于高优先级别。

8.2.4 中断请求的撤销

串行口中断标志位是TI和RI,CPU响应串行口中断后,硬件不能自动对RI和TI清0。因为响应串口中断后,CPU无法知道是接收中断还是发送中断,还需通过测试这两个中断标志位来判定,然后才清除。所以串行口中断请求的撤销只能通过软件方法在中断服务程序中进行。

8.3 串行口的工作方式

MCS-51单片机的串行口有四种工作方式,可通过设置SCON的SM0、SM1位进入不同的工作方式。

8.3.1 工作方式0

工作方式0为同步移位寄存器输入/输出方式。该方式并不用于两个8051单片机间的异步串行通信,而是用于串行口外接移位寄存器,实现串口/并口转换,这种方式可以用于

I/O 端口的扩展。方式 0 以 8 位数据为 1 帧，没有起始位和停止位，先发送或接收最低位。

注意：在工作方式 0 下，RXD 引脚接收数据时的工作过程和其他 3 种工作方式一样，但是，RXD 引脚发送数据时的工作示意过程如图 8.3 中虚线箭头所示。

示例 8-1

示例 8-1：单片机串行口外接一个串入并出的 8 位移位寄存器 74164，实现串口到并口的转换。数据从 RXD 引脚串行输出，移位脉冲从 TXD 引脚输出，波特率固定为单片机晶振频率的 1/12。移位寄存器 74164 逐位接收数据，并行输出数据，控制 8 个外接 LED 发光二极管的亮灭。

按照如图 2.5 所示的步骤使用 Keil μVision5 新建工程，工程名称为 exam-8-1，并且添加 STARTUP.A51 文件。按照如图 2.6 所示的步骤添加 C 源代码文件(在 Add New Item to Group Source Group 1 对话框中选择 C File)，文件名为 exam-8-1，在 exam-8-1.c 文件中输入 C51 源代码，如下所示，然后保存。

```
1: #include <reg51.h>
2: #define uchar unsigned char
3: #define uint unsigned int
4: uchar led[8]={0x01,0x02,0x04,0x08,0x10,0x20,0x40,0x80};
5: void delay(){          //延时函数
6:      uint i;
7:      for(i=0; i<35000; i++);
8: }
9: void main(){
10:     uchar i;
11:     while(1){
12:         SCON=0x00;
13:         for(i=0; i<8; i++){
14:             SBUF=led[i];
15:             while(!TI);
16:             TI=0;
17:             delay();
18:         }
19:     }
20: }
```

此时，可以成功构建工程。将生成的 HEX 文件加载到电路原理图如图 8.4 所示的 AT89C51 单片机中，即可正常运行。

当数据写入串行口发送 SBUF 后，在移位脉冲 TXD 控制下，由低位到高位按一定波特率将数据从 RXD 引脚传送出去，发送完毕，硬件自动使 SCON 的 TI 位置 1。配以串入并出移位寄存器 74164，可以将 RXD 引脚送出的串行数据逐位接收，转换为并行数据。通过 74164 输出控制 8 个外接 LED 发光二极管的亮灭。主函数中无限循环的功能是从下到上依次点亮 LED 发光二极管。

示例 8-2

示例 8-2：单片机串行口外接一片 8 位并行输入、串行输出的同步移位寄存器 74LS165，接在 74LS165 并行数据引脚上的 8 个开关状态可以通过串行口的方式 0 读入单片机内，进而将 8 个开关状态数据(1 字节)写到 P0 口，控制 8 个外接 LED 发光二极管的亮灭。

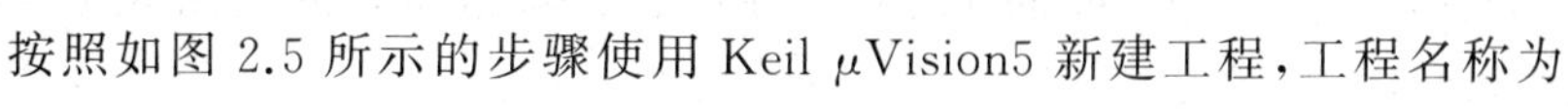

按照如图 2.5 所示的步骤使用 Keil μVision5 新建工程，工程名称为

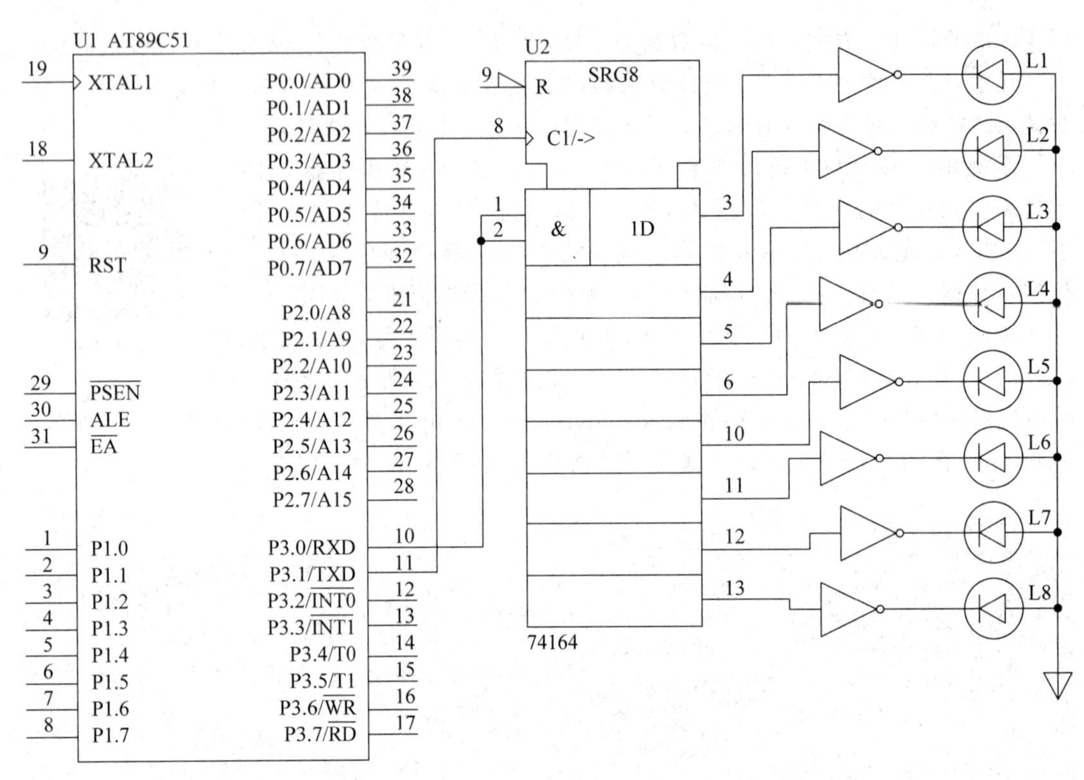

图 8.4 串口并口转换,方式 0,串行口外接一个串入并出 8 位移位寄存器

exam-8-2,并且添加 STARTUP.A51 文件。按照如图 2.6 所示的步骤添加 C 源代码文件(在 Add New Item to Group Source Group 1 对话框中选择 C File),文件名为 exam-8-2,在 exam-8-2.c 文件中输入 C51 源代码,如下所示,然后保存。

```
1: #include <reg51.h>
2: #define uchar unsigned char
3: #define uint unsigned int
4: sbit SHLD=P2^0;
5: void delay(){            //延时函数
6:       uint i;
7:       for(i=0; i<35000; i++);
8: }
9: void main(){
10:     while(1){
11:          SHLD=0;
12:          SHLD=1;
13:          SCON=0x10;
14:          while(!RI);
15:          P0=SBUF;
16:          RI=0;
17:          delay();
18:     }
19: }
```

此时,可以成功构建工程。将生成的 HEX 文件加载到电路原理图如图 8.5 所示的 AT89C51 单片机中,即可正常运行。

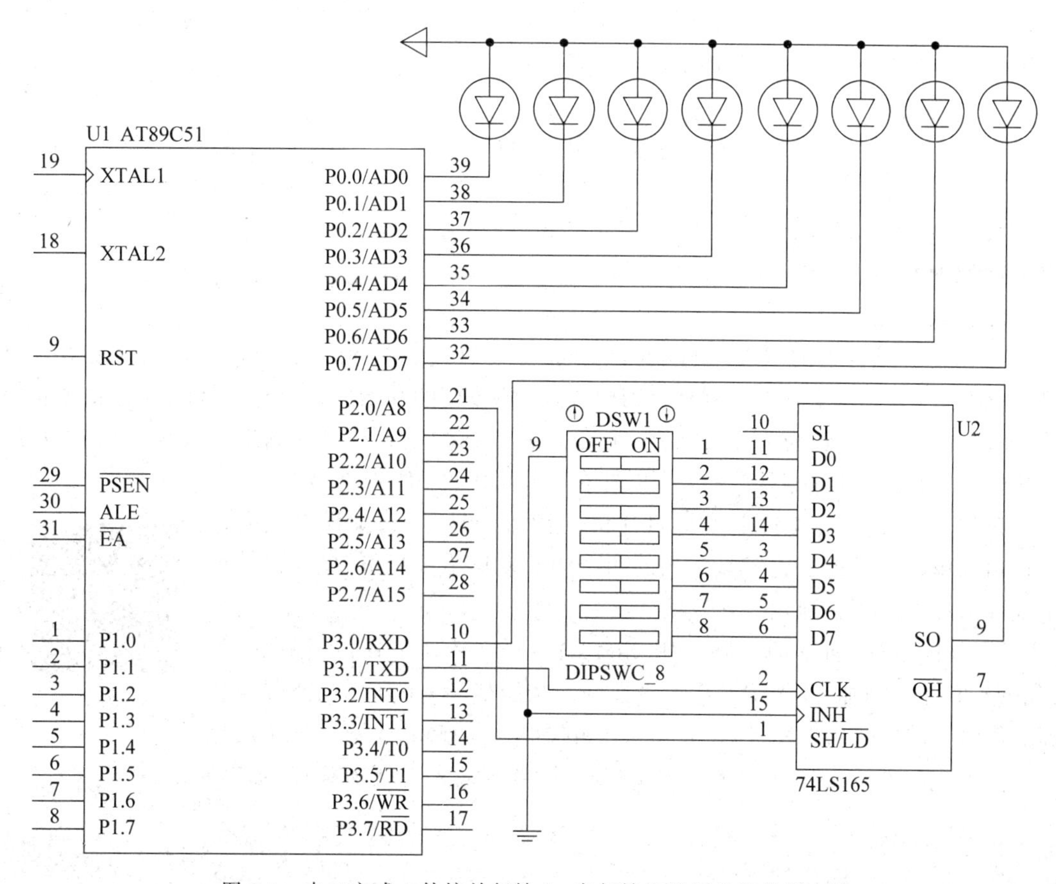

图8.5 串口方式0外接并行输入、串行输出的同步移位寄存器

74LS165的引脚SH/LD为移位/载入控制端，CLK和INH为时钟输入端(上升沿有效)，D为并行数据输入端，SI为串行数据输入端，SO为串行数据输出端，QH为互补输出端。CLK和INH在功能上是等价的，可以交换使用。当CLK和INH有一个为低电平并且SH/LD为高电平时，另一个可以作为输入脉冲。

SH/LD端由单片机的P2.0引脚控制。若SH/LD=0，则74LS165可以并行输入数据，也就是8个开关状态数据(D0～D7)被载入74LS165中的寄存器，并且串行输出端SO关闭；当SH/LD=1时，则并行输入关闭，可以通过SO引脚向单片机串行输入数据，写入串行口的接收SBUF。

方式0输入时，REN为串行口允许接收控制位，REN=0，禁止接收；REN=1，允许接收。当CPU向SCON写入控制字0x10(设置为方式0，REN=1，RI=0)时，产生一个正脉冲，串口开始接收数据。引脚RXD为数据输入端，TXD为移位脉冲信号输出端，接收器以$f_{osc}/12$固定波特率采样RXD引脚数据信息，当接收器接收完8位数据时，将中断标志RI置1，表示一帧接收完毕，可进行下一帧接收。

8.3.2 工作方式1

在工作方式1时，一帧数据为10位，主要包括：1位起始位、8位数据位和1位停止位。

数据位的接收和发送为低位在前,高位在后。方式 1 为双机串行通信方式,RXD(P3.0)引脚用于接收数据,TXD(P3.1)引脚用于发送数据。

1. 发送数据

串行口以方式 1 输出数据时,数据位由 TXD 引脚输出,当 CPU 将数据写入发送 SBUF 后,就启动串口发送。硬件自动添加起始位和停止位,与 8 个数据位组成 10 位完整的帧格式,在设定波特率的作用下,由 TXD 引脚一位一位地发送出去。发送完毕,硬件自动将 TI 置 1。通知单片机发送下一个字符。

2. 接收数据

当 SCON 寄存器的 REN 位设置为 1 时,即表示允许串行口从 RXD 引脚接收数据。若采样到 RXD 引脚由 1 到 0 的跳变,就认定是一帧数据的起始位。串行口将随后的 8 位数据移入移位寄存器,并转换为并行数据,在接收到停止位后,将并行数据送入接收 SBUF,再置 RI 位为 1,表示一帧数据接收完毕,通知单片机从接收 SBUF 取字符。

示例 8-3:使用虚拟终端模拟单片机的键盘和显示器,虚拟终端通过串行口和单片机相连。将键盘输入的两个整数发送给单片机,单片机计算最大值后在显示器上显示。

示例 8-3

按照如图 2.5 所示的步骤使用 Keil μVision5 新建工程,工程名称为 exam-8-3,并且添加 STARTUP.A51 文件。按照如图 2.6 所示的步骤添加 C 源代码文件(在 Add New Item to Group Source Group 1 对话框中选择 C File),文件名为 exam-8-3,在 exam-8-3.c 文件中输入 C51 源代码,如下所示,然后保存。

```
1: #include <reg51.h>
2: #include <stdio.h>
3: #define uint unsigned int
4: uint max(uint x, uint y){            //定义 max 函数,返回最大值
5:       if(x >y ) return x;
6:       else return y;
7: }
8: void main(){
9:       uint a, b;
10:      SCON=0x52;     //串口工作方式 1,REN=1,TI=1
11:      PCON=0x80;     //SMOD=1。fosc=12MHz。波特率的计算参考第 8.2.2 小节
12:      TMOD=0x20;     //定时器初始化,方式 2,自动重置计数初值的 8 位定时器/计数器
13:      TCON=0x40;     //TR1=1,启动定时器 T1。波特率由定时器 T1 的溢出率和 SMOD 决定
14:      TH1=0x0F3; TL1=0x0F3;       //波特率=2/32×1000000×1/(256-243)=1000000/
                                       16/13=4807.69≈4800
15:      while(1){
16:           printf("\nPlease enter values for variables a and b: ");
17:           scanf("%d %d", &a, &b);                //键盘输入变量 a 和 b 的值
18:           printf("\nmax=%u\n", max(a, b));     //输出 a 和 b 的最大值
19:      }
20: }
```

此时,可以成功构建工程。将生成的 HEX 文件加载到电路原理图如图 8.6 所示的 AT89C51 单片机中,即可正常运行。

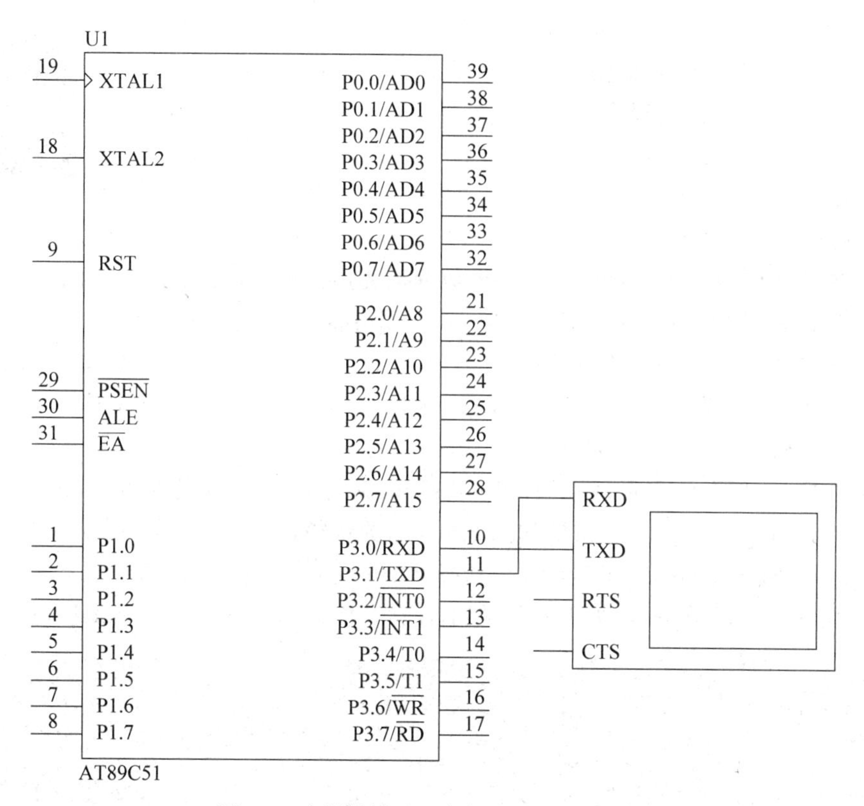

图 8.6 虚拟终端通过串行口和单片机相连

8.3.3 工作方式 2 和工作方式 3

工作方式 2 和工作方式 3 均为波特率可变的 9 位异步通信方式，除了波特率外，方式 2 和方式 3 相同。每帧数据为 11 位，主要包括：1 位起始位、8 位数据位、1 位可程控的第 9 位数据（TB8 或 RB8）、1 位停止位。数据位的接收和发送为低位在前，高位在后。

1. 发送数据

发送数据时，先由软件设置 TB8（如奇偶校验位或多机通信的地址/数据标志位），然后将要发送的数据写入发送 SBUF，即可启动发送过程。串行口硬件逻辑按一定波特率发送完 1 个起始位、8 个数据位后，按次序将 TB8 和停止位也从 RXD 引脚发出。发送完毕，硬件自动将 TI 位置 1。

2. 接收数据

当 REN＝1 时，允许串行口由 RXD 引脚接收数据。当位检测逻辑采样到 RXD 引脚从 1 到 0 的负跳变，并判断起始位有效后，便开始接收一帧信息（11 位）。当接收到第 9 位数据时，串行口硬件自动将该数据传送到 SCON 的 RB8 位中。在接收完第 9 位数据后，需满足两个条件（①RI＝0；②SM2＝0 或接收到的第 9 数据位 RB8＝1），才将接收到的前 8 位数据从输入移位寄存器送入接收 SBUF，并且将 RI 置 1。若不满足这两个条件，接收的信息将被丢弃。

示例 8-4：两个单片机之间的通信，串行口设为工作方式 3。发送方把数据发送给接收方,并且把数据通过 P1 口送到硬件译码 7 段 BCD LED 数码管显示器。接收方接收到数据后,把数据通过 P1 口送到 BCD LED 数码管显示器。

示例 8-4

两台 8051 单片机之间通过串行口进行通信,采用查询方式工作。发送方单片机将串行口设置为工作方式 2,TB8 作为奇偶位。数据写入发送缓冲器之前,先将数据的奇偶位写入 TB8,使第 9 位数据作为校验位。接收方单片机也将串行口设置为工作方式 2,并允许接收,将接收的数据放在片内 40H～4FH 单元中。每接收到一个数据都要进行校验,根据校验结果决定接收是否正确。接收正确则向发送方回送标志数据 00H,同时将收到的数据送往 P1 口显示;接收错误则向发送方回送标志数据 FFH,同时将数据 FFH 送往 P1 口显示。发送方每发送 1 字节后紧接着接收回送字节,只有收到标志数据 00H 后才继续发送下一个数据,同时将发送的数据送往 P1 口显示,否则停止发送。

按照如图 2.5 所示的步骤,使用 Keil μVision5 新建工程,工程名称为 exam-8-4-send,并且添加 STARTUP.A51 文件。按照如图 2.6 所示的步骤,添加 C 源代码文件(在 Add New Item to Group Source Group 1 对话框中选择 C File),文件名为 exam-8-4-send,在 exam-8-4-send.c 文件中输入 C51 源代码,如下所示,然后保存。构建、生成 exam-8-4-send.hex 文件。

```
1: #include <reg51.h>
2: #define uchar unsigned char
3: #define uint unsigned int
4: uchar i=0;
5: uchar sendd[]={0x00,0x01,0x02,0x03,0x04,0x05,0x06,0x07,       //待发送数据
6:               0x08,0x09,0x0a,0x0b,0x0c,0x0d,0x0e,0x0f};
7: void delay(){ uint i; for(i=0; i<35000; i++); }
8: void main(){
9:      TMOD=0x20;          //将 T1 设为工作方式 2,自动重置计数初值的 8 位定时器/计数器
10:     TH1=TL1=0x0F3; PCON=0x80;
        //fosc=6MHz 时,波特率=2/32×1000000/2×1/(256-243)≈2400
11:     TR1=1;                                  //启动 T1
12:     SCON=0xd0;                              //串行口设为工作方式 3,允许接收
13:     ES=1; EA=1;                             //开中断
14:     ACC=sendd[i];
15:     CY=P;
16:     TB8=CY;
17:     P1=ACC;
18:     SBUF=ACC;                               //发送数据
19:     delay();
20:     while(1);
21: }
22: void send() interrupt 4 using 1 {           //中断服务函数
23:      uchar recvd;
24:      if(TI==0){                             //接收中断
25:          RI=0; recvd=SBUF;                  //清除中断标志,接收数据
26:          if(recvd==0){                      //收到则回送正确标志
27:              i=(i+1)%16;
28:              ACC=sendd[i];
29:              CY=P;
30:              TB8=CY;
31:              P1=ACC;
32:              SBUF=ACC;                      //启动发送下一个数据
```

```
33:             delay();
34:             //if(i==0x0f) ES=0;          //数据发送完毕
35:         }else{
36:             ACC=sendd[i];                //收到则回送错误标志
37:             CY=P;
38:             TB8=CY;
39:             P1=ACC;
40:             SBUF=ACC;                    //重发上一个数据
41:             delay();
42:         }
43:     }else TI=0;
44: }
```

按照如图 2.5 所示的步骤使用 Keil μVision5 新建工程，工程名称为 exam-8-4-recv，并且添加 STARTUP.A51 文件。按照如图 2.6 所示的步骤添加 C 源代码文件（在 Add New Item to Group Source Group 1 对话框中选择 C File），文件名为 exam-8-4-recv，在 exam-8-4-recv.c 文件中输入 C51 源代码，如下所示，然后保存。构建生成 exam-8-4-recv.hex 文件。

```
1: #include <reg51.h>
2: #include <intrins.h>
3: #define uchar unsigned char
4: #define uint unsigned int
5: uchar i=0;
6: uchar saved[16] _at_ 0x40;
7: void main(){
8:      TMOD=0x20;                       //将 T1 设为工作方式 2
9:      TH1=TL1=0xf3;PCON=0x80;          //fosc=6MHz 时，波特率=2/32×1000000/2×
                                           1/(256-243)≈2400
10:     TR1=1;                           //启动 T1
11:     SCON=0xd0;                       //串行口设为工作方式 3，允许接收
12:     ES=1;EA=1;                       //开中断
13:     while(1);
14: }
15: void recv() interrupt 4 using 1 {                //中断服务函数
16:      uchar recvd;
17:      if(TI==0){                                  //接收中断
18:          RI=0; ACC=SBUF; recvd=ACC;              //清除中断标志，接收数据
19:          if((P==0&RB8==0)|(P==1&RB8==1)){        //判断奇偶标志
20:              saved[i]=recvd;                     //奇偶校验正确，存储数据
21:              P1=_crol_(recvd,4);
22:              i=(i+1)%16;
23:            SBUF=0x00;                            //回送正确标志
24:            //if(i==0x10) ES=0;                   //数据接收完毕，禁止串行口中断
25:        }
26:        else{
27:            SBUF=0xff;                            //奇偶校验错误，回送错误标志
28:        }
29:     }
30:     else TI=0;
31: }
```

此时，可以成功构建工程。将生成的 exam-8-4-send.hex 和 exam-8-4-recv.hex 文件分别加载到电路原理图如图 8.7 所示中的发送方和接收方 AT89C51 单片机中，即可正常运行。

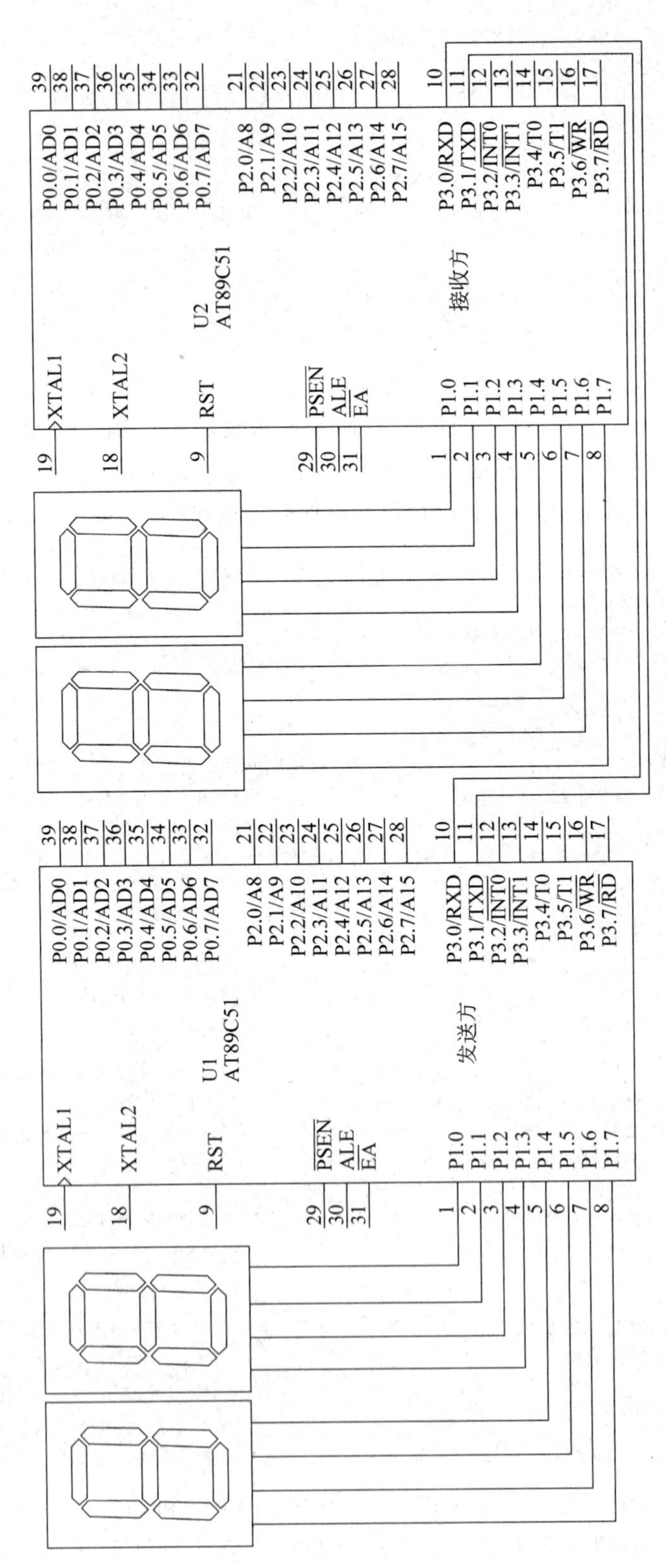

图 8.7　两个单片机之间的通信

示例 8-5：多单片机之间的通信。

示例 8-5

按照如图 2.5 所示的步骤使用 Keil μVision5 新建工程，工程名称为 exam-8-5-master，并且添加 STARTUP.A51 文件。按照如图 2.6 所示的步骤添加 C 源代码文件（在 Add New Item to Group Source Group 1 对话框中选择 C File），文件名为 exam-8-5-master，在 exam-8-5-master.c 文件中输入 C51 源代码，如下所示，然后保存。构建生成 exam-8-5-master.hex 文件。

```
1: #include <reg51.h>
2: #define uchar unsigned char
3: #define uint unsigned int
4: uchar addr, checksum;
5: uchar bdata slaveflag _at_ 0x20;
6: uchar data1[]={0x01, 0x02, 0x03, 0x04, 0x05};
7: uchar data2[]={0x81, 0x82, 0x83, 0x84, 0x85};
8: sbit K1=P2^0;
9: sbit K2=P2^1;
10: sbit F=slaveflag^0;
11: uchar send(){                              //数据发送函数
12:       uchar tmp, temp, num, *ptr;
13:       SCON=0xd8;                          //设置串行口工作方式
14:       TMOD=0x20;                          //将 T1 设为工作方式 2
15:       TH1=TL1=0xfd; PCON=0x00;            //设置波特率
16:       TR1=1;                              //启动 T1
17:       num=5;                              //数据块长度
18:       do{
19:         SBUF=addr;                        //发送从机地址
20:         while(!TI);                       //等待发送完
21:         TI=0;
22:         while(!RI);                       //等待从机应答
23:         RI=0;
24:         tmp=SBUF;                         //接收应答
25:     }while(tmp!=0);                       //应答错误,重发
26:     TB8=0;
27:     do{
28:         SBUF=num;                         //发送数据块长度
29:         while(!TI);                       //等待发送完
30:         TI=0;
31:         while(!RI);                       //等待从机应答
32:         RI=0;
33:         tmp=SBUF;                         //接收应答
34:     }while(tmp!=0);                       //应答错误,重发
35:     if(F==1) ptr=data1;
36:     if(F==0) ptr=data2;
37:     while(num>0){                         //等待发送完
38:          do{
39:             temp=*ptr;                    //取发送数据
40:             SBUF=temp;
41:             while(!TI);                   //等待发送完
42:             TI=0;
43:             while(!RI);                   //等待从机应答
44:             RI=0;
45:             tmp=SBUF;                     //接收应答
```

```
46:            }while(tmp!=0);                //应答错误,重发
47:            ptr++;
48:            checksum=checksum+temp;        //计算数据校验和
49:            num--;
50:        }
51:        SBUF=checksum;                     //发送校验和
52:        while(!TI);                        //等待发送完
53:        TI=0;
54:        while(!RI);                        //等待从机应答
55:        RI=0;
56:        tmp=SBUF;                          //接收应答
57:        if(tmp==0) return 0;               //应答正确,返回0
58:        else return 1;                     //应答错误,返回1
59: }
60: void key1(){                              //K1键处理函数,K1键按下,设置从机1地址
61:         addr=0x01; checksum=0x00; F=1;
62:         send();
63: }
64: void key2(){                              //K2键处理函数,K2键按下,设置从机2地址
65:         addr=0x02; checksum=0x00; F=0;
66:         send();
67: }
68: void main(){
69:         while(1){
70:             if(K1==0) key1();             //判断K1键是否按下
71:             if(K2==0) key2();             //判断K2键是否按下
72:         }
73: }
```

按照如图2.5所示的步骤使用Keil μVision5新建工程,工程名称为exam-8-5-slave1,并且添加STARTUP.A51文件。按照如图2.6所示的步骤添加C源代码文件(在Add New Item to Group Source Group 1对话框中选择C File),文件名为exam-8-5-slave1,在exam-8-5-slave1.c文件中输入C51源代码,如下所示,然后保存。构建生成exam-8-5-slave1.hex文件。

```
1: #include <reg51.h>
2: #define uchar unsigned char
3: #define uint unsigned int
4: uchar recvd[5];
5: uchar j=0;
6: uchar checksum=0;
7: uchar num=0;
8: uchar bdata slaveflag _at_ 0x20;
9: sbit FL0=slaveflag^0;
10: sbit FL1=slaveflag^1;
11: void delay(){ uint i; for(i=0; i<35000; i++); }
12: void main(){
13:         uchar i;
14:         SCON=0xf0;                    //设置串行口工作方式
15:         TMOD=0x20;                    //将T1设为工作方式2
16:         TH1=TL1=0xfd; PCON=0x00;      //设置波特率
17:         TR1=1; ES=1; EA=1;            //启动T1,开中断
18:         FL0=0;
19:         do{                           //循环显示接收到的数据
```

```
20:            for(i=0; i<5; i++){
21:                P1=recvd[i]; delay();
22:            }
23:        } while(FL0==0);
24:        P1=0xff; while(1);
25: }
26: void recv() interrupt 4 using 1 {          //串行口中断服务函数
27:        uchar tmp;
28:        if(TI==0){                          //接收中断
29:            RI=0;                           //清除中断标志,接收数据
30:            if(RB8==1){
31:                tmp=SBUF;                   //接收从机地址
32:                if(tmp!=0x01) return;       //判断是否与本机地址相符
33:                SM2=0; FL1=1; SBUF=0x00;
34:                return;
35:            }
36:            if(FL1==1){
37:                num=SBUF;                   //接收数据块长度
38:                FL1=0; SBUF=0x00;
39:                return;
40:            }
41:            if(num==0){
42:                tmp=SBUF;                   //接收校验和
43:                if((tmp^checksum)!=0){      //校验和错误
44:                    SBUF=0xff; FL0=1;
45:                    return;
46:                }
47:                SBUF=0x00; FL0=0; SM2=1;    //校验和正确
48:                checksum=0; j=0;
49:                return;
50:            }
51:            recvd[j]=SBUF;                  //接收数据
52:            checksum=checksum+recvd[j];     //数据累加
53:            SBUF=0x00;
54:            j++; num--;
55:            return;
56:     }else TI=0;
57:     return;
58: }
```

按照如图2.5所示的步骤使用Keil μVision5新建工程,工程名称为exam-8-5-slave2,并且添加STARTUP.A51文件。按照如图2.6所示的步骤添加C源代码文件(在Add New Item to Group Source Group 1对话框中选择C File),文件名为exam-8-5-slave2,在exam-8-5-slave2.c文件中输入C51源代码,exam-8-5-slave2.c和exam-8-5-slave1.c的代码除了第32行不一样,其他都一样,exam-8-5-slave2.c的第32行代码如下。构建生成exam-8-5-slave2.hex文件。

```
32:                if(tmp!=0x02) return;       //判断是否与本机地址相符
```

此时,可以成功构建整个工程。将生成的exam-8-5-master.hex、exam-8-5-slave1.hex和exam-8-5-slave2.hex文件分别加载到电路原理图如图8.8所示中的主机、从机1和从机2中,即可正常运行。

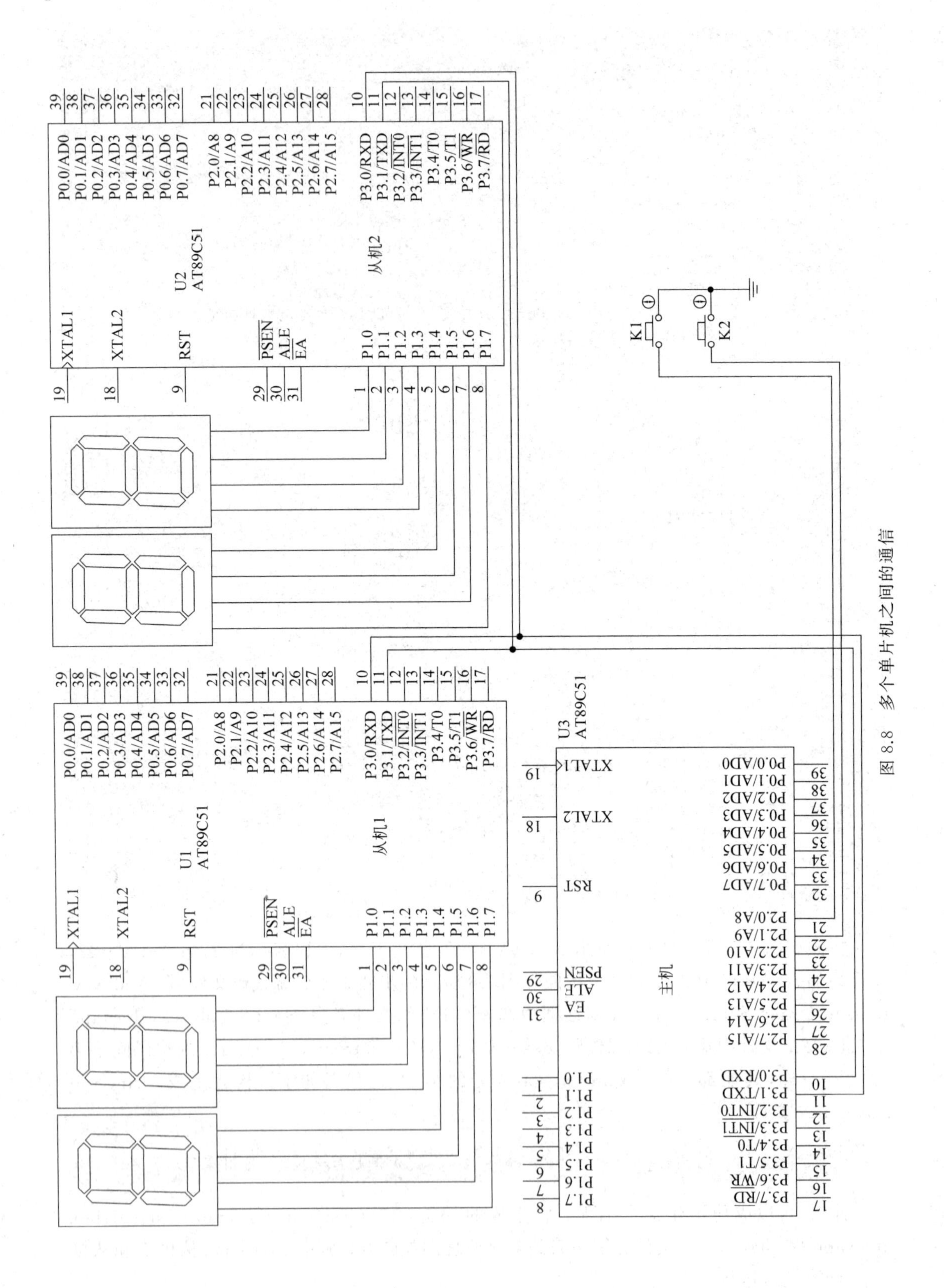

图 8.8 多个单片机之间的通信

利用单片机串行口工作方式2或方式3可实现多机通信。在单片机串行口控制器SCON中,设有多机通信控制位SM2。当串行口以方式2或方式3接收时,若SM2=1,则必须接收到第9数据位(RB8)为1时,才将前8位数据送入接收SBUF中,并置RI=1;否则将接收到的8位数据丢弃。而当SM2=0时,不管接收的第9数据位为0还是为1,都将前8位数据送入接收SBUF,并使RI=1。利用这一特性,便可实现主机与多个从机之间的串行通信。

多个单片机通信经常采用如图8.8所示的主从式结构。系统中有1个主机和多个从机。主机发送的信息可以被所有从机接收,任何一个从机发送的信息,只能由主机接收。从机和从机之间不能相互直接通信,它们的通信只能经主机才能实现。主机的RXD与所有从机的TXD端相连,TXD与所有从机的RXD端相连。从机地址分别为01H、02H。多机通信过程:①各从机初始化程序允许从机的串行口中断,将串行口编程为方式2或方式3接收,即9位异步通信方式,且将SM2和REN位置1,使从机处于多机通信且只接收地址帧的状态。②在主机和某个从机通信之前,先将从机地址发送给各个从机,接着才传送数据。主机发出的地址帧信息的第9位为1,数据帧的第9位为0。当主机向各从机发送地址帧时,各从机的串行口接收到的第9位信息RB8为1。由于各从机的SM2=1,将它们的RI置1,各从机均响应中断,在中断服务子程序中,判断主机送来的地址是否和本机地址相符合,若为本机地址,则将该从机SM2位清0,准备接收主机的数据;若地址不符,则保持SM2=1。③接着主机发送数据帧,数据帧的第9位为0。此时各从机接收到的RB8=0。只有与前面地址相符合的从机(即SM2位已清0的从机)才能使中断标志RI置1,从而进入中断服务程序,接收主机发来的数据;而与主机发来的地址不相符的从机,由于SM2保持为1,而RB8=0,因此不能接收主机发来的数据。此时已经将主机与建立联系的从机设置为单机通信模式,即在整个通信中,通信的双方都要保持发送数据的第9位(即TB8位)为0,防止其他的从机误接收数据。④结束数据通信并为下一次多机通信做准备。

8.4 习　题

1. 填空题

(1) 计算机与外界的数据交换称为通信,分为并行通信和________两种基本方式。

(2) 异步串行通信的帧格式由4部分组成:起始位、________、________、停止位。

(3) 异步串行通信的________用于表示数据传送的快慢。

(4) 在串行通信中,以每秒传送二进制的位数来表示,称为________,单位为________。

(5) 串行通信的传送速率为360个字符/秒,字符格式为10位,则波特率为________。

(6) 异步串行通信可分为________、________、半双工方式。

(7) SCON是串行口控制寄存器,其中的SM0和SM1是串行口________选择位。

(8) SCON中的________位用于对串行数据的接收控制。________是发送中断标志位。________是接收中断标志位。

(9) PCON最高位________与串口有关,是串行口波特率选择位。

2. 简答题

(1) 简述并行通信和串行通信。

(2) 简述异步串行通信。

(3) 简述异步通信中收发双方必须事先规定的两件事。

(4) 画出单工、全双工、半双工三种数据通路方式示意图。

(5) 简述异步串行通信的主要技术问题。

(6) 简述 51 单片机内部 UART 串行口中缓冲器寄存器 SBUF 工作过程。

(7) 简述串行口中断请求的撤销。

3. 上机题

分别运行本章 5 个示例中的 C51 代码,在理解的基础上修改代码并运行。

第9章　数模与模数转换接口技术

本章学习目标

- 了解 D/A 转换和 A/D 转换的概念；
- 了解 DAC 和 ADC 的主要性能指标；
- 理解 DAC 和 ADC 的工作原理；
- 掌握 DAC 和 ADC 的应用编程方法。

单片机是一个典型的数字系统。数字系统只能对输入的数字信号进行处理，其输出信号也是数字信号。然而现实生活中的许多物理量都是连续变化的模拟量，如温度、湿度、压力、声音等，这些模拟量可以通过传感器或换能器变成与之对应的电压、电流或频率等电模拟量。为了实现数字系统对这些电模拟量进行检测、运算和控制，需要一个模拟量与数字量之间的相互转换过程。将模拟量转换成数字量的过程称为 A/D 转换，完成这种转换的器件称为模数转换器（analog-digital converter），简称 A/D 转换器或 ADC。将数字量转换成模拟量的过程称为 D/A 转换，完成这种转换的器件称为数模转换器（digital-analog converter），简称 D/A 转换器或 DAC。ADC 和 DAC 是沟通模拟电路和数字电路的桥梁，也可称为两者之间的接口。

9.1　ADC 及 DAC 的主要性能指标

无论是分析或设计 ADC 和 DAC 的接口电路，还是选用 ADC 或 DAC 芯片，都会涉及与之相关的性能指标。因此，弄清楚一些常用的性能指标对正确使用 ADC 或 DAC 芯片是很重要的。

1. 分辨率

分辨率是指转换器所能分辨的被测量的最小值。对 DAC 来说，分辨率反映了输出模拟电压最小变化量；对 ADC 来说，分辨率是指 ADC 能分辨的最小输出模拟增量，表示输出数字量变化一个相邻数码所需要输入模拟电压的最小变化量，取决于输入数字量的二进制位数。如果数字量的位数为 n，实际上分辨率就等于 $1/2^n$ 满刻度值。分辨率高低通常用转换器的位数来表示，如 8 位、10 位、12 位等。例如，具有 12 位分辨率的 ADC 能够分辨出满刻度的 $1/2^{12}$。一个满刻度值为 10V 的 12 位 ADC 能够分辨输入模拟电压的最小变化值为 2.4mV。

2. 转换精度

转换精度是指转换的输出值相对于实际值的偏差，精度有两种表示方法。

(1) 绝对精度：用最低位(LSB)的倍数来表示，如±(1/2)LSB或±1LSB。

(2) 相对精度：用绝对精度除以满量程值的百分数来表示，如±0.05%等。一般来说，不考虑其他转换误差时，转换精度即为其分辨率的大小，故要获得高精度的转换结果，首先要保证选择具有足够分辨率的转换器。

3. 量程(满刻度范围)

量程是指输入模拟电压的变化范围，即其最大和最小模拟量之差。应当指出ADC、DAC的输出是不会达到满刻度值的。例如，某DAC输出的范围是0～10V，那么10V就是名义上的满刻度值，当DAC为8位分辨率的转换器时，其最大输出为255/256×10=9.961(V)，而对于12位分辨率的转换器，其最大输出为4095/4096×10=9.9975(V)。

4. 线性度误差

线性度误差是指实际转换特性曲线与理想特性曲线(通过两端的直线)之间的最大偏差，并以该偏差相对于满量程的百分数度量。在转换器电路设计中，一般都要求线性误差不大于±(1/2)LSB。

5. 转换时间与转换速率

从启动A/D转换开始直至获得稳定的二进制代码所需的时间称为转换时间，转换时间与转换器工作原理及其位数有关，同种工作原理的转换器，通常位数越多，其转换时间就越长。转换速率则是转换时间的倒数。当转换时间为200ns，则其转换速率为5MHz。

6. 建立时间

DAC的转换速率用建立时间来描述，是指当输入数字量变化后，输出模拟量稳定到相应数值的范围内所经历的时间。一般而言，D/A的建立时间比A/D的转换时间要短得多。

9.2 DAC接口技术

DAC是单片机应用系统输出通道中的一个重要环节，因为大多数的执行机构只能接收模拟量，所以单片机输出的数字量只有经过D/A转换后才能被执行机构所接受。各种类型的DAC芯片都具有数字量输入端和模拟量输出端及基准电压端。

数字输入端的类型有：①无数据锁存器；②带单数据锁存器；③带双数据锁存器；④可接收串行数字输入。第1种不带锁存器的DAC在与单片机连接时要另加锁存器，第2种和第3种自身带锁存器的DAC可直接与单片机相连接，第4种与单片机的连接十分简单，但是接收数据较慢，适用于远距离现场控制的场合。

模拟量输出的方式有电压输出和电流输出两种。电压输出的DAC芯片相当于一个电压源，其内阻很小，选用这种芯片时，与其匹配的负载电阻应较大。电流输出的芯片相当于电流源，其内阻较大，选用这种芯片时，负载电阻不可太大。

DAC一般由数据缓冲寄存器、模拟电子开关、解码网络、n位数字量输入、模拟量输出、求和电路、参考电压等组成。

9.2.1 DAC0832与8051单片机的接口方法

目前集成电路已将精密的权电阻、模拟开关、数据锁存器，甚至包括基准电源和运算放大器都做在同一芯片上，而且信号电平与 8 位或 16 位的微处理器兼容，故只要用少量外围元件就可构成完整的 D/A 转换电路。DAC0830 系列产品包括 DAC0830、DAC0831、DAC0832，它们之间完全可以相互替换。这类 DAC 芯片是具有两个输入寄存器的 8 位 DAC，能直接与 MCS-51 单片机相连接。

DAC0832 是 8 位 D/A 转换器芯片，单电源供电，在＋5～＋15V 内均可正常工作，基准电压的范围为±10V，逻辑结构如图 9.1 所示。DAC0832 内部结构由 1 个 8 位输入锁存器、1 个 8 位 DAC 寄存器和 1 个 8 位 D/A 转换器组成。

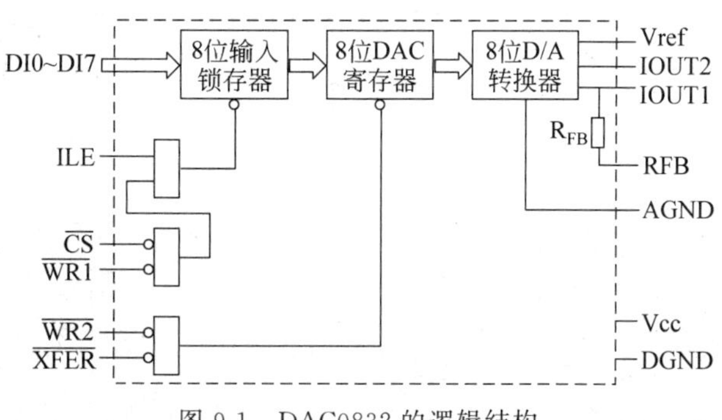

图 9.1　DAC0832 的逻辑结构

引脚 DI0～DI7 是 8 位数据输入端。ILE 是输入锁存器的锁存允许信号，高电平有效。CS 是片选信号，低电平有效。WR1 是输入锁存器的写选通信号，当 CS、ILE、WR1 同时有效时，DI0～DI7 的数据被送至输入锁存器。WR2 是 8 位 DAC 寄存器的写选通信号，XFER、WR2 同时有效时输入锁存器的数据被送至 DAC 寄存器，此时寄存器中的数据送至 D/A 转换器进行 D/A 转换。XFER 是数据传送控制信号，低电平有效。VREF 是参考电压输入端，一般此端外接一个精确、稳定的电压基准源，在－10～＋10V 内。IOUT1、IOUT2 是转换电流输出端。IOUT1、IOUT2 随 DAC 寄存器的内容作线性变化。IOUT1 是 DAC 输出电流 1，当 DAC 寄存器中为全 1 时，IOUT1 最大(满量程输出)；为全 0 时，IOUT1 为 0。IOUT2 是 DAC 输出电流 2，作为运算放大器的另一个差分输入信号(一般接地)。电流 IOUT1 和 IOUT2 之和为常数(满量程输出电流)。RFB 是反馈电阻(内含一个反馈电阻)接线端。DAC0832 中无运算放大器(运放)，且为电流输出，使用时需外接运放。芯片中已设置了反馈电阻，只要将 RFB 引脚接到运放的输出端即可。若运放增益不够，还须外加反馈电阻。Vcc 是电源输入端，一般取＋5～＋15V。AGND 是模拟信号地，控制电路中各种模拟电路的零电位。DGND 是数字信号地，控制电路中各种数字电路的零电位。

DAC0832 输入数字量的最大位数是 8 位。通过相应的控制信号(CS、WR1、WR2、ILE、XFER)可以使 DAC0832 有三种工作方式：直通工作方式、单缓冲工作方式和双缓冲工作方式。①直通工作方式：CS、XFER、WR1 和 WR2 均接地，ILE 接高电平，数据可以从输入端经两个寄存器直接进入 D/A 转换器。此方式适用于连续反馈控制电路和不带微型计算机的控制系统，在使用时必须通过另加 I/O 接口与 CPU 连接，以匹配 CPU 与 D/A 转换。②单缓冲工作方式：控制输入锁存器和 DAC 寄存器同时接收数据，或只用输入锁存器而把 DAC 寄存器接成直通方式。此方式适用于只有一路模拟量输出或几路模拟量异步输出的情形。③双缓冲工作方式：先使输入锁存器接收数据，再控制输入锁存器输出数据到

DAC 寄存器,即分两次锁存输入的数据。这种工作方式适用于多个 D/A 转换同步输出的应用场合。

1. DAC0832 单缓冲工作方式

若系统中只有一路模拟量输出,或虽有几路模拟量输出,但它们不要求同步输出时均可采用单缓冲工作方式。

示例 9-1:DAC0832 单缓冲工作方式接口的应用。

示例 9-1

按照如图 2.5 所示的步骤使用 Keil μVision5 新建工程,工程名称为 exam-9-1,并且添加 STARTUP.A51 文件。按照如图 2.6 所示的步骤添加 C 源代码文件(在 Add New Item to Group Source Group 1 对话框中选择 C File),文件名为 exam-9-1,在 exam-9-1.c 文件中输入 C51 源代码,如下所示,然后保存。

```
1: #include <reg51.h>
2: #include <absacc.h>
3: #define uchar unsigned char
4: #define uint unsigned int
5: #define DAC0832 0x7fff                    //定义 DAC0832 地址
6: uchar val=0x20;
7: uint i=0x8000;
8: sbit K1=P1^7;                             //定义加速键
9: sbit K2=P1^6;                             //定义减速键
10: void INCDAC(){                           //加速处理函数
11:     val=val+0x10;
12:     if(val>=0xe0) val=0xe0;
13: }
14: void DECDAC(){                           //减速处理函数
15:     val=val-0x10;
16:     if(val<=0x20) val=0x20;
17: }
18: void main(){
19:     while(1){
20:         XBYTE[DAC0832]=val;              //启动 DAC0832
21:         if(K1==0){                       //判断加速键是否按下
22:             while(i--);                  //延时反弹跳
23:             if(K1==0) INCDAC();          //加速
24:             i=0x8000;
25:         }
26:         if(K2==0){                       //判断减速键是否按下
27:             while(i--);                  //延时反弹跳
28:             if(K2==0) DECDAC();          //减速
29:             i=0x8000;
30:         }
31:     }
32: }
```

此时，可以成功构建工程。将生成的 HEX 文件加载到电路原理图如图 9.2 所示的 AT89C51 单片机中，即可正常运行。

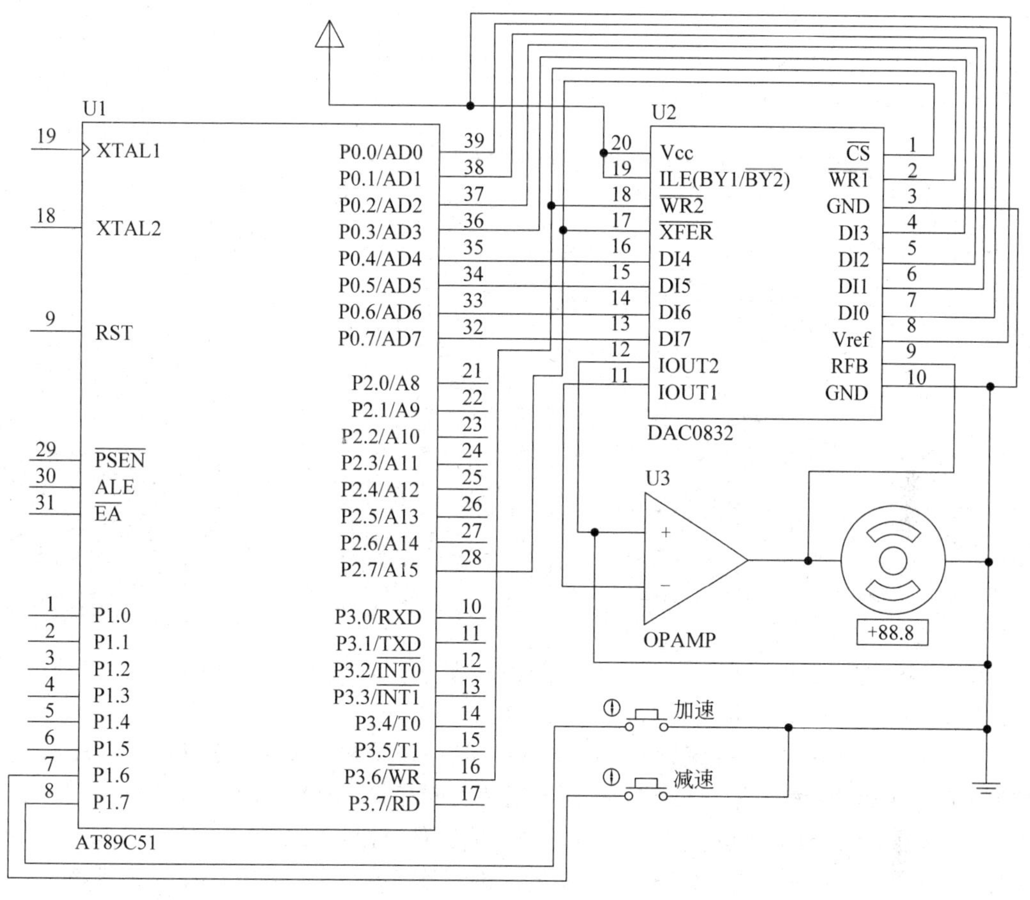

图 9.2　DAC0832 单缓冲工作方式接口的应用

DAC0832 是电流输出型的 D/A 转换器，而在单片机系统中通常需要电压信号，因此要将 D/A 转换器输出的电流信号转换成电压信号，其转换电路主要由运算放大器实现。

图 9.2 为一路模拟量输出时 DAC0832 和 8051 的接口电路。DAC0832 的 ILE 接+5V，CS 和 XFER 相连后由 8051 的 P2.7 控制，WR1 和 WR2 相连后由 8051 的 WR 控制。程序执行后 DAC 将产生输出电压驱动直流电机运转，通过加速按键和减速按键调节 DAC 输出不同电压，可使直流电机以不同速度运转。

示例 9-2：DAC0832 单缓冲工作方式下的多通道模拟量输出接口的应用。

示例 9-2

按照如图 2.5 所示的步骤使用 Keil μVision5 新建工程，工程名称为 exam-9-2，并且添加 STARTUP.A51 文件。按照如图 2.6 所示的步骤添加 C 源代码文件(在 Add New Item to Group Source Group 1 对话框中选择 C File)，文件名为 exam-9-2，在 exam-9-2.c 文件中输入 C51 源代码，如下所示，然后保存。

```
1: #include <reg51.h>
2: #include <absacc.h>
3: #define uchar unsigned char
4: #define uint unsigned int
5: #define DAC 0x7fff                    //定义 DAC 输出地址
6: uchar val[]={0x50, 0x80, 0xc0, 0xf0};
7: void delay(){                         //延时函数
8:      uint i;
9:      for(i=0; i<35000; i++);
10: }
11: void main(){
12:     uchar *ptr, i, DP;
13:     while(1){
14:         ptr=val; DP=0x00;
15:         for(i=0; i<4; i++){       //4 个通道
16:             P1=DP;                //选通多路开关
17:             XBYTE[DAC]=*ptr;      //给 DAC 发送数据,启动 DAC
18:             delay();
19:             ptr++; DP++;
20:         }
21:     }
22: }
```

此时,可以成功构建工程。将生成的HEX文件加载到电路原理图如图9.3所示的AT89C51单片机中,即可正常运行。

CD4051是具有16个引脚的集成电路芯片,是一种单端8通道多路开关,INH端用来控制CD4051是否有效,当INH=1时,所有通道均断开,禁止模拟量输入/输出;当INH=0时,通道接通,允许模拟量输入/输出。X0～X7是8路模拟信号的输入/输出引脚。X端是模拟信号的输出/输入引脚。C、B、A是3位二进制地址输入端,用以选择8路模拟信号中的1路,如CBA=001选通X1,CBA=100选通X4。芯片有2个电源引脚VDD和VEE,分别接+15V和-15V电源,还有一个接地引脚GND。VDD、VEE和GND引脚在仿真电路中没有显示。注意,CD4051允许双向使用,既可以用于选择8路模拟信号中的1路输入,也可以输出。

地址输入端A、B、C分别接到单片机的P1.0、P1.1、P1.2,INH端接到单片机的P1.3。INH、A、B、C用来选通某个通道,D/A转换后的模拟量接到多路开关CD4051的电压输入端X引脚,输出引脚X0、X1、X2、X3分别控制4个直流电机的运转。

2. DAC0832双缓冲工作方式

对于多路模拟量的同步输出,必须采用双缓冲工作方式。由于一路模拟量输出就需一片DAC0832,因此几路模拟量输出就需要几片DAC0832,通常将这种系统称为多路模拟量同步输出系统。DAC0832采用双缓冲工作方式时,数字量的输入锁存和D/A转换输出是分两步进行的。第一,8051单片机分时向各路DAC0832输入要转换的数字量并锁存在各自的输入锁存器中。第二,8051单片机对所有的DAC0832发出控制信号,使各路输入锁存器中的数据进入DAC寄存器,实现同步转换输出。

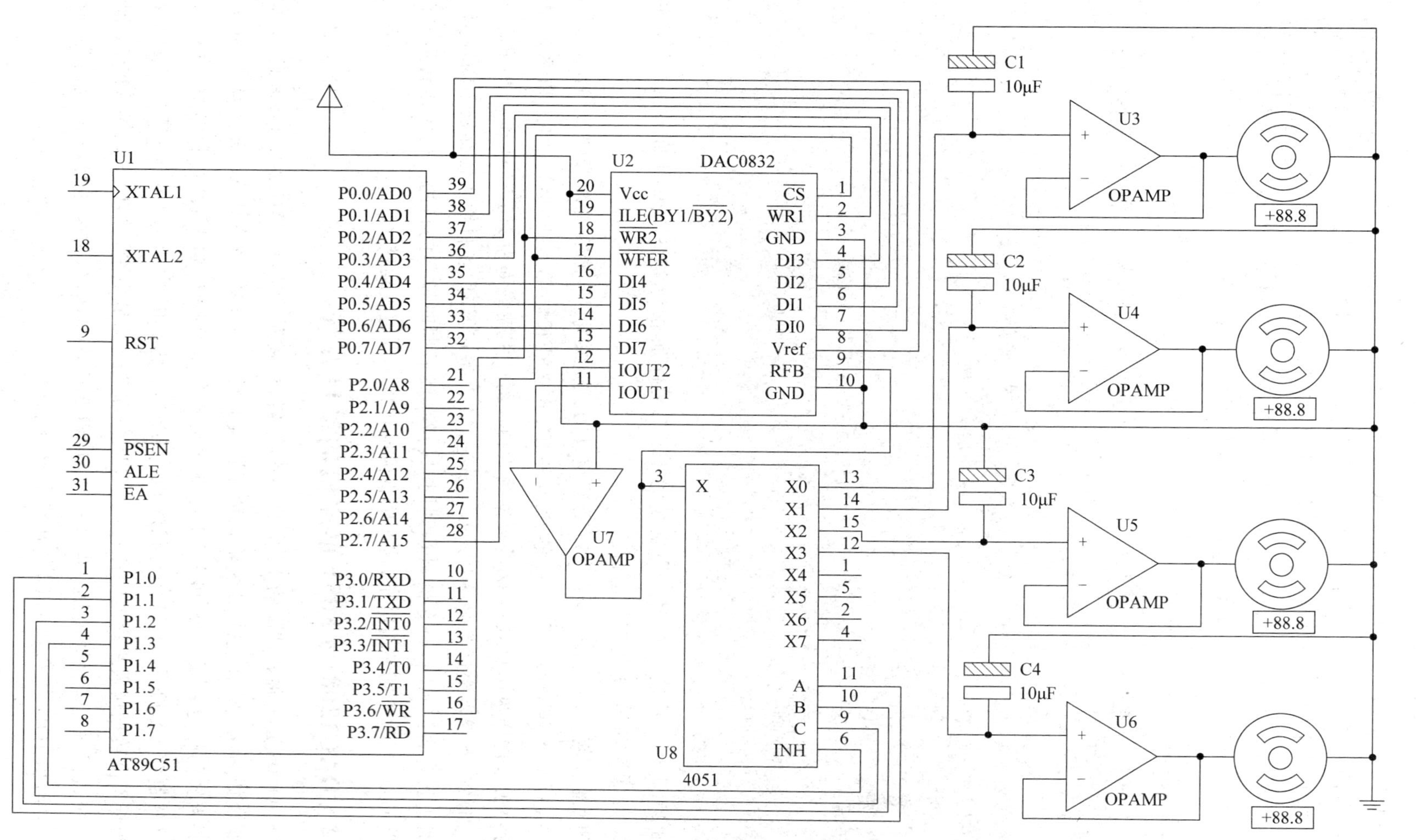

图 9.3　DAC0832 单缓冲工作方式下的多通道模拟量输出接口的应用

示例9-3：DAC0832双缓冲工作方式接口的应用。

示例9-3

按照如图2.5所示的步骤使用Keil μVision5新建工程，工程名称为exam-9-3，并且添加STARTUP.A51文件。按照如图2.6所示的步骤添加C源代码文件(在Add New Item to Group Source Group 1对话框中选择C File)，文件名为exam-9-3，在exam-9-3.c文件中输入C51源代码，如下所示，然后保存。

```
1: #include <reg51.h>
2: #include <absacc.h>
3: #define uchar unsigned char
4: #define DAC1 0xbfff                    //定义DAC1的数据地址
5: #define DAC2 0xffff                    //定义DAC2的数据地址
6: #define DAC   0x7fff                   //定义DAC的输出地址
7: uchar val1=0x20;
8: uchar val2=0xf0;
9: void main(){
10:      XBYTE[DAC1]=val1;                 //给DAC1发送数据val1
11:      XBYTE[DAC2]=val2;                 //给DAC2发送数据val2
12:      XBYTE[DAC]=val2;                  //同时启动DAC1和DAC2
13:      while(1);
14: }
```

此时，可以成功构建工程。将生成的HEX文件加载到电路原理图如图9.4所示的AT89C51单片机中，即可正常运行。

图9.4为两片DAC0832与8051的双缓冲方式连接电路，能实现两路同步输出。两片DAC0832的CS端分别连到8051的P2.6和/P2.6，XFER端都连到P2.7，WR1和WR2端都连到P3.6，这样两片DAC0832的数据输入锁存器分别被编址为0BFFFH和0FFFFH，而它们的DAC寄存器地址都是7FFFH，当选通ADC寄存器时，各自输入锁存器中的数据可以同时进入各自的ADC寄存器以达到同时转换，然后同时输出的目的。程序执行后同时使两路DAC产生不同输出电压，使2个直流电机以不同速度运转。

9.2.2 DAC1208与8051单片机的接口方法

DCA1208是一种高性能的12位D/A转换器，其系列产品有DAC1208/1209/1210等，内部组成如图9.5所示，包括8位输入锁存器、4位输入锁存器、12位DAC寄存器、12位D/A转换器及门控电路等。CS和WR1控制输入锁存器，XFER和WR2控制DAC寄存器，增加了控制线BYTE1/BYTE2。当BYTE1/BYTE2为高电平，并且CS与WR1有效时，高8位与低4位数据输入锁存器锁存；当BYTE1/BYTE2为低电平，并且CS与WR1有效时，仅低4位数据输入锁存器锁存。当XFER与WR2有效时，12位数据送到DAC寄存器进行D/A转换，由IOUT1和IOUT2输出模拟电流信号。

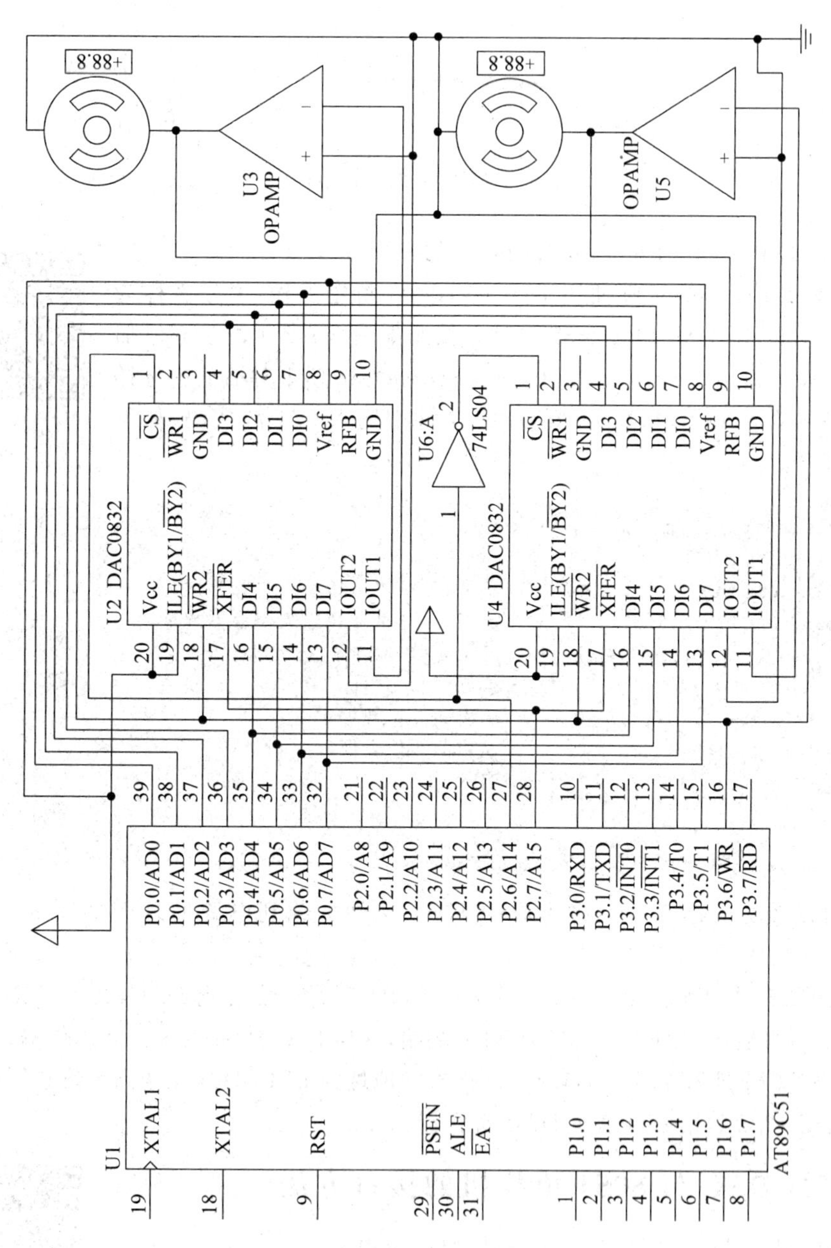

图 9.4　DAC0832 双缓冲工作方式接口的应用

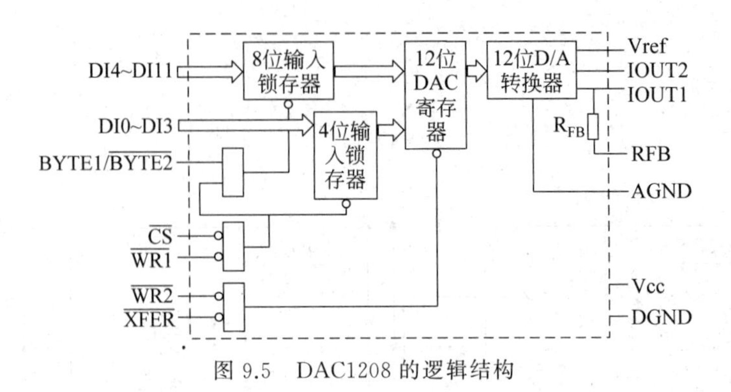

图 9.5 DAC1208 的逻辑结构

示例 9-4：DAC1208 与 8051 单片机接口的应用。

示例 9-4

按照如图 2.5 所示的步骤使用 Keil μVision5 新建工程，工程名称为 exam-9-4，并且添加 STARTUP.A51 文件。按照如图 2.6 所示的步骤添加 C 源代码文件(在 Add New Item to Group Source Group 1 对话框中选择 C File)，文件名为 exam-9-4，在 exam-9-4.c 文件中输入 C51 源代码，如下所示，然后保存。

```
1: #include <reg51.h>
2: #include <absacc.h>
3: #define DAC8 0x7fff              //定义 1208 高 8 位输入寄存器地址
4: #define DAC4 0x7eff              //定义 1208 低 4 位输入寄存器地址
5: #define DAC 0xffff               //定义 1208DAC 寄存器地址
6: void main(){
7:      XBYTE[DAC8]=0xff;           //输出高 8 位数据
8:      XBYTE[DAC4]=0x0f;           //输出低 4 位数据
9:      XBYTE[DAC]=0x0f;            //启动 12 位 D/A 转换
10:      while(1);
11: }
```

此时，可以成功构建工程。将生成的 HEX 文件加载到电路原理图如图 9.6 所示的 AT89C51 单片机中，即可正常运行。

8051 的 P2.7 引脚连接 DAC1208 的 CS 端，P2.7 反向后连接 DAC1208 的 XFER 端，8051 的 P2.0 引脚连接 DAC1208 的 BYTE1/2 端，这样 DAC1208 的 8 位和 4 位输入锁存器的地址分别为 7FFFH 和 7EFFH，DAC 寄存器的地址为 FFFFH。先送高 8 位数据，再送低 4 位数据，送完 12 位数据后再选通 DAC 寄存器。

9.2.3 串行 DAC 与 8051 单片机的接口方法

示例 9-5

示例 9-5：串行 DAC 与 8051 单片机接口的应用。

按照如图 2.5 所示的步骤使用 Keil μVision5 新建工程，工程名称为 exam-9-5，并且添加 STARTUP.A51 文件。按照如图 2.6 所示的步骤添加 C 源代码文件(在 Add New Item to Group Source Group 1 对话框中选择 C File)，文件名为 exam-9-5，在 exam-9-5.c 文件中输入 C51 源代码，如下所示，然后保存。

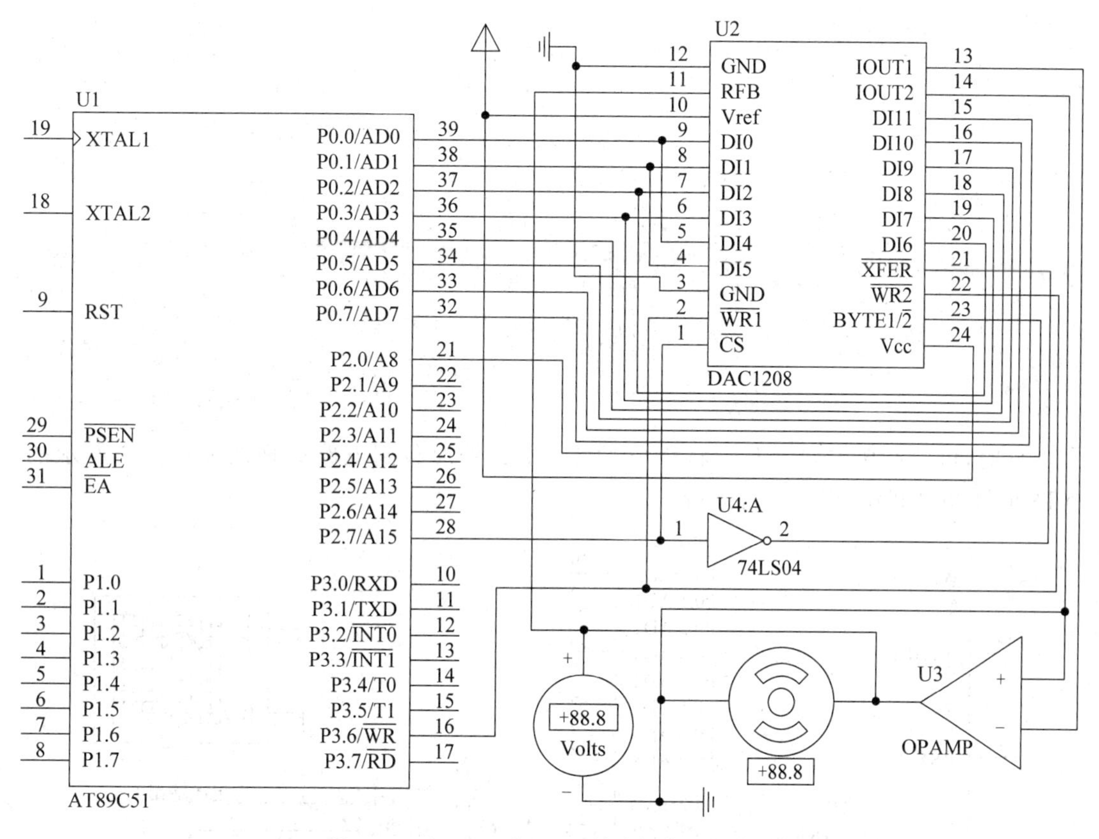

图 9.6　DAC1208 与 8051 单片机接口的应用

```
1: #include <reg51.h>
2: #define uint unsigned int
3: #define uchar unsigned char
4: sbit SCLK=P2^0;
5: sbit CS=P2^1;
6: sbit DIN=P2^2;
7: uint k;                          //定义需要转换的数字量,改变它的值,得到不同的模拟电压
8: void DA_Conver(uint val){        //D/A 转换函数
9:      uchar i;
10:     val<<=4;
11:     CS=0;                        //选中 DA 芯片
12:     SCLK=0;                      //12 个时钟周期内,每个上升沿锁存数据,形成 DA 输出
13:     for(i=0; i<12; i++){        //前 10 个时钟输入的是 10 位 DA 数据,后 2 个时钟周期为填
                                       充字节
14:         DIN=(bit)(val & 0x8000);
15:         SCLK=1;
16:         val<<=1;
17:         SCLK=0;
18:     }
19:     CS=1;                        //CS 的上升沿和下降沿只有在 clk 为低时才有效
```

```
20:     SCLK=0;
21: }
22: void main(){
23:     uint val=0;                    //准备 D/A 转换数据
24:     while(1){
25:         val=k<<2;
26:         k++;
27:         DA_Conver(val);     //启动 D/A 转换
28:         if(k==0x3ff) k=0;
29:     }
30: }
```

此时,可以成功构建工程。将生成的 HEX 文件加载到电路原理图如图 9.7 所示的 AT89C51 单片机中,即可正常运行。

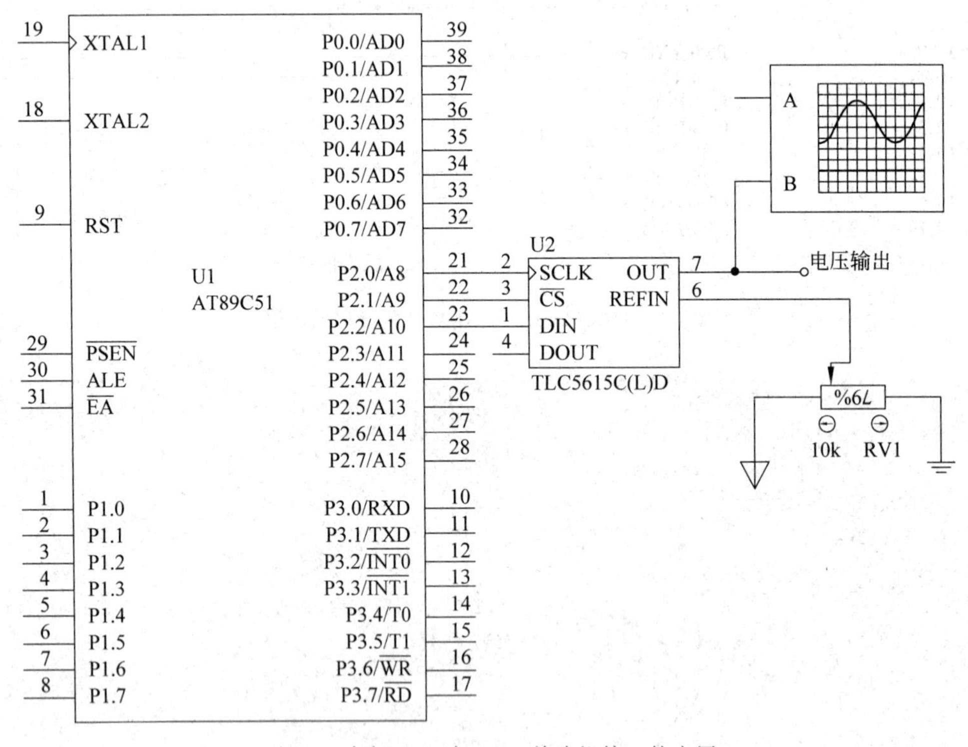

图 9.7　串行 DAC 与 8051 单片机接口的应用

TLC5615 是一种常用串行 DAC。引脚 SCLK 是串行时钟输入端。CS 是片选端,低电平有效。DIN 是串行数据输入端。DOUT 是用于级联时的串行数据输出端。OUT 是 DAC 模拟电压输出端。REFIN 是基准电压输入端。

TLC5615 具有 12 位数据序列和 16 位数据序列两种工作方式。单片工作时采用 12 位数据序列,CS 为低电平期间,由时钟信号 SCLK 控制串行数据 DIN 向移位寄存器依次输入 10 位有效数据位和低 2 位填充位(填充位数据任意),高位在前,低位在后,需要 12 个 SCLK 时钟完成一次数据传输。

9.2.4　利用 DAC 接口实现波形发生器

利用 DAC 接口实现的波形发生器，可以由单片机控制下产生阶梯波、三角波、方波、正弦波 4 种电压波形。波形的切换可通过按键实现。

示例 9-6：利用 DAC0832 实现波形发生器。

示例 9-6

按照如图 2.5 所示的步骤使用 Keil μVision5 新建工程，工程名称为 exam-9-6，并且添加 STARTUP.A51 文件。按照如图 2.6 所示的步骤添加 C 源代码文件(在 Add New Item to Group Source Group 1 对话框中选择 C File)，文件名为 exam-9-6，在 exam-9-6.c 文件中输入 C51 源代码，如下所示，然后保存。

```
1: #include <reg51.h>
2: #include <absacc.h>
3: #define uchar unsigned char
4: #define uint unsigned int
5: #define DAC 0x7fff                                   //定义 DAC 输出地址
6: uchar code SINTAB[]={0x7F,0x89,0x94,0x9F,0xAA,0xB4,0xBE,0xC8,0xD1,0xD9,
7:                      0xE0,0xE7,0xED,0xF2,0xF7,0xFA,0xFC,0xFE,0xFF};
8: uchar bdata flags=0x20;
9: sbit KST=flags^0;                                    //阶梯波标志
10: sbit KTRI=flags^1;                                  //三角波标志
11: sbit KSQ=flags^2;                                   //方波标志
12: sbit KSIN=flags^3;                                  //正弦波标志
13: sbit K1=P1^0;                                       //K1 键
14: sbit K2=P1^1;                                       //K2 键
15: sbit K3=P1^2;                                       //K3 键
16: sbit K4=P1^3;                                       //K4 键
17: void delay(){                                       //延时函数
18:     uchar i;
19:     for(i=0; i<0xff; i++);
20: }
21: void st(){                                          //阶梯波函数
22:     uchar i=0;
23:     while(KST) XBYTE[DAC]=i++;                      //启动 DAC
24: }
25: void tri(){                                         //三角波函数
26:     uchar i=0;
27:     XBYTE[DAC]=i;                                   //启动 DAC
28:     while(KTRI){
29:         do{ XBYTE[DAC]=i; }while(++i<0xff);         //三角波上升沿
30:         do{ XBYTE[DAC]=i; }while(--i> 0x0);         //三角波下降沿
31:     }
32: }
33: void sq(){                                          //方波函数
34:     while(KSQ==1){
35:         XBYTE[DAC]=0x00; delay();                   //启动 DAC
36:         XBYTE[DAC]=0xff; delay();
37:     }
38: }
39: void sin(){                                         //正弦波函数
40:     uchar i;
```

```
41:     while(KSIN==1){
42:         for(i=0; i<18; i++) XBYTE[DAC]=SINTAB[i];      //第 1 个 1/4 周期
43:         for(i=18; i> 0; i--) XBYTE[DAC]=SINTAB[i];     //第 2 个 1/4 周期
44:         for(i=0; i<18; i++) XBYTE[DAC]=~ SINTAB[i];    //第 3 个 1/4 周期
45:         for(i=18; i> 0; i--) XBYTE[DAC]=~ SINTAB[i];   //第 4 个 1/4 周期
46:     }
47: }
48: void main(){
49:     EA=1; EX1=1; IT1=1;
50:     while(1){
51:         if(KST==1) st();
52:         else if(KTRI==1) tri();
53:         else if(KSQ==1) sq();
54:         else if(KSIN==1) sin();
55:     }
56: }
57: void int1() interrupt 2 using 1{                            //INT1 中断服务函数
58:     if(K1==0){flags=0; KST=1;}                              //阶梯波键按下
59:     else if(K2==0){flags=0; KTRI=1;}                        //三角波键按下
60:     else if(K3==0){flags=0; KSQ=1;}                         //方波键按下
61:     else if(K4==0){flags=0; KSIN=1;}                        //正弦波键按下
62: }
```

此时,可以成功构建工程。将生成的 HEX 文件加载到电路原理图如图 9.8 所示的 AT89C51 单片机中,即可正常运行。

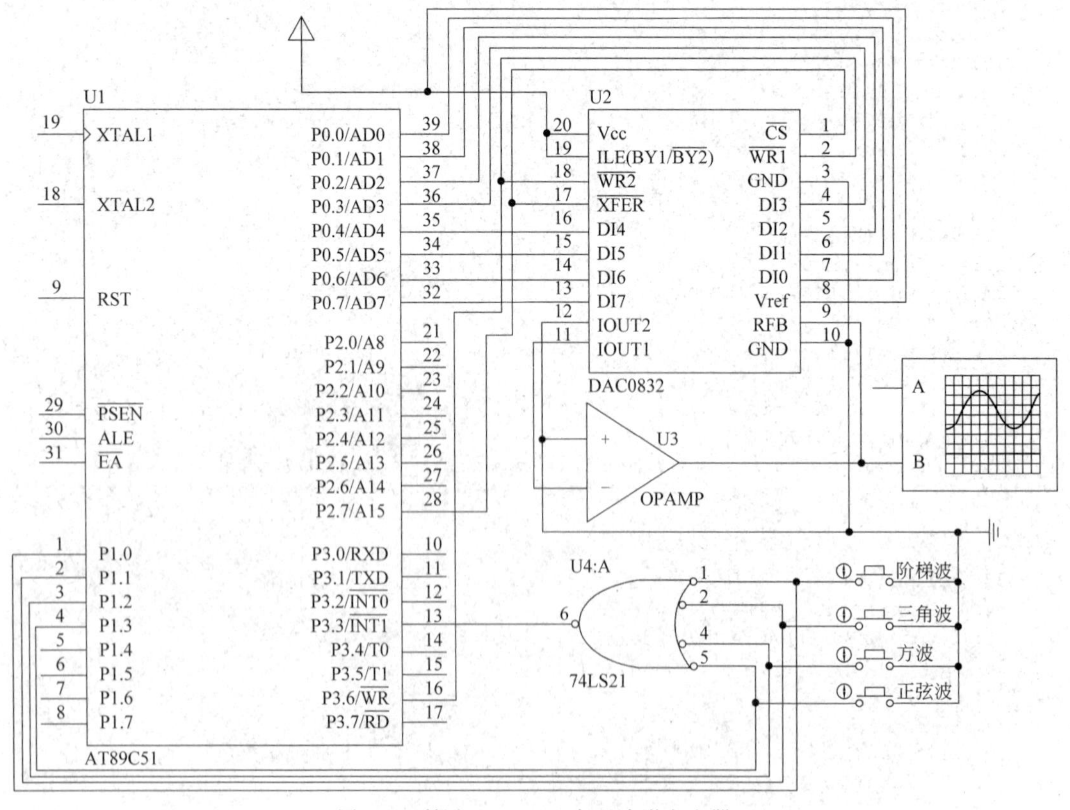

图 9.8　利用 DAC0832 实现波形发生器

9.3 ADC 接口技术

在单片机的实时控制和智能化仪器、仪表应用系统中，经常需要将温度、压力、流量、速度等检测到的模拟量转换成数字量才能被单片机所接受并进行相应的处理。然后将处理结果的数字量经 D/A 转换器转换成模拟量输出，实现对监控对象的温度、压力、流量、速度等参数进行控制、调整的目的。

A/D 转换是将模拟信号转换为数字信号，转换过程通过取样、保持、量化和编码四个步骤完成。ADC 根据其工作原理的不同大致可分为：逐次逼近型 ADC、串联方式 ADC、双积分型 ADC 等类型。

逐次逼近型 A/D 转换又称为逐次比较法 A/D 转换。它由 D/A 转换环节、比较环节和控制逻辑等几个部分组成。其转换原理为：ADC 将一个待转换的模拟输入电压与一个预先设定的电压(预设电压由逐次逼近型 ADC 中的 DAC 的输出获得)相比较，根据预设的电压是大于还是小于待转换的模拟输入电压来决定当前转换的数字量是 0 还是 1，据此逐位进行比较，以便使转换结果(相应的数字量)逐渐与模拟输入电压相对应的数字量接近。

预设电压值的算法如下：将逐次逼近型 ADC 中 DAC 的各位二进制数从最高位起依次置 1，每变化一位就得到一个预设的电压，并使之与待转换的模拟输入电压进行比较，若模拟输入电压小于预设电压，则使比较器中相应的位为零；若模拟输入电压大于预设电压，则使比较器中相应的位输出为 1。无论是哪种情况，均应继续比较下一位，直到最低位为止。此时，逐次逼近型 A/D 转换器中 DAC 的数字输入即为对应模拟输入信号的数字量。将此数字量输出就完成了 A/D 转换过程。

输入方式主要有两种，分别是单端输入和差动输入。差动输入有利于克服共模干扰。输入信号的极性有单极性和双极性输入，这由极性控制端的接法决定。

输出方式主要有两种：①数据输出寄存器具有可控的三态门。此时芯片输出线允许和单片机的数据总线直接相连，并在转换结束后利用读信号控制三态门将数据送到数据总线。②不具备可控的三态门。输出寄存器直接与芯片管脚相连，此时芯片的输出线必须通过输入缓冲器连至单片机的数据总线。

9.3.1 比较式 ADC0809 与 8051 单片机的接口方法

常用的比较式 ADC 有：ADC0809(ADC0808)、ADC0816、ADC1210、AD754 等。这里主要介绍 ADC0809 的接口电路。ADC0809 是 8 路模拟量输入、8 位数字量输出的逐次逼近型 A/D 转换芯片，采用 CMOS 工艺。ADC0809 内部结构如图 9.9 所示。ADC0809 由＋5V 电源供电，片内带有锁存功能及 8 路模拟多路开关，可对 8 路 0～5V 的输入模拟电压信号分时进行转换。片内具有多路开关的地址译码器和锁存电路、8 位比较式 A/D 转换电路。三态输出锁存器可直接接到单片机数据总线上。

ADC0809 的引脚 OUT1～OUT8 是 8 位二进制数字量输出引脚，通常接单片机的数据

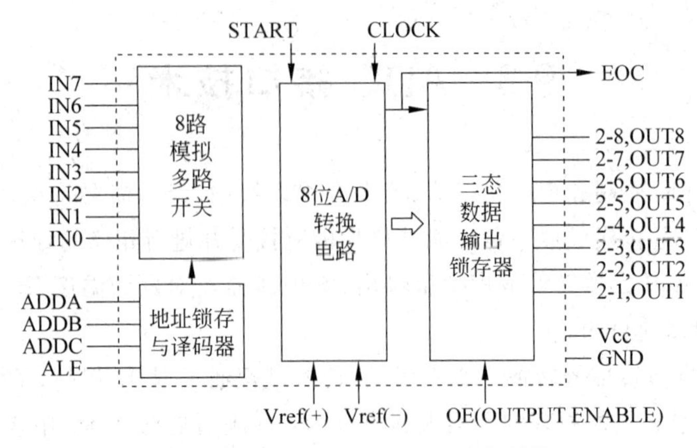

图 9.9 ADC0809(ADC0808)内部结构

线。IN0～IN7 是 8 路模拟量输入引脚，通常输入被测模拟电压，电压范围为 0～5V。对变化速度较快的模拟量，输入前应增加采样保持电路。ADDA、ADDB、ADDC 是地址输入线，经译码后可选通 IN0～IN7 这 8 个通道中的 1 个通道进行 A/D 转换。比如，ADDC、ADDB、ADDA 为 001 时选通 IN1，为 100 时选通 IN4。ALE 是地址锁存允许信号输入端，ALE 上升沿(高电平有效时)将 ADDA、ADDB、ADDC 三个地址信号送入地址锁存器，并经地址译码得到地址输出，用以选择相应的模拟输入通道。ADC0809 内部多路开关可选通 8 个模拟通道，允许 8 路模拟量分时输入，共用一个 A/D 转换电路进行转换。START 是 A/D 转换启动信号输入端，脉冲上升沿复位 ADC0809，下降沿启动 A/D 转换。CLOCK 是时钟信号输入端。EOC 是转换结束信号输出引脚，在开始转换时为低电平，当转换结束时为高电平，同时将转换结果送入三态数据输出锁存器，以便向单片机输出转换结果。EOC 信号可作为向 CPU 发出的中断请求信号。如果将 EOC 和 START 相连，加上一个启动脉冲则连续进行转换。OE 为输出使能端，OE＝0 时，输出数据线呈高阻态；OE＝1 时，打开三态数据输出锁存器的三态门，将数据送出。ref(＋)是参考正基准电压输入端。ref(－)是参考负基准电压输入端。通常将 ref(＋)接＋5V 电源，ref(－)接地。Vcc 接＋5V 电源。GND 接地。

示例 9-7：ADC0809 与 8051 单片机中断方式接口的应用。

示例 9-7

按照如图 2.5 所示的步骤使用 Keil μVision5 新建工程，工程名称为 exam-9-7，并且添加 STARTUP.A51 文件。按照如图 2.6 所示的步骤添加 C 源代码文件(在 Add New Item to Group Source Group 1 对话框中选择 C File)，文件名为 exam-9-7，在 exam-9-7.c 文件中输入 C51 源代码，如下所示，然后保存。

```
1: #include <reg51.h>
2: #include <absacc.h>
3: #define uchar unsigned char
4: #define ADC 0x7fff                    //定义 ADC0808 端口地址
```

```
5: uchar data dat[8] _at_ 0x30;
6: uchar i=0;
7: void int0() interrupt 0 using 1{      //INT0 中断服务函数
8:       dat[i]=XBYTE[ADC];              //读取 ADC0808 转换结果
9:       i++;
10:      XBYTE[ADC]=i;                   //启动 ADC0808 下一通道
11:      if(i==8){
12:          i=0;
13:          XBYTE[ADC]=i;               //重新启动 ADC0808 第 0 通道
14:      }
15: }
16: void main(){
17:      EX0=1; IT0=1; EA=1;
18:      XBYTE[ADC]=i;                   //启动 ADC0808 第 0 通道
19:      while(1) P1=dat[0];             //0 通道转换结果送到 P1 口显示
20: }
```

此时,可以成功构建工程。将生成的 HEX 文件加载到电路原理图如图 9.10 所示的 AT89C51 单片机中,即可正常运行。

注意:由于 Proteus 8.11 版本中的 ADC0809 仿真模型不能正常工作,因此示例 9-7 和示例 9-8 电路图中使用 ADC0808 仿真模型,在设计实际单片机应用系统时可替换为 ADC0809。

ADC0809 与 8051 的中断方式接口电路如图 9.10 所示。用 8051 的 P2.7 引脚作为片选信号,因此端口地址为 7FFFH。片选信号和 WR 信号一起经或非门产生 ADC0809 的启动信号 START 和地址锁存信号 ALE;片选信号和 RD 信号一起经或非门产生 ADC0809 输出允许信号 OE,OE=1 时选通三态门将输出锁存器中的转换结果送入数据总线。ADC0809 的 EOC 引脚经过一个或非门(74LS02)连接到 8051 的外部中断引脚 INT0。采用中断方式可大大节省 CPU 的时间,当转换结束时,EOC 发出一个脉冲向单片机提出中断申请,单片机响应中断请求,由 INT0 的中断服务程序读取 A/D 转换结果,并启动下一个 A/D 转换,INT0 采用边沿触发方式。ADC0809 芯片的 8 个模拟量输入通道(IN0～IN7)由 3 位地址码来选择,这 3 位地址码输入端 ADDA、ADDB、ADDC 分别接到 8051 的 P0.0、P0.1 和 P0.2,因此,当向端口地址 7FFFH 分别写入数据 00H～07H 时,即可启动模拟量输入通道 0～7 进行 A/D 转换。

示例 9-8:ADC0809 与 8051 单片机查询方式接口的应用。

示例 9-8

按照如图 2.5 所示的步骤使用 Keil μVision5 新建工程,工程名称为 exam-9-8,并且添加 STARTUP.A51 文件。按照如图 2.6 所示的步骤添加 C 源代码文件(在 Add New Item to Group Source Group 1 对话框中选择 C File),文件名为 exam-9-8,在 exam-9-8.c 文件中输入 C51 源代码,如下所示,然后保存。

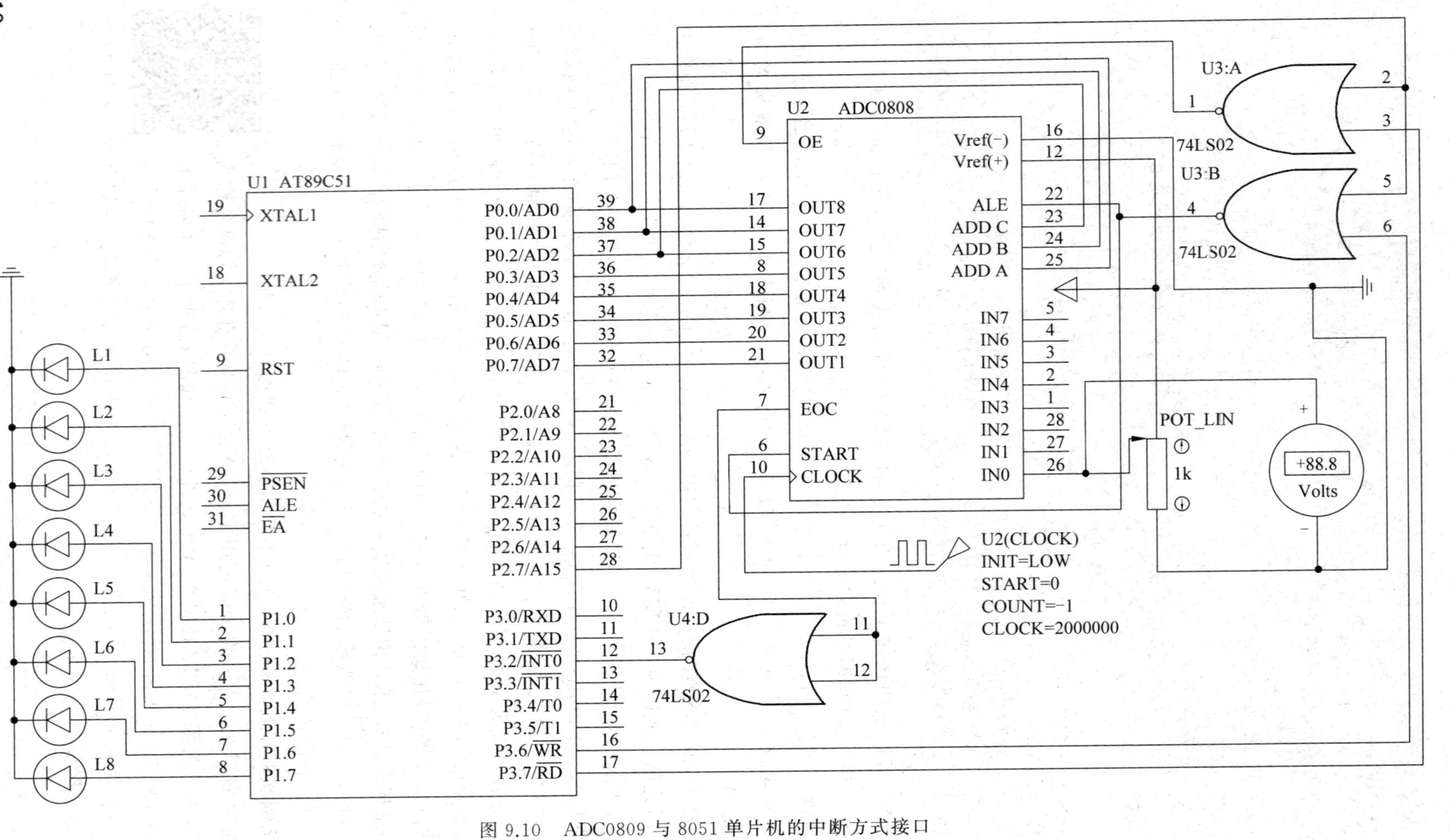

图 9.10 ADC0809 与 8051 单片机的中断方式接口

```
1: #include <reg51.h>
2: #include <absacc.h>
3: #define uchar unsigned char
4: #define uint unsigned int
5: uchar data dat[8] _at_ 0x30;
6: uchar i=0;
7: uint ADC=0x7f00;                        //定义 ADC0808 通道 0 地址
8: sbit EOC=P3^3;
9: void reading(){                         //读取 ADC 结果函数
10:     dat[i]=XBYTE[ADC];                  //读取 ADC0808 转换结果
11:     ADC++; i++;
12:     XBYTE[ADC]=i;                       //启动 ADC0808 下一通道
13:     if(i==8){
14:         i=0; ADC=0x7f00;
15:         XBYTE[ADC]=i;                   //重新启动 ADC0808 第 0 通道
16:     }
17: }
18: void main(){
19:     XBYTE[ADC]=0x00;                    //启动 ADC0808 第 0 通道
20:     while(1){
21:         if(EOC==1) reading();           //根据 EOC 查询状态读取 ADC 结果
22:         P1=dat[0];                      //0 通道转换数据送到 P1 口显示
23:     }
24: }
```

此时，可以成功构建工程。将生成的 HEX 文件加载到电路原理图如图 9.11 所示的 AT89C51 单片机中，即可正常运行。

ADC0809 与 8051 单片机的接口如图 9.11 所示。74LS373 是三态输出的 8 位锁存器，输入端为 D0～D7，输出端为 Q0～Q7。当锁存允许端 LE 为高电平时，地址通过 P0 口进入 74LS373 中；当 LE 为低电平时，地址被锁存在 74LS373 中，通过 Q0～Q7 端输出，选择模拟通道。若单片机已选通 IN0～IN7 中的一个通路。P2.7 作为片选信号，在启动 A/D 转换时，由单片机的 WR 信号和 P2.7 控制 ADC 的地址锁存（ALE）和转换（START）。在转换结束时，用 RD 信号和 P2.7 引脚经或非门后，产生的正脉冲作为 OE 信号，OE=1 时，选通三态门将输出锁存器中的转换结果送入数据总线。循环查询 EOC 的值以判断是否转换结束，EOC=1 时，读取 ADC 转换结果，并且写入 30H～37H 存储单元中。

9.3.2 串行 ADC 与 8051 单片机的接口方法

示例 9-9

示例 9-9：串行 ADC 与 8051 单片机接口的应用。

按照如图 2.5 所示的步骤使用 Keil μVision5 新建工程，工程名称为 exam-9-9，并且添加 STARTUP.A51 文件。按照如图 2.6 所示的步骤添加 C 源代码文件（在 Add New Item to Group Source Group 1 对话框中选择 C File），文件名为 exam-9-9，在 exam-9-9.c 文件中输入 C51 源代码，如下所示，然后保存。

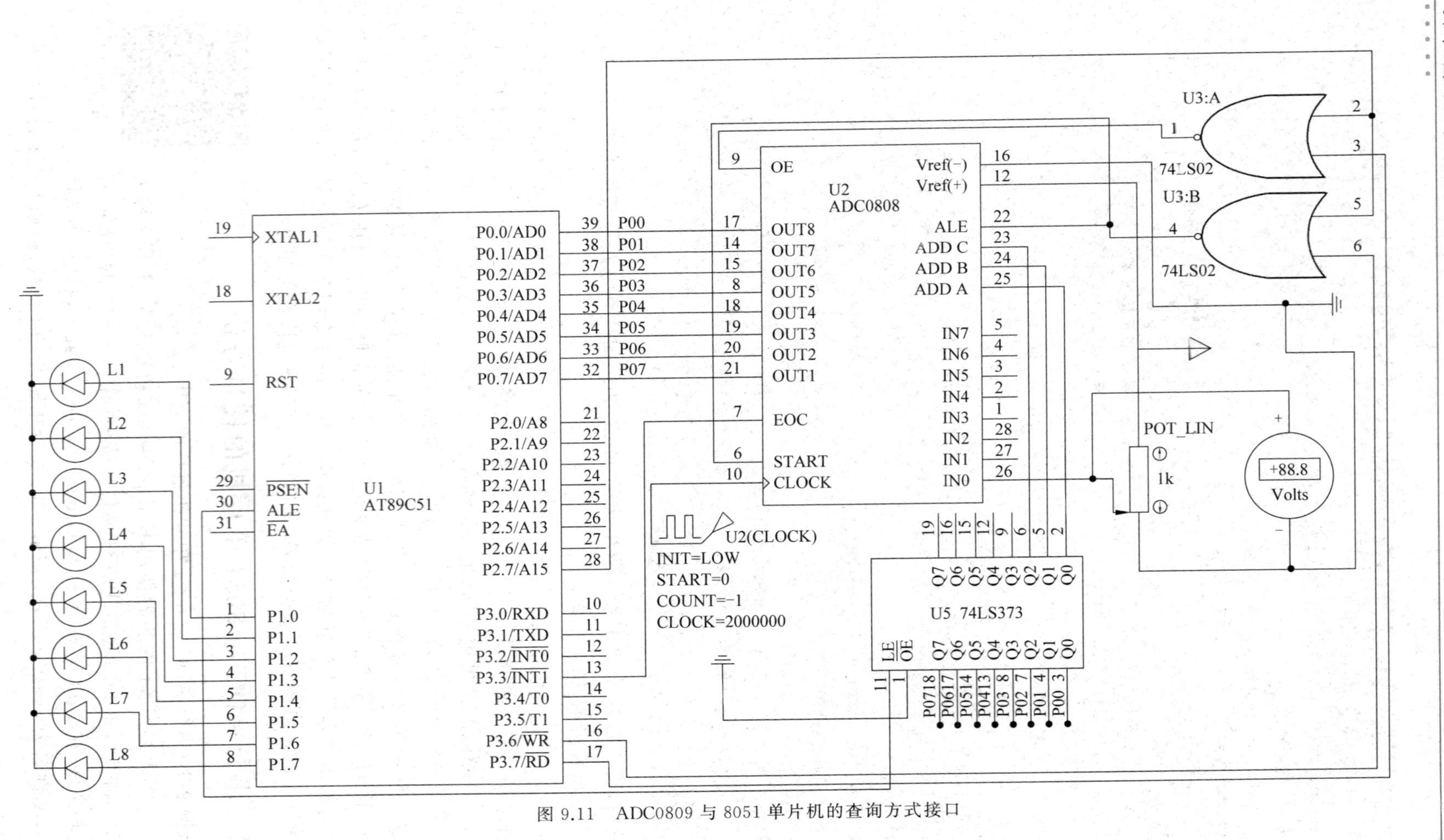

图 9.11 ADC0809 与 8051 单片机的查询方式接口

```
1: #include <reg51.h>
2: #include <intrins.h>
3: #define uchar unsigned char
4: sbit SCLK=P2^0;
5: sbit CS=P2^1;
6: sbit SDO=P2^2;
7: void TLC549(){                              //AD 转换函数
8:      uchar dat,i;
9:      dat=0;
10:     CS=0;
11:     for(i=0;i<8;i++){
12:         SCLK=1;
13:         dat<<=1;                         //获得转换数据
14:         if(SDO) dat|=1;
15:         SCLK=0;
16:     }
17:     CS=1;
18:     P1=dat;                              //转换数据送到 P1 口显示
19: }
20: void main(){
21:     uchar i;
22:     while(1){
23:         TLC549();                        //启动 A/D 转换
24:         for(i=0; i<200; i++) _nop_(); //延时
25:     }
26: }
```

此时,可以成功构建工程。将生成的 HEX 文件加载到电路原理图如图 9.12 所示的 AT89C51 单片机中,即可正常运行。

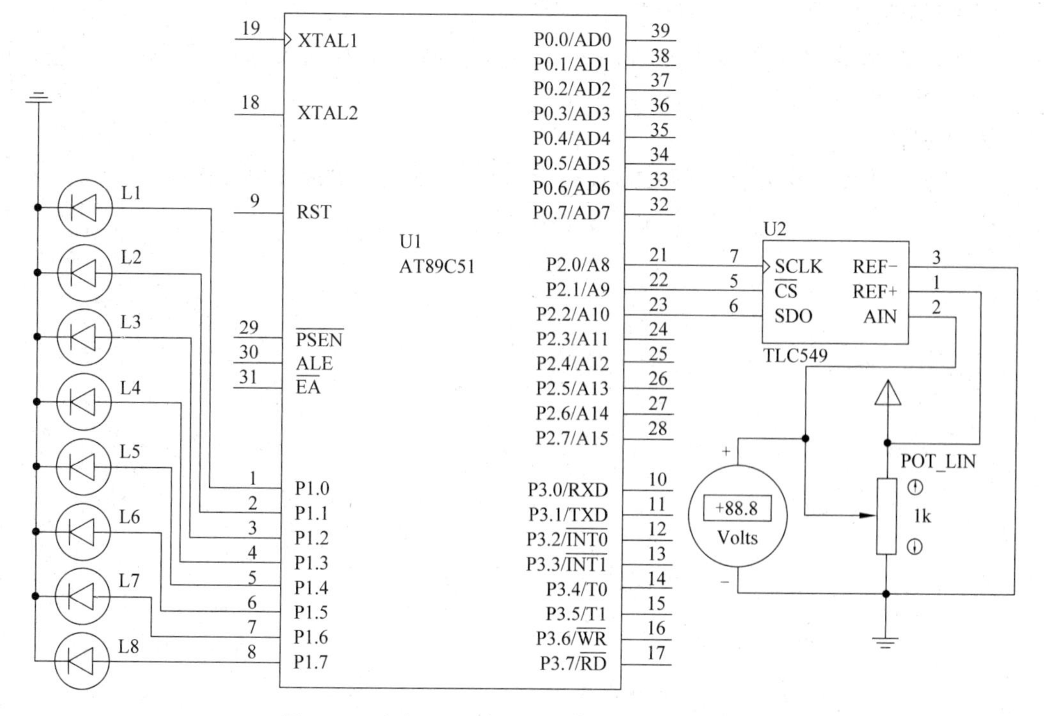

图 9.12　串行 ADC 与 8051 单片机接口的应用

TLC549是一种低价位、高性能的8位ADC,采用CMOS工艺,它以8位开关电容逐次逼近的方法实现A/D转换。如图9.12所示,TLC549能方便地采用三线串行接口方式与8051单片机连接,构成廉价的测控应用系统。

TLC549具有片内系统时钟,该时钟与SCLK是独立工作的。SCLK是外接输入/输出时钟输入端,同于同步芯片的输入/输出操作,无须与芯片内部系统时钟同步。CS是芯片选择输入端,当CS=1时,数据输出端SDO处于高阻状态,此时SCLK不起作用。ref+是正基准电压输入端。ref-是负基准电压输入端。AIN是模拟信号输入端,当AIN≥ref+电压时,转换结果为全1(0FFH);AIN≤ref-电压时,转换结果为全0(00H)。SDO是转换结果数据串行输出端,输出时高位在前,低位在后。

9.4 习 题

1. 填空题

(1) 现实生活中的许多物理量都是连续变化的________,如温度、湿度、压力、声音等。

(2) 温度、湿度等模拟量可通过传感器变成与之对应的电压、电流或频率等________。

(3) 将模拟量转换成数字量的过程称为________,完成这种转换的器件称为________。

(4) 将数字量转换成模拟量的过程称为________,完成这种转换的器件称为________。

(5) ________和DAC是沟通模拟电路和数字电路的桥梁。

(6) ________是指ADC和DAC转换器所能分辨的被测量的最小值。

(7) DAC模拟量输出的方式有________和电流输出。

(8) DAC0832是________D/A转换器芯片。

(9) A/D转换是将模拟信号转换为________,转换过程通过取样、保持、________和________四个步骤完成。

2. 上机题

分别运行本章9个示例中的C51代码,在理解的基础上修改代码并运行。

第 10 章　单片机系统扩展

本章学习目标

- 理解线选法和译码法；
- 掌握程序存储器的扩展技术；
- 掌握数据存储器的扩展技术；
- 掌握 8155 可编程并行 I/O 端口扩展技术；
- 掌握利用 I2C 总线进行串行 I/O 端口扩展技术。

10.1　线选法和译码法

MCS-51 单片机片外有 1 个 64KB 的程序存储器地址空间和 1 个 64KB 的数据存储器地址空间。如何把这两个 64KB 地址空间分配给各个存储器与 I/O 接口芯片，使一个存储单元只对应一个地址，避免单片机对一个地址单元访问时发生地址冲突。这就是存储器地址空间的分配问题。

MCS-51 单片机发出的地址信号用于选择某存储器单元，当连接多个片外存储器芯片时，必须进行两级选择，第一级是必须选中某个存储器芯片，这称为片选，只有被选中的存储器芯片才能被单片机访问，未被选中的芯片不能被访问；第二级是在片选的基础上选中芯片中的某一单元，然后对其进行读写，这称为单元选择。每个扩展的芯片都有片选引脚，同时每个芯片也都有多条地址引脚，以便对其进行单元选择。注意，片选和单元选择都是单片机通过地址线一次发出的地址信号来完成选择的，也就是说片选和单元选择是同时进行的。

常用的存储器地址空间分配方法有以下两种。

1. 线性选择法

线性选择法（简称线选法）是利用单片机的空闲高位地址线（通常是某根 P2 口线）作为片外存储器芯片（或 I/O 接口芯片）的片选控制信号。为此，只要将高位地址线与存储器芯片的片选端直接连接即可。若要选中某个芯片工作，将对应芯片的片选信号端设为低电平，其他未被选中芯片的片选信号端设为高电平，从而保证只选中指定的芯片工作。这种方法的优点是电路简单，易于实现，无须另外增加地址译码器，体积小，成本低。缺点是 I/O 口线的使用效率较低，可寻址芯片数目受限制。另外，地址空间不连续，存储单元地址不唯一，会给程序设计带来不便。线选法适用于芯片数目不多的单片机片外存储器的扩展。

2. 地址译码法

地址译码法(简称译码法)是利用单片机多余的 I/O 口线外加译码器来实现的。使用译码器对 MCS-51 单片机的高位地址进行译码,将译码器的译码输出作为存储器芯片的片选信号。该方法能有效利用存储器地址空间,适于多芯片的存储器扩展。这种方法的优点是 I/O 口线的利用率较高,并且地址通常是连续的。缺点是需要另外增加地址译码器。

存储器是 MCS-51 单片机应用系统中使用最多的外扩芯片,由于程序存储器与数据存储器在物理空间上的各自独立,因此两者的扩展方法略有不同。

10.2 程序存储器扩展

程序存储器又称为只读存储器(ROM),它表示信息一旦写入芯片就不能随意更改,在程序运行时只能读出不能写入,即使掉电,存储器芯片中的信息也不会丢失。当单片机片内无程序存储器或片内程序存储器的容量不够用时要进行程序存储器的扩展。在进行系统扩展时主要依据系统程序的大小来选择存储器容量,当然还要留有一定的余量。

示例 10-1:单片程序存储器扩展。

AT89C51 与 27512 的接口电路如图 10.1 所示。AT89C51 单片机外部扩展 64KB 程序存储器 27512,共使用了 16 根地址线(P0.0～P0.7 及 P2.0～P2.7),地址范围是 0000H～FFFFH。采用 74LS273 作为地址锁存器。74LS273 采用低电平作为地址锁存器的选通信号。Q 端的地址数据和 D 端输入的数据一样。

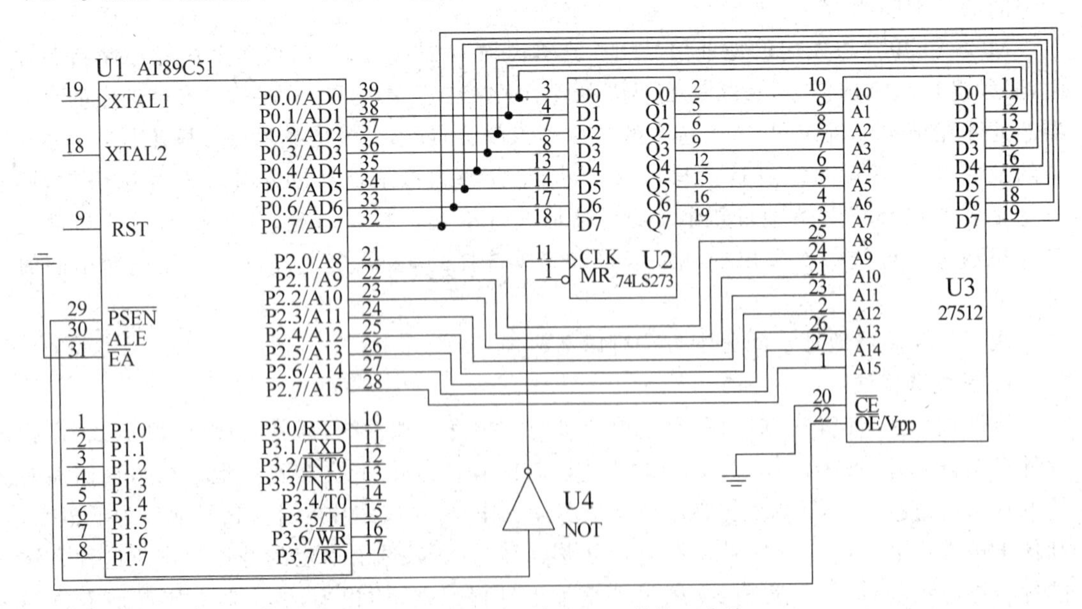

图 10.1 AT89C51 与 27512 的接口电路

27512 的输出允许端 OE 接 AT89C51 单片机的 PSEN 引脚(提供外部 ROM 读选通信号)。因为这个单片机系统仅外扩一片存储器芯片,所以 27512 的片选端 CE 接地。由于使用外扩的程序存储器，因此 AT89C51 单片机的 EA 引脚接地。AT89C51 的 ALE 作为 74LS273 的锁存选通信号。P0.0～P0.7 通过地址锁存器 74LS273 为 27512 提供低 8 位的地址线，P0.0～P0.7 同时还与 27512 的 D0～D7 相连，为 27512 提供 8 位数据线，P2.0～P2.7 为 27128 提供高 8 位的地址线。

示例 10-2：多片程序存储器的译码法扩展电路。

使用四片 27128 芯片(16KB)扩展程序存储器系统。扩展电路如图 10.2 所示。4 个片选信号分别由 2-4 译码器 74LS139 的输出端 Y0～Y3 提供。AT89C51 的 PSEN 引脚同时接在四片 27128 的输出允许端 OE，由于 74LS139 译码器的作用使得任何时候仅有一片 27128 被选中，因此任一时刻 PSEN 只对其中一片 27128 起作用。AT89C51 的 ALE 为 74LS373 提供锁存选通信号。74LS373 采用高电平作为地址锁存器的选通信号。由于使用外扩的程序存储器，因此 AT89C51 的 EA 端接地。74LS373 的输出使能端 OE 接地。P0.0～P0.7 通过地址锁存器 74LS373 同时为 4 片 27128 提供低 8 位的地址线。P0.0～P0.7 同时还与 4 片 27128 的 D0～D7 相连，为 27128 提供 8 位数据线，P2.0～P2.5 为 4 片 27128 提供高 6 位的地址线。P2.6 和 P2.7 为 2-4 译码器 74LS139 提供输入信号。

由图 10.2 中的电路接线可知，当 P2.6、P2.7＝00 时选中第 1 片 27128(U4)，地址范围是 0000H～3FFFH；当 P2.6、P2.7＝01 时选中第 2 片 27128(U5)，地址范围是 4000H～7FFFH；当 P2.6、P2.7＝10 时选中第 3 片 27128(U6)，地址范围是 8000H～BFFFH；当 P2.6、P2.7＝11 时选中第 4 片 27128(U7)，地址范围是 C000H～FFFFH。4 片 27128 实现了外扩 64KB 的外部程序存储器。

示例 10-3：2864 芯片同时作为程序存储器和数据存储器使用。

因为 EEPROM 既可作为程序存储器使用，又可作为数据存储器使用，因此可以使用一块 EEPROM 同时完成程序和数据存储器的存储功能。其接线电路如图 10.3 所示。由于使用外扩的程序存储器，因此 AT89C51 的 EA 端接地。AT89C51 的 PSEN 和 RD 作为与门 74LS08 的两个输入端，74LS08 的输出端接在 2864 芯片的输出使能端 OE，表示 PSEN 和 RD 两控制信号中任一个信号有效时均会产生对 2864 的读选通信号，从而实现既可以读出 2864 芯片中的程序，也可以读出 2864 芯片中的数据。AT89C51 的 WR 端连接到 2864 的写允许端 WE，当 CPU 发出写控制信号时，就可以将数据写入 2864 芯片中。AT89C51 的 P0.0～P0.7 通过地址锁存器 74LS373 为 2864 提供低 8 位的地址线，P0.0～P0.7 还与 2864 的 D0～D7 相连，为 2864 提供 8 位数据线。AT89C51 的 P2.0～P2.4 为 2864 提供高 5 位的地址线。

EEPROM 同时作为程序存储器和数据存储器使用时，要注意地址和控制信号的正确使用，可用 PSEN 为 EEPROM 中的程序提供读选通控制信号，用 RD 和 WR 为 EEPROM 中的数据提供读、写选通控制信号。还要注意存储空间的正确划分，要事先设定哪一段存储空间作为程序存储器使用，哪一段存储空间作为数据存储器使用，在使用过程中不能随意改变存储空间的大小，以免出错。

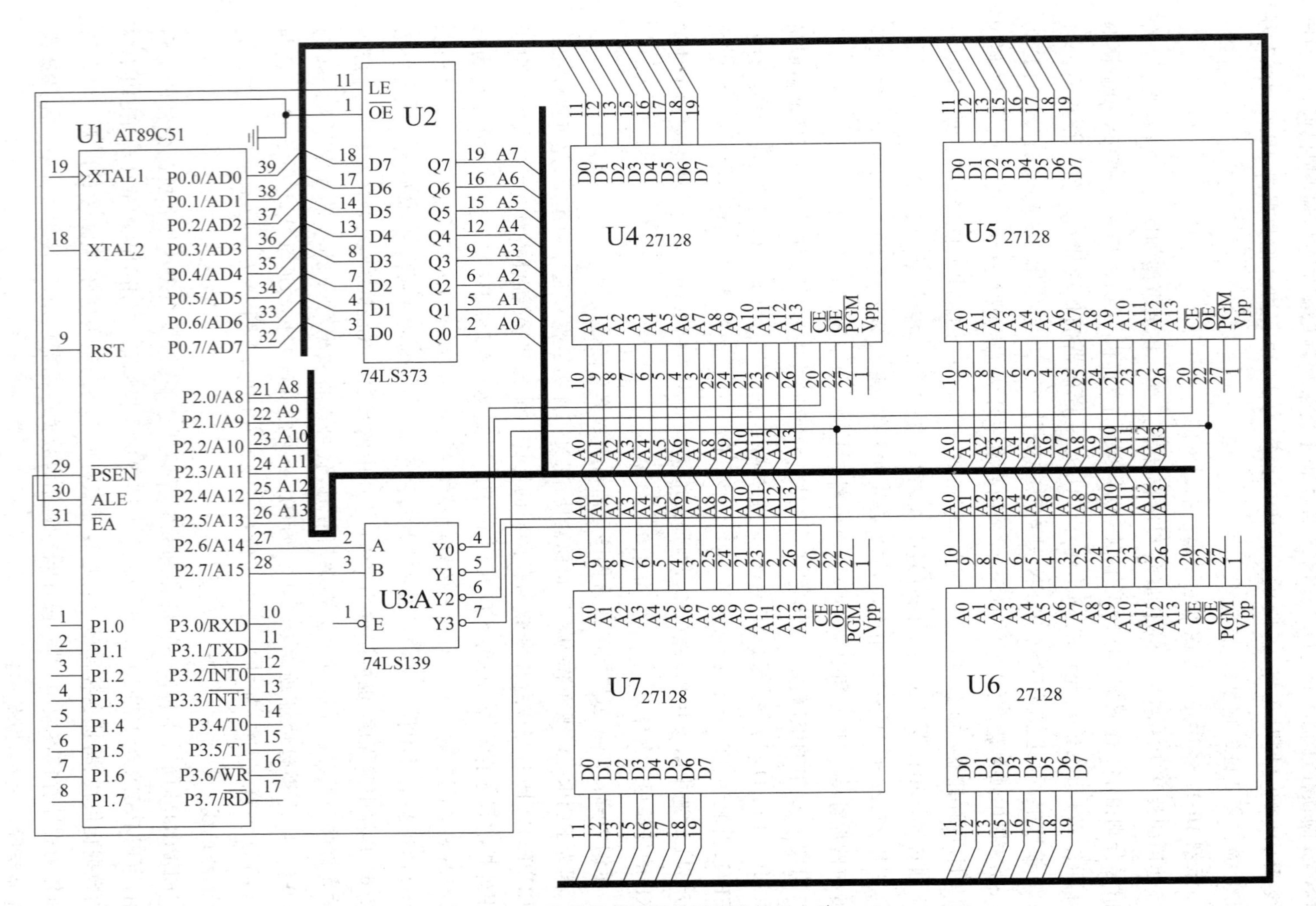

图 10.2 多片程序存储器的译码法扩展电路

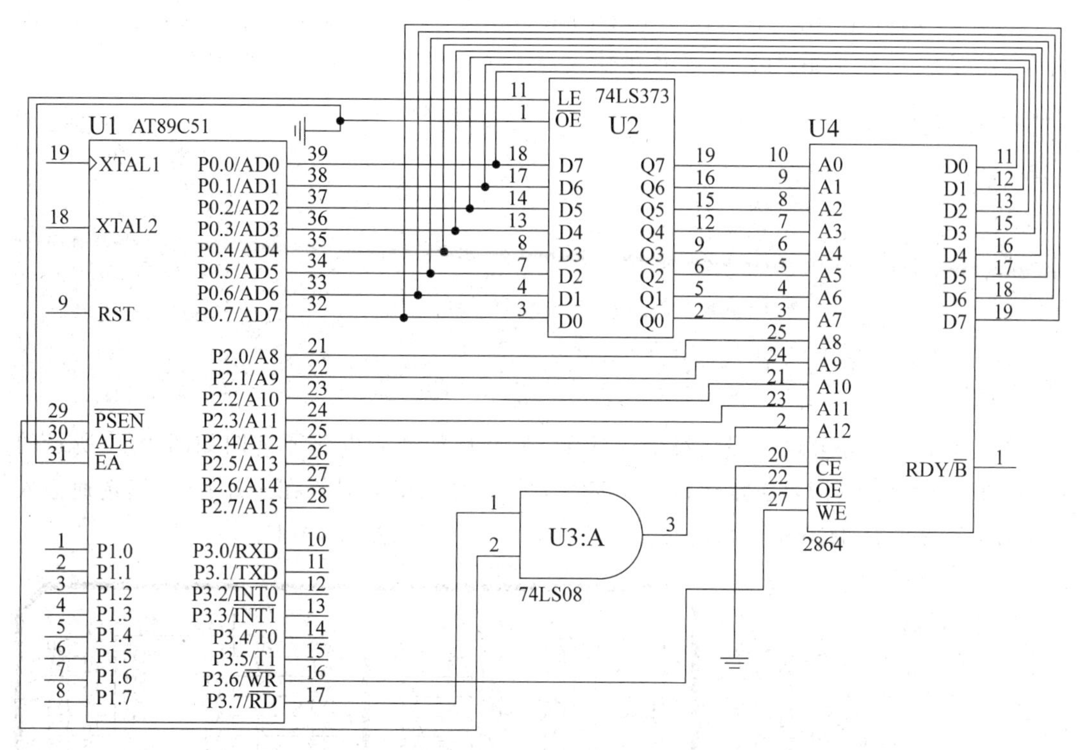

图 10.3　2864 芯片同时作为程序存储器和数据存储器使用

10.3　数据存储器扩展

数据存储器又称为随机存取存储器(RAM),用于存放可随机读写的数据,与程序存储器最大的区别是掉电后其中的数据立即消失。按半导体制作工艺,RAM 可分为 MOS 型和双极型两种,MOS 型的 RAM 集成度高、功耗低、价格便宜,但工作速度较慢;双极型 RAM 的特点则正好与 MOS 型的相反。在单片机应用系统中大多数是 MOS 型数据存储器,它们的输入/输出信号能与 TTL 电路兼容,这给系统扩展中信号线的连接带来了很大的便利。

8051 单片机片内有 128B 的 RAM,CPU 对片内 RAM 有丰富的操作指令。但是在用于实时数据采集和处理时,仅靠片内 RAM 提供的 128B 的数据存储器往往不够用,必须扩展外部数据存储器。分为静态数据存储器 SRAM 和动态数据存储器 DRAM。在单片机系统中,外扩的数据存储器通常采用 SRAM。

示例 10-4:单片机外扩单片数据存储器。

示例 10-4

AT89C51 与 6264 的接口电路如图 10.4 所示。AT89C51 单片机外扩 8KB 数据存储器 6264,共使用了 13 根地址线(P0.0～P0.7 及 P2.0～P2.4),地址范围是 0000H～1FFFH。采用 74LS373 作为地址锁存器。

按照如图 2.5 所示的步骤使用 Keil μVision5 新建工程,工程名称为 exam-10-4,并且添加 STARTUP.A51 文件。按照如图 2.6 所示的步骤添加 C 源代码文件(在 Add New Item to Group Source Group 1 对话框中选择 C File),文件名为 exam-10-4,在 exam-10-4.c 文件中输入 C51 源代码,如下所示,然后保存。

```
1: #include <reg51.h>
2: #include <absacc.h>
3: #define uchar unsigned char
4: void main(){
5:     uchar i;
6:     for(i=0; i<0xff; i++) XBYTE[i]=CBYTE[i];
7:     while(1);
8: }
```

此时,可以成功构建工程。将生成的 HEX 文件加载到电路原理图如图 10.4 所示的 AT89C51 单片机中,即可正常运行。AT89C51 的 RD 引脚同时接在三片 6264 读选通输入端 OE。AT89C51 的 WR 引脚同时接在 3 片 6264 写允许输入端 WE。

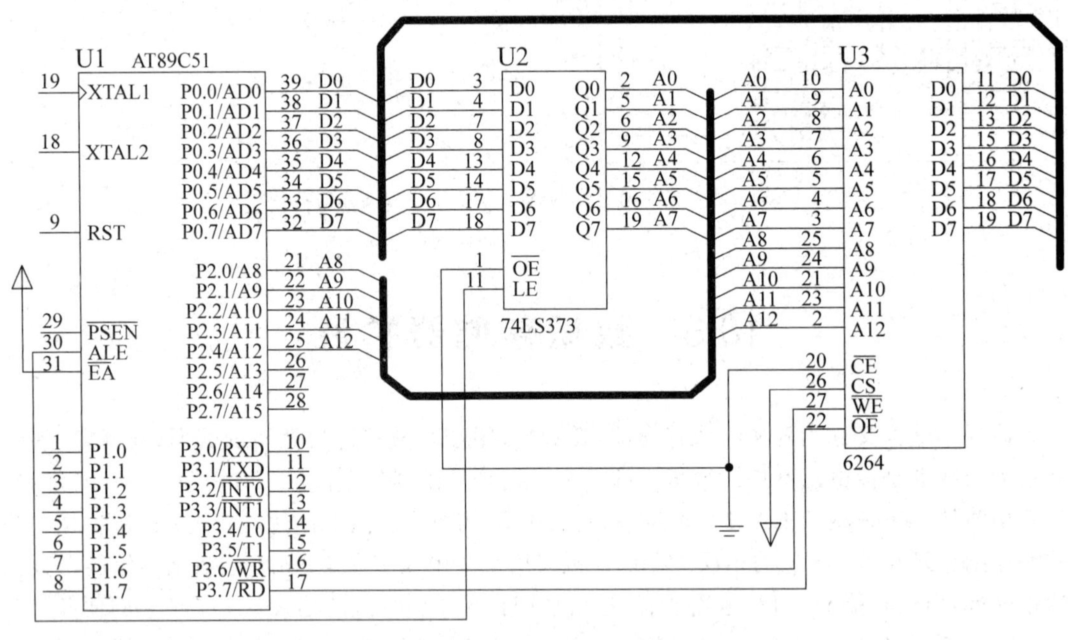

图 10.4 单片机外扩单片数据存储器

示例 10-5:多片数据存储器的线选法扩展电路。

如图 10.5 所示,采用线选法扩展 3 片 6264 数据存储器。各片的片选信号分别由 AT89C51 单片机的 P2.5~P2.7 提供。AT89C51 的 P0.0~P0.7 通过地址锁存器 74LS373 同时为 3 片 6264 提供低 8 位地址线,P0.0~P0.7 同时还为 3 片 6264 提供 8 位数据线,P2.0~P2.4 同时为 3 片 6264 提供高 5 位的地址线。各片 6264 数据存储器的地址范围如表 10.1 所示。4 片 6264 数据存储器共可提供 3×8=24(KB)的地址空间。进行接口设计时,主要解决地址分配以及数据线和控制线的连接。

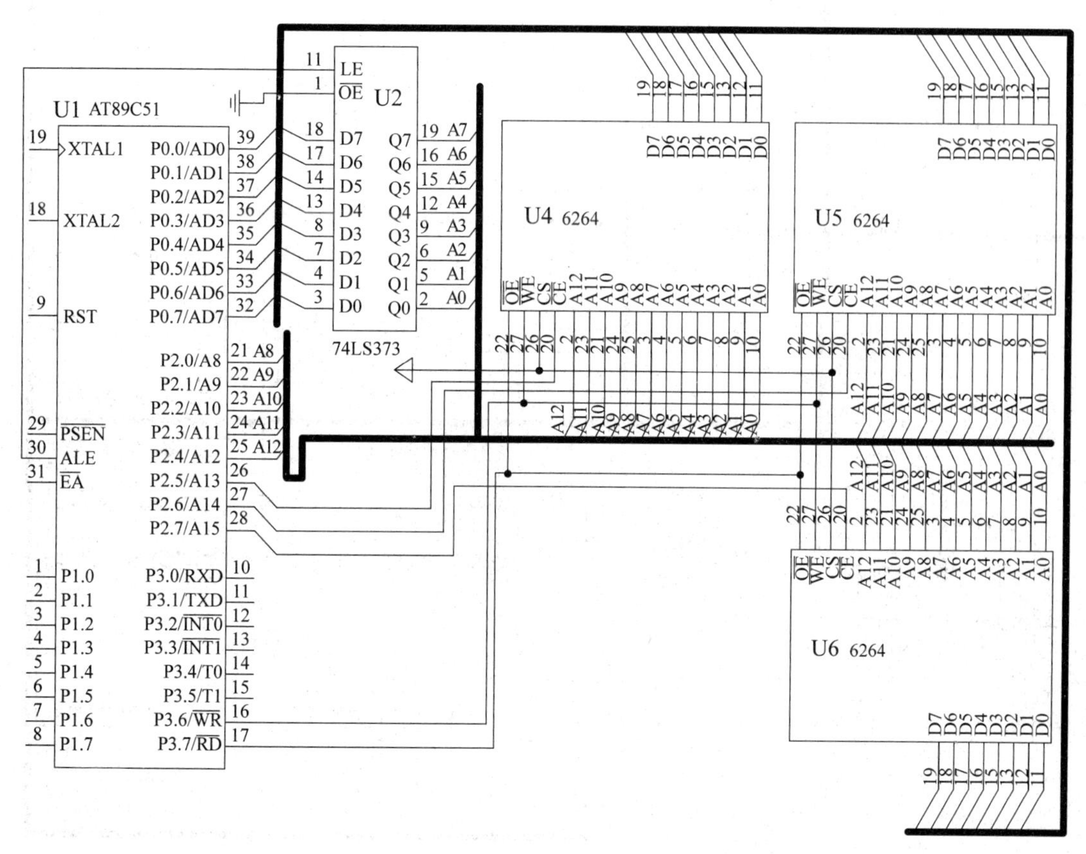

图 10.5　采用线选法扩展 3 片 6264 数据存储器

表 10.1　各片 6264 数据存储器的地址范围

P2.7	P2.6	P2.5	选中芯片	地 址 范 围	存储容量
1	1	0	6264(U4)	C000H～DFFFH	8KB
1	0	1	6264(U5)	A000H～BFFFH	8KB
0	1	1	6264(U6)	6000H～7FFFH	8KB

示例 10-6：多片数据存储器的译码法扩展电路。

采用译码法扩展 4 片 6264 数据存储器如图 10.6 所示。4 片 6264 芯片的片选信号由 2-4 译码器 74LS139 的输出信号提供。AT89C51 单片机的 P2.5 和 P2.6 为 74LS139 提供译码输入信号。AT89C51 的 P0.0～P0.7 通过地址锁存器 74LS373 同时为 4 片 6264 提供低 8 位地址线，P0.0～P0.7 同时还为 4 片 6264 提供 8 位数据线，P2.0～P2.4 同时为 4 片 6264 提供高 5 位的地址线。各片 6264 数据存储器的地址范围如表 10.2 所示。4 片 6264 数据存储器共可提供 4×8＝32(KB)的地址空间。AT89C51 的 RD 引脚同时接在 4 片 6264 的读选通端 OE。AT89C51 的 WR 引脚同时接在 4 片 6264 的写允许端 WE。

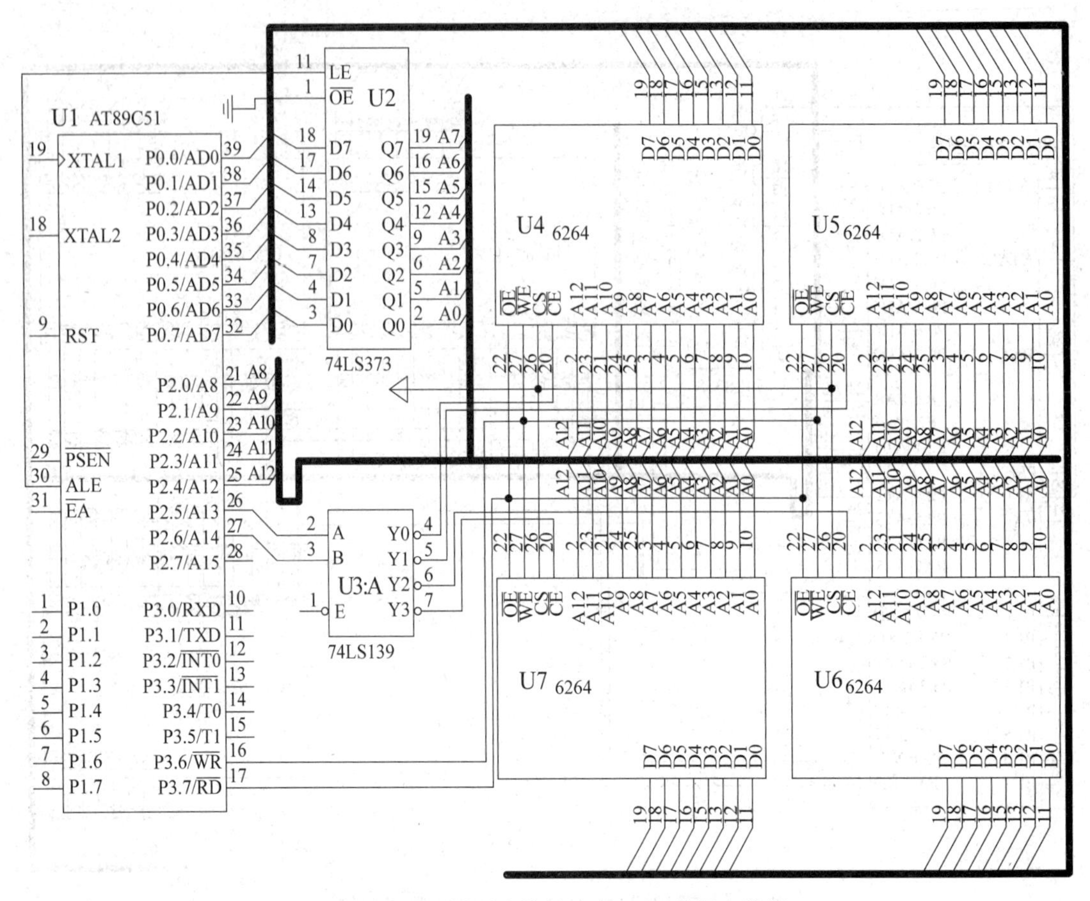

图 10.6 采用译码法扩展 4 片 6264 数据存储器

表 10.2 4 片 6264 的地址分配表

P2.6	P2.5	2-4 译码器输出	选中芯片	地址范围	存储容量
0	0	Y0	6264(U4)	0000H～1FFFH	8KB
0	1	Y1	6264(U5)	2000H～3FFFH	8KB
1	0	Y2	6264(U6)	4000H～5FFFH	8KB
1	1	Y3	6264(U7)	6000H～7FFFH	8KB

10.4 8155 可编程并行 I/O 端口扩展

10.4.1 8155 引脚和内部结构

Intel 8155 是一种通用的多功能可编程 RAM 和 I/O 扩展接口芯片,可编程是指其功能可由指令来加以改变。8155 常用作单片机的外部扩展接口,与键盘、显示器等外围设备连接。8155 包含 3 个可编程 I/O 接口(A 口和 B 口是 8 位,C 口是 6 位)、1 个命令/状态寄存器、1 个可编程 14 位定时器/计数器和一片 256 字节的 RAM，能方便地进行 I/O 扩展和 RAM 扩展，8155 引脚和内部结构如图 10.7 所示。

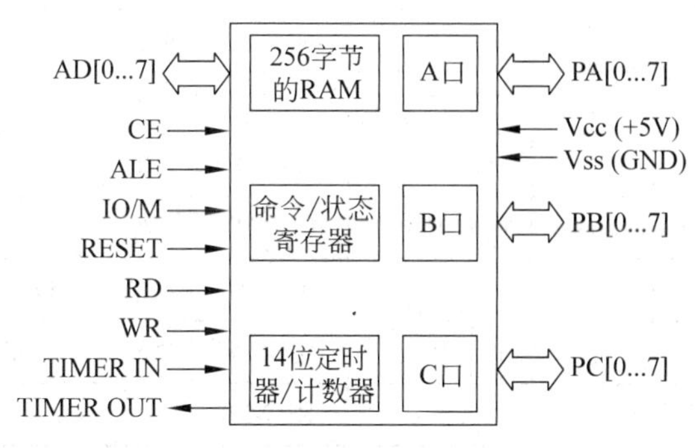

图 10.7　8155 引脚和内部结构

AD[0...7]是三态地址数据总线，通常与 51 单片机的 P0 口相连，分时传送地址和数据。地址码可以是 8155 中 RAM 单元地址或 I/O 接口地址。地址信息由 ALE 下降沿锁存到 8155 的地址锁存器中，由 RD 和 WR 信号控制 8155 数据的输入/输出。

CE 是片选信号端，低电平有效，与地址信息一起由 ALE 下降沿锁存到 8155 的锁存器中。

ALE 是地址锁存允许信号端。ALE 下降沿将 AD[0...7]总线上的地址信息和 CE 及 IO/M 的状态信息都锁存到 8155 内部锁存器中。

RESET 是复位端，高电平有效。当在 RESET 端加入 5μs 左右宽的正脉冲时，8155 复位，把 A～C 口均初始化为输入方式。

RD 是读选通信号端，低电平有效。当 CE＝0、RD＝0 时，将 8155 片内 RAM 单元或 I/O 接口的内容传送到 AD[0...7]总线上。

WR 是写选通信号端，低电平有效。当 CE＝0、WR＝0 时，将单片机输出的数据通过 AD[0...7]总线写到 8155 片内 RAM 单元或 I/O 接口中。

TIMER IN 是定时器/计数器脉冲输入端。

TIMEROUT 是定时器/计数器矩形脉冲或方波输出端(取决于工作方式)。

Vcc 是＋5V 电源端。

Vss 是接地端。

PA[0...7]是 A 口通用输入/输出线，由命令寄存器中的控制字来决定输入/输出。

PB[0...7]是 B 口通用输入/输出线，由命令寄存器中的控制字来决定输入/输出。

PC[0...5]在 C 口，可用编程的方法来决定其作为通用输入/输出线或作为 A 口、B 口数据传送的控制应答联络线。

IO/M 是 RAM 单元和 I/O 接口选择端。IO/M＝0 时，选中 8155 的片内 RAM，A[0...7]为 RAM 单元地址(00H～FFH)。IO/M＝1 时，选中 8155 片内 3 个 I/O 接口以及命令/状态寄存器和定时器/计数器，A[0...7]为 I/O 接口地址。8155 内部有 7 个端口，需要 3 根地址线(A2～A0 的不同组合代码)来加以区分。端口(I/O 接口、各种寄存器)地址分配以及 RAM 单元的选择如表 10.3 所示。

表 10.3 端口地址分配以及 RAM 单元的选择

CE	IO/M	A7	A6	A5	A4	A3	A2	A1	A0	所选端口
0	1	×	×	×	×	×	0	0	0	命令/状态寄存器
0	1	×	×	×	×	×	0	0	1	A 口(PA0～PA7)
0	1	×	×	×	×	×	0	1	0	B 口(PB0～PB7)
0	1	×	×	×	×	×	0	1	1	C 口(PC0～PC5)
0	1	×	×	×	×	×	1	0	0	定时器/计数器低 8 位寄存器
0	1	×	×	×	×	×	1	0	1	定时器/计数器高 6 位寄存器及波形方式(2 位)
0	0	×	×	×	×	×	×	×	×	RAM 单元

10.4.2 8155 控制字及其工作方式

A 口、B 口和 C 口的数据传送方式是由命令字和状态字来决定的。

1. 命令字格式及功能

8155 的 I/O 接口工作方式选择是通过对 8155 内部命令寄存器传送命令实现的,命令寄存器由 8 位锁存器组成,只能写入,不能读出。命令字格式如下:

D7	D6	D5	D4	D3	D2	D1	D0
TM2	TM1	IEB	IEA	PC2	PC1	PB	PA

A 口、B 口都是 8 位通用输入/输出口,主要用于数据的 I/O 传送,它们都是数据口,因此只有输入和输出两种工作方式。PA=0 时表示 A 口输入方式,PA=1 时表示 A 口输出方式。PB=0 时表示 B 口输入方式,PB=1 时表示 B 口输出方式。C 口为 6 位口,它既可以作为数据口用于数据 I/O 传送,也可以作为控制口,用于传送控制信号和状态信号,对 A 口、B 口的 I/O 操作进行控制。因此 C 口共有四种工作方式,即 PC2PC1=00 时表示 C 口输入方式,PC2PC1=11 时表示 C 口输出方式,PC2PC1=01 时表示 A 口选通 I/O 方式,PC2PC1=10 时表示 A 口和 B 口选通 I/O 方式。

IEA=1 时表示允许 A 口中断,IEA=0 时表示禁止 A 口中断。IEB=1 时表示允许 B 口中断,IEB=0 时表示禁止 B 口中断。

TM2TM1=00 时表示空操作,不影响计数操作;TM2TM1=01 时表示停止定时器计数;TM2TM1=10 时,若定时器正在计数,计数长度减为 0 时停止计数;TM2TM1=11 时表示启动计数器工作。

例如,若要求 8155 的 A 口、B 口作为基本输出口,C 口作为基本输入口,不要求中断请求,并且不启动定时器,则命令字为 03H。

2. 状态字格式及功能

8155 状态寄存器用于存放寄存器各端口及定时器/计数器的工作状态。8155 的状态寄存器端口地址和命令寄存器相同。与命令寄存器相反,状态寄存器只能读出,不能写入。状态字格式如下:

D7	D6	D5	D4	D3	D2	D1	D0
×	TMER	INTEB	BBF	INTRB	INTEA	ABF	INTRA

INTRA 是 A 口的中断请求标志，为 1 表示 A 口有中断请求，为 0 表示 A 口无中断请求。

ABF 是 A 口缓冲器满/空标志，为 1 表示 A 口缓冲器满，可由外设或 CPU 取走数据；为 0 表示 A 口缓冲器空，可接收数据。

INTEA 是 A 口中断允许/禁止标志，为 1 表示 A 口允许中断，为 0 表示 A 口禁止中断。

INTRB 是 B 口的中断请求标志，为 1 表示 B 口有中断请求，为 0 表示 B 口无中断请求。

BBF 是 B 口缓冲器满/空标志，为 1 表示 B 口缓冲器满，可由外设或 CPU 取走数据；为 0 表示 B 口缓冲器空，可接收数据。

INTEB 是 B 口中断允许/禁止标志，为 1 表示 B 口允许中断，为 0 表示 B 口禁止中断。

TIMER 是定时器中断请求标志，计数器计满为 1，为 0 表示未计满。

3. 定时器/计数器

8155 内部的可编程定时器/计数器是一个 14 位的减法计数器（MCS-51 单片机的定时器/计数器是加法计数器），可用来定时或对外部事件计数。当 TIMER IN 端接外部脉冲（外部事件信号）时为计数方式，接系统时钟时为定时方式。对 TIMER IN 输入的脉冲信号进行减法计数，当计数器减至 0 时，TIMER OUT 输出方波或矩形脉冲信号。定时器/计数器低位字节寄存器的地址为×××××100B，高位字节寄存器地址为×××××101B。在启动定时器/计数器前，必须对计数器赋初值，初值为 0002H～3FFFH。低 8 位值装入定时器/计数器的低位字节，高 6 位值装入定时器/计数器高位字节的低 6 位，然后装入命令字并启动定时器/计数器。定时器/计数器高位字节和低位字节格式如下：

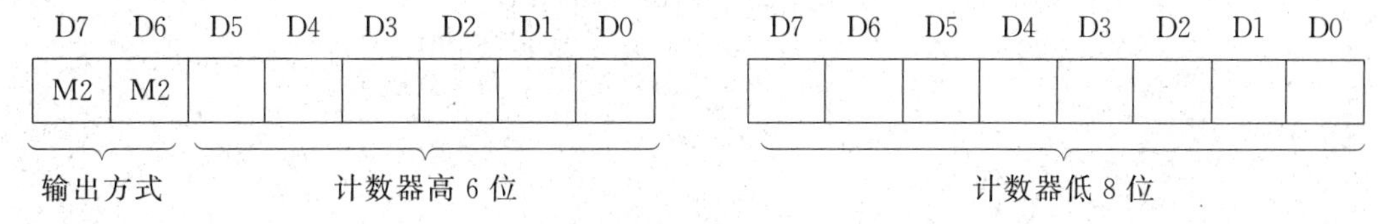

定时器/计数器高位字节中的高两位 M2、M1 用来定义定时器/计数器的输出方式。D7D6＝00 时输出单次方波，D7D6＝01 时输出连续方波，D7D6＝10 时输出单次脉冲，D7D6＝11 时输出连续脉冲。

10.4.3　8155 外部扩展举例

示例 10-7

示例 10-7：8155 直接与 AT89C51 单片机连接。

如图 10.8 所示，8155 可以直接与 MCS-51 单片机连接，不需任何外加逻辑电路。A 口定义为基本输入方式，B 口定义为基本输出方式，定时器/计数器对输入脉冲进行 15 分频后输出连续方波。为此计数初值的高 8 位为 01000000(40H)，低 8 位为 00001111(0FH)。由于 A 口为基本输入方式，B 口为基本输出方式并立即启动计数,因此命令字为11000010(C2H)。

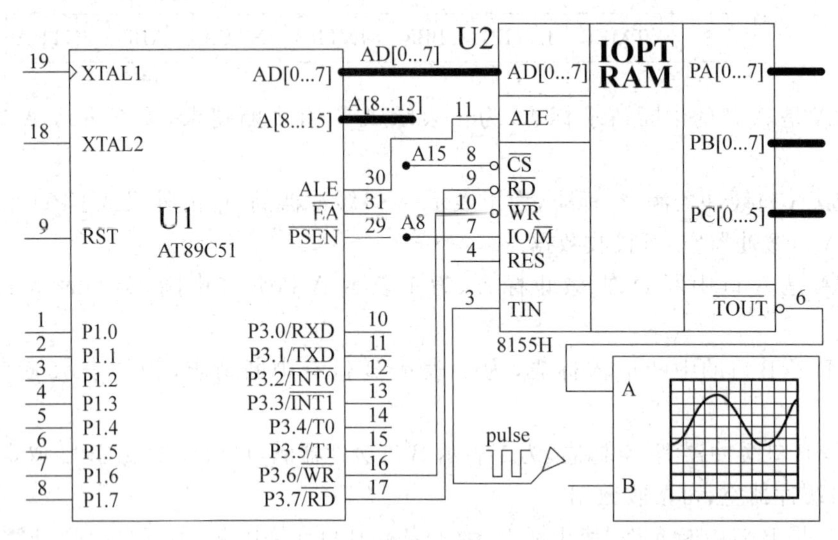

图10.8 8155直接与AT89C51单片机连接

按照如图2.5所示的步骤使用Keil μVision5新建工程,工程名称为exam-10-7,并且添加STARTUP.A51文件。按照如图2.6所示的步骤添加C源代码文件(在Add New Item to Group Source Group 1对话框中选择C File),文件名为exam-10-7,在exam-10-7.c文件中输入C51源代码,如下所示,然后保存。

```
1: #include <reg51.h>
2: #include <absacc.h>
3: #define uchar unsigned char
4: #define CADDR 0x7F00          //定义8155命令/状态寄存器地址
5: #define PORTA 0x7F01          //定义8155 PA口地址
6: #define PORTB 0x7F02          //定义8155 PB口地址
7: #define PORTC 0x7F03          //定义8155 PC口地址
8: #define TIMEL 0x7F04          //定义定时器/计数器低字节地址
9: #define TIMEH 0x7F05          //定义定时器/计数器高字节地址
10: void main(){
11:     XBYTE[TIMEL]=0x0f;
12:     XBYTE[TIMEH]=0x40;
13:     XBYTE[CADDR]=0xc2;
14:     while(1);
15: }
```

此时,可以成功构建工程。将生成的HEX文件加载到电路原理图如图10.8所示的AT89C51单片机中,即可正常运行。

由于8155片内有锁存器,所以P0口(AD[0...7])输出的低8位地址不需另加锁存器,直接与8155的AD[0...7]相连,既作为低8位地址线,又作为数据线,利用AT89C51的ALE下降沿锁存P0送出的地址信息。片选信号和选择信号分别接A15(P2.7)和A8(P2.0)。

片内RAM字节地址是7E00H~7EFFH,命令/状态寄存器地址是7F00H,PA口地址是7F01H,PB口地址是7F02H,PC口地址是7F03H,定时器/计数器低字节地址是

7F04H，定时器/计数器高字节地址是 7F05H。

示例 10-8：8155 键盘显示接口扩展。

示例 10-8

如图 10.9 所示，8155 的命令寄存器地址为 7F00H，PA～PC 口地址为 7F01H～7F03H。编程设定 8155 的 PA 口作为 7 段 LED 数码管的字形输出口，PB 口完成键盘的行扫描输出，同时又对数码管进行字位扫描，PC 口输入键盘列线状态，单片机通过读取 PC 口来判断是否有键被按下。

按照如图 2.5 所示的步骤使用 Keil μVision5 新建工程，工程名称为 exam-10-8，并且添加 STARTUP.A51 文件。按照如图 2.6 所示的步骤添加 C 源代码文件（在 Add New Item to Group Source Group 1 对话框中选择 C File），文件名为 exam-10-8，在 exam-10-8.c 文件中输入 C51 源代码，如下所示，然后保存。

```
1: #include <reg51.h>
2: #include <absacc.h>
3: #include <intrins.h>
4: #define uchar unsigned char
5: #define uint unsigned int
6: #define PM8155 0x7f00                        //8155 命令口地址
7: #define PA8155 0x7f01                        //8155 PA 口地址
8: #define PB8155 0x7f02                        //8155 PB 口地址
9: #define PC8155 0x7f03                        //8155 PC 口地址
10: uchar dspBf[8]={0,1,2,3,4,5,6,7};           //显示缓冲区
11: uchar code SEG[]={0x3f,0x06,0x5b,0x4f,0x66,0x6d,0x7d,0x07, //段码表
12:         0x7f,0x6f,0x77,0x7c,0x39,0x5e,0x79,0x71,0x00};
13: void disp(){                                //数码管显示函数
14:     uchar i,dmask=0x01;
15:     for(i=0; i<8; i++){
16:         XBYTE[PB8155]=0x00;                 //熄灭所有 LED
17:         XBYTE[PA8155]=SEG[dspBf[i]];
18:         XBYTE[PB8155]=dmask;
19:         dmask=_crol_(dmask,1);              //修改扫描模式
20:     }
21: }
22: uchar key(){                                //键盘扫描函数
23:     uchar i,kscan;
24:     uchar temp=0x00,kval=0x00,kmask=0x01;
25:     for(i=0; i<4; i++){
26:         XBYTE[PB8155]=kmask;                //扫描模式→8155 PB 口
27:         kscan=XBYTE[PC8155];                //读 8155 PC 口
28:         switch(kscan&0x0f){
29:             case(0x0e): kval=0x00+temp; break;
30:             case(0x0d): kval=0x01+temp; break;
31:             case(0x0b): kval=0x02+temp; break;
32:             case(0x07): kval=0x03+temp; break;
33:             default:
34:                 kmask=_crol_(kmask,1); //修改扫描模式
35:                 temp=temp+0x04; break;
36:         }
37:     }
38:     if(kmask==0x10) kval=0x088;
```

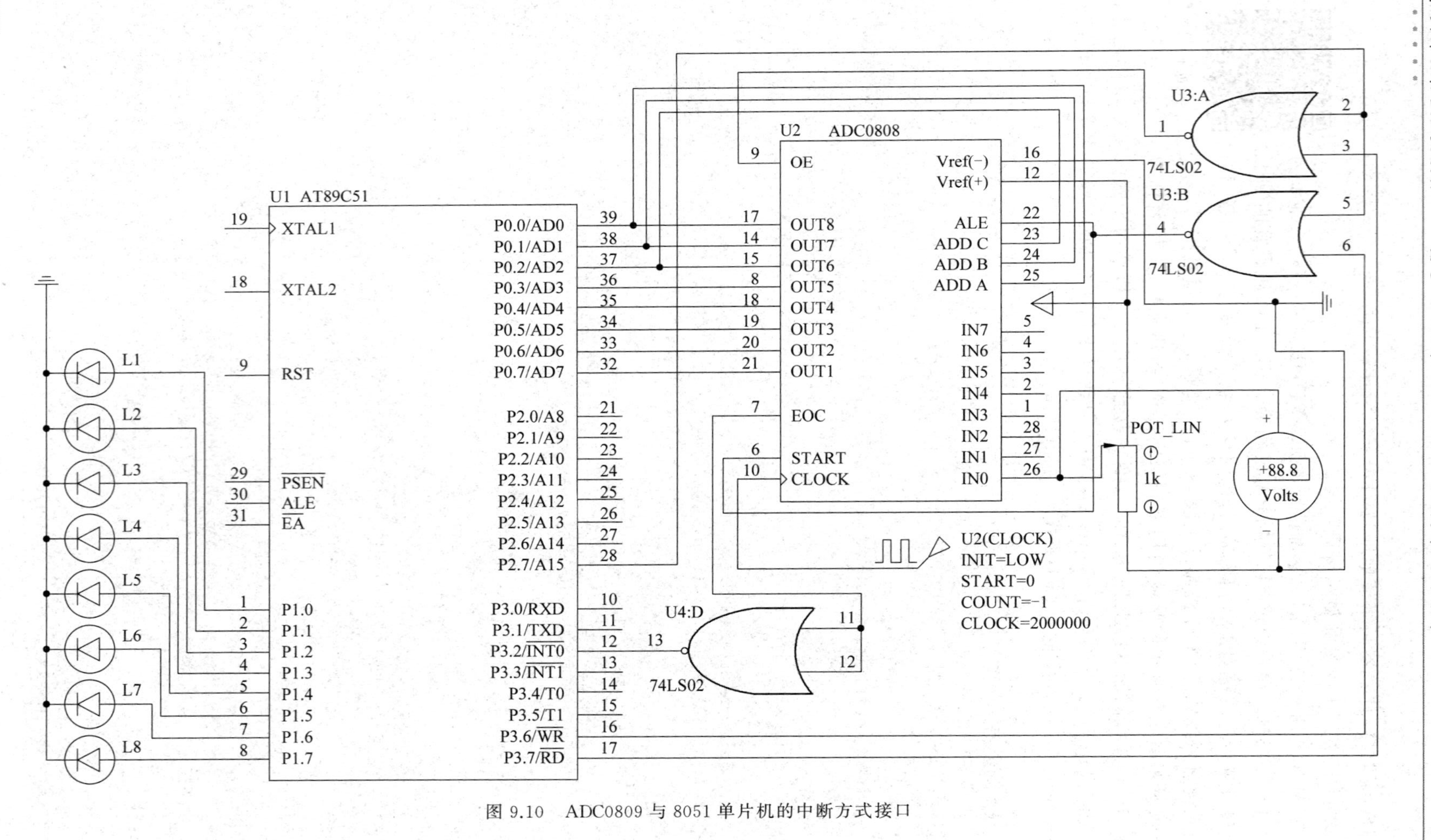

图 9.10 ADC0809 与 8051 单片机的中断方式接口

```
39:     return kval;
40: }
41: void main(){
42:     uchar i,k;
43:     XBYTE[PM8155]=0x03;          //置 8155PA、PB 口为输出,PC 口为输入
44:     while(1){
45:         disp();
46:         k=key();
47:         if(k!=0x88){
48:             dspBf[0]=k;
49:             for(i=1; i<8; i++) dspBf[i]=0x10;
50:         }
51:         disp();
52:     }
53: }
```

此时,可以成功构建工程。将生成的 HEX 文件加载到电路原理图如图 10.9 所示的 AT89C51 单片机中,即可正常运行。

10.5　利用 I2C 总线进行串行 I/O 端口扩展

在单片机系统中,除了并行扩展技术,串行扩展技术也得了到广泛应用。相对于并行接口器件,串行接口器件与单片机相连的 I/O 口线少(仅需 1～4 条),极大简化器件间连接,进而提高可靠性。串口器件体积小、占用电路板空间小、工作电压宽、抗干扰能力强、功耗低、数据不易丢失。串行扩展技术在单片机系统中应用广泛。常用的串行扩展接口有 I2C (inter interface circuit)串行总线接口、单总线(1-Wire)接口以及 SPI(serial peripheral interface)串行外设接口。I2C 全称为芯片间总线,是目前使用广泛的芯片间串行扩展总线。采用 I2C 技术的单片机以及外围器件种类很多,已广泛用于各类电子产品、家用电器及通信设备中。

10.5.1　I2C 串行总线系统的基本结构

I2C 串行总线只有两条信号线,一条是串行数据线 SDA,另一条是串行时钟线 SCL。SDA 和 SCL 是双向的,I2C 总线上各器件数据线都接到 SDA 线上,各器件时钟线均接到 SCL 线上。51 单片机扩展 I2C 总线器件的接口电路如图 10.10 所示。

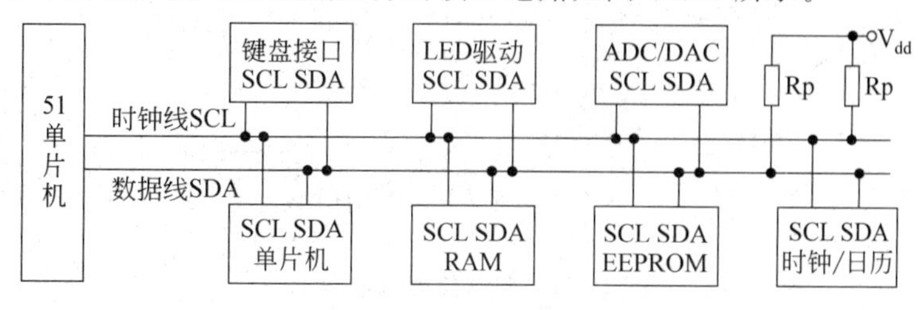

图 10.10　51 单片机扩展 I2C 总线器件的接口电路

I2C 系统中主器件通常由带有 I2C 接口的单片机担当。从器件必须带有 I2C 总线接口。带有 I2C 接口的单片机可直接与 I2C 总线接口的各种扩展器件(如存储器、I/O 芯片、A/D、D/A、键盘、显示器、日历/时钟)连接。AT89C51 单片机没有 I2C 接口,可利用并行 I/O 口线结合软件来模拟 I2C 总线时序,可使 AT89C51 不受没有 I2C 接口的限制。因此,在许多应用中,都将 I2C 总线模拟传送作为常规设计方法。由于 I2C 总线采用纯软件寻址方法,无须片选线连接,大大简化总线数量。

I2C 串行总线的运行由主器件控制。主器件是指启动数据的发送(发出起始信号)、发出时钟信号、传送结束时发出终止信号的器件,通常由单片机来担当。从器件可以是存储器、LED/LCD 驱动器、A/D 或 D/A 转换器、时钟/日历器件等,从器件须带有 I2C 串行总线接口。

I2C 总线空闲时,SDA 和 SCL 两条线均为高电平。连接到总线上器件输出级必须是漏级或集电极开路,只要有一器件任意时刻输出低电平,都将使总线上信号变低,即各器件 SDA 及 SCL 都是“线与”关系。由于各器件输出为漏级开路,故须通过上拉电阻接正电源,以保证 SDA 和 SCL 在空闲时被上拉为高电平。SCL 线上时钟信号对 SDA 线上各器件间数据传输起同步控制作用。SDA 线上数据起始、终止及数据的有效性均要根据 SCL 线上的时钟信号来判断。

在标准 I2C 普通模式下,数据传输速率为 100kbit/s,高速模式下可达 400kbit/s。总线上扩展器件数量不是由电流负载决定的,而是由电容负载确定。I2C 总线每个器件接口都有一定等效电容,连接器件越多,电容值就越大,这会造成信号传输延迟。总线上允许器件数以器件电容量不超过 400pF(通过驱动扩展可达 4000pF)为宜,据此可计算出总线长度及连接器件数量。每个 I2C 总线器件都有唯一地址,扩展器件时也要受器件地址数目限制。

I2C 总线应用系统允许多个主器件,由哪个主器件来控制总线要通过总线仲裁来决定。总线仲裁由 I2C 总线仲裁协议决定。在实际应用中,通常是以单一单片机为主器件,其他外围接口器件为从器件的情况。

10.5.2 I2C 总线的数据传送规定

1. 数据位的有效性规定

I2C 总线数据传送时,每一数据位传送都与时钟脉冲相对应。时钟脉冲为高电平期间,数据线上数据须保持稳定,在 I2C 总线上,只有在时钟线为低电平期间,数据线上电平状态才允许变化。数据位有效性规定如图 10.11 所示。

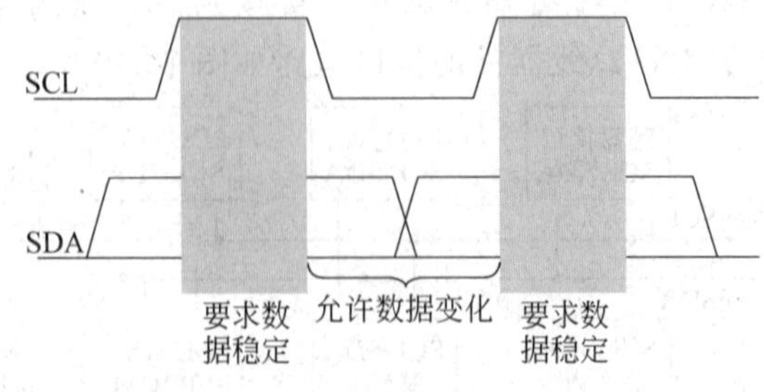

图 10.11 数据位有效性规定

2. 起始信号和终止信号

I2C 总线协议规定,总线上数据信号传送由起始信号(S)开始,由终止信号(P)结束。起始信号和终止信号都由主器件发出,在起始信号产生后,总线就处于占用状态;在终止信号产生后,总线就处于空闲状态。有关起始信号和终止信号的规定如图 10.12 所示。

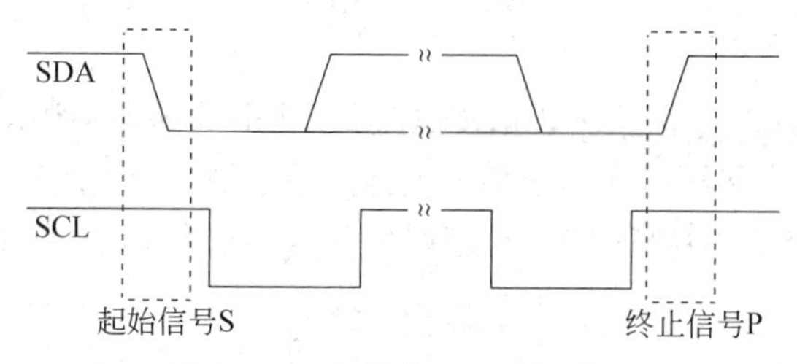

图 10.12 起始信号和终止信号

在 SCL 线为高电平期间,SDA 线由高电平向低电平跳变表示起始信号(S),只有在起始信号以后,其他命令才有效。

在 SCL 线为高电平期间,SDA 线由低电平向高电平跳变表示终止信号(P)。随着终止信号出现,所有外部操作都结束。

3. I2C 总线上数据传送的应答

I2C 总线数据传送时,传送字节数没有限制,但是每字节必须为 8 位。数据传送时,先传送最高位,被传送的所有字节后面都必须跟随 1 位应答位(即 1 帧共有 9 位)。I2C 总线在传送每个字节数据后都须有应答信号 A,应答信号在第 9 个时钟位上出现,与应答信号对应的时钟信号由主器件产生。这时发送方(主器件)必须在这一时钟位上使 SDA 线处于高电平状态,以便接收方(从器件)在这一位上送出低电平应答信号 A。由于某种原因(比如接收方正在进行其他处理而无法接收总线上数据)接收方不对发送方寻址信号应答时,必须释放总线,将数据线置为高电平,发送方产生一个终止信号以结束总线的数据传送。当主器件接收来自从器件的数据时,接收到最后的数据字节后,必须给从器件发送一个非应答信号,使从器件释放数据总线,以便主器件发送终止信号,从而结束数据传送。

4. I2C 总线上的数据帧格式

I2C 总线上传送的信号既包括数据信号也包括地址信号。I2C 总线规定,在起始信号后必须传送一个从器件地址(7 位),第 8 位是数据传送的方向位(R/W),用 0 表示主器件发送数据(W),1 表示主器件接收数据(R)。每次数据传送总是由主器件产生的终止信号结束。但是,若主器件希望继续占用总线进行新的数据传送,则可以不产生终止信号,马上再次发出起始信号对另一从器件进行寻址。因此,在总线一次数据传送过程中,可有以下三种组合方式。

(1) 主器件向从器件发送 n 字节的数据,数据传送方向在整个传送过程中不变,数据传送格式如下。字节 1～字节 n 为主器件写入从器件的 n 字节的数据。格式中阴影部分表示主器件向从器件发送数据,无阴影部分表示从器件向主器件发送数据。从器件地址为 7 位,紧接其后的 1 或 0 表示主器件的读/写方向,0 为写,1 为读。

S	从器件地址	0	A	字节 1	A	≈	字节 $n-1$	A	字节 n	A/$\overline{A}$	P

(2) 主器件读出来自从器件的 n 字节。除首寻址字节由主器件发出外,n 字节都由从器件发送,主器件接收,数据传送格式如下。字节 1～字节 n 为从器件被读出的 n 字节数据。主器件发送终止信号前应发送非应答信号,向从器件表明读操作要结束。

S	从器件地址	1	A	字节 1	A	≈	字节 $n-1$	A	字节 n	$\overline{A}$	P

(3) 主器件读、写操作。在一次数据传送过程中,主器件先发送 1 字节数据,然后接收 1 字节数据,此时起始信号和从器件地址都被重新产生一次,但两次读写的方向位正好相反。数据传送格式如下。格式中的 Sr 表示重新产生的起始信号,从器件地址 r 表示重新产生的从器件地址。

S	从器件地址	0	A	数据	A/$\overline{A}$	Sr	从器件地址 r	1	A	数据	$\overline{A}$	P

由上可知,无论是哪种方式,起始信号、终止信号和从器件地址均由主器件发送,数据字节传送方向则由主器件发出的寻址字节中的方向位规定,每个字节传送都须有应答位(A或/A)相随。

5. 寻址字节

在上面介绍的数据帧格式中,均有 7 位从器件地址和紧跟其后的 1 位读/写方向位,即寻址字节。I2C 总线的寻址采用软件寻址,主器件在发送完起始信号后,立即发送寻址字节来寻址被控的从器件,寻址字节格式如下。7 位从器件地址为 D7、D6、D5、D4 和 D3、D2、D1,其中 D7、D6、D5、D4 为器件地址,即器件固有地址编码,在出厂时确定。D3、D2、D1 为引脚地址,由器件引脚在电路中接高电平或接地决定。数据方向位 D0(R/W)规定了总线上的单片机(主器件)与从器件数据传送方向。R/W=1 表示主器件接收(读),R/W=0 表示主器件发送(写)。

D7	D6	D5	D4	D3	D2	D1	D0
器件地址				引脚地址			R/$\overline{W}$

6. 数据传送格式

I2C 总线每传送一位数据都与一个时钟脉冲对应,传送的每一帧数据均为 1 字节。但启动 I2C 总线后传送的字节数没有限制,只要求每传送 1 字节后,对方回答一个应答位。在时钟线为高电平期间,数据线的状态就是要传送的数据。数据线上数据改变须在时钟线为低电平时完成。在数据传输期间,只要时钟线为高电平,数据线都必须稳定,否则数据线上任何变化都被当作起始或终止信号。

I2C 总线数据传送必须遵循规定的数据传送格式。一次完整的数据传送应答时序如图 10.13 所示。起始信号 S 表明一次数据传送的开始,其后为寻址字节。在寻址字节后是按指定读、写的数据字节与应答位。在数据传送完成后主器件都必须发送终止信号 P。在起始与终止信号之间传输的数据字节数由主器件(单片机)决定,理论上没有字节限制。

由上述数据传送过程可知:①无论是何种数据传送格式,寻址字节都由主器件发出,数据字节传送方向由寻址字节中方向位来规定。②寻址字节只表明从器件的地址及数据传送

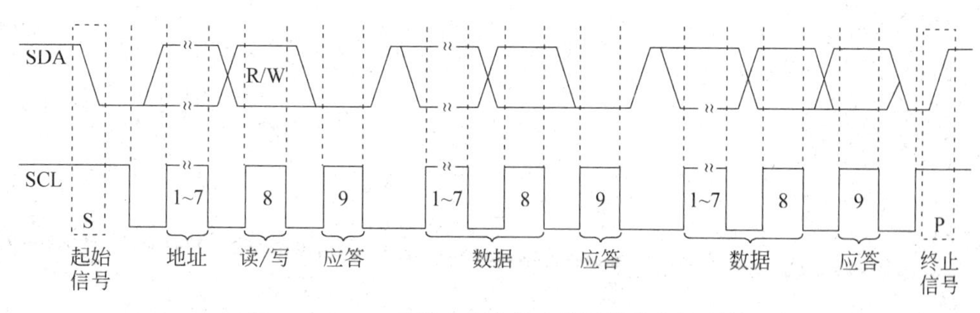

图 10.13 I2C 总线一次完整的数据传送应答时序

方向。由器件设计者在该器件的 I2C 总线数据操作格式中指定首数据字节作为器件内的单元地址指针，并且设置地址自动加减功能，以简化从器件地址的寻址操作。③每字节传送都必须有应答信号相随。④从器件接收到起始信号后都必须释放数据总线，使其处于高电平，以便主器件发送从器件地址。

10.5.3 I2C 接口存储器芯片 24C04

由于 8051 单片机内部没有 I2C 总线接口，通常用并行 I/O 口线结合软件来实现 I2C 总线上的信号模拟。利用 8051 单片机的两根 I/O 口线来模拟 I2C 总线 SCL 和 SDA 的工作时序，采用 C51 编写 I2C 总线通用驱动程序。在 8051 单片机为单主器件方式下，没有其他主器件对总线竞争与同步，只存在着主器件单片机对 I2C 总线上各从器件的读写操作。

示例 10-9：I2C 接口存储器芯片 24C04 扩展。

按照如图 2.5 所示的步骤使用 Keil μVision5 新建工程，工程名称为 exam-10-9，并且添加 STARTUP.A51 文件。按照如图 2.6 所示的步骤添加 C 源代码文件(在 Add New Item to Group Source Group 1 对话框中选择 C File)，文件名为 exam-10-9，在 exam-10-9.c 文件中输入 C51 源代码，如下所示，然后保存。

示例 10-9

```
1: #include <reg51.h>
2: #include <stdio.h>
3: #define uchar unsigned char
4: #define WRITE 0xA0                    //定义 24C04 的器件地址 SLA 和方向位 W
5: #define READ  0xA1                    //定义 24C04 的器件地址 SLA 和方向位 R
6: #define BLOCK_SIZE 20                 //定义字节个数
7: #define HIGH 1
8: #define LOW 0
9: #define FALSE 0
10: #define TRUE 1
11: sbit SCL=P2^0;                       //定义 I2C 模拟时钟控制位
12: sbit SDA=P2^1;                       //定义 I2C 模拟数据传送位
13: uchar sdata[BLOCK_SIZE]="hello single chip";     //定义写入数据
14: uchar trans[BLOCK_SIZE];             //定义数据单元
15: void delayi2c(void){;}               //延时函数
16: void I_start(void){                  //I2C 总线起始位函数
17:     SCL=HIGH;    delayi2c();
```

```
18:     SDA=LOW;    delayi2c();
19:     SCL=LOW;    delayi2c();
20: }
21: void I_stop(void){                          //I2C 总线停止位函数
22:     SDA=LOW;    delayi2c();
23:     SCL=HIGH;   delayi2c();
24:     SDA=HIGH;   delayi2c();
25:     SCL=LOW;    delayi2c();
26: }
27: void I_init(void){                          //I2C 总线初始化函数
28:     SCL=LOW;
29:     I_stop();
30: }
31: bit I_clock(void){                          //I2C 总线时钟信号函数
32:     bit sample;
33:     SCL=HIGH;   delayi2c();
34:     sample=SDA;
35:     SCL=LOW;    delayi2c();
36:     return sample;
37: }
38: bit I_send(uchar I_data){                   //I2C 总线数据发送函数
39:     uchar i;
40:     for(i=0; i<8; i++){                     //发送 8 位数据
41:         SDA=(bit)(I_data & 0x80);
42:         I_data=I_data <<1;
43:         I_clock();
44:     }
45:     SDA=HIGH;                               //请求应答信号 ACK
46:     return (~I_clock());
47: }
48: uchar I_receive(void){                      //I2C 总线数据接收函数
49:     uchar I_data=0;
50:     uchar i;
51:     for(i=0; i<8; i++)                      //接收 8 位数据
52:         I_data=(I_data<<1)|I_clock();  //I_data=(I_data<<1)|SDA
53:     return I_data;
54: }
55: void I_Ack(void){                           //I2C 总线应答函数
56:     SDA=LOW; I_clock(); SDA=HIGH;
57: }
58: void wait_5ms(void){                        //5ms 延时函数
59:     int i;
60:     for(i=0; i<1000; i++);
61: }
62: bit E_address(uchar Address){               //地址写入函数
63:     I_start();
64:     if(I_send(WRITE)) return (I_send(Address));
65:     else return FALSE;
66: }
67: bit E_read_block(uchar start){              //数据读取函数
```

```
68:     uchar i;
69:     if(E_address(start)){                    //从指定地址开始读取数据
70:         I_start();                           //发送重复启动信号
71:         if(I_send(READ)){
72:             for(i=0; i<=BLOCK_SIZE; i++){
73:                 trans[i]=I_receive();
74:                 if(i !=BLOCK_SIZE ) I_Ack();
75:                 else { I_clock(); I_stop(); }
76:             }
77:             return (TRUE);
78:         }else{ I_stop(); return FALSE; }
79:     }else{ I_stop(); return FALSE; }
80: }
81: bit E_write_block(uchar start){             //数据写入函数
82:     uchar i;
83:     for(i=0; i<=BLOCK_SIZE; i++){
84:         if(E_address(start+i) && I_send(sdata[i])){
85:             I_stop(); wait_5ms();
86:         }else return FALSE;
87:     }
88:     return TRUE;
89: }
90: void main(){
91:     uchar addr=0x50;                         //定义 24C04 片内地址
92:     SCON=0x5a; TCON=0x40; TH1=0xfd;
93:     TMOD=0x20;                               //T1,自动重置计数初值的 8 位定时器/计数器
94:     I_init();                                //I2C 总线初始化
95:     //if(E_write_block(addr)) printf("I2C write OK! \n");
96:     //else printf("I2C write ERROR! \n");
97:     E_write_block(addr);
98:     E_read_block(addr);
99:     //if(E_read_block(addr)) printf("I2C read OK! \n");
100:    //else  printf("I2C read ERROR! \n");
101:    printf("%s\n",trans);
102:    //while(1);
103: }
```

此时，可以成功构建工程。将生成的 HEX 文件加载到电路原理图如图 10.14 所示的 AT89C51 单片机中，即可正常运行。单击 AT89C51，在快捷菜单中选择“编辑属性”命令，在“编辑元件”对话框中，设置 Clock Frequency 为 11MHz。

24C04 是一种存储容量为 512 字节的 I2C 接口 EEPROM 器件，具有页写能力，每页为 16 字节，因此可一次写入 16 字节。写时具有自动擦除功能。A1、A2 是器件地址输入引脚，作为硬件地址，因此总线上可同时连接 4 个 24C04 器件。SDA 是串行地址和数据输入/输出引脚。SCK(SCL)是串行时钟输入引脚。WP 是写保护引脚，提供硬件数据保护，WP=0 时允许数据正常读写操作，WP=1 时写保护且只读。

为保证数据传送的可靠性，标准 I2C 总线数据传送有严格的时序要求。对于终止信号，要保证有大于 4.7μs 信号建立时间。终止信号结束时，要释放总线，使 SDA、SCL 维持在高

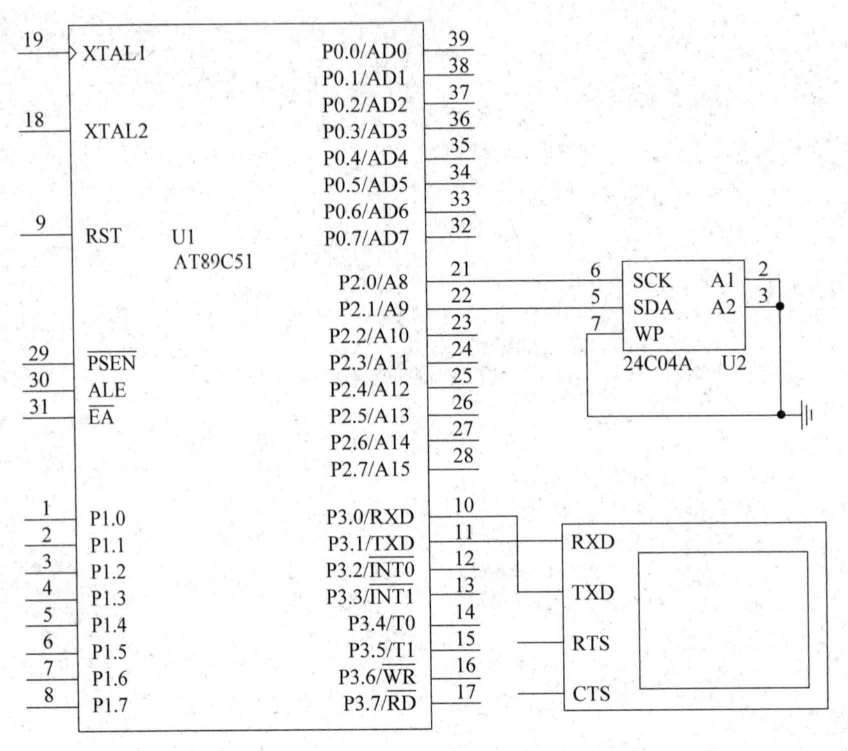

图 10.14　I2C 接口存储器芯片 24C04 扩展

电平上,在大于 4.7μs 后才可进行第 1 次起始操作。在单主器件系统中,为防止非正常传送,终止信号后 SCL 可设置在低电平。对发送应答位、非应答位来说,与发送数据 0 和 1 的信号定时要求相同。只要满足在时钟高电平大于 4.0μs 期间,SDA 线上有确定的电平状态即可。

AT89C51 单片机在模拟 I2C 总线通信时,需编写以下 6 个函数。

(1) 总线初始化函数:功能是将 SCL 和 SDA 总线拉高以释放总线。

(2) 起始信号函数:要求一个新的起始信号前总线的空闲时间大于 4.7μs,而对于一个重复的起始信号,要求建立时间也须大于 4.7μs。起始信号的时序波形在 SCL 高电平期间 SDA 发生负跳变。起始信号到第 1 个时钟脉冲负跳沿的时间间隔应大于 4μs。

(3) 终止信号函数:在 SCL 高电平期间 SDA 的一个上升沿产生终止信号。

(4) 应答位函数:发送接收应答位与发送数据 0 相同,即在 SDA 低电平期间 SCL 发生一个正脉冲。SCL 在高电平期间,SDA 被从器件拉为低表示应答。若在一段时间内没有收到从器件的应答,则主器件默认从器件已收到数据而不再等待应答信号,要是不加该延时就退出,一旦从器件没有发应答信号,程序将永远停在这里,而在实际中不允许这种情况发生。

(5) 发送 1 字节函数:由 SDA 发送 1 字节数据(既可以是地址,也可以是数据)。串行发送 1 字节时,需把该字节 8 位逐位发出,I_data=I_data<<1 就是将 I_data 中的内容左移 1 位,最高位赋给 SDA,进而在 SCL 的控制下发送出去。

(6) 接收 1 字节函数:串行接收 1 字节时,I_data=(I_data<<1)|I_clock()是将变量 I_data 左移 1 位后与 SDA 进行逻辑或运算,依次把 8 位数据组合成 1 字节来完成接收。

10.5.4　I2C 接口 A/D-D/A 芯片 PCF8591

示例 10-10

示例 10-10：I2C 接口 A/D-D/A 芯片 PCF8591 扩展。

按照如图 2.5 所示的步骤使用 Keil μVision5 新建工程，工程名称为 exam-10-10，并且添加 STARTUP.A51 文件。按照如图 2.6 所示的步骤添加 C 源代码文件（在 Add New Item to Group Source Group 1 对话框中选择 C File），文件名为 exam-10-10，在 exam-10-10.c 文件中输入 C51 源代码，如下所示，然后保存。

```
1: #include <reg51.h>
2: #include <intrins.h>          //包含_nop_()
3: #define uchar unsigned char
4: #define uint unsigned int
5: //定义 PCF8591 的器件地址 SLA 和方向位 W
6: #define WRITE 0x90
7: //定义 PCF8591 的器件地址 SLA 和方向位 R
8: #define READ 0x91
9: uchar idata buf[4];           //数据接收缓冲区
10: bit askflag;
11: bit bdata err;               //从机错误标志位
12: sbit SCL=P3^0;               //I2C 模拟时钟控制位
13: sbit SDA=P3^1;               //I2C 模拟数据传送位
14: sbit LCD_RS=P2^0;
15: sbit LCD_RW=P2^1;
16: sbit LCD_E=P2^2;
17: //定义 3 个显示数据单元和 1 个数据存储单元
18: uint dis[4]={0x00, 0x00, 0x00, 0x00};
19: uchar code s1[]={"1- .  V  2- .  V"};
20: uchar code s2[]={"3- .  V  4- .  V"};
21: static void delay5(){        //延时约 5μs
22:   _nop_();_nop_();_nop_();_nop_();
23: }
24: void delay(int ms){          //延时函数
25:   uchar i;
26:   while(ms--)
27:     for(i=0;i<250;i++) delay5();
28: }
29: //检测 LCD 忙状态。返回 1 时忙，等待；返回 0 时闲，可写命令与数据
30: bit lcd_busy(){
31:   bit result;
32:   LCD_RS=0;
33:   LCD_RW=1;
34:   LCD_E=1;
35:   delay5();
36:   result=(bit)(P0 & 0x80);
37:   LCD_E=0;
```

```
38:   return result;
39: }
40: //向 LCD 写命令: RS=0,RW=0,E=1,P0=命令码
41: void lcd_wcmd(uchar cmd){
42:   while(lcd_busy());
43:   LCD_RS=0;
44:   LCD_RW=0;
45:   LCD_E=0;
46:   _nop_();
47:   _nop_();
48:   P0=cmd;
49:   delay5();
50:   LCD_E=1;
51:   delay5();
52:   LCD_E=0;
53: }
54: //向 LCD 写数据: RS=1,RW=0,E=1,P0=数据
55: void lcd_wdat(uchar dat){
56:   while(lcd_busy());
57:   LCD_RS=1;
58:   LCD_RW=0;
59:   LCD_E=0;
60:   P0=dat;
61:   delay5();
62:   LCD_E=1;
63:   delay5();
64:   LCD_E=0;
65: }
66: void lcd_init(){          //LCD 初始化
67:   //0x38:16×2 显示,5×7 点阵,8 位数据
68:   delay(15); lcd_wcmd(0x38);
69:   delay(5); lcd_wcmd(0x38);
70:   delay(5); lcd_wcmd(0x38);
71:   //0x0c:显示开、关光标
72:   delay(5); lcd_wcmd(0x0c);
73:   //0x06:移动光标
74:   delay(5); lcd_wcmd(0x06);
75:   //0x01:清除 LCD 的显示内容
76:   delay(5); lcd_wcmd(0x01);
77:   delay(5);
78: }
79: //设置显示位置
80: void lcd_pos(uchar pos){
81:   //数据指针=80+地址变量
82:   lcd_wcmd(pos | 0x80);
83: }
84: //数据处理与显示,将采集到的十六进制数转换为 ASCII 码
85: void show_value(uchar dat){
```

```
86:    //AD 值转换为 3 位 BCD 码,最大为 5.00V
87:    dis[2]=dat/51;
88:    //转换为 ACSII 码
99:    dis[2]=dis[2]+0x30;
90:    dis[3]=dat%51;                  //余数暂存
91:    dis[3]=dis[3] * 10;             //计算小数第 1 位
92:    dis[1]=dis[3]/51;
93:    dis[1]=dis[1]+0x30;
94:    dis[3]=dis[3]%51;               //余数暂存
95:    dis[3]=dis[3] * 10;             //计算小数第 2 位
96:    dis[0]=dis[3]/51;
97:    dis[0]=dis[0]+0x30;
98: }
99: //启动 I2C 总线,时钟保持高,数据线从高到低 1 次跳变,I2C 通信开始
100: void i2c_start(void){
101:    SDA=1;
102:    SCL=1;
103:    delay5();
104:    SDA=0;
105:    delay5();
106:    SCL=0;
107: }
108: //停止数据传送,时钟保持高,数据线从低到高 1 次跳变,I2C 通信停止
109: void i2c_stop(void){
110:    SDA=0;
111:    SCL=1;
112:    delay5();
113:    SDA=1;
114:    delay5();
115:    SCL=0;
116: }
117: void i2cInit(void){                //初始化 I2C 总线
118:    SCL=0; i2c_stop();
119: }
120: void slave_ACK(void){              //从机发送应答位
121:    SDA=0; SCL=1;
122:    delay5();
123:    SCL=0;
124: }
125: //从机发送非应答位,迫使数据传输过程结束
126: void slave_NOACK(void){
127:    SDA=1; SCL=1;
128:    delay5();
129:    SDA=0; SCL=0;
130: }
131: //检查主机应答位,迫使数据传输过程结束
132: void check_ACK(void){
```

```
133:   SDA=1;
134:   SCL=1;
135:   askflag=0;
136:   delay5();
137:   //SDA=1 表明非应答,非应答标志置 1
138:   if(SDA==1) askflag=1;
139:   SCL=0;
140: }
141: //向 SDA 上发送 1 字节
142: void sendbyte(uchar ch){
143:   uchar idata n=8;
144:   while(n--){             //发的数据最高位为 1 则发 1
145:     if((ch&0x80)==0x80){
146:       SDA=1;              //传送位 1
147:       SCL=1;
148:       delay5();
149:       SCL=0;
150:     }else{
151:       SDA=0;              //否则传送位 0
152:       SCL=1;
153:       delay5();
154:       SCL=0;
155:     }
156:     ch=ch<<1;             //数据左移 1 位
157:   }
158: }
159: //从 SDA 线上接收 1 字节
160: uchar receivebyte(void){
161:   uchar idata n=8;
162:   uchar dat=0;
163:   while(n--){
164:     SDA=1;
165:     SCL=1;
166:     dat=dat<<1;           //左移一位
167:     //若收到的位为 1,则将数据的最后 1 位置 1;否则将数据的最后 1 位置 0
168:     if(SDA==1) dat=dat|0x01;
169:     else dat=dat&0xfe;
170:     SCL=0;
171:   }
172:   return dat;
173: }
174: //D/A 输出
175: void sending(uchar cbyte, uchar dat){
176:   i2c_start();            //启动 I2C
177:   delay5();
178:   sendbyte(WRITE);        //控制字
179:   check_ACK();            //检查应答位
180:   //若非应答,置错误标志位
181:   if(askflag==1){err=1; return;}
```

```
182:   sendbyte(cbyte&0x77);                //发送控制字
183:   check_ACK();                         //检查应答位
184:   if(askflag==1){err=1; return;}
185:   sendbyte(dat);                       //发送数据
186:   check_ACK();                         //检查应答位
187:   if(askflag==1){err=1; return;}
188:   i2c_stop();                          //全部发完则停止
189:   delay5(); delay5();
190:   delay5(); delay5();
191: }
192: //发送控制字
193: void sendctrl(uchar cbyte){
194:   uchar idata rec, i=0;
195:   i2c_start();
196:   sendbyte(WRITE);                     //控制字
197:   check_ACK();                         //检查应答位,若非应答,置错误标志位
198:   if(askflag==1){err=1; return;}
199:   sendbyte(cbyte);                     //控制字
200:   check_ACK();                         //检查应答位
201:   if(askflag==1){err=1; return;}
202:   i2c_start();                         //重新发送开始命令
203:   sendbyte(READ);                      //控制字
204:   check_ACK();                         //检查应答位
205:   if(askflag==1){err=1; return;}
206:   receivebyte();                       //空读 1 次,调整读顺序
207:   slave_ACK();                         //收到 1 字节后发 1 个应答位
208:   while(i<4){                          //读入 4 路通道的 A/D 转换结果
209:     rec=receivebyte();                 //将其存放到 buf
210:     buf[i++]=rec;                      //收到 1 字节后发
211:     slave_ACK();                       //发送 1 个应答位
212:   }
213:   //收到最后 1 字节后发送 1 个非应答位
214:   slave_NOACK();
215:   i2c_stop();
216: }
217: void main(){
218:   uchar i, l;
219:   delay(10);                           //延时
220:   lcd_init();                          //初始化 LCD
221:   //设置显示位置为第 1 行的第 1 个字符
222:   lcd_pos(0x00);
223:   i=0;
224:   while(s1[i] !='\0'){
225:     lcd_wdat(s1[i]);                   //显示字符
226:     i++;
227:   }
228:   //设置显示位置为第 2 行的第 1 个字符
229:   lcd_pos(0x40);
230:   i=0;
```

```
231:   while(s2[i] != '\0'){
232:     lcd_wdat(s2[i]);                    //显示字符
233:     i++;
234:   }
235:   while(1){
236:     sendctrl(0x44);                     //发送控制字
237:     if(err==1){                         //有错误
238:       i2cInit();                        //I2C 总线初始化
239:       sendctrl(0x44);
240:     }
241:     for(l=0; l<4; l++){
242:       show_value(buf[0]);               //显示通道 0
243:       lcd_pos(0x02);
244:       lcd_wdat(dis[2]);                 //显示整数位
245:       lcd_pos(0x04);
246:       lcd_wdat(dis[1]);                 //显示第 1 位小数
247:       lcd_pos(0x05);
248:       lcd_wdat(dis[0]);                 //显示第 2 位小数
249:       show_value(buf[1]);               //显示通道 1
250:       lcd_pos(0x0b);
251:       lcd_wdat(dis[2]);                 //显示整数位
252:       lcd_pos(0x0d);
253:       lcd_wdat(dis[1]);                 //显示第 1 位小数
254:       lcd_pos(0x0e);
255:       lcd_wdat(dis[0]);                 //显示第 2 位小数
256:       show_value(buf[2]);               //显示通道 2
257:       lcd_pos(0x42);
258:       lcd_wdat(dis[2]);                 //显示整数位
259:       lcd_pos(0x44);
260:       lcd_wdat(dis[1]);                 //显示第 1 位小数
261:       lcd_pos(0x45);
262:       lcd_wdat(dis[0]);                 //显示第 2 位小数
263:       show_value(buf[3]);               //显示通道 3
264:       lcd_pos(0x4b);
265:       lcd_wdat(dis[2]);                 //显示整数位
266:       lcd_pos(0x4d);
267:       lcd_wdat(dis[1]);                 //显示第 1 位小数
268:       lcd_pos(0x4e);
269:       lcd_wdat(dis[0]);                 //显示第 2 位小数
270:       i2cInit();                        //I2C 总线初始化
271:       sending(0x40,buf[0]);             //D/A 输出
272:       if(err==1){                       //有错误
273:         i2cInit();                      //I2C 总线初始化
274:       }
275:     }
276:     sending(0x40,buf[3]);               //D/A 输出
277:   }
278: }
```

此时,可以成功构建工程。将生成的 HEX 文件加载到电路原理图如图 10.15 所示的

AT89C51 单片机中,即可正常运行。

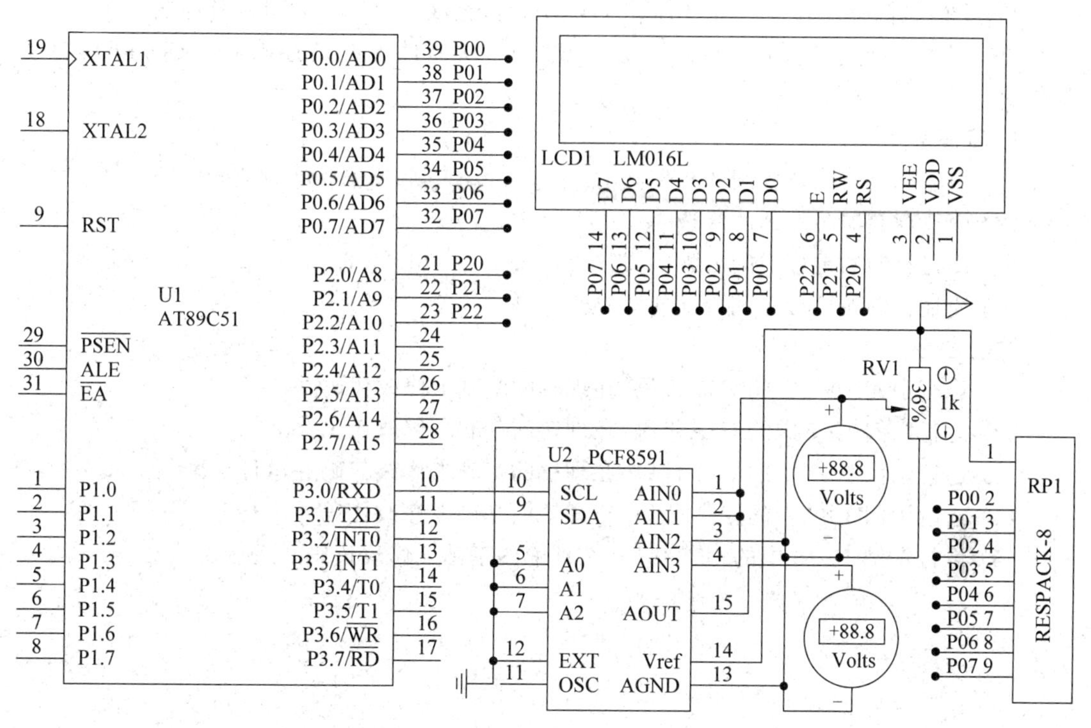

图 10.15　I2C 接口 A/D-D/A 芯片 PCF8591 扩展

PCF8591 是具有 I2C 总线接口的单片、单电源 8 位 A/D-D/A(模数转换、数模转换)转换器件,具有 4 路模拟量输入通道、1 路模拟量输出通道,3 个地址引脚 A0、A1 和 A2 用作器件地址,允许最多 8 个 PCF8591 器件连接至 I2C 总线。PCF8591 的最大转换速率由 I2C 总线的最大速率决定。AIN0～AIN3 引脚是模拟信号输入端。A0～A2 引脚是地址端。SDA 引脚是 I2C 总线的数据线。SCL 引脚是 I2C 总线的时钟线。OSC 引脚是外部时钟输入端、内部时钟输出端。EXT 引脚是内部和外部时钟选择线,使用内部时钟时 EXT 接地。AOUT 是 D/A 转换输出端。AGND 引脚是模拟信号地。VREF 引脚是基准电源端。

10.6　习　　题

1. 填空题

(1) 常用的存储器地址空间分配方法包括线选法和________。

(2) ________又称为只读存储器,它表示信息一旦写入芯片就不能随意更改。

(3) ________又称为随机存取存储器,用于存放可随机读写的数据。

(4) Intel 8155 是一种通用的多功能可编程________扩展接口芯片。

(5) 8155 包含 3 个可编程 I/O 接口,A 口和 B 口是________位,C 口是________位。

(6) 8155 包含 1 个可编程________位定时器/计数器。

(7) 在单片机系统中,除了并行扩展技术,________也得了到广泛应用。

(8) 常用的串行扩展接口有________、1-Wire 以及 SPI。

(9) I2C 串行总线只有两条双向信号线,串行数据线________和串行时钟线________。

(10) I2C 串行总线的运行由________控制。从器件可以是存储器、LED/LCD 驱动器等。

2. 简答题

(1) 简述存储器地址空间的分配问题。

(2) 简述存储器芯片的两级选择。

(3) 简述存储器地址空间分配的线选法。

(4) 简述存储器地址空间分配的译码法。

3. 上机题

(1) 运行示例 10-4 中的 C51 代码,在理解的基础上修改代码并运行。

(2) 运行示例 10-7 中的 C51 代码,在理解的基础上修改代码并运行。

(3) 运行示例 10-8 中的 C51 代码,在理解的基础上修改代码并运行。

(4) 运行示例 10-9 中的 C51 代码,在理解的基础上修改代码并运行。

(5) 运行示例 10-10 中的 C51 代码,在理解的基础上修改代码并运行。

第 11 章　Proteus 仿真设计实例

本章学习目标

- 掌握 DS18B20 多点温度监测系统的设计；
- 掌握带农历的电子万年历的设计；
- 掌握电子密码锁的设计。

11.1　DS18B20 多点温度监测系统设计

11.1.1　功能要求

采用 8051 单片机和数字温度传感器 DS18B20 设计一个多点温度监测系统，测温范围为－55～128℃，测量精度为 0.1℃，采用 8 位 7 段 LED 数码管作为显示器，分时显示当前各点温度监测值和每个 DS12B20 的 ROM 序列号，配置两个按键，由按键设定显示内容。系统启动后默认状态为循环显示各监测点当前温度值，按一次 K2 键切换到循环显示各个 DS12B20 的 ROM 序列号，再按一次 K2 键恢复到默认状态。默认状态下按一次 K1 键，切换到由 K2 键选择显示各监测点当前温度值，再按一次 K1 键恢复到默认状态。

11.1.2　硬件电路设计

多点温度监测系统硬件电路如图 11.1 所示，主要包括 8051 单片机、4 个 DS18B20 温度传感器、LED 数码管显示器等。分别单击 DS18B20，在快捷菜单中选择“编辑属性”命令，在“编辑元件”对话框中，分别设置 A、B、C、D 的 Rom Serial Number 为 5E6F94、5E6F92、5E6F91、5E6F93，分别设置 A、B、C、D 的 Current Value 为 30.2、126.5、－12.1、－51.9。

单总线应用典型案例是采用单总线温度传感器 DS18B20 的温度测量系统。DS18B20 数字温度传感器体积小、低功耗，抗干扰能力强，可直接将温度转换成数字信号并传送给单片机处理，因而可省去传统的信号放大、A/D 转换等外围电路。DS18B20 数字温度传感器采用独特的单线接口方式，仅需一个端口引脚来发送和接收信息，在单片机和 DS1B820 之间仅需一条数据线和一条地线。DS18B20 的 GND 端是接地引脚，Vdd 端是外部供电电源引脚，DQ 端是数据输入/输出引脚。4 个 DS18B20 通过 DQ 引脚连接到单片机的 1 根 I/O 口线上。单片机对每个 DS18B20 通过总线 DQ 寻址。DQ 为漏极开路，须加上拉电阻。

DS18B20 内部有三个主要数字部件：64 位光刻 ROM、温度传感器、非易失性温度报警触发器 TH 和 TL。DS18B20 可用外部 3～5.5V 电源供电。DS1B820 也可以采用寄生电源方式工作，从单总线上汲取能量，在信号线处于高电平期间把能量储存在内部电容里，在信号线处于低电平期间利用电容上的电能进行工作,直到高电平到来再给寄生电源(电容)充电。本示例采用外部电源供电。

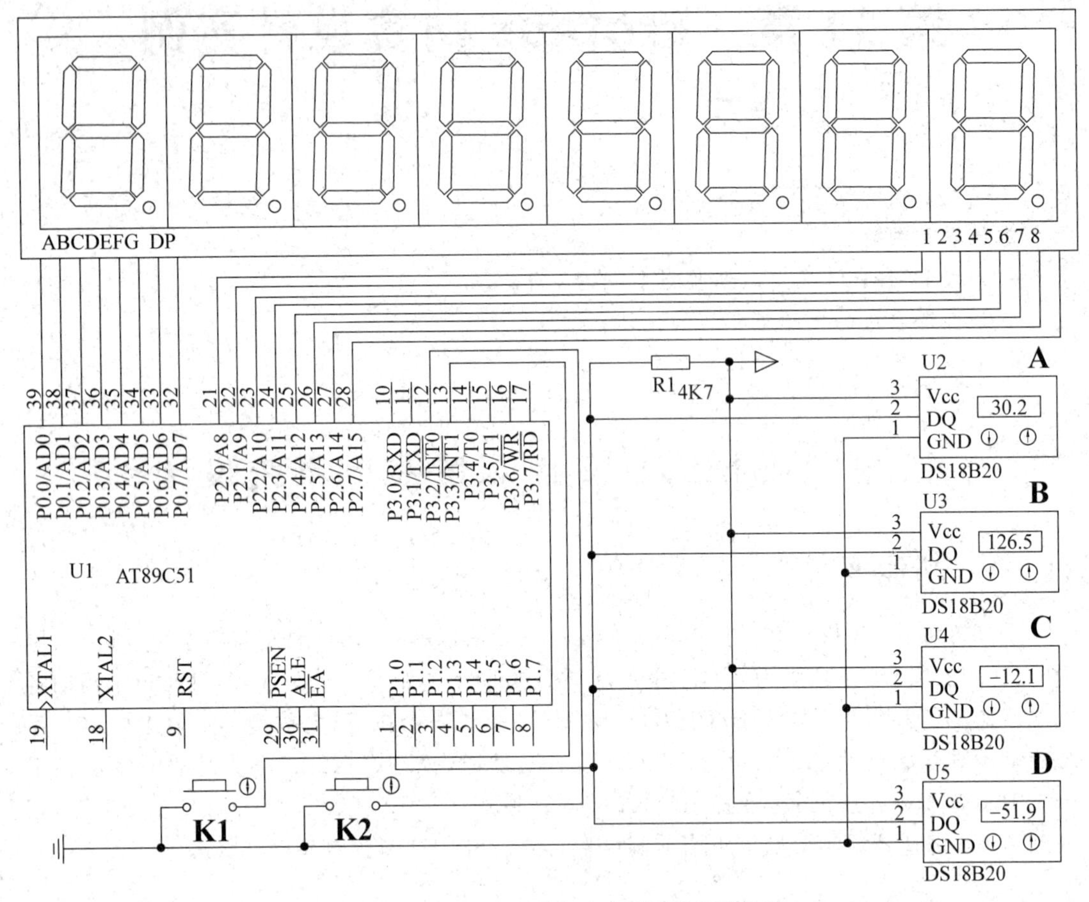

图 11.1 DS18B20 多点温度监测系统硬件电路

每个 DS18B20 芯片都有唯一 64 位光刻 ROM 编码,它是 DS18B20 地址序列码,目的是使每个 DS18B20 地址都不相同,这样可实现在一根总线上挂接多个 DS18B20 的目的。

DS18B20 依靠单线方式进行通信,必须先建立 ROM 操作协议,才能进行存储器和控制操作,单片机必须先提供下面 5 个 ROM 操作命令之一。

(1) 读出 ROM,代码为 33H,用于读出 DS18B20 的序列号,即 64 位光刻 ROM 编码。只有在总线上存在单只 DS18B20 的时候才能使用该命令。

(2) 匹配 ROM,代码为 55H,发出此命令之后,接着发出 64 位 ROM 编码,用于在多点总线上定位一只特定的 DS18B20。只有和 64 位 ROM 编码完全匹配的 DS18B20 才会做出响应。所有和 64 位 ROM 编码不匹配的 DS18B20 都将等待复位脉冲。这条命令在总线上有单个或多个器件时都可以使用。

(3) 跳过 ROM,代码为 CCH,这条命令发出后系统将对所有 DS18B20 进行操作,通常用于启动所有 DS18B20 进行转换之前,或系统中仅有一个 DS18B20 时。

(4) 搜索 ROM,代码为 F0H,用于确定总线上的节点数以及所有节点的序列号。

(5) 报警搜索，代码为 ECH，发出此命令后，只有温度超过设定值上限或下限的 DS18B20 才做出响应。要注意的是，只要 DS18B20 不掉电，报警状态将一直保持，直到再一次测得的温度值达不到报警条件为止。

这些命令对每个器件的光刻 ROM 进行操作，在单总线上挂有多个器件时可以区分出各个器件。单片机在发出 ROM 操作命令后，紧接着发出存储器操作命令，即可启动温度测量。

存储器由一个高速暂存器和一个存储高低温报警触发值 TH 和 TL 的 EEPROM 组成。在单总线上通信时，暂存器帮助确保数据的完整性。数据先被写入暂存器，并可被读回。数据经过校验后，用一个复制暂存器命令把数据传到 EEPROM 中。这一过程确保更改存储器时数据的完整性。高速暂存器有 9 字节的 RAM 单元，每个字节的功能如表 11.1 所示。

表 11.1　每个字节的功能

字节序号	功　能	字节序号	功　能
1	温度值的低字节	6	保留
2	温度值的高字节	7	保留
3	高温报警触发值 TH	8	保留
4	低温报警触发值 TL	9	CRC 校验寄存器
5	配置寄存器		

第 1 字节和第 2 字节是在单片机发给 DS18B20 温度转换命令后，经转换所得的实测温度值，以两字节补码形式存放其中。一般情况下，用户多使用第 1 字节和第 2 字节。单片机通过单总线可读得该数据，读取时低字节在前，高字节在后。第 3 和第 4 字节是用户在 EEPROM 中设定的温度报警值 TH 和 TL 的复制，是易失的，每次上电时被刷新。第 5 字节为配置寄存器，其内容用于确定温度值的数字转换分辨率，DS18B20 工作时按此寄存器中的分辨率将温度转换为相应精度的数值。第 6～8 字节未用，全置为 1。第 9 字节为前面 8 字节的 CRC 校验码，用于保证数据通信的正确性。配置寄存器各位的定义如下。

D7	D6	D5	D4	D3	D2	D1	D0
TM	R1	R0	1	1	1	1	1

其中，TM 为测试模式位，用于设定 DS18B20 为工作模式还是为测试模式，出厂时 TM 位被设置为 0，用户不能改变。低 5 位全为 1。R1 和 R0 用来设置温度转换的分辨率，如表 11.2 所示。设定的分辨率越高，所需转换时间越长。用户可通过修改 R1、R0 位的编码，获得合适的分辨率。

表 11.2　DS18B20 的温度值分辨率设置与转换时间

R1	R0	分辨率/位	温度最大转换时间/ms
0	0	9	93.75
0	1	10	187.5
1	0	11	375.00
1	1	12	750.00

DS18B20 提供了如下存储器操作命令。

(1) 温度转换,代码为 44H,这个命令用于启动 DS18B20 进行温度测量。温度转换命令被执行后 DS18B20 保持等待状态,如果主机在这条命令之后跟着发出读时间隙,而 DS18B20 又忙于进行温度转换,DS18B20 将在总线上输出 0,若温度转换完成,则输出 1。

(2) 读暂存器,代码为 BEH,这个命令用于读取暂存器中的内容。从字节 0 开始,最多可以读取 9 字节,如果不想读完所有字节,主机可以在任何时间发出复位命令来中止读取。

(3) 写暂存器,代码为 4EH,这个命令用于将数据写入 DS18B20 暂存器的第 3 和第 4 字节(TH 和 TL 字节)。可以在任何时刻发出复位命令来中止写入。

(4) 复制暂存器,代码为 48H,这个命令用于将暂存器的温度报警值(TH 和 TL 字节)复制到 DS18B20 的 EEPROM 中。如果主机在这条命令之后跟着发出读时间隙,而 DS18B20 又正在忙于把暂存器的内容复制到 EEPROM,DS18B20 就会输出一个 0,如果复制结束,则输出 1。

(5) 重读 EEPROM,代码为 B8H,这个命令用于将存储在 EEPROM 中的内容重新读入暂存器的 TH 和 TL 字节中。这种复制操作在 DS18B20 上电时自动执行,这样器件一上电,暂存器里马上就存在有效的数据。若在这条命令发出之后发出读时间隙,器件会输出温度转换忙的标志,0 代表忙,1 代表完成。

(6) 读电源,代码为 B4H,这个命令用于将 DS18B20 的供电方式信号发送到主机。若在这条命令发出之后发出读时间隙,DS18B20 将返回它的供电模式,0 代表寄生电源,1 代表外部电源。

通过单总线端口访问 DS18B20 的过程:①初始化;②ROM 操作命令;③存储器操作命令;④数据处理。

DS18B20 需要严格的时序协议以确保数据的完整性。协议包括几种单总线信号:复位脉冲、存在脉冲、写 0、写 1、读 0 和读 1。除存在脉冲外,所有这些信号都是由主机发出的。与 DS18B20 之间的任何通信都需要以初始化开始,初始化包括一个由主机发出的复位脉冲和一个紧跟其后由从机发出的存在脉冲,存在脉冲通知主机,DS18B20 已经在总线上且已准备好进行发送和接收数据。

一条温度转换命令启动 DS18B20 完成一次温度测量,测量结果以二进制补码形式存放在高速暂存器中,占用暂存器的字节 1 和字节 2。用一条读暂存器内容的存储器操作命令可以把暂存器中的数据读出。数据格式如下。

	D7	D6	D5	D4	D3	D2	D1	D0
温度值的低字节	2^3	2^2	2^1	2^0	2^{-1}	2^{-2}	2^{-3}	2^{-4}
温度值的高字节	S	S	S	S	S	2^6	2^5	2^4

当符号位 S=0 时,表示测得的温度值为正,可以直接对测得的二进制数进行计算并转换为十进制数;当符号位 S=1 时,表示测得的温度值为负,此时测得的二进制数为补码数,要先变成原码数再进行计算。

DS18B20 测量温度范围为 -55~+128℃,在 -10~+85℃ 范围内,测量精度可达 ±0.5℃,非常适合于恶劣环境的现场温度测量,也可用于各种狭小空间内设备的测温,如环境控制、过程监测过程监测、测温类消费电子产品以及多点温度测控系统。DS18B20 部分温度值与二进制测量值对应关系如表 11.3 所示。

表 11.3 DS18B20 部分温度值与二进制测量值对应关系

温度/℃	16 位二进制编码	十六进制表示
+125	00000111 11010000	07D0H
+85	00000101 01010000	0550H
+25.0625	00000001 10010001	0191H
+10.125	00000000 10100010	00A2H
+0.5	00000000 00001000	0008H
0	00000000 00000000	0000H
−0.5	11111111 11111000	FFF8H
−10.125	11111111 01011110	FF5EH
−25.0625	11111110 01101111	FE6FH
−55	11111100 10010000	FC90H

DS18B20 完成温度转换后，就把温度测量值 t 与暂存器中 TH、TL 字节的内容进行比较，若 $t>TH$ 或 $t<TL$，则将 DS18B20 内部报警标志位置 1，并对主机发出的报警搜索命令作出响应，因此可用多只 DS18B20 进行多点温度循环监测。

11.1.3 软件程序设计

示例 11-1

示例 11-1：多点温度监测系统。

多点温度监测系统软件采用 C51 编写，在主函数中首先进行 ROM 搜索，未检测 DS18B20 时，显示出错信息。当检测到单总线上存在 DS18B20 时，执行搜索算法，将每个 DS1820 的 ROM 序列号保存到相应数组中，同时发出温度转换命令和读温度命令，完成温度测量，并将当前温度监测值送到 LED 数码管进行显示。

按照如图 2.5 所示的步骤使用 Keil μVision5 新建工程，工程名称为 exam-11-1，并且添加 STARTUP.A51 文件。按照如图 2.6 所示的步骤添加 C 源代码文件(在 Add New Item to Group Source Group 1 对话框中选择 C File)，文件名为 exam-11-1，在 exam-11-1.c 文件中输入 C51 源代码，如下所示，然后保存。

```
1: #include <reg51.h>
2: #include <intrins.h>
3: #define uchar unsigned char
4: #define uint unsigned int
5: #define MAX 4      //单总线上最大可用 DS18B20 的个数
6: sbit K1=P3^3;      //P3.3 用作按键 1 的输入，采用外部中断方式获取按键信号
7: sbit K2=P3^2;      //P3.2 用作按键 2 的输入，采用外部中断方式获取按键信号
8: sbit DQ=P1^0;      //P1.0 用作为各 DS18B20 与单片机的 I/O 口
9: union{             //定义共用体 temp 用于存放从 DS18B20 读入的数据，C51 采用大端模式，c
                        [1]是高地址，其中存放读取温度值的低字节；c[0]是低地址，其中存放读
                        取温度值的高字节，x 便是读出的温度值
10:   uchar c[2];
```

```
11:   uint x;
12: }temp;
13: uchar idata flag;   //温度的正负号标志,为 1 表示温度值为负值,为 0 表示温度值为正值
14: uint zs, xs;        //变量 zs 中保存温度值整数部分,xs 保存温度值小数部分的第 1 位
15: uchar idata showbuf[6];   //LED 显示缓存数组
16: uchar idata ID[4][8]={0};//用于记录各 DS18B20 的 ROM 序列号
17: uchar idata romID[8];     //匹配 DS18B20 时临时记录要匹配 DS18B20 的序列号
18: uchar m=0;                //m 是轮换显示各 DS18B20 温度值和序列号的全局标志变量
19: uchar num=0;              //num 记录当前单总线上 DS18B20 的个数
20: uchar z=0;                //z 是按键标志位,为 1 时表明有按键被按下
21: uchar a=0;                //a 是按键 1 的记录变量
22: uchar b=0;                //b 是按键 2 的记录变量
23: void delay(uint i){ uint j; for(j=i;j>0;j--); }  //延时函数。延时 i×9.62μs
24: void delay2(uchar i){ while(--i); }             //延时函数。延时 2×i+5μs
25: uchar DS_init(void){                 //DS18B20 复位函数
26:   uchar presence;
27:   DQ=0; delay2(250);                 //根据 DS18B20 的复位时序,先把总线拉低 555μs
28:   DQ=1; delay2(30);                  //再释放总线,65μs 后读取 DS18B20 发出的信号
29:   presence=DQ;                       //如果复位成功,则 presence 的值为 0,否则为 1
30:   delay2(250);
31:   return presence;                   //返回 0 则初始化成功,否则失败
32: }
33: uchar read_byte(void){               //单总线读 1 字节函数
34:   uchar i, j, dat=0;
35:   for(i=1; i<=8; i++){               //循环 8 次,读出 1 字节
36:     DQ=0; _nop_();                   //先将总线拉低 1μs 再释放总线,产生读起始信号,延迟
37:     DQ=1; delay2(2);                   9μs 后读取 DS18B20 发出的值
38:     j=DQ; delay2(30);                //1 位读完后,延迟 65μs 后读下一位
39:     dat=(j<<7)|(dat>>1);   //读出的数据最低位在 1 字节的最低位,读的 1 字节在 DAT 中
40:   }
41:   return dat;
42: }
43: uchar read_2bit(void){               //单总线读 2 位函数
44:   uchar i=0,j=0;
45:   DQ=0; _nop_();                     //先将总线拉低 1μs
46:   DQ=1; delay2(2);   //再释放总线,产生读起始信号,延迟 9μs 后读取 DS18B20 发出的值
47:   j=DQ; delay2(30);                  //一位读完后,延迟 65μs 后读下一位
48:   DQ=0; _nop_();
49:   DQ=1; delay2(2);
50:   i=DQ; delay2(30);
51:   i=j*2+i;                           //将读出的两位放到变量 i 中,其中第 1 个读出的位
52:   return i;                          //处于 i 的第 1 位,第 2 个读出的位处于 i 的第 0 位
53: }
54: void write_byte(uchar dat){          //单总线写 1 字节函数
55:   uchar i;
56:   for(i=0;i<8;i++){                  //循环 8 次,写入 1 字节
57:     DQ=0;                            //先将总线拉低
58:     DQ=dat&0x01;                     //向总线上放入要写的值
59:     delay2(50);                      //延迟 105μs,以使 DS18B20 能采样到要写入的值
60:     DQ=1;                            //释放总线,准备写入下一位
```

```
61:     dat>>=1;                    //将要写的下一位移到 dat 的最低位
62:   }
63: }
64: void write_bit(bit dat){     //单总线写 1 位函数
65:   DQ=0;                         //先将总线拉低
66:   DQ=dat;                       //向总线上放入要写的值
67:   delay2(50);                   //延迟 105μs,以使 DS18B20 能采样到要写入的值
68:   DQ=1;                         //释放总线
69: }
70: void display_ROMID(void){ //显示 ROM 序列号函数
71:   uchar i, p, t, k;
72:   uint q;
73:   uchar disbuffer_rom[8];
74:   uchar codevalue[]={0xC0,0xF9,0xA4,0xB0,0x99,0x92,0x82,0xf8,
75:     0x80,0x90,0x88,0x83,0xc6,0xa1,0x86,0x8e,0xff,0xbf};       //共阳极 LED 段码
76:   uchar chocode[]={0x80,0x40,0x20,0x10,0x08,0x04,0x02,0x01};            //位选码
77:   z=0;                        //z 归零,表明没有按键按下
78:   for(q=0; q<500; q++){ //显示各 DS18B20 的序号
79:     if(z==1) break;           //如果 z 为 1,则有按键按下,表明要显示不同的内容,跳出循环
80:     t=chocode[7];             //取当前的位选码
81:     P2=t;                     //送出位选码
82:     t=codevalue[m+10];   //查得显示字符的字段码
83:     P0=t;                     //送出字段码
84:     delay(100);
85:   }
86:   P2=0x00;                    //关断 LED 一段时间,产生闪屏效果
87:   for(q=0; q<500; q++){
88:     if(z==1) break;          //如果 z 为 1,则有按键按下,表明要显示不同的内容,跳出循环
89:     delay(100);
90:   }
91:   for(k=0; k<8; k=k+4){ //依次显示序列号的低 32 位或高 32 位
92:     if(z==1) break;          //如果 z 为 1,则有按键按下,表明要显示不同的内容,跳出循环
93:     disbuffer_rom[0]=(ID[m][k]&0x0F); //将序列号放入 disbuffer_rom 存储
94:     disbuffer_rom[1]=((ID[m][k]&0xF0)>>4);
95:     disbuffer_rom[2]=(ID[m][k+1]&0x0F);
96:     disbuffer_rom[3]=((ID[m][k+1]&0xF0)>>4);
97:     disbuffer_rom[4]=(ID[m][k+2]&0x0F);
98:     disbuffer_rom[5]=((ID[m][k+2]&0xF0)>>4);
99:     disbuffer_rom[6]=(ID[m][k+3]&0x0F);
100:    disbuffer_rom[7]=((ID[m][k+3]&0xF0)>>4);
101:    for(q=0; q<250; q++){       //显示序列号的低 32 位或高 32 位
102:       if(z==1) break;   //如果 z 为 1,则有按键按下,表明要显示不同的内容,跳出循环
103:       for(i=0; i<8; i++){
104:         if(z==1) break;
105:         t=chocode[i];           //取当前的位选码
106:         P2=t;                   //送出位选码
107:         p=disbuffer_rom[i]; //取当前显示的字符
108:         t=codevalue[p];         //查得显示字符的字段码
109:         P0=t;                   //送出字段码
110:         delay(40);
```

```
111:        }
112:      }
113:      P2=0x00;                          //显示完一轮,灯灭
114:      for(q=0; q<500; q++){
115:        if(z==1) break;  //如果 z 为 1,则有按键按下,表明要显示不同的内容,跳出循环出
116:        delay(100);
117:      }
118:    }
119: }
120: void display_error(void){              //显示出错信息函数
121:    uchar i, p, t;
122:    uint q;
123:    uchar disbuffer_temp[8]={0,2,8,1,16,0x0f,0x0f,0};       //显示内容为“F 1820”
124:    uchar codevalue[]={0xC0,0xF9,0xA4,0xB0,0x99,0x92,0x82,0xf8,
125:      0x80,0x90,0x88,0x83,0xc6,0xa1,0x86,0x8e,0xff,0xbf};     //共阳极 LED 段码
126:    uchar chocode[]={0x80,0x40,0x20,0x10,0x08,0x04};      //位选码
127:    for(q=0; q<250; q++){
128:      for(i=0; i<8; i++){
129:        t=chocode[i];                       //取当前的位选码
130:        P2=t;                               //送出位选码
131:        p=disbuffer_temp[i];                //取当前显示的字符
132:        t=codevalue[p];                     //查得显示字符的字段码
133:        P0=t;                               //送出字段码
134:        delay(40);
135:      }
136:    }
137: }
138: uchar search_rom(void){                    //搜索 ROM 序列号函数
139:    uchar k, l=0, ctwei, m, n, a;
140:    uchar flag[MAX]={0};
141:    do{
142:      DS_init();                            //复位所有 DS18B20
143:      write_byte(0xf0);                     //单片机发布搜索命令
144:      for(m=0; m<8; m++){
145:        uchar s=0;                           //s 用来记录本次循环得到的 1 字节(8 位)序
列号
146:        for(n=0; n<8; n++){                 //循环 8 次,便可得到 1 字节的 ROM 号
147:          k=read_2bit();                    //读第 m×8+n 位的原码和反码,保存在 k 中
148:          k=k&0x03;                         //屏蔽掉 k 中其他位的干扰,为下一步判断作准备
149:          s>>=1;                            //s 右移 1 位,把上次循环得到的位值右移 1 位
150:          if(k==0x01) write_bit(0);         //k=1 表明读到 0,即所有器件在该位都为 0,故向总
                                                  线上写 0
151:          else if(k==0x02){                 //k=2 表明读到 1,即所有器件在该位都为 1,所以向
                                                  总线上写 1
152:            s=s|0x80;                       //记录下此位的值,即将 s 的最高位置 1
153:            write_bit(1);
154:          }else if(k==0x00){                //k=0。下面一条语句记录该冲突位发生的位置,
                                                  加 1 是为了让 flag 数组中第 1 位保持 0 不变,
                                                  便于判断搜索循环是否结束
155:            ctwei=m*8+n+1;
```

```
156:          if(ctwei>flag[l]){        //如果冲突位比标志位高,即发现了新的冲突位,
                                          那么将该位写 0
157:            write_bit(0);
158:            flag[++l]=ctwei;        //依次记录比冲突标志位高的冲突位在 flag 数组中
159:          }else if(ctwei<flag[l]){ //如果冲突位比标志位低,则把 ID 中这位所在的
                                          字节右移 n 位,从而得到这位先前写的值,先前
160:            a=(ID[num-1][m]>>n)&0x01; 写 0 则继续写 0;先前写 1 则继续写 1。该位写
                                          在 s 中
161:            s=s|(a<<7);
162:            write_bit(a);
163:          }else if(ctwei==flag[l]){ //若冲突位就是标志位,则将 s 的最高位置 1,即
                                          将该位记为 1,同时向总线上写 1。不写 0 是因
                                          为前面已写过 0,再写 0 就得不到遍历的效果
164:            s=s|0x80;
165:            write_bit(1);
166:            l=l-1;              //改变标志位的位置,即向前推 1 位,并且是往低位方向推
167:          }
168:        }else if(k==0x03) return 0; //k=3 表明总线上没有 DS18B20,函数结束,返回 0
169:      }
170:      ID[num][m]=s;
171:    }
172:    num++; //DS18B20 的个数加 1
173:  }while((flag[l]!=0)&&(num<MAX));   //若冲突标志位为 0 或 DS18B20 数目过大,则
                                          退出循环
174:  return 1;                           //搜索完毕,返回 1
175: }
176: void Read_Temperature_rom(void){     //读取温度函数
177:   uchar i;
178:   DS_init();                         //复位 DS18B20
179:   write_byte(0x55);                  //匹配 ROM
180:   for(i=0; i<8; i++) write_byte(romID[i]);    //发出 64 位 ROM 编码
181:   write_byte(0x44);                  //开始测量温度
182:   DS_init();                         //复位 DS18B20
183:   write_byte(0x55);                  //匹配 ROM
184:   for(i=0;i<8;i++) write_byte(romID[i]);    //发出 64 位 ROM 编码
185:   write_byte(0xBE);                  //发读温度命令
186:   temp.c[1]=read_byte();             //读低字节
187:   temp.c[0]=read_byte();             //读高字节
188: }
189: void Temperature_cov(void){          //温度转换函数
190:   if(temp.c[0]>0xf8){     //如果为负,则符号标志置 1,计算温度值,注意 c[0]中放的是
191:     flag=1;                读取温度值的高字节。读出的数值一共是 12 位
192:     temp.x=~temp.x+1;
193:   }
194:   zs=temp.x/16; //计算出温度值的整数部分,该语句相当于数值乘 0.0625 再取整数部分
195:   xs=temp.x&0x0f; //取温度值小数部分的第 1 位
196:   xs=xs * 10; //这两条语句相当于乘 0.625,得到小数位的第 1 位,注意不是乘 0.0625
197:   xs=xs/16;
198: }
199: void display(void){      //定义温度底层显示函数
200:   uchar codevalue[]={0xC0,0xF9,0xA4,0xB0,0x99,0x92,0x82,0xf8,0x80,0x90,0x88,
201:     0x83,0xc6,0xa1,0x86,0x8e,0xff,0xbf}; //共阳极 LED 段码
```

```
202:   uchar chocode[]={0x80,0x40,0x20,0x10,0x08,0x04,0x02,0x01}; //位选码
203:   uchar i=0, p, t;
204:   showbuf[5]=0x0a+m;                   //第 6 位以字母 A、B、C、D 显示,所以加上 0x0a
205:   if(flag==1) showbuf[4]=0x11;         //判断是否显示负号
206:     else showbuf[4]=0x10;
207:   showbuf[0]=xs;                       //放入小数位显示的数值
208:   showbuf[1]=(zs%10);                  //放入个位要显示的数值
209:   showbuf[2]=(zs/10);                  //放入十位要显示的数值
210:   if(showbuf[2]==0x0a) showbuf[2]=0x00;
211:     if(showbuf[2]==0x0b) showbuf[2]=0x01;
212:       if(showbuf[2]==0x0c) showbuf[2]=0x02;
213:   showbuf[3]=(zs/100);                 //放入百位要显示的数值
214:   for(i=0; i<6; i++){
215:     t=chocode[i];                      //取当前的位选码
216:     P2=t;                              //送出位选码
217:     p=showbuf[i];                      //取当前显示的字符
218:     t=codevalue[p];                    //查得显示字符的字段码
219:     if(i==1) t=t+0x80;                 //个位比较特殊,因为有小数点,所以要加上 0x80
220:     P0=t;                              //送出字段码
221:     delay(40);
222:   }
223: }
224: void diplay_final(void){               //定义温度上层显示函数
225:   uint q, r;
226:   z=0;
227:   for(q=0;q<8;q++)romID[q]=ID[m][q];   //将 DS18B20 的序列号放入数组 romID 中
228:   P2=0x00;
229:   if(a==0){                            //如果按键 K1 的标志变量 a=0,即进行闪烁显示
230:     for(q=0; q<3; q++){                //闪烁空隙仍在读取温度
231:       if(z==1) break;     //如果 z 为 1,则有按键按下,表明要显示不同内容,跳出循环
232:       flag=0;
233:       Read_Temperature_rom();          //读取双字节温度值
234:       Temperature_cov();               //温度转换
235:       for(r=0; r<15; r++) delay(1000);
236:     }
237:   }
238:   for(q=0; q<5; q++){                  //读取温度并显示
239:     if(z==1) break;     //若 z=1,则有按键按下,表明要显示不同的内容,跳出循环
240:     flag=0;
241:     Read_Temperature_rom();            //读取双字节温度
242:     Temperature_cov();                 //温度转换
243:     for(r=0; r<100; r++) display();//显示温度
244:   }
245: }
246: void key_1() interrupt 2 {             //外部中断 1 的中断处理函数
247:   delay(1200);                         //延时消抖
248:   if(K1==0){                           //判断 K1 键是否被按下
249:     if(a==0) a=1;                      //a 只可能取 0 值或 1 值
250:     else a=0;
251:     b=0;                               //同时一旦 K1 键按下就将 b 归零
```

```
252:      z=1;                          //将有按键按下标志位 z 置位
253:    }
254: }
255: void key_2() interrupt 0 {     //外部中断 0 的中断处理函数
256:   delay(1200);                  //延时消抖
257:   if(K2==0){                    //判断 K2 键是否被按下
258:     if(a==0){                   //只有 a 等于 0 时才让 b 的值在 0 或 1 之间转变
259:       if(b==0) b=1;
260:       else b=0;
261:     }
262:     z=1;                     //将有按键按下标志位 z 置位
263:     if(a==1){                //当 a=1 时进入固定显示一个 DS18B20 的温度值的状态
264:       m++;                   //按一次 K2 键则 m 值加 1,即在不同的 DS18B20 之间切换显示
265:       if(m>=num) m=0;  //m 的值不能超过或等于总线上挂接的 DS18B20 的数目
266:     }
267:   }
268: }
269: void main(){
270:   uchar p; delay(30);
271:   p=search_rom();              //搜索 DS18B20,返回值 p 为 1,表明总线上存在 DS18B20
272:   if(p==0) while(1) display_error(); //p=0 说明总线上无 DS18B20,显示"F 1820"
273:   EA=1; EX0=1; IT0=1; EX1=1; IT1=1;   //开中断,允许外部中断 0 和 1,边沿触发方式
274:   while(1){
275:     if(a==0&&b==0){            //按键 K1 和 K2 的状态变量值都为 0,循环显示各点温度值
276:       diplay_final();          //显示 DS18B20 的温度值
277:       if(m<num-1) m++;         //为了实现循环显示,要改变 m 的值
278:       else m=0;
279:       if(z==1) m=0;            //如果有按键按下,将 m 清零
280:     }else if(a==0&&b==1){ //按键 K1 和 K2 的状态变量值分别为 0 和 1,循环显示 ROM
                               序列号
281:       display_ROMID();         //显示 DS18B20 的序列号
282:       if(m<num-1) m++;         //为了实现循环显示,要改变 m 的值
283:       else m=0;
284:       if(z==1) m=0;            //如果有按键按下,将 m 清零
285:     }else diplay_final(); //显示 DS18B20 的温度值
286:   }
287: }
```

此时,可以成功构建工程。将生成的 HEX 文件加载到电路原理图如图 11.1 所示的 AT89C51 单片机中,即可正常运行。

11.2　带农历的电子万年历设计

11.2.1　功能要求

设计一台电子万年历,主控芯片采用 8051 单片机,日历时钟芯片采用高性能、低功耗、带 RAM 的日历时钟芯片 DS1302,通过按键进行日历时间设置,显示器采用点阵图形液晶

显示模块,要求能够用汉字同时显示公历、农历、属相和星期。

11.2.2 硬件电路设计

电子万年历的硬件电路图如图 11.2 所示,主要包括 8051 单片机、日历时钟芯片 DS1302、点阵图形液晶显示模块以及按键等。日历时钟芯片 DS1302 是一种串行接口的实时时钟,芯片内部具有可编程日历时钟和 31 字节的静态 RAM,日历时钟可自动进行闰年补偿,计时准确,接口简单,使用方便,工作电压范围宽(2.5～5.5V),功耗低,芯片自身还具有对备份电池进行涓流充电功能,可有效延长备份电池的使用寿命。

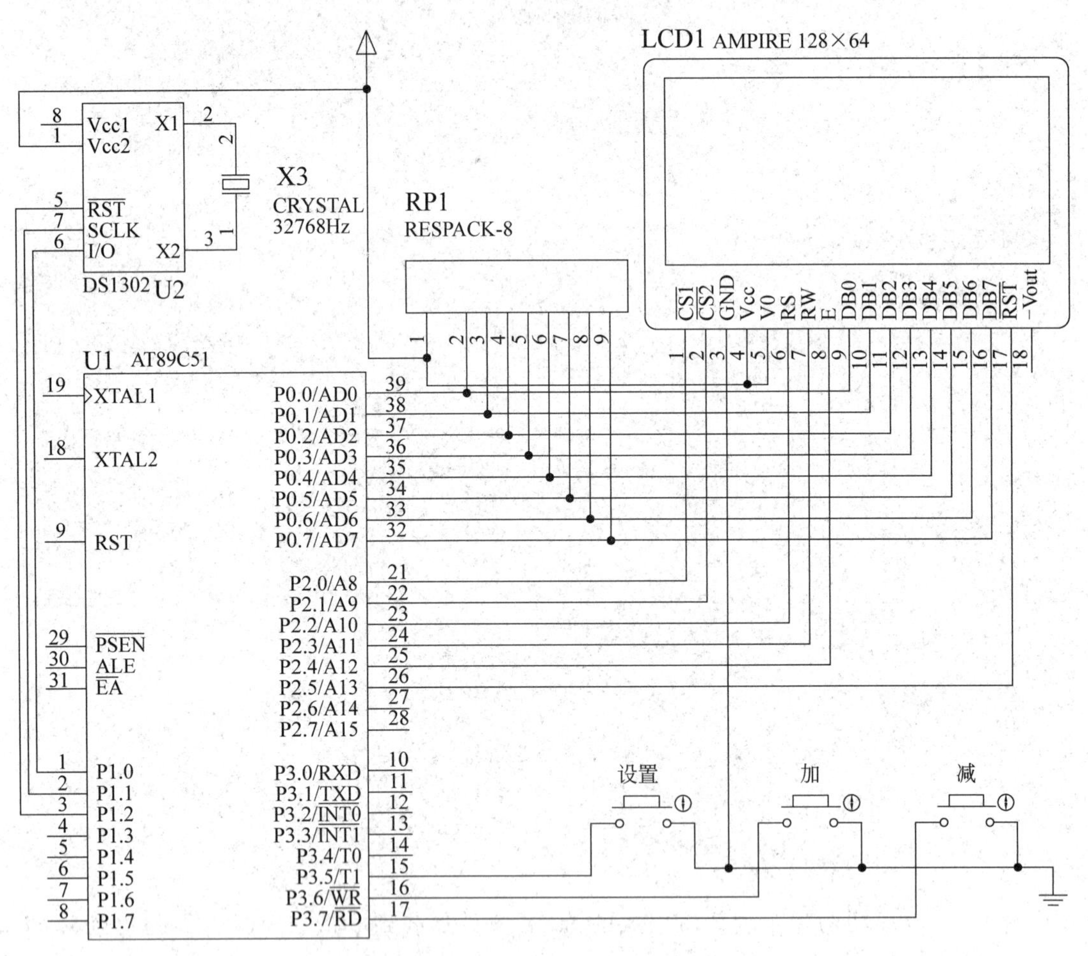

图 11.2 电子万年历的硬件电路图

DS1302 的 Vcc2 和 Vcc1 端是电源输入引脚。单电源供电时接 Vcc1 引脚,双电源供电时主电源接 Vcc2 引脚,备份电池接 Vcc1 引脚,如果采用可充电镉镍电池,可启用内部涓流充电器在主电压正常时向电池充电,以延长电池使用时间。X1 和 X2 引脚外接 32768Hz 石英晶振,电容推荐值为 6pF,由于晶振频率较低,也可以不接电容,对计时精度影响不大。RST 端是复位/通信允许引脚,RST＝1 时允许通信,RST＝0 时禁止通信。I/O 端是数据输入/输出引脚。SCLK 端是串行时钟输入引脚。

8051 单片机与 DS1302 之间采用 3 线串行通信方式。8051 作为主机通过控制 RST、

SCLK 和 I/O 信号实现两芯片间的数据传送。数据传送是以 8051 单片机为主控芯片进行的，每次传送时由 8051 向 DS1302 写入一个命令字开始。命令字的格式如下：

D7	D6	D5	D4	D3	D2	D1	D0
1	RAM/CK	A4	A3	A2	A1	A0	RD/W

命令字的最高位必须为 1，RAM/CK 位为 DS1302 片内 RAM/时钟选择位，RAM/CK＝1 时选择 RAM 操作，RAM/CK＝0 时选择时钟操作。A4～A0 为片内日历时钟寄存器或 RAM 的地址选择位。RD/W 位为读/写控制位，RD/W＝1 时为读操作，表示 DS1302 接收命令字后，按指定的选择对象及寄存器（或 RAM）地址，读取数据并通过 I/O 线传送给 8051 单片机；RD/W＝0 时为写操作，表示 DS1302 接收命令字后，紧跟着再接收来自 8051 单片机的数据字节并写入 DS1302 相应的寄存器或 RAM 单元中。对日历、时钟寄存器或片内 RAM 的选择如表 11.4 所示。

表 11.4　对日历、时钟寄存器或片内 RAM 的选择

寄存器名称	D7	D6	D5	D4	D3	D2	D1	D0
	1	RAM/CK	A4	A3	A2	A1	A0	R/W
秒寄存器	1	0	0	0	0	0	0	0 或 1
分寄存器	1	0	0	0	0	0	1	0 或 1
小时寄存器	1	0	0	0	0	1	0	0 或 1
日寄存器	1	0	0	0	0	1	1	0 或 1
月寄存器	1	0	0	0	1	0	0	0 或 1
星期寄存器	1	0	0	0	1	0	1	0 或 1
年寄存器	1	0	0	0	1	1	0	0 或 1
写保护寄存器	1	0	0	0	1	1	1	0 或 1
慢充电寄存器	1	0	0	1	0	0	0	0 或 1
时钟突发模式	1	0	1	1	1	1	1	0 或 1
RAM0	1	1	0	0	0	0	0	0 或 1
…	1	1	…	…	…	…	…	0 或 1
RAM30	1	1	1	1	1	1	0	0 或 1
RAM 突发模式	1	1	1	1	1	1	1	0 或 1

DS1302 与 8051 之间通过 I/O 线进行同步串行数据传送，SCLK 为串行通信时的位同步时钟，一个 SCLK 脉冲传送 1 位数据。每次数据传送时都以字节为单位，低位在前，高位在后，传送 1 字节需要 8 个 SCLK 脉冲。数据以单字节方式传送时，在 RST＝1 期间，8051 单片机先向 DS1302 发送 1 命令字，紧接着发送 1 字节的数据，DS1302 在接收到命令字后自动将数据写入指定的片内地址或从该地址读取数据。数据以多字节方式传送时，在 RST＝1 期间，若 8051 单片机向 DS1302 发送的命令字中 A0～A4 全为 1，则 DS1302 在接收到这个命令字后可以一次进行 8 字节日历时钟数据或是 31 个片内 RAM 单元数据的读/写操作。

单字节方式传送一次数据需要 16 个 SCLK 脉冲,多字节方式传送一次数据在对日历时钟进行读/写时需要 72 个 SCLK 脉冲,而在对片内 RAM 单元读/写时则最多需要 256 个 SCLK 脉冲。单字节操作方式可保证数据传送时的安全性和可靠性,多字节操作方式则可提高数据传送速度。

DS1302 共有 12 个寄存器,其中 7 个寄存器与日历时钟有关,存放的数据为 BCD 码格式,日历、时钟寄存器地址及其内容如表 11.5 所示,秒寄存器的第 7 位为时钟暂停控制位,该位为 1 时暂停时钟振荡器,DS1302 进入低功耗状态,该位为 0 时启动时钟.时寄存器的第 7 位为 12 或 24 小时方式选择,该位为 1 时选择 12 小时方式,该位为 0 时选择 24 小时方式。在 12 小时方式下时寄存器的第 5 位为 AM/PM 选择,该位为 1 时选择 PM,该位为 0 时选择 AM。在 24 小时方式下,时寄存器的第 5 位为第 2 个小时位(20～23)。

表 11.5　日历、时钟寄存器地址及其内容

寄存器名	命令字		取值范围	寄存器内容							
	写	读		D7	D6	D5	D4	D3	D2	D1	D0
秒寄存器	80H	81H	00～59	CH	秒的十位			秒的个位			
分寄存器	82H	83H	00～59	0	分的十位			分的个位			
时寄存器	84H	85H	01～12 或 00～23	12/24	0	A/P	HR	时的个位			
日寄存器	86H	87H	01～28,29,30,31	0	0	日的十位		日的个位			
月寄存器	88H	89H	01～12	0	0	0	1 或 0	月的个位			
星期寄存器	8AH	8BH	01～07	0	0	0	0	星期几			
年寄存器	8CH	8DH	01～99	年的十位				年的个位			

电子万年历的显示部分采用点阵图形液晶显示模块,以间接方式与 8051 单片机进行连接。将单片机的 I/O 端口 P2.4、P2.3、P2.2、P2.1 和 P2.0 分别接到液晶显示模块的 E、R/W、RS、CS2 和 CS1 端,模拟液晶显示模块的工作时序,实现对显示模块的控制,将 DS1302 中的日历时钟信息显示在 LCD 屏幕上。

11.2.3　软件程序设计

示例 11-2

示例 11-2:带农历的电子万年历。

按照如图 2.5 所示的步骤使用 Keil μVision5 新建工程,工程名称为 exam-11-2,并且添加 STARTUP.A51 文件。按照如图 2.6 所示的步骤添加 C 源代码文件(在 Add New Item to Group Source Group 1 对话框中选择 C File 或者 Header File)。整个软件程序分模块编写,包括主程序模块 main.c、日历时钟程序模块 ds1302.c、年历转换程序模块 lunar.c、键盘处理程序模块 keyinput.h、液晶显示程序模块 12864.h 和字模模块 model.h 等。

1. 主程序模块 main.c

主程序模块完成对 8051 单片机、DS1302 日历时钟芯片以及液晶显示模块的初始化,循环读取 DS1302 的日历时钟数据,送到液晶屏上显示。源代码如下。

```
1: #include <reg51.h>
2: #include "12864.h"
3: #include "lunar.h"
4: #include "model.h"
5: #include "ds1302.h"
6: #include "keyinput.h"
7: #define uchar unsigned char
8: #define uint unsigned int
9: #define NoUpLine 1
10: #define UpLine 0
11: #define NoUnderLine 1
12: #define UnderLine 0
13: #define FALSE 0
14: #define TRUE 1
15: SYSTIME sys;                                                  //系统日期
16: SPDATE SpDat;                                                 //农历日期
17: bit hourflag=TRUE, minflag=TRUE, secflag=TRUE; //设置时间标志
18: bit yearflag=TRUE, monflag=TRUE, dayflag=TRUE;
19: uchar stateset=0;                                             //设置时、分、秒、日、月、年等状态
20: bit stateflag=FALSE, incflag=FALSE, decflag=FALSE;   //3 个按键是否按下的标志
21: uchar code month[2][13]={0,31,28,31,30,31,30,31,31,30,31,30,31,
22:                0,31,29,31,30,31,30,31,31,30,31,30,31};
23: void showtime(char cDat,uchar X,uchar Y,bit flag,bit up,bit under){
24:   uchar s[2];              //参数 cDat 是要显示的数,X 是行数 0~7,Y 是列数 0~127
25:   s[0]=cDat/10+'0';        //flag 表示是否反白显示,0 表示反白,1 表示不反白
26:   s[1]=cDat%10+'0';        //upline=0 表示带上画线,underline=0 表示带下画线
27:   showing(X,Y,2,Asc,s,flag,up,under);
28: }
29: void showymd(){            //年、月、日、星期显示函数
30:   uchar tempDat=RDS1302(0x88|0x01);
31:   sys.cMon=((tempDat&0x1f)>>4)*10+(tempDat&0x0f);
32:   showtime(sys.cMon,2,5,monflag,NoUpLine,NoUnderLine);
33:   showhz(4,5,1,uMod[1],1,NoUpLine,NoUnderLine);                       //月
34:   show16x32(2,27,ucNum3216[sys.cDay/10],dayflag);                     //日
35:   show16x32(2,43,ucNum3216[sys.cDay%10],dayflag);
36:   showhz(6,8,2,ucLunar[13],1,UpLine,UnderLine);
37:   if(sys.cWeek==7) showhz(6,40,1,uMod[2],1,UpLine,UnderLine);     //星期
38:   else showhz(6,40,1,ucLunar[sys.cWeek],1,UpLine,UnderLine);
39:   showtime(20,0,9,1,UpLine,UnderLine);
40:   showtime(sys.cYear,0,25,yearflag,UpLine,UnderLine);
41:   showhz(0,41,1,uMod[0],1,UpLine,UnderLine);                          //年
42:   SpDat=GetSpringDay(sys.cYear,sys.cMon,sys.cDay); //获得农历,下面显示农历月
43:   if(SpDat.cMon==1) showhz(4,64,1,ucLunar[15],1,UpLine,NoUnderLine);  //正
44:   else if(SpDat.cMon==11) showhz(4,64,1,ucLunar[16],1,UpLine,NoUnderLine);
                                                                           //冬
45:   else if(SpDat.cMon==12) showhz(4,64,1,ucLunar[17],1,UpLine,NoUnderLine);
                                                                           //腊
46:   else showhz(4,63,1,ucLunar[SpDat.cMon],1,UpLine,NoUnderLine); //"二"~"十"
47:   if(SpDat.cDay/10==1 && SpDat.cDay%10>0) //显示"十",如"十四"而不是"一四"
48:     showhz(4,95,1,ucLunar[10],1,UpLine,NoUnderLine);
```

```
49:  else if(SpDat.cDay/10==2 && SpDat.cDay%10>0)
                                              //显示“廿”,如“廿三”而不是“二四”
50:     showhz(4,95,1,ucLunar[19],1,UpLine,NoUnderLine);
51:  else showhz(4,95,1,ucLunar[SpDat.cDay/10],1,UpLine,NoUnderLine);
                                              //正常数字
52:  if(!(SpDat.cDay%10)) showhz(4,111,1,ucLunar[10],1,UpLine,NoUnderLine);
                                              //十
53:  else showhz(4,111,1,ucLunar[SpDat.cDay%10],1,UpLine,NoUnderLine);
                                              //正常数字
54:  showhz(0,104,1,SX[(uint)(2000+SpDat.cYear)%12],1,UpLine,UnderLine);
                                              //生肖
55:   showhz (2, 95, 1, TianGan [(uint) (2000 + SpDat. cYear)% 10], 1, NoUpLine,
NoUnderLine);
                                              //天干
56:   showhz (2, 111, 1, DiZhi [(uint) (2000 + SpDat. cYear)% 12], 1, NoUpLine,
NoUnderLine);
                                              //地支
57: }
58: void showwnl(){     //万年历显示函数
59:   showtime(sys.cSec,6,111,secflag,UpLine,UnderLine);     //秒,每秒刷新
60:   if(!sys.cSec || stateset)                       //分,普通模式为每分钟刷新
61:     showtime(sys.cMin,6,87,minflag,UpLine,UnderLine);   //设置模式为每次刷新
62:   if(!sys.cSec && ! sys.cMin || stateset)         //时,普通模式为每小时刷新
63:     showtime(sys.cHour,6,63,hourflag,UpLine,UnderLine);//设置模式为每次刷新
64:   if(!sys.cSec && ! sys.cMin && ! sys.cHour || stateset ){ //年、月、日、星期
65:     showymd();                                    //普通模式为每天刷新
66:     if(stateset==7) stateset=0;                   //设置模式为每次刷新
67:   }
68: }
69: void cal_init(){              //日期初始化函数,BCD码表示日历时间值
70:   sys.cYear=0x15; sys.cMon=0x05; sys.cDay=0x030;
71:   sys.cHour=0x23; sys.cMin=0x59; sys.cSec=0x55;
72:   sys.cWeek=GetWeekDay(sys.cYear,sys.cMon,sys.cDay);
73: }
74: void sfr_init(){              //定时器1初始化函数
75: //  Flash_Flag=FALSE;
76:   TMOD=0x11;
77:   ET1=1; TH1=(-10000)/256; TL1=(-10000)%256; EA=1;
78: }
79: void gui_init(){              //LCD图形初始化函数
80:   LCD12864_init();
81:   clearlcd();
82:   rect(0,0,127,63,1);         //描绘框架
83:   line(62,0,62,62,1);
84:   line(0,48,127,48,1);
85:   line(0,15,127,15,1);
86:   line(24,15,24,48,1);
87:   line(63,32,128,32,1);
88:   settime(sys);               //设置时间
89:   gettime(&sys);              //获得时间
```

```
90:   showymd();
91:   showtime(sys.cSec,6,111,secflag,UpLine,UnderLine);
92:   showing(6,103,1,Asc,":",1,UpLine,UnderLine);
93:   showtime(sys.cMin,6,87,minflag,UpLine,UnderLine);
94:   showing(6,79,1,Asc,":",1,UpLine,UnderLine);
95:   showtime(sys.cHour,6,63,hourflag,UpLine,UnderLine);
96:   showhz(2,64,1,ucLunar[11],1,NoUpLine,NoUnderLine);      //农
97:   showhz(2,80,1,ucLunar[12],1,NoUpLine,NoUnderLine);      //历
98:   showhz(4,79,1,uMod[1],1,UpLine,NoUnderLine);            //月
99: }
100: void dec2bcd(){                               //二—十进制转换函数
101:   sys.cHour=(((sys.cHour)/10)<<4)+((sys.cHour)%10);
102:   sys.cMin=(((sys.cMin)/10)<<4)+((sys.cMin)%10);
103:   sys.cSec=((sys.cSec/10)<<4)+((sys.cSec)%10);
104:   sys.cYear=((sys.cYear/10)<<4)+((sys.cYear)%10);
105:   sys.cMon=((sys.cMon/10)<<4)+((sys.cMon)%10);
106:   sys.cDay=((sys.cDay/10)<<4)+((sys.cDay)%10);
107: }
108: void time_set(){                              //时间设置函数
109:   if(stateflag){                              //设置键按下
110:     stateflag=FALSE;
111:     stateset++;
112:     if(stateset==8) stateset=0;
113:   }
114:   hourflag=TRUE; minflag=TRUE; secflag=TRUE;
115:   yearflag=TRUE; monflag=TRUE; dayflag=TRUE;
116:   switch(stateset){                           //设置类型
117:     case 0: break;                            //无设置
118:     case 1: hourflag=FALSE; break;            //设置时
119:     case 2: minflag=FALSE; break;             //设置分
120:     case 3: secflag=FALSE; break;             //设置秒
121:     case 4: dayflag=FALSE; break;             //设置天
122:     case 5: monflag=FALSE; break;             //设置月
123:     case 6: yearflag=FALSE; break;            //设置年
124:     case 7: break;                            //无动作,设置此值为让"年"的反白消失
125:   }
126:   if(incflag){                                //加键被按下
127:     incflag=FALSE;
128:     switch(stateset){
129:       case 0: break;
130:       case 1: sys.cHour++; (sys.cHour)%=24; break;               //小时加 1
131:       case 2: sys.cMin++; sys.cMin%=60; break;                   //分加 1
132:       case 3: sys.cSec++; sys.cSec%=60; break;                   //秒加 1
133:       case 4: sys.cDay=(sys.cDay%month[YearFlag(sys.cYear)][sys.cMon])+1;
                          break;                                     //天加 1
134:       case 5: sys.cMon=(sys.cMon%12)+1; break;                   //月加 1
135:       case 6: sys.cYear++; sys.cYear=sys.cYear%100; break;       //年加 1
136:     }
137:     dec2bcd();                                                   //转为 BCD 数
138:     sys.cWeek=GetWeekDay(sys.cYear,sys.cMon,sys.cDay);           //算出星期
```

```
139:     settime(sys);                                          //存入 DS1302
140:   }
141:   if(decflag){                                             //减键按下
142:     decflag=FALSE;
143:     switch(stateset){
144:       case 0: break;
145:       case 1: sys.cHour=(sys.cHour+23)%24; break;          //时减 1
146:       case 2: sys.cMin=(sys.cMin+59)%60; break;            //分减 1
147:       case 3: sys.cSec=(sys.cSec+59)%60; break;            //秒减 1
148:       case 4: sys.cDay=((sys.cDay+month[YearFlag(sys.cYear)][sys.cMon]-1)%
149:                 month[YearFlag(sys.cYear)][sys.cMon]);     //天减 1
150:         if(sys.cDay==0) sys.cDay=month[YearFlag(sys.cYear)][sys.cMon]; break;
151:       case 5: sys.cMon=(sys.cMon+11)%12;                   //月减 1
152:         if(sys.cMon==0) sys.cMon=12; break;
153:       case 6: sys.cYear=(sys.cYear+99)%100; break;         //年减 1
154:     }
155:     dec2bcd();
156:     sys.cWeek=GetWeekDay(sys.cYear,sys.cMon,sys.cDay);
157:     settime(sys);
158:   }
159: }
160: void main(){
161:   sfr_init(); cal_init(); gui_init();
162:   TR1=1;
163:   while(1){
164:     gettime(&sys);                          //获得时间
165:     showwnl();                              //显示万年历
166:     time_set();                             //时间设置
167:   }
168: }
169: void timer1() interrupt 3 {                 //定时器 1 中断服务函数
170:   TH1=(-10000)/256; TL1=(-10000)%256;
171:   keyinput();                               //读取按键
172:   if(keyvalue&0x20){                        //设置
173:     stateflag=TRUE; keyvalue &=0xdf; //清键值,保证一直按下时只执行一次按键动作
174:   }
175:   if(keyvalue&0x40 ){                       //加
176:     incflag=TRUE; keyvalue &=0xbf; //清键值,保证一直按下时只执行一次按键动作
177:   }
178:   if(keyvalue&0x80){                        //减
179:     decflag=TRUE; keyvalue &=0x7f; //清键值,保证一直按下时只执行一次按键动作
180:   }
181: }
```

2. 日历时钟程序模块 ds1302.c

日历时钟程序模块完成对DS1302芯片的初始化和读写操作，在8051单片机片内RAM中开辟80H～8CH作为万年历的秒、分、时、日、月、星期和年计时单元。源代码如下。

```
1: #include <reg51.h>
2: #define uchar unsigned char
3: #define uint unsigned int
4: #define SECOND 0x80                                   //秒
5: #define MINUTE 0x82                                   //分
6: #define HOUR 0x84                                     //时
7: #define DAY 0x86                                      //天
8: #define MONTH 0x88                                    //月
9: #define WEEK 0x8a                                     //星期
10: #define YEAR 0x8c                                    //年
11: sbit DS1302_RST=P1^2;
12: sbit DS1302_SCLK=P1^1;
13: sbit DS1302_IO=P1^0;
14: typedef struct systime{
15:   uchar cYear;
16:   uchar cMon;
17:   uchar cDay;
18:   uchar cHour;
19:   uchar cMin;
20:   uchar cSec;
21:   uchar cWeek;
22: }SYSTIME;
23: void DS1302_Write(uchar D){
24:   uchar i;
25:   for(i=0; i<8; i++){
26:     DS1302_IO=D&0x01;
27:     DS1302_SCLK=1;
28:     DS1302_SCLK=0;
29:     D=D>>1;
30:   }
31: }
32: uchar DS1302_Read(){
33:   uchar tmpdat=0,i;
34:   for(i=0;i<8;i++){
35:     tmpdat>>=1;
36:     if(DS1302_IO)
37:       tmpdat=tmpdat|0x80;
38:     DS1302_SCLK=1;
39:     DS1302_SCLK=0;
40:   }
41:   return tmpdat;
42: }
43: //DS1302 单字节写入函数
44: void WDS1302(uchar ucAddr, uchar ucDat){
45:   DS1302_RST=0; DS1302_SCLK=0; DS1302_RST=1;
46:   DS1302_Write(ucAddr);                             //地址,命令
47:   DS1302_Write(ucDat);                              //写 1B 数据
48:   DS1302_SCLK=1;  DS1302_RST=0;
49: }
50: //DS1302 单字节读出函数
```

```
51: uchar RDS1302(uchar ucAddr){
52:   uchar ucDat;
53:   DS1302_RST=0;  DS1302_SCLK=0;  DS1302_RST=1;
54:   DS1302_Write(ucAddr);          //地址,命令
55:   ucDat=DS1302_Read();
56:   DS1302_SCLK=1; DS1302_RST=0; return ucDat;
57: }
58: void settime(SYSTIME sys){       //时间设置函数
59:   WDS1302(YEAR,sys.cYear);
60:   WDS1302(MONTH,sys.cMon&0x1f);
61:   WDS1302(DAY,sys.cDay&0x3f);
62:   WDS1302(HOUR,sys.cHour&0xbf);
63:   WDS1302(MINUTE,sys.cMin&0x7f);
64:   WDS1302(SECOND,sys.cSec&0x7f);
65:   WDS1302(WEEK,sys.cWeek&0x07);
66: }
67: void gettime(SYSTIME * sys){    //时间获取函数
68:   uchar tmpdat=RDS1302(YEAR|0x01);
69:   (* sys).cYear=(tmpdat>>4) * 10+(tmpdat&0x0f);
70:   tmpdat=RDS1302(0x88|0x01);
71:   (* sys).cMon=((tmpdat&0x1f)>>4) * 10+(tmpdat&0x0f);
72:   tmpdat=RDS1302(DAY|0x01);
73:   (* sys).cDay=((tmpdat&0x3f)>>4) * 10+(tmpdat&0x0f);
74:   tmpdat=RDS1302(HOUR|0x01);
75:   (* sys).cHour=((tmpdat&0x3f)>>4) * 10+(tmpdat&0x0f);
76:   tmpdat=RDS1302(MINUTE|0x01);
77:   sys->cMin=((tmpdat&0x7f)>>4) * 10+(tmpdat&0x0f);
78:   tmpdat=RDS1302(SECOND|0x01);
79:   sys->cSec=((tmpdat&0x7f)>>4) * 10+(tmpdat&0x0f);
80:   tmpdat=RDS1302(MONTH|0x01);
81:   (* sys).cMon=tmpdat&0x17;
82:   tmpdat=RDS1302(WEEK|0x01);
83:   sys->cWeek=tmpdat&0x07;
84: }
```

3. 年历转换程序模块 lunar.c

公历与农历的转换采用查表实现,将公历 1901—2100 年转换到农历的数据存放在数组 Data[]中,每年 3 字节。第 1 字节的第 7～4 位表示闰月月份,值为 0 为无闰月,第 3～0 位对应农历第 1—4 月的大小;第 2 字节的第 7～0 位对应农历第 5—12 月的大小,月份对应的位为 1 表示农历月大(30 天),为 0 表示农历月小(29 天);第 3 字节的第 7 位表示农历第 13 个月的大小,第 6 和第 5 位表示春节的公历月份,第 4～0 位表示春节的公历日期。每年的数据在数组中对应位置的计算公式如下:

$$\text{Offset1}=[200-(2100-\text{year})-1]\times 3$$

源代码如下。

```
1: #include "lunar.h"
2: #define uchar unsigned char
3: #define TRUE 1
```

```
4: uchar code Data[]={
5:      0x04,0xAe,0x53, //1901  0  (200-(2100-1901)-1) * 3=0
6:      0x0A,0x57,0x48, //1902  3  (200-(2100-1902)-1) * 3=3
7:      0x55,0x26,0xBd, //1903  6  (200-(2100-1903)-1) * 3=6
8:      0x0d,0x26,0x50, //1904  9  (200-(2100-year)-1) * 3=9
        //省略近 200 行
204:     0x0d,0x53,0x49, //2100
205: };
206: uchar code Mon1[2][13]={0,31,28,31,30,31,30,31,31,30,31,30,31,
207:                 0,31,29,31,30,31,30,31,31,30,31,30,31};
208: static unsigned char const table_week[12]={0,3,3,6,1,4,6,2,5,0,3,5};
                                                              //月修正数据表
209: SPDATE Spdate;
210: SPDATE GetSpringDay(uchar GreYear,uchar GreMon,uchar GreDay){
                                                       //获得当年春节的公历日期
211:     //第 3 字节 BIT6、5 表示春节的公历月份,BIT4~0 表示春节的公历日期
212:     int day;
213:     uchar i, Flag, F;
214:     uint Offset1;
215:     unsigned char L=0x01,Flag1=1;
216:     unsigned int  Temp16,L1=0x0800;
217:     Spdate.cYear=GreYear;
218:     Spdate.cMon=(Data[(200-(100-GreYear)-1) * 3+2]&0x60)>>5;//春节公历月份
219:     Spdate.cDay=(Data[(200-(100-GreYear)-1) * 3+2])&0x1f;    //春节公历日期
220:     if((!(GreYear%4) && (GreYear%100)) || !(GreYear%400) ) Flag=1; else Flag=0;
221:     if(Spdate.cMon>GreMon){           //春节离公历日期的天数
222:        day=Mon1[Flag][GreMon]-GreDay;
223:        for(i=GreMon+1;i<=Spdate.cMon-1;i++) day+=Mon1[Flag][i];
224:        day+=Spdate.cDay;  F=1;
225:     }else if(Spdate.cMon<GreMon){  //春节的月份小于目标的月份
226:        day=Mon1[Flag][Spdate.cMon]-Spdate.cDay;
227:        for(i=Spdate.cMon+1;i<=GreMon-1;i++) day+=Mon1[Flag][i];
228:        day+=GreDay; F=0;
229:     }else{
230:        if(Spdate.cDay>GreDay){ day=Spdate.cDay-GreDay; F=1; }
231:        else if(Spdate.cDay<GreDay){ day=GreDay-Spdate.cDay; F=0; }
232:        else day=0;
233:     }
234:     Spdate.cYear=Spdate.cYear; Spdate.cMon=1; Spdate.cDay=1;
235:     if(!day) return Spdate;
236:     if(F){                             //春节在公历日期后
237:        Spdate.cYear--;
238:        Spdate.cMon=12;
239:        Offset1=(200-(100-Spdate.cYear)-1) * 3;
240:        while(TRUE){
241:           //第 1 字节 BIT7~4 对应闰月月份,值为 0 表示无闰月,BIT3~0 对应农历第
              1—4 月大小;第 2 字节 BIT7~0 对应农历第 5—12 月大小;第 3 字节 BIT7
              对应农历第 13 个月大小
```

```
242:            if(Data[Offset1+1]&L) day-=30;
243:            else day-=29;
244:            L<<=1;
245:            if(((Data[Offset1+0]&0xf0)>>4)==Spdate.cMon && Flag1){
246:                Flag1=0;
247:                if(Data[Offset1+2]&0x80) day-=30; else day-=29;
248:                continue;
249:            }
250:            if(day>0) Spdate.cMon--; else break;
251:        }
252:        Spdate.cDay=-day+1;
253:    }
254:    if(!F){
255:        Spdate.cMon=1;
256:        Offset1=(200-(100-Spdate.cYear)-1) * 3;
257:        Temp16=(Data[Offset1+0]<<8)+Data[Offset1+1];
258:        while(TRUE){
259:            if(Temp16 & L1) day-=30; else day-=29;
260:            if(day>=0) Spdate.cMon++;
261:            else if(day<0){
262:                if(Temp16 & L1) day+=30; else day+=29;
263:                break;
264:            }
264:            L1>>=1;
266:            //第 1 字节 BIT7~2 对应闰月月份,值为 0 表示无闰月,BIT3~0 对应农历第
                1—4 月大小;第 2 字节 BIT7~0 对应农历第 5—12 月大小;第 3 字节 BIT7 对
                应农历第 13 个月大小
267:            if(((Data[Offset1+0]&0xf0)>>4)==(Spdate.cMon-1) && Flag1){ //闰月
268:                Flag1=0;
269:                Spdate.cMon--;
270:                if(Temp16 & L1) day-=30; else day-=29;
271:                if(day>=0) Spdate.cMon++;
272:                else if(day<0){ if(Temp16 & L1) day+=30; else day+=29; break; }
273:                L1>>1;
274:            }
275:        }
276:        Spdate.cDay=day+1;
277:    }
278:    return Spdate;
279: }
280: bit YearFlag(uchar cYear){      //计算闰年
281:     if((!(cYear%4) && (cYear%100)) || !(cYear%400)) return 1; else return 0;
282: }
283: uchar GetWeekDay(uchar cYear,uchar cMon,uchar cDay){  //计算目标日期是星期几
284:     char i;
285:     uint Sum=0,tmpyear;
286:     cYear=(((cYear>>4)&0x0f) * 10)+(cYear&0x0f);        //temp1+temp2
287:     tmpyear=2000+cYear;
288:     cMon=(((cMon>>4)&0x0f) * 10)+(cMon&0x0f);           //temp1+temp2
```

```
289:      cDay=(((cDay>>4)&0x0f)*10)+(cDay&0x0f);       //temp1+temp2
290:      for(i=1;i<=cMon-1;i++) Sum+=Mon1[YearFlag(cYear)][i];
291:      Sum+=cDay-1;
292:      return (((tmpyear-1)+(tmpyear-1)/4-(tmpyear-1)/100+(tmpyear-1)/400+
        Sum)%7)+1;
293: }
```

键盘处理模块 keyinput.h、液晶显示模块 12864.h 和字模模块 model.h 等程序源代码在本书配套资源中提供。

此时，可以成功构建工程。将生成的 HEX 文件加载到电路原理图如图 11.2 所示的 AT89C51 单片机中，即可正常运行。

11.3　电子密码锁设计

11.3.1　功能要求

采用 8051 单片机设计一个电子密码锁，其密码为 6 位十进制码。由 0～9 十个按键输入密码，按 Enter 键确认。当输入密码与预设密码一致时，锁被打开，锁开信号灯点亮；当密码不一致时要求重新输入，如果 3 次输入密码不一致，则发出声、光报警。具有密码重置功能，重置密码存入串行 EEPROM 芯片 24C01 中，掉电后密码不丢失。

11.3.2　硬件电路设计

电子密码锁的硬件电路图如图 11.3 所示，其核心为 8051 单片机，控制整个密码锁的全部功能。采用 3×4 矩阵键盘，用于密码输入、重置和修改。另外还单独设置了一个初始密码按键 Key，系统启动时按下 Key 键，会自动将初始密码设置为 012345，启动后断开 Key 键。显示器采用 12864 图型液晶模块，该液晶模块显示信息丰富，可为密码锁提供良好的人机交互性。密码输入时不显示密码数字，而是以 * 代替，提高密码锁的可靠性。若发生 3 次密码输入错误，通过蜂鸣器(需要将蜂鸣器 BUZZER 的电压值由 12V 调整到 5V，否则无声音)和发光二极管进行报警。由于要求掉电后重置密码不丢失，所以重置密码不储存在单片机片内 RAM 里，而是储存在外面扩展的串行 EEPROM 芯片 24C01 中。

11.3.3　软件程序设计

示例 11-3

示例 11-3：电子密码锁。

按照如图 2.5 所示的步骤使用 Keil μVision5 新建工程，工程名称为 exam-11-2，并且添加 STARTUP.A51 文件。按照如图 2.6 所示的步骤添加 C 源代码文件(在 Add New Item to Group Source Group 1 对话框中选择 C File 或者 Header File)。电子密码锁整个软件程序分模块编写，包括主程序模块 main.c、键盘处理程序模块 keyinput.h、液晶显示程序模块 12864.h 和 24C01 读写程序模块 24C01.h。

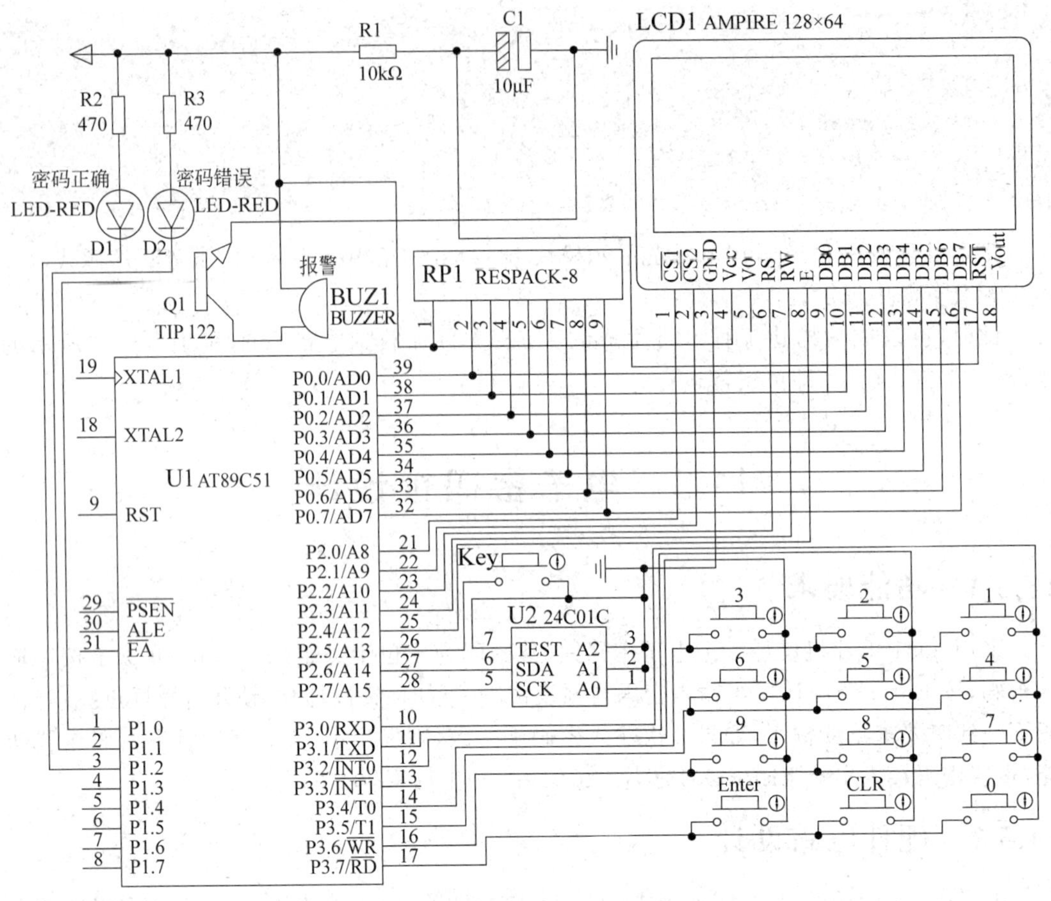

图 11.3 电子密码锁的硬件电路图

1. 主程序模块 main.c

```
1: #include <reg51.h>
2: #include <keyinput.h>
3: #include <12864.h>
4: #include <24C01.h>
5: #define uchar unsigned char
6: #define uint unsigned int
7: sbit LED1=P1^2;
8: sbit LED2=P1^1;
9: sbit SOUND=P1^0;
10: sbit INIT=P2^5;
11: uchar idata key[6]={0,0,0,0,0,0};
12: uchar idata iic[6]={0,1,2,3,4,5};
13: uchar clr;
14: //密码校验函数
15: void checkpwd(uchar * s){
16:   uchar dat;
17:   clr=0;
18:   P3=0xf0;    //第 1 位密码
```

```
19:  while(P3==0xf0);
20:  dat=scankey();
21:  if(dat==0x0a){clr=1; return;}
22:  if((dat!=0x0a)&&(dat!=0x0b)){
23:    * s=dat;
24:    left();
25:    sstar(star,0x05,16);
26:  }
27:  s++;
28:  P3=0xf0;      //第 2 位密码
29:  while(P3==0xf0);
30:  dat=scankey();
31:  if(dat==0x0a){clr=1; return;}
32:  if((dat!=0x0a)&&(dat!=0x0b)){
33:    * s=dat;
34:    left();
35:    sstar(star,0x05,24);
36:  }
37:  s++;
38:  P3=0xf0;      //第 3 位密码
39:  while(P3==0xf0);
40:  dat=scankey();
41:  if(dat==0x0a){clr=1; return;}
42:  if((dat!=0x0a)&&(dat!=0x0b)){
43:    * s=dat;
44:    left();
45:    sstar(star,0x05,32);
46:  }
47:  s++;
48:  P3=0xf0;      //第 4 位密码
49:  while(P3==0xf0);
50:  dat=scankey();
51:  if(dat==0x0a){clr=1; return;}
52:  if((dat!=0x0a)&&(dat!=0x0b)){
53:    * s=dat;
54:    left();
55:    sstar(star,0x05,40);
56:  }
57:  s++;
58:  P3=0xf0;      //第 5 位密码
59:  while(P3==0xf0);
60:  dat=scankey();
61:  if(dat==0x0a){clr=1; return;}
62:  if((dat!=0x0a)&&(dat!=0x0b)){
63:    * s=dat;
64:    left();
65:    sstar(star,0x05,48);
66:  }
67:  s++;
68:  P3=0xf0;      //第 6 位密码
```

```
69:   while(P3==0xf0);
70:   dat=scankey();
71:   if(dat==0x0a){clr=1; return;}
72:   if((dat!=0x0a)&&(dat!=0x0b)){
73:     * s=dat;
74:     left();
75:     sstar(star,0x05,56);
76:   }
77:   do{                               //按 Enter 键继续
78:     P3=0xf0;                        //执行下面语句,否则等待
79:     while(P3==0xf0);
80:     dat=scankey();
81:     if(dat==0x0a){clr=1; return;}
82:   }while(dat!=0x0b);
83: }
84:                                     //延时 10ms 函数
85: void delay(void){
86:   uint i,j,k;
87:   for(i=5;i>0;i--)
88:     for(j=4;j>0;j--)
89:       for(k=248;k>0;k--);
90: }
91: void main(){
92:   uchar dat;
93:   uchar i=0, j=0, k;
94:   uchar x;
95:   LED1=1;
96:   LED2=1;
97:   SOUND=0;
98:   INIT=1;
99:   //密码初始化,先从 IIC 器件中读出密码,以供下面输入密码时进行比较
100:   if(INIT==0){
101:     x=sendm(iic,0x50,6);
102:     delay();
103:   }
104:   x=readm(iic,0x50,6);
105:   init12864();
106:   for(i=0;i<50;i++) delay();
107:   do{                              //若密码不正确,循环执行
108:     LED1=1;
109:     inputpwd();                    //显示:请输入密码
110:     checkpwd(key);
111:     if(clr) continue;              //清屏,重输密码,进行密码比较,若正确则进入系统;若不
                                          正确则重新输入密码
112:     if((key[0]==iic[0])&&(key[1]==iic[1])
113:       &&(key[2]==iic[2])&&(key[3]==iic[3])
114:     &&(key[4]==iic[4])&&(key[5]==iic[5])){
115:       select();
116:       do{                          //输入 1 或 2 继续执行,否则等待
```

```
117:         P3=0xf0;
118:         while(P3==0xf0);
119:         dat=scankey();
120:       }while(dat!=0x01&&dat!=0x02);
121:       if(dat==1){                          //开锁
122:         LED1=0; j=0;
123:         unlock();
124:         for(i=0;i<100;i++) delay();
125:         continue;
126:       }
127:       if(dat==2){                          //修改密码
128:         do{
129:           j=0;
130:           inputpwd();
131:           checkpwd(key);
132:           if(clr) continue;                //清屏,重输密码
133:           again();
134:           checkpwd(iic);
135:           if(clr) continue;                //清屏,重输密码
136:       if((key[0]==iic[0])&&(key[1]==iic[1])
137:      &&(key[2]==iic[2])&&(key[3]==iic[3])
138:    &&(key[4]==iic[4])&&(key[5]==iic[5])){
139:             succeed();                     //修改密码成功
140:             for(i=0;i<100;i++) delay();
141:             x=sendm(iic,0x50,6); delay();
142:             x=readm(iic,0x50,6); break;
143:           }else{                           //修改密码失败,重新修改
144:             repeat();
145:             for(i=0;i<100;i++) delay();
146:           }
147:         }while(1);
1548:       }
149:     }else{                                 //密码不正确,重新输入密码
150:       j++; error();
151:       if(j==3){                            //三次密码不正确,报警
152:         for(i=0;i<8;i++){
153:           LED2=0; SOUND=1;
154:           for(k=0;k<5;k++) delay();
155:           LED2=1;
156:           for(k=0;k<5;k++) delay();
157:         }
158:         j=0; SOUND=0;
159:       }
160:       for(i=0;i<50;i++) delay();
161:     }
162:   }while(1);
163: }
```

2. 键盘处理程序模块 keyinput.h

```
1: #include <reg51.h>
2: #include <absacc.h>
3: #include <intrins.h>
4: #define uchar unsigned char
5: #define uint unsigned int
6: uchar idata cod1, cod2;
7: //键盘扫描函数
8: uchar scankey(){
9:   uchar tmp, cod;
10:   P3=0xf0;
11:   if(P3!=0xf0){
12:     cod1=P3;
13:     P3=0x0f;
14:     cod2=P3;
15:   }
16:   P3=0xf0;
17:   while(P3!=0xf0);
18:   tmp=cod1|cod2;
19:   if(tmp==0xee) cod=0x01;          //数字 1
20:   if(tmp==0xed) cod=0x02;
21:   if(tmp==0xeb) cod=0x03;
22:   if(tmp==0xde) cod=0x04;
23:   if(tmp==0xdd) cod=0x05;
24:   if(tmp==0xdb) cod=0x06;
25:   if(tmp==0xbe) cod=0x07;
26:   if(tmp==0xbd) cod=0x08;
27:   if(tmp==0xbb) cod=0x09;          //数字 9
28:   if(tmp==0x7e) cod=0x00;          //数字 0
29:   if(tmp==0x7d) cod=0x0a;          //CLR
30:   if(tmp==0x7b) cod=0x0b;          //Enter
31:   return cod;
32: }
```

3. 液晶显示程序模块 12864.h

```
1: #include <reg51.h>
2: #include <absacc.h>
3: #include <intrins.h>
4: #define uchar unsigned char
5: #define uint unsigned int
6: #define PORT P0
7: //32×32 字节的汉字取模,一个汉字占 72 字节
8: uchar code Num[]={
9: 0x00,0x00,0x00,0x00,0x10,0x00,0x00,0x08,
…   //省略多行
27: };
28: //16×16 字节的汉字取模,一个汉字占 32 字节
29: uchar code Tab[]={
30: 0x00,0xF8,0x48,0x48,0x48,0x48,0xFF,0x48,
```

```
…   //省略多行
134: };
135: //输入密码时显示＊号
136: uchar code star[]={0x00,0x08,0x2A,0x1C,0x1C,0x2A,0x08,0x00,};
137:
138: sbit CS1=P2^0;
139: sbit CS2=P2^1;
140: sbit RS=P2^2;
141: sbit RW=P2^3;
142: sbit E=P2^4;
143: sbit bflag=P0^7;
144: //选左半屏函数
145: void left(){CS1=0; CS2=1;}
146: //选右半屏函数
147: void right(){CS1=1; CS2=0;}
148: //判忙函数
149: void testbusy(){
150:   do{
151:     E=0; RS=0; RW=1;
152:     PORT=0xff;
153:     E=1; E=0;
154:   }while(bflag);
155: }
156: //命令写入函数
157: void wcomd(uchar c){
158:   testbusy();
159:   RS=0; RW=0;
160:   PORT=c;
161:   E=1; E=0;
162: }
163: //数据写入函数
164: void wdata(uchar c){
165:   testbusy();
166:   RS=1; RW=0;
167:   PORT=c;
168:   E=1; E=0;
169: }
170: //首页函数
171: void pagefirst(uchar c){
172:   uchar i;
173:   i=c;
174:   c=i|0xb8;
175:   testbusy();
176:   wcomd(c);
177: }
178: void linefirst(uchar c){            //首行函数
179:   uchar i;
180:   i=c;
181:   c=i|0x40;
182:   testbusy();
```

```
183:   wcomd(c);
184: }
185: void clearscreen(){               //清屏函数
186:   uint i, j;
187:   left();
188:   wcomd(0x3f);
189:   right();
190:   wcomd(0x3f);
191:   left();
192:   for(i=0; i<8; i++){
193:     pagefirst(i);
194:     linefirst(0x00);
195:     for(j=0;j<64;j++) wdata(0x00);
196:   }
197:   right();
198:   for(i=0; i<8; i++){
199:     pagefirst(i);
200:     linefirst(0x00);
201:     for(j=0;j<64;j++) wdata(0x00);
202:   }
203: }
204: //16×16汉字显示函数
205: void show16(uchar * s,uchar p,uchar l){
206:   uchar i, j;
207:   pagefirst(p);
208:   linefirst(l);
209:   for(i=0; i<16; i++){
210:     wdata(* s);
211:     s++;
212:   }
213:   pagefirst(p+1);
214:   linefirst(l);
215:   for(j=0; j<16; j++){
216:     wdata(* s);
217:     s++;
218:   }
219: }
220: //24×24汉字显示函数
221: void show32(uchar * s,uchar p,uchar l){
222:   uchar i,j;
223:   for(i=0; i<24; i++){
224:     for(j=0; j<3; j++){
225:       pagefirst(p+j);
226:       linefirst(l+i);
227:       wdata(* s);
228:       s++;
229:     }
230:   }
231: }
232: //星号显示函数
```

```
233: void sstar(uchar * s,uchar p,uchar l){
234:   uchar i;
235:   pagefirst(p);
236:   linefirst(l);
237:   for(i=0; i<8; i++){
238:     wdata(* s);
239:     s++;
240:   }
241: }
242:   //画线函数
243: void pointline(uchar p,uchar l){
244:   uchar i;
245:   pagefirst(p);
246:   linefirst(l);
247:   for(i=0;i<56;i++) wdata(0x1e);
248: }
249: void init12864(){               //初始化函数
250:   clearscreen();
251:   left();
252:   pointline(0x03,8);
253:   show16(Tab,0x04,16);
254:   show16(Tab+32,0x04,32);
255:   show16(Tab+64,0x04,48);
256:   right();
257:   pointline(0x03,0);
258:   show16(Tab+96,0x04,0);
259:   show16(Tab+128,0x04,16);
260: }
261: //显示：请输入密码函数
262: void inputpwd(){
263:   clearscreen();
264:   left();
265:   show16(Tab+160,0x02,16);
266:   show16(Tab+192,0x02,32);
267:   show16(Tab+224,0x02,48);
268:   pointline(0x04,8);
269:   right();
270:   show16(Tab+64,0x02,0);
271:   show16(Tab+96,0x02,16);
272:   show16(Tab+256,0x02,32);
273:   pointline(0x04,0);
274: }
275: //显示：密码错误函数
276: void error(){
277:   clearscreen();
278:   left();
279:   show16(Tab+64,0x02,32);
280:   show16(Tab+96,0x02,48);
281:   show16(Tab+352,0x04,16);
282:   show16(Tab+384,0x04,32);
283:   show16(Tab+192,0x04,48);
```

```
284:   right();
285:   show16(Tab+288,0x02,0);
286:   show16(Tab+320,0x02,16);
287:   show16(Tab+224,0x04,0);
288:   show16(Tab+64,0x04,16);
289:   show16(Tab+96,0x04,32);
290: }
291: //显示：选择 1 开锁，2 修改密码函数
292: void select(){
293:   clearscreen();
294:   left();
295:   show16(Tab+160,0x00,0);
296:   show16(Tab+416,0x00,16);
297:   show16(Tab+448,0x00,32);
298:   show16(Tab+256,0x00,48);
299:   show16(Tab+768,0x03,0);
300:   show16(Tab+480,0x03,16);
301:   show16(Tab+128,0x03,32);
302:   show16(Tab+800,0x06,0);
303:   show16(Tab+512,0x06,16);
304:   show16(Tab+544,0x06,32);
305:   show16(Tab+64,0x06,48);
306:   right();
307:   show16(Tab+96,0x06,0);
308: }
309: //显示：开锁画面函数
310: void unlock(){
311:   clearscreen();
312:   left();
313:   show32(Num,0x03,20);
314:   pointline(0x02,8);
315:   pointline(0x06,8);
316:   right();
317:   show32(Num+72,0x03,20);
318:   pointline(0x02,0);
319:   pointline(0x06,0);
320: }
321: //显示：请再次输入密码函数
322: void again(){
323:   clearscreen();
324:   left();
325:   show16(Tab+160,0x00,0);
326:   show16(Tab+576,0x00,16);
327:   show16(Tab+608,0x00,32);
328:   show16(Tab+192,0x00,48);
329:   right();
330:   show16(Tab+224,0x00,0);
331:   show16(Tab+64,0x00,16);
332:   show16(Tab+96,0x00,32);
333:   show16(Tab+256,0x00,48);
```

```
334: }
335: //显示密码确认错误函数
336: void repeat(){
337:    clearscreen();
338:    left();
339:    show16(Tab+64,0x02,16);
340:    show16(Tab+96,0x02,32);
341:    show16(Tab+640,0x02,48);
342:    show16(Tab+160,0x04,16);
343:    show16(Tab+352,0x04,32);
344:    show16(Tab+384,0x04,48);
345:    right();
346:    show16(Tab+672,0x02,0);
347:    show16(Tab+288,0x02,16);
348:    show16(Tab+320,0x02,32);
349:    show16(Tab+512,0x04,0);
350:    show16(Tab+544,0x04,16);
351:    show16(Tab+64,0x04,32);
352:    show16(Tab+96,0x04,48);
353: }
354: //显示修改密码成功函数
355: void succeed(){
356:    clearscreen();
357:    left();
358:    show16(Tab+512,0x02,16);
359:    show16(Tab+544,0x02,32);
360:    show16(Tab+64,0x02,48);
361:    right();
362:    show16(Tab+96,0x02,0);
363:    show16(Tab+704,0x02,16);
364:    show16(Tab+736,0x02,32);
365: }
```

4. 24C01 读写程序模块 24C01.h

```
1: #include <reg51.h>
2: #include <absacc.h>
3: #include <intrins.h>
4: #define uchar unsigned char
5: #define uint unsigned int
6: #define AddWR 0xa0
7: #define AddRD 0xa1
8: #define NOP2() {_nop_();_nop_();}
9: #define NOP3() {_nop_();NOP2()}
10: #define NOP4() {_nop_();NOP3()}
11: #define NOP5() {_nop_();NOP4()}
12: bit ack;
13: sbit SDA=P2^6;
14: sbit SCL=P2^7;
15: //启动 IIC 器件函数
```

```
16: void start(){
17:   SDA=1;
18:   _nop_();
19:   SCL=1;
20:   NOP5();
21:   SDA=0;
22:   NOP4();
23:   SCL=0;
24:   NOP2();
25: }
26: //停止 IIC 器件函数
27: void stop(){
28:   SDA=0;
29:   _nop_();
30:   SCL=1;
31:   NOP5();
32:   SDA=1;
33:   NOP5();
34: }
35: //检查 IIC 器件回复函数
36: void checkack(bit a){
37:   if(a==0) SDA=0;
38:   else SDA=1;
39:   NOP3();
40:   SCL=1;
41:   NOP5();
42:   SCL=0;
43:   NOP2();
44: }
45: //向 IIC 器件写入 1 字节
46: void sends(uchar c){
47:   uchar i;
48:   for(i=0; i<8; i++){
49:     if(c&0x80) SDA=1;
50:     else SDA=0;
51:     _nop_();
52:     SCL=1;
53:     NOP5();
54:     SCL=0;
55:     c=c<<1;
56:   }
57:   NOP2();
58:   SDA=1;
59:   NOP2();
60:   SCL=1;
61:   NOP3();
62:   if(SDA==1) ack=0;
63:   else ack=1;
64:   SCL=0;
65:   NOP2();
66: }
```

```
67: //向 IIC 器件发送多字节,成功则返回 1
68: bit sendm(uchar * s,uchar a,uchar n){
69:   uchar i;
70:   start();
71:   sends(AddWR);
72:   if(ack==0) return 0;
73:   sends(a);
74:   if(ack==0) return 0;
75:   for(i=0; i<n; i++){
76:     sends( * s);
77:     if(ack==0) return 0;
78:     s++;
79:   }
80:   stop();
81:   return 1;
82: }
83: //从 IIC 器件读出 1 字节
84: uchar reads(){
85:   uchar temp;
86:   uchar i;
87:   temp=0;
88:   SDA=1;
89:   for(i=0; i<8; i++){
90:     _nop_();
91:     SCL=0;
92:     NOP5();
93:     SCL=1;
94:     NOP2();
95:     temp=temp<<1;
96:     if(SDA==1) temp++;
97:     NOP2();
98:   }
99:   SCL=0;
100:  NOP2();
101:  return temp;
102: }
103: //从 IIC 器件读出多字节,并存入数组
104: bit readm(uchar * s,uchar a,uchar n){
105:   uchar i;
106:   start();
107:   sends(AddWR);
108:   if(ack==0) return 0;
109:   sends(a);
110:   if(ack==0) return 0;
111:   start();
112:   sends(AddRD);
113:   if(ack==0) return 0;
114:   for(i=0; i<n; i++){
115:     * s=reads();
116:     checkack(0);
```

```
117:        s++;
118:    }
119:    * s=reads();
120:    checkack(1);
121:    stop();
122:    return 1;
123: }
```

此时,可以成功构建工程。将生成的 HEX 文件加载到电路原理图如图 11.3 所示的 AT89C51 单片机中,即可正常运行。

附录A ASCII码表

高四位		ASCII 非打印控制字符										ASCII 打印字符												
		0000					0001					0010		0011		0100		0101		0110		0111		
		0					1					2		3		4		5		6		7		
低四位		十进制	字符	Ctrl	代码	字符解释	十进制	字符	Ctrl	代码	字符解释	十进制	字符	十进制	字符	十进制	字符	十进制	字符	十进制	字符	十进制	字符	Ctrl
0000	0	0	BLANK NULL	^@	NUL	空	16	►	^P	DLE	数据链路转意	32		48	0	64	@	80	P	96	`	112	p	
0001	1	1	☺	^A	SOH	头标开始	17	◄	^Q	DC1	设备控制 1	33	!	49	1	65	A	81	Q	97	a	113	q	
0010	2	2	☻	^B	STX	正文开始	18	↕	^R	DC2	设备控制 2	34	"	50	2	66	B	82	R	98	b	114	r	
0011	3	3	♥	^C	ETX	正文结束	19	‼	^S	DC3	设备控制 3	35	#	51	3	67	C	83	S	99	c	115	s	
0100	4	4	◆	^D	EOT	传输结束	20	¶	^T	DC4	设备控制 4	36	$	52	4	68	D	84	T	100	d	116	t	
0101	5	5	♣	^E	ENQ	查询	21	§	^U	NAK	反确认	37	%	53	5	69	E	85	U	101	e	117	u	
0110	6	6	♠	^F	ACK	确认	22	■	^V	SYN	同步空闲	38	&	54	6	70	F	86	V	102	f	118	v	
0111	7	7	●	^G	BEL	震铃	23	↨	^W	ETB	传输块结束	39	'	55	7	71	G	87	W	103	g	119	w	
1000	8	8	◘	^H	BS	退格	24	↑	^X	CAN	取消	40	(	56	8	72	H	88	X	104	h	120	x	
1001	9	9	○	^I	HT	水平制表符	25	↓	^Y	EM	媒体结束	41	)	57	9	73	I	89	Y	105	i	121	y	
1010	A	10	◙	^J	LF	换行/新行	26	→	^Z	SUB	替换	42	*	58	:	74	J	90	Z	106	j	122	z	
1011	B	11	♂	^K	VT	竖直制表符	27	←	^[	ESC	转意	43	+	59	;	75	K	91	[	107	k	123	{	
1100	C	12	♀	^L	FF	换页/新页	28	∟	^\	FS	文件分隔符	44	,	60	<	76	L	92	\	108	l	124	|	
1101	D	13	♪	^M	CR	回车	29	↔	^]	GS	组分隔符	45	-	61	=	77	M	93	]	109	m	125	}	
1110	E	14	♫	^N	SO	移出	30	▲	^6	RS	记录分隔符	46	.	62	>	78	N	94	^	110	n	126	~	
1111	F	15	☼	^O	SI	移入	31	▼	^-	US	单元分隔符	47	/	63	?	79	O	95	_	111	o	127	DEL	^back space

注：①前 32 个字符为控制字符；②编码值为 32 的字符是空格字符 SP；③编码值为 127 的字符是删除控制码 DEL；④其余 94 个字符称为可打印字符，如果把空格计入可打印字符，则有 95 个可打印字符。

附录 B　运算符的优先级和结合性

<table>
<tr><th>优先级</th><th>运　算　符</th><th>名　　称</th><th>运算对象个数</th><th>结合方向</th></tr>
<tr><td rowspan="4">1</td><td>()</td><td>圆括号</td><td rowspan="4"></td><td rowspan="4">自左至右</td></tr>
<tr><td>[ ]</td><td>下标运算符</td></tr>
<tr><td>-></td><td>指向结构体成员运算符</td></tr>
<tr><td>.</td><td>结构体成员运算符</td></tr>
<tr><td rowspan="9">2</td><td>!</td><td>逻辑非运算符</td><td rowspan="9">1(单目运算符)</td><td rowspan="9">自右至左</td></tr>
<tr><td>~</td><td>按位取反运算符</td></tr>
<tr><td>++</td><td>自增 1 运算符</td></tr>
<tr><td>--</td><td>自减 1 运算符</td></tr>
<tr><td>-</td><td>负号</td></tr>
<tr><td>(类型说明符)</td><td>类型转换运算符</td></tr>
<tr><td>*</td><td>指针运算符</td></tr>
<tr><td>&</td><td>取地址运算符</td></tr>
<tr><td>sizeof()</td><td>取长度(内存字节数)运算符</td></tr>
<tr><td rowspan="3">3</td><td>*</td><td>乘法运算符</td><td rowspan="3">2(双目运算符)</td><td rowspan="3">自左至右</td></tr>
<tr><td>/</td><td>除法运算符</td></tr>
<tr><td>%</td><td>取余运算符</td></tr>
<tr><td rowspan="2">4</td><td>+</td><td>加法运算符</td><td rowspan="2">2(双目运算符)</td><td rowspan="2">自左至右</td></tr>
<tr><td>-</td><td>减法运算符</td></tr>
<tr><td rowspan="2">5</td><td><<</td><td>左移运算符</td><td rowspan="2">2(双目运算符)</td><td rowspan="2">自左至右</td></tr>
<tr><td>>></td><td>右移运算符</td></tr>
<tr><td>6</td><td>< <= > >=</td><td>关系运算符</td><td>2(双目运算符)</td><td>自左至右</td></tr>
<tr><td rowspan="2">7</td><td>==</td><td>等于运算符</td><td rowspan="2">2(双目运算符)</td><td rowspan="2">自左至右</td></tr>
<tr><td>!=</td><td>不等于运算符</td></tr>
<tr><td>8</td><td>&</td><td>按位与运算符</td><td>2(双目运算符)</td><td>自左至右</td></tr>
<tr><td>9</td><td>^</td><td>按位异或运算</td><td>2(双目运算符)</td><td>自左至右</td></tr>
<tr><td>10</td><td>|</td><td>按位或运算符</td><td>2(双目运算符)</td><td>自左至右</td></tr>
<tr><td>11</td><td>&&</td><td>逻辑与运算符(并且)</td><td>2(双目运算符)</td><td>自左至右</td></tr>
<tr><td>12</td><td>||</td><td>逻辑或运算符(或者)</td><td>2(双目运算符)</td><td>自左至右</td></tr>
<tr><td>13</td><td>?:</td><td>条件运算符</td><td>3(三目运算符)</td><td>自右至左</td></tr>
<tr><td>14</td><td>= += -= *= /= %= >>= <<= &= ^= |=</td><td>赋值运算符及各种复合赋值运算符</td><td>2(双目运算符)</td><td>自右至左</td></tr>
<tr><td>15</td><td>,</td><td>逗号运算符</td><td></td><td>自左至右</td></tr>
</table>

参 考 文 献

[1] 徐爱钧. 单片机原理与应用——基于 C51 及 Proteus 仿真[M]. 北京：清华大学出版社，2015.
[2] 刘志君，姚颖. 单片机原理及应用——基于 C51＋Proteus 仿真[M]. 北京：机械工业出版社，2020.
[3] 张毅刚. 单片机原理及应用——C51 编程＋Proteus 仿真[M]. 3 版. 北京：高等教育出版社，2021.
[4] 李晓林，李丽宏，许鸥，等. 单片机原理与接口技术[M]. 4 版. 北京：电子工业出版社，2020.
[5] 张靖武，周灵彬，刘兴来. 单片机原理、应用与 PROTEUS 仿真——汇编＋C51 编程及其多模块、混合编程(本科版)[M]. 北京：电子工业出版社，2015.